1+X 职业技能等级证书培训考核配套教材
1+X 工业机器人应用编程职业技能等级证书培训系列教材

工业机器人应用编程（KUKA）中高级

北京赛育达科教有限责任公司　组编

主　编　王志强　邓三鹏　戴　琨　刘　铭

副主编　王震生　袁海亮　许　珊　郑　伟　耿东川

参　编　祁宇明　佘明辉　张凤丽　霍淑珍　王　振　白　丽　章　青　周旺发　张人允　陈　宏　韩　浩　刘　彦

主　审　陈晓明　李　辉

机械工业出版社

本书由长期从事工业机器人技术工作的一线教师和企业工程师，根据他们在工业机器人技术教学、培训、工程应用、技能评价和竞赛方面的丰富经验，对照《工业机器人应用编程职业技能等级标准》，结合工业机器人在企业实际应用中的工程项目编写而成。本书是基于工业机器人应用领域一体化教学创新平台（BN-R116-KR4）编写的，分为中级篇和高级篇：中级篇包括工业机器人应用编程创新平台认知、工业机器人产品出入库、工业机器人视觉分拣与定位、工业机器人谐波减速器装配和工业机器人离线仿真应用编程五个项目；高级篇包括工业机器人创新平台虚拟调试、工业机器人双机协作应用编程和工业机器人实训平台二次开发三个项目。本书按照"任务驱动"教学理念精选内容，每个项目均含有典型案例的编程及操作讲解，并兼顾智能制造装备中工业机器人应用的实际情况和发展趋势。编写中力求做到"理论先进、内容实用、操作性强"，注重学生实践能力和职业素养的养成。

本书是 1+X 工业机器人应用编程职业技能等级证书中高级培训考核的配套教材，可作为机器人相关专业和装备制造、电子与信息大类相关专业用教材，也可作为从事工业机器人集成、编程、操作和运维等工程技术人员的参考用书。

本书配套的教学资源网址为 www. dengsanpeng. com。

图书在版编目（CIP）数据

工业机器人应用编程：KUKA：中高级/王志强等主编. —北京：机械工业出版社，2023. 10

1+X 职业技能等级证书培训考核配套教材 1+X 工业机器人应用编程职业技能等级证书培训系列教材

ISBN 978-7-111-73788-9

Ⅰ. ①工… Ⅱ. ①王… Ⅲ. ①工业机器人-程序设计-职业技能-鉴定-教材 Ⅳ. ①TP242. 2

中国国家版本馆 CIP 数据核字（2023）第 167261 号

机械工业出版社（北京市百万庄大街 22 号 邮政编码 100037）
策划编辑：薛 礼　　责任编辑：薛 礼 杜丽君
责任校对：樊钟英 丁梦卓　　封面设计：鞠 杨
责任印制：刘 媛
北京中科印刷有限公司印刷
2023 年 12 月第 1 版第 1 次印刷
184mm×260mm · 19. 5 印张 · 479 千字
标准书号：ISBN 978-7-111-73788-9
定价：59. 00 元

电话服务	网络服务
客服电话：010-88361066	机 工 官 网：www. cmpbook. com
010-88379833	机 工 官 博：weibo. com/cmp1952
010-68326294	金 书 网：www. golden-book. com
封底无防伪标均为盗版	机工教育服务网：www. cmpedu. com

前言

FOREWORD

机器人是“制造业皇冠顶端的明珠”，其研发、制造及应用是衡量一个国家科技创新和高端制造业水平的重要标志。在“机器换人”的大趋势下，我国工业机器人产业发展迅猛。推进工业机器人的广泛应用，对于改善劳动条件，提高生产效率和产品质量，带动相关学科发展和技术创新能力提升，促进产业结构调整、发展方式转变和工业转型升级具有重要意义。

党的二十大报告指出，要“推进新型工业化，加快建设制造强国”。国家先后出台《“十四五”智能制造发展规划》《“十四五”机器人产业发展规划》等一系列相关规划，将机器人产业作为战略性新兴产业给予重点支持。《“十四五”机器人产业发展规划》（下面简称《规划》）提出，到2025年，我国将成为全球机器人技术创新策源地、高端制造集聚地和集成应用新高地。“十四五”期间，将推动一批机器人核心技术和高端产品取得突破，整机综合指标达到国际先进水平，关键零部件性能和可靠性达到国际同类产品水平；机器人产业营业收入年均增速超过20%；形成一批具有国际竞争力的领军企业及一大批创新能力强、成长性好的专精特新“小巨人”企业，建成3~5个有国际影响力的产业集群；制造业机器人密度实现翻番。从技术突破、基础提升、优化供给、拓展应用和打造生态等多个维度推动机器人产业高质量发展。《规划》还提出了4个行动：机器人核心技术攻关行动、机器人关键基础提升行动、机器人创新产品发展行动、“机器人+”应用行动。基于产业对于机器人技术领域人才的迫切需要，中、高职院校和本科院校纷纷开设机器人相关专业。《国家职业教育改革实施方案》中明确提出，在职业院校及应用型本科院校启动实施学历证书+职业技能等级证书制度（1+X证书制度试点工作）。1+X证书制度的启动和实施，极大地促进了高素质技术技能人才培养和评价模式的改革。

为更好地实施工业机器人应用编程职业技能等级证书制度试点工作，使广大职业院校师生、企业及社会人员更好地掌握相应职业技能，并熟悉1+X技能等级证书考核评价标准，北京赛育达科教有限责任公司协同天津博诺智创机器人技术有限公司，基于工业机器人应用领域一体化教学创新平台（BN-R116-KR4），对照《工业机器人应用编程职业技能等级标准》，结合工业机器人在工厂中的实际应用编写了本书。

本书由北京赛育达科教有限责任公司王志强、天津职业技术师范大学邓三鹏、唐山工业职业技术学院戴琨、重庆工程职业技术学院刘铭任主编。唐山工业职业技术学院王震生、天津机电职业技术学院袁海亮、天津渤海职业技术学院许珊、天津市职业大学郑伟、北京赛育达科教有限责任公司耿东川任副主编。参编人员还有天津职业技术师范大学祁宇明、湄洲湾职业技术学院余明辉、胶州市职业教育中心张凤丽、天津市职业大学霍淑珍、河南工业职业技术学院王振、北京赛育达科教有限责任公司白丽、安徽机电职业技术学院章青、天津博诺智创机器人技术有限公司周旺发和张人允、库卡机器人（上海）有限公司陈宏、湖北工程职业学院韩浩、安徽博皖机器人有限公司刘彦，以及天津职业技术师范大学机器人及智能装备研究院的研究生罗明坤、夏育泓、邢明亮、李绪、马传庆、丁昊然、李燊阳、陈伟、陈耀东、李丁丁等进行了素材收集、文字图片处理、实验验证、学习资源制作等辅助编写工作。

本书得到了全国职业院校教师教学创新团队建设体系化课题研究项目（TX20200104）和天津市智能机器人技术及应用企业重点实验室开放课题的资助。在编写过程中得到了全国机械职业教育教学指导委员会、机械工业教育发展中心、库卡机器人（上海）有限公司、天津市机器人学会、天津职业技术师范大学机械工程学院、机器人及智能装备研究院等单位的大力支持与帮助，在此深表谢意！机械工业教育发展中心陈晓明主任、天津职业技术师范大学李辉教授对本书进行了细致审阅，并提出许多宝贵意见，在此表示衷心的感谢！

由于编者水平所限，书中难免存在不妥之处，恳请同行专家和读者们批评指正。联系邮箱：37003739@qq.com。本书配套的教学资源网址为 www.dengsanpeng.com。

编　者

目 录
CONTENTS

中 级 篇

工业机器人应用编程创新平台认知

学习目标

1. 熟悉工业机器人应用编程职业技能中级、高级标准。
2. 掌握工业机器人应用领域一体化教学创新平台（BN-R116-KR4）的组成及安装。
3. 了解 KUKA-KR4 型工业机器人的性能指标。
4. 熟悉 KUKA-KR4 型工业机器人开机和关机操作流程。

工作任务

1. 学习工业机器人应用编程职业技能中级标准。
2. 了解工业机器人应用领域一体化教学创新平台的组成及各模块的功能。
3. 掌握工业机器人应用编程职业技能中级平台各功能模块的安装方法。
4. 完成 KUKA-KR4 型工业机器人系统的启动和关闭。

实践操作

一、知识储备

1. 工业机器人应用编程职业技能等级标准解读

工业机器人应用编程职业技能等级标准规定了工业机器人应用编程所对应的工作领域、工作任务及职业技能要求，适用于工业机器人应用编程职业技能培训、考核与评价，以及相关用人单位的人员聘用、培训与考核等。

中级标准要求：能遵守安全规范，对工业机器人单元进行参数设定；能够对工业机器人及其常用外围设备进行连接和控制；能够按照实际需求编写工业机器人单元应用程序；能按照实际工作站搭建对应的仿真环境，对典型工业机器人单元进行离线编程；可以在相关工作岗位从事工业机器人系统操作编程、自动化系统设计、工业机器人单元离线编程及仿真、工业机器人单元运维以及工业机器人测试等工作。工业机器人应用编程职业技能中级标准见表 1-1。

高级标准要求：能对带有扩展轴的工业机器人系统进行配置和编程；能对工业机器人生产线进行虚拟调试；能按照工艺要求完成工业机器人的二次开发；能对工业机器人系统及生产线进行编程与优化；可以在相关工作岗位从事工业机器人系统及生产线应用编程、工业机器人系统及生产线运维、工业机器人系统及生产线集成、自动化系统升级改造、工业机器人系统及生产线虚拟调试以及工业机器人应用系统测试等工作。工业机器人应用编程职业技能高级标准见表 1-2。

表 1-1　工业机器人应用编程职业技能中级标准

工作领域	工作任务	职业技能要求
工业机器人参数设置	工业机器人系统参数设置	能够根据工作任务要求设置总线、数字量 I/O 和模拟量 I/O 等扩展模块参数
		能够根据工作任务要求设置、编辑 I/O 参数
		能够根据工作任务要求设置工业机器人工作空间
	工业机器人示教器设置	能够根据操作手册使用示教器配置亮度、校准等参数
		能够根据用户需求配置示教器预定义键
	工业机器人系统外部设备参数设置	能够按照作业指导书安装焊接、打磨、雕刻等工业机器人系统的外部设备
		能够根据操作手册设定焊接、打磨、雕刻等工业机器人系统的外部设备参数
		能够根据操作手册调试焊接、打磨、雕刻等工业机器人系统的外部设备
工业机器人系统编程	扩展 I/O 应用编程	能够根据工作任务要求，利用扩展的数字量 I/O 信号对供料、输送等典型单元进行机器人应用编程
		能够根据工作任务要求，利用扩展的模拟量信号对输送、检测等典型单元进行机器人应用编程
		能够根据工作任务要求，通过组信号与 PLC 实现通信
	工业机器人高级编程	能够根据工作任务要求，使用高级功能调整程序位置
		能够根据工作任务要求，进行中断、触发程序的编制
		能够根据工作任务要求，使用平移、旋转等方式完成程序变换
		能够根据工作任务要求，使用多任务方式编写机器人程序
	工业机器人系统外部设备通信与编程	能够根据工作任务要求，编制工业机器人与 PLC 等外部控制系统的应用程序
		能够根据工作任务要求，编制工业机器人结合机器视觉等智能传感器的应用程序
		能够根据产品定制及追溯要求，编制 RFID 应用程序
		能够根据工作任务要求，编制基于工业机器人的智能仓储应用程序
		能够根据工作任务要求，编制工业机器人单元人机界面程序
	工业机器人典型系统应用编程	能够根据工作任务要求，编制工业机器人焊接、打磨、喷涂和雕刻等应用程序
		能够根据工作任务要求，编制由多种工艺流程组成的工业机器人系统的综合应用程序
		能够根据工艺流程调整要求及程序运行结果，对多工艺流程的工业机器人系统的综合应用程序进行调整和优化
工业机器人系统离线编程与测试	仿真环境搭建	能够根据工作任务要求，进行模型的创建和导入
		能够根据工作任务要求，完成工作站系统布局
	参数配置	能够根据工作任务要求，配置模型的布局、颜色、透明度等参数
		能够根据工作任务要求，配置工具参数，并生成对应工具等的库文件
	编程仿真	能够根据工作任务要求，实现搬运、码垛、焊接、抛光和喷涂等典型工业机器人应用系统的仿真
		能够根据工作任务要求，实现搬运、码垛、焊接、抛光和喷涂等典型应用的工业机器人系统进行离线编程和应用调试
	工业机器人标定与测试	能够根据工业机器人性能参数要求，配置测试环境，搭建测试系统
		能够根据操作规范，对工业机器人杆长、关节角和零点等基本参数进行标定
		能够根据工业机器人性能参数要求，对工作空间、速度、加速度和定位精度等参数进行测试
		能够根据工业机器人产品及用户要求，撰写测试分析报告

表 1-2 工业机器人应用编程职业技能高级标准

工作领域	工作任务	职业技能要求
工业机器人系统参数设置	带外部轴的系统设置	能够根据操作手册配置外部轴参数
		能够将系统配置参数导入工业机器人控制器
		能够根据工作任务要求，配置系统各单元间的联锁信号
	带外部轴的系统标定	能够根据操作手册完成工业机器人本体与直线型外部轴的坐标系标定
		能够根据操作手册完成工业机器人本体与旋转型外部轴的坐标系标定
		能够根据操作手册完成多工业机器人本体间的坐标系标定
工业机器人系统编程	工业机器人系统编程与优化	能够根据工艺要求，调试工业机器人系统程序及参数
		能够根据工艺要求，优化工业机器人系统程序
	带外部轴工业机器人系统编程	能够根据工作任务要求，使用外部轴控制指令进行编程，实现直线轴联动
		能够根据工作任务要求，使用外部轴控制指令进行编程，实现旋转轴联动
	外部设备通信与应用程序编制	能够根据工作任务要求，运用现有通信功能模块设置接口参数，编制外部设备通信程序
		能够根据工作任务要求，开发自定义的通信功能模块，编制外部设备通信程序
		能够根据工作任务要求，实现机器人与外部设备联动下的系统应用程序
	工业机器人生产线综合应用编程	能够根据工作任务要求，设计工艺流程并安装工业机器人生产线
		能够根据工作任务要求，开发工业机器人生产线人机界面程序
		能够根据工作任务要求，开发工业机器人生产线综合应用程序
工业机器人系统仿真与开发	工业机器人系统虚拟调试	能够根据工作任务要求，在虚拟仿真软件中构建工业机器人应用系统，并进行虚拟调试参数配置
		能够根据生产工艺及现场要求，实现仿真编程验证，优化工业机器人系统及工艺流程
		能够根据工作任务要求，对工业机器人应用系统进行虚拟调试并进行验证
	工业机器人二次开发	能够根据工作任务要求，实现工业机器人系统二次开发环境的配置
		能够根据工作任务要求，利用 SDK 对工业机器人进行二次开发编程
		能够根据工作任务要求，开发示教器应用程序
	工业机器人产品测试	能够根据产品功能和性能参数要求，配置测试环境，搭建测试系统
		能够对工业机器人应用系统的功能、性能和可靠性等进行综合测试分析
		能够根据产品及用户要求，撰写测试分析报告，提交合理化建议

面向职业岗位（群）：工业机器人本体制造、系统集成、生产应用和技术服务等各类企业和机构，在工业机器人单元和生产线操作编程、安装调试、运行维护、系统集成及营销与服务等岗位，从事工业机器人应用系统操作编程、离线编程及仿真、工业机器人系统二次开发、工业机器人系统集成与维护、自动化系统设计与升级改造、售前售后支持等工作，也可从事工业机器人技术推广、实验实训和机器人科普等工作。

2. 平台简介

工业机器人应用领域一体化教学创新平台（BN-R116-KR4）是严格按照 1+X 工业机器人应用编程职业技能等级标准开发的实训、培训和考核的一体化教学创新平台，适用于工业机器人应用编程初、中、高级职业技能等级的培训考核，它以工业机器人典型应用为核心，配套丰富的功能模块，可满足工业机器人轨迹、搬运、码垛、分拣、涂胶、焊接、抛光打磨、装配等典型应用场景的示教和离线编程，也可满足射频识别（RFID）、智能相机、行走轴、变位机、虚拟调试和二次开发等工业机器人系统技术的教学。该平台采用模块化设计，可按照培训和考核要求灵活配置，它集成了工业机器人示教编程、离线编程、虚拟调试、伺服驱动、PLC控制、变频控制、人机接口（HMI）、机器视觉、传感器应用、液压与气动、总线通信、数字孪生和二次开发等技术。工业机器人应用领域一体化教学创新平台如图1-1所示。

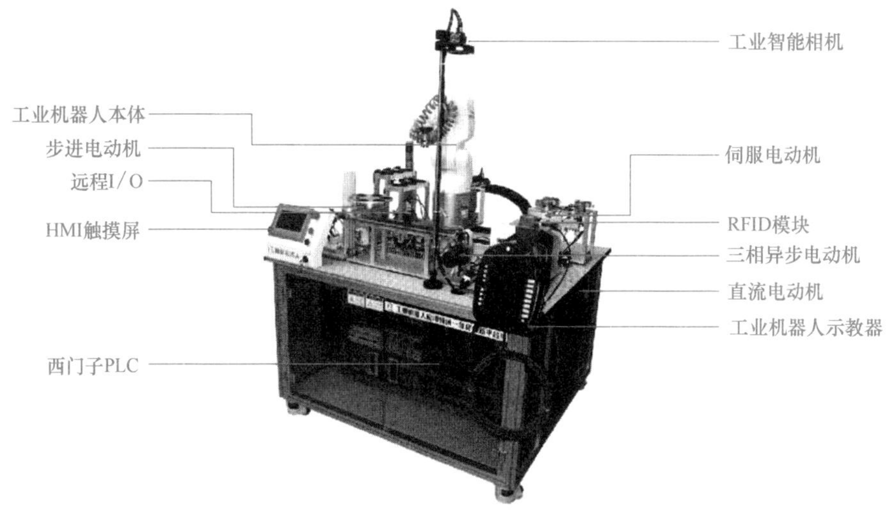

图1-1　工业机器人应用领域一体化教学创新平台

3. 模块简介

（1）工业机器人本体　图1-2所示为KUKA-KR4型工业机器人本体。KUKA-KR4型工业机器人的主要特点是：①节拍<0.4s；②四路气管内置；③灵活且易于集成；④可靠且维护成本低；⑤结构紧凑，空间覆盖范围广；⑥高性能且紧凑的外形设计；⑦工业级设计，高级别防护等级。KUKA-KR4型工业机器人主要参数见表1-3。

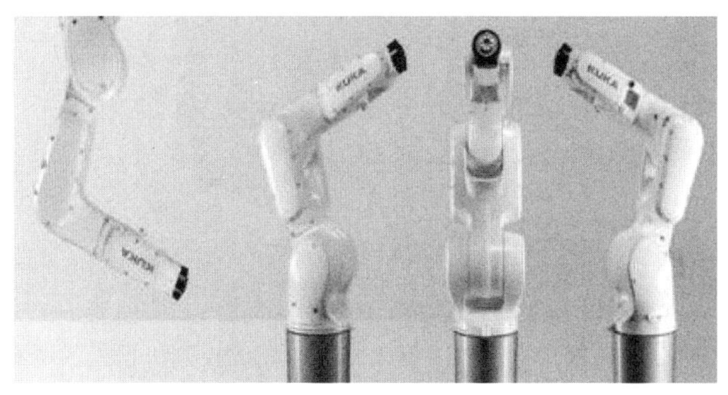

图1-2　KUKA-KR4型工业机器人本体

表 1-3 KUKA-KR4 型工业机器人主要参数

名称		参数	名称		参数
型号		KUKA-KR4	轴数(轴)		6
有效载荷[①]/kg		4	重复定位精度[②]/mm		±0.02
环境温度/℃		0~55	本体质量/kg		27
控制器		KR C5 Micro	安装方式		任意角度
功能		装配、物料搬运	最大臂展[③]/mm		601
本体防护等级[④]		IP40	噪声/db(A)		<68
各轴运动范围[⑤]/(°)	A1 轴	±170	最大单轴速度[⑥]/[(°)/s]	A1 轴	360
	A2 轴	-195~40		A2 轴	360
	A3 轴	-115~150		A3 轴	488
	A4 轴	±185		A4 轴	600
	A5 轴	±120		A5 轴	529
	A6 轴	±350		A6 轴	800

① 有效载荷：机器人在工作时能够承受的最大载重。如果将零件从一个位置搬至另一个位置，就需要将零件的质量和机器人手爪的质量计算在内。

② 重复定位精度：机器人在完成每一个循环后，到达同一位置的精确度/差异度。

③ 最大臂展：机械臂所能达到的最大距离。

④ 本体防护等级：由两个数字组成，第一个数字表示防尘、防止外物侵入的等级，第二个数字表示防湿气、防水侵入的密闭程度，数字越大，表示其防护等级越高。

⑤ 各轴运动范围：KUKA-KR4 型机器人由 6 个轴串联而成，由下至上分别为 A1、A2、A3、A4、A5、A6，每个轴的运动均为转动。

⑥ 最大单轴速度：机器人单个轴运动时，参考点在单位时间内能够移动的距离（mm/s）、转过的角度［(°)/s］或弧度（rad/s）。

（2）工业机器人控制系统　工业机器人控制系统（图 1-3）由机器人控制器（以下简称控制器）、伺服驱动器、示教器和机箱等组成，用于控制和操作工业机器人本体。工业机器人 KRC5 控制系统配置有数字量 I/O 模块、工业以太网及总线模块。

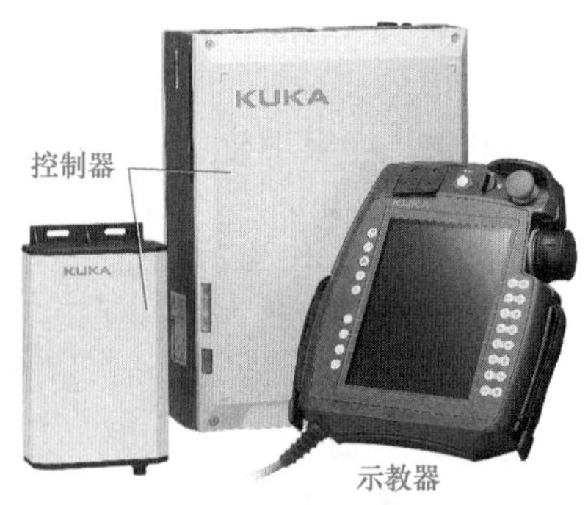

图 1-3　工业机器人控制系统

1）示教器。KUKA-KR4 型工业机器人示教器为 smartPAD，如图 1-4 所示。示教器是操作者与机器人交互的设备，使用示教器，操作者可以完成控制机器人的所有功能，如手动控制机器人运动、编程控制机器人运动、设置 I/O 交互信号等。

2）功能区与接口。smartPAD 的功能按键说明见表 1-4，界面功能说明见表 1-5。

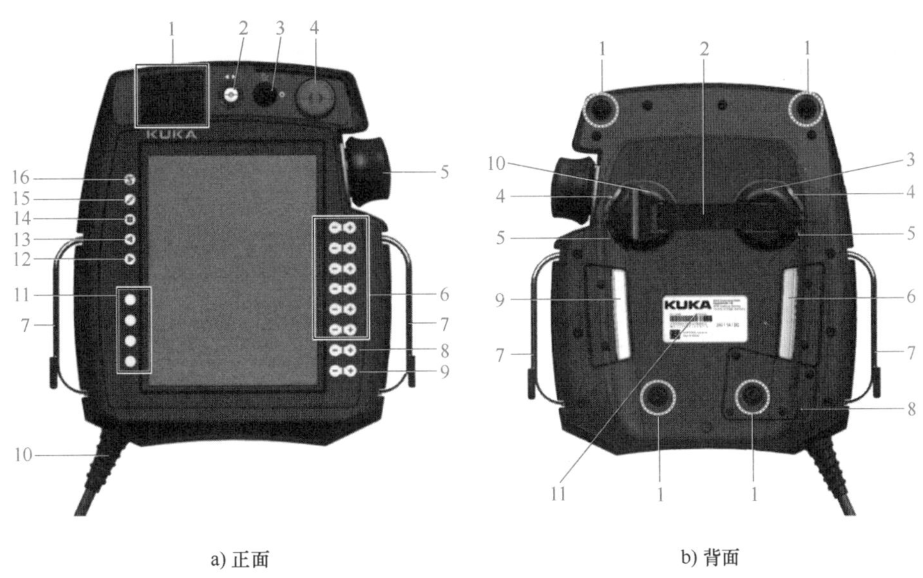

a) 正面　　　　b) 背面

图 1-4 smartPAD 的正面和背面

表 1-4 smartPAD 的功能按键说明

按键位置	序号	说　明
smartPAD 正面	1	两个有盖的 USB 2.0 接口。USB 接口可插入 U 盘进行存档。支持 NTFS 和 FAT32 格式的 U 盘
	2	用于拔下 smartPAD 的按钮
	3	运行方式选择开关： 1)带钥匙：只有在插入钥匙的情况下才能更改运行方式 2)不带钥匙：通过运行方式选择开关可以调用连接管理器，通过连接管理器可以切换运行方式
	4	紧急停止按钮：用于在危险情况下关停机器人。按下时，它将会自行闭锁
	5	空间鼠标(6D 鼠标)：用于手动操纵机器人
	6	移动键：用于手动移动机器人
	7	有尼龙搭扣的手带。如果不使用手带，则手带可以被全部拉入
	8	用于设定程序倍率的按键
	9	用于设定手动倍率的按键
	10	连接线
	11	状态键：主要用于设定备选软件包中的参数。其确切的功能取决于所安装的备选软件包
	12	启动键：可启动一个程序
	13	逆向启动键：可逆向启动一个程序，程序将逐步执行
	14	停止键：按下时可暂停正在运行的程序
	15	键盘按键：用于显示键盘。通常不需将键盘显示出来，因为 smartHMI 可自动识别需要使用键盘输入的情况并自动显示键盘
	16	主菜单按键：用于显示和隐藏 smartHMI 上的主菜单。此外，可以通过它创建屏幕截图

（续）

按键位置	序号	说　明
smartPAD 背面	1	用于固定（可选）背带的按键
	2	拱顶座支撑带
	3	左侧拱顶座：用右手握 smartPAD
	4	确认开关： 1）具有 3 个位置，即未按下、中位和完全按下（紧急位置） 2）只有当至少一个确认开关保持在中间位置时，方可在测试运行方式下运行机器人 3）在采用自动运行模式和外部自动运行模式时，确认开关不起作用
	5	启动键（绿色）：可启动一个程序
	6	确认开关
	7	有尼龙搭扣的手带。如果不使用手带，则手带可以被全部拉入
	8	盖板（连接电缆盖板）
	9	确认开关
	10	右侧拱顶座：用左手握 smartPAD
	11	铭牌

表 1-5　smartPAD 的界面功能说明

界　面	序号	说明
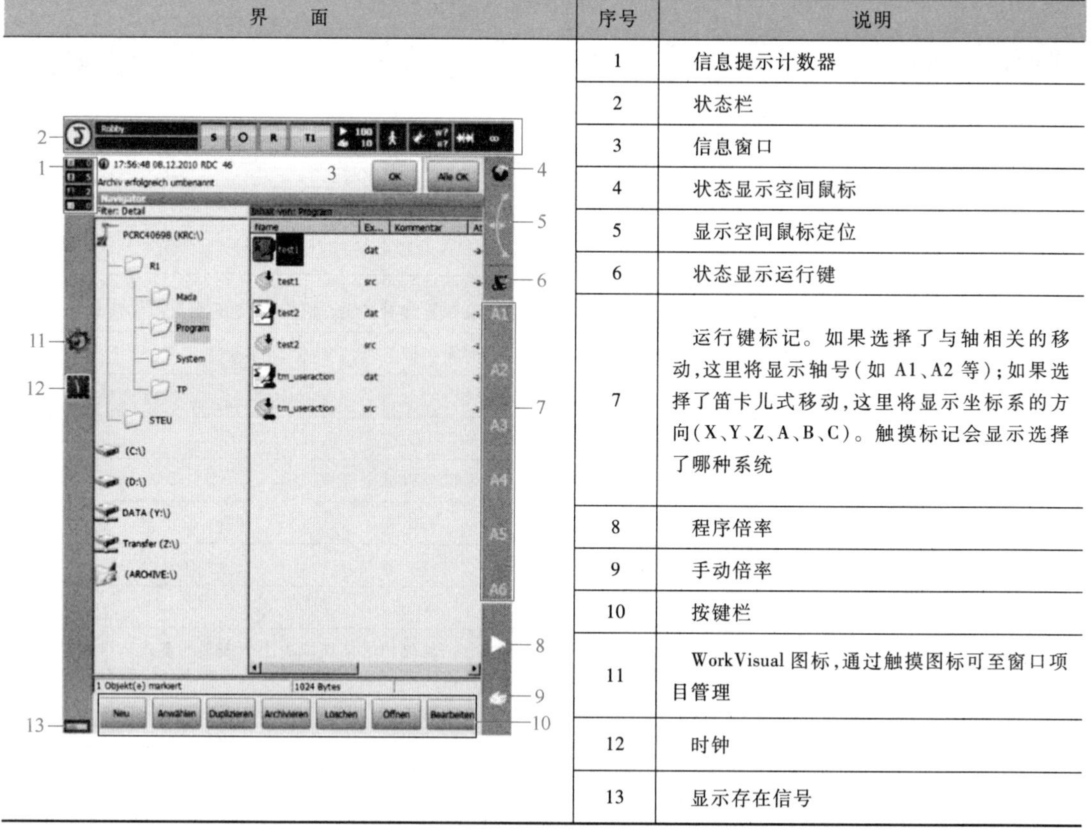	1	信息提示计数器
	2	状态栏
	3	信息窗口
	4	状态显示空间鼠标
	5	显示空间鼠标定位
	6	状态显示运行键
	7	运行键标记。如果选择了与轴相关的移动，这里将显示轴号（如 A1、A2 等）；如果选择了笛卡儿式移动，这里将显示坐标系的方向（X、Y、Z、A、B、C）。触摸标记会显示选择了哪种系统
	8	程序倍率
	9	手动倍率
	10	按键栏
	11	WorkVisual 图标，通过触摸图标可至窗口项目管理
	12	时钟
	13	显示存在信号

3）示教器握持方法。双手握持示教器，使机器人进行点动运动时，四指需要按下确认开关，使机器人处于伺服开的状态，具体方法如图 1-5 所示。

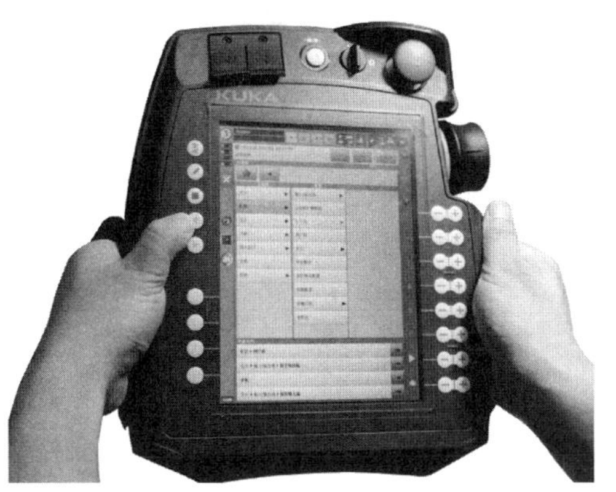

图 1-5　示教器握持方法

（3）平台应用模块简介　工业机器人应用领域一体化教学创新平台应用模块说明见表 1-6。

表 1-6　应用模块说明

应用模块说明	模块示意图
标准培训台：由铝合金型材搭建，四周安装有机玻璃可视化门板，底部安装金属板，平台上安装有快换支架，可根据培训项目自行更换模块位置	
快换工具模块：由工业机器人快换工具、支撑架和检测传感器组成。上图为整体视图，下图分别为焊接工具(A)、激光笔工具(B)、两爪夹具(C、D)、吸附工具(E)、涂胶工具(F)。可根据培训项目由机器人自动更换夹具，完成不同的培训考核内容	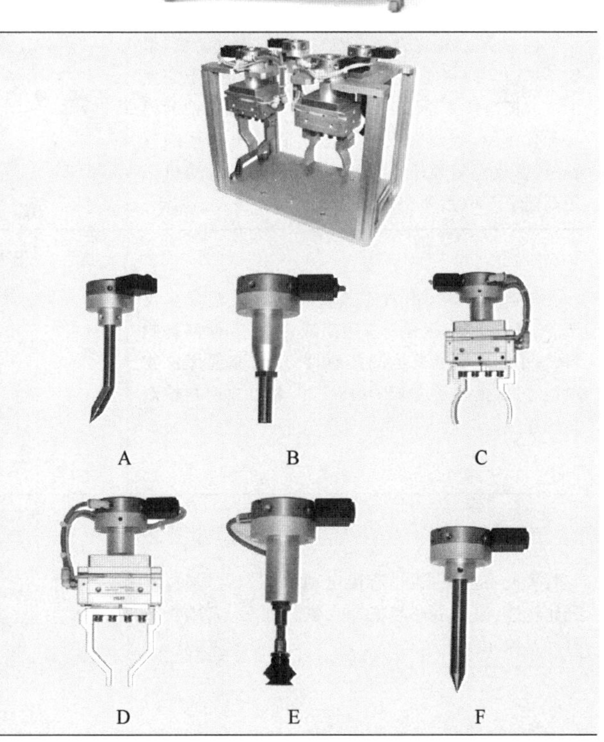

（续）

应用模块说明	模块示意图
旋转供料模块：由旋转供料台（A）、支撑架（B）、安装底板（C）、步进电动机（D）等组成。采用步进电动机驱动旋转供料，用于机器人协同作业，完成供料及中转任务	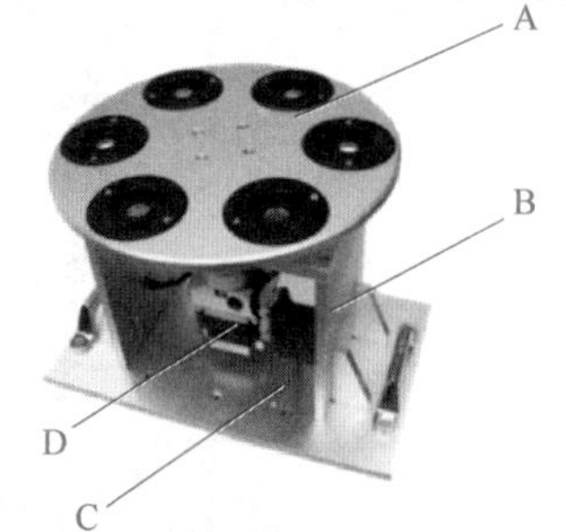
伺服变位机模块：由支撑架、安装底板、伺服驱动系统、气动工装和 RFID 智能模块等组成。变位机采用西门子 V90 系列伺服驱动，总线通信，全闭环控制，模拟工业机器人进行装配和 RFID 识别工序，物料内嵌入芯片，并通过总控与机器人通信，可以与其他模块进行组合，完成不同的培训任务	
井式供料模块：由推料装置、井式落料装置、安装底板及检测传感器组成，可用于完成中转法兰和输出法兰自动落料及推料	
带传送模块：由铝合金框架、三相异步电动机、聚氯乙烯（PVC）传送带及安装底座组成，可用于完成工件的传送任务；可与井式供料模块及视觉检测模块配合使用，共同完成中转法兰和输出法兰的落料、传输及检测等任务。其中，三相异步电动机采用西门子 V20 系列变频器驱动	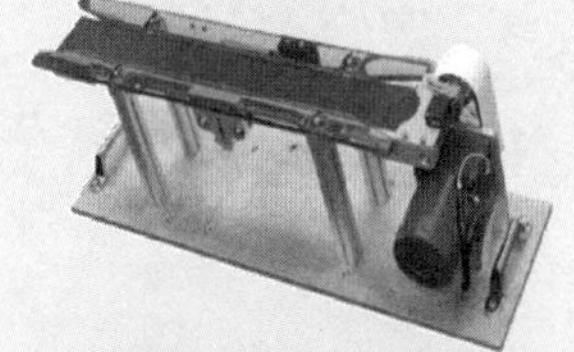
立体仓储模块：由六库位安装底板及铝合金支架、检测传感器、远程 I/O 等组成，用于存储两种物料，每个库位安装有检测传感器，实时掌握库位物料信息，该模块通过 PROFINET 工业以太网与控制系统连接	
打磨抛光模块：通过直流电动机控制打磨轮/抛光轮转速，通过主控与机器人进行通信，完成物料打磨及抛光任务	

（续）

应用模块说明	模块示意图
视觉检测模块：由工业相机、镜头、视觉处理软件、光源控制器、光源、连接电缆、铝材支架等组成，可与传送带模块配合使用，完成中转法兰和输出法兰的定位识别。工业相机选用华睿科技股份有限公司的产品，配套 MVP 视觉算法平台	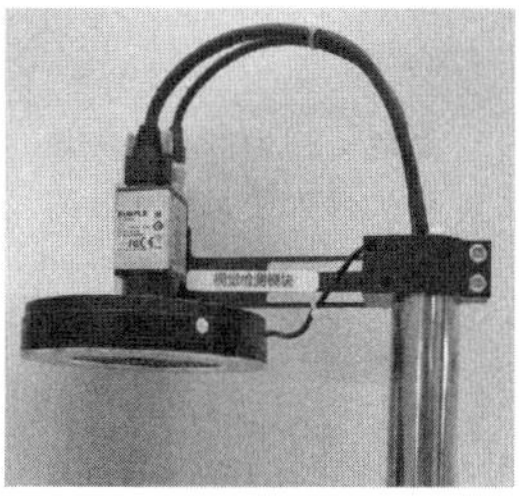
RFID 智能模块：用于物料内嵌芯片的读取与写入，并通过总控与机器人通信，可以与其他模块进行组合，完成不同的培训任务。RFID 阅读器和 RFID 通信模块选用西门子品牌	
原料仓储模块：用于存放柔轮、波发生器和轴套，机器人末端夹爪分别夹取柔轮、波发生器和轴套装配	
码垛模块：工业机器人通过吸附工具按程序要求对码垛物料进行码垛，物料上、下表面设有定位结构，可精确完成物料的码垛、解垛	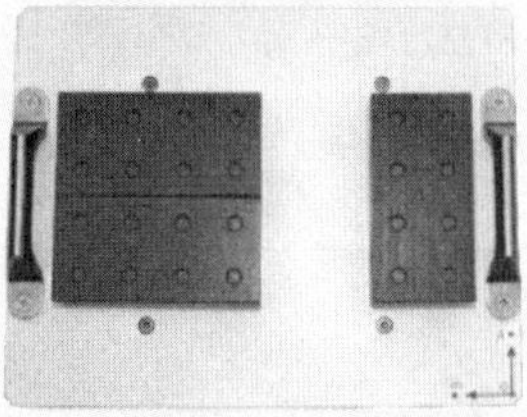
模拟焊接模块：由立体焊接面板、可旋转支架和安装底板组成，工业机器人通过末端焊接工具进行焊接示教，可完成不同角度指定轨迹的焊接任务	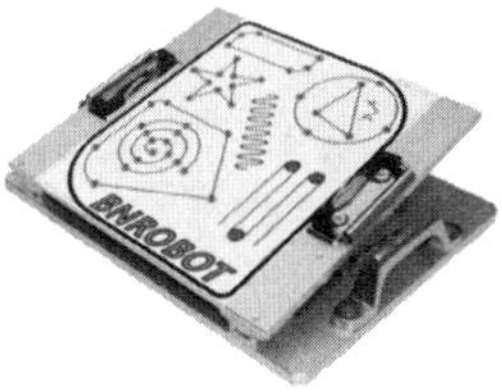 A 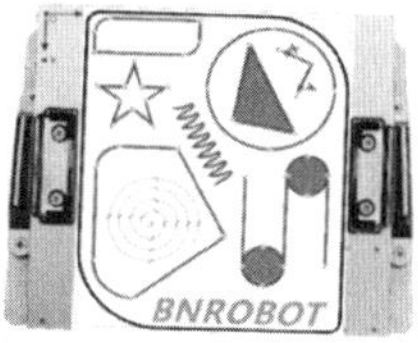　B
雕刻模块：由弧形不锈钢板、安装底板和把手组成，工业机器人通过末端激光笔完成雕刻示教任务	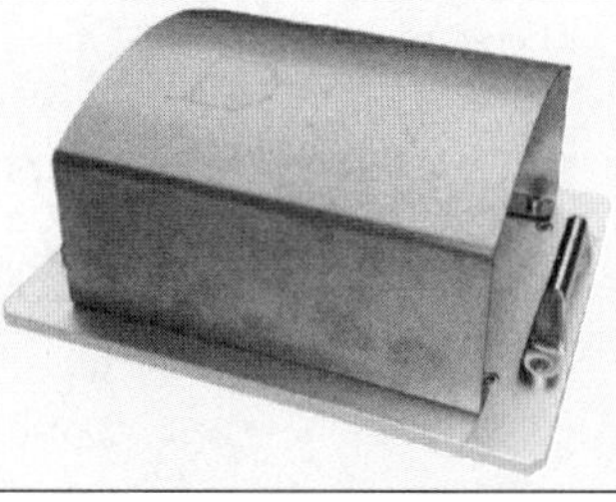

(续)

应用模块说明	模块示意图
快换底座模块:由铝合金支撑板、底板及铝合金支撑柱组成,上表面留有快换安装孔,便于离线编程模块快速拆装	
装配用样件套装(谐波减速器模型)	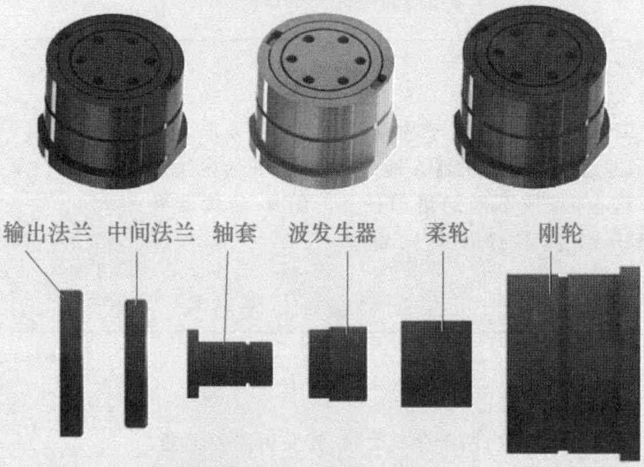
主控系统:采用西门子 S7-1200 系列 PLC,使用 TIA 博途软件进行编程,通过工业以太网通信配合工业机器人完成外围控制任务	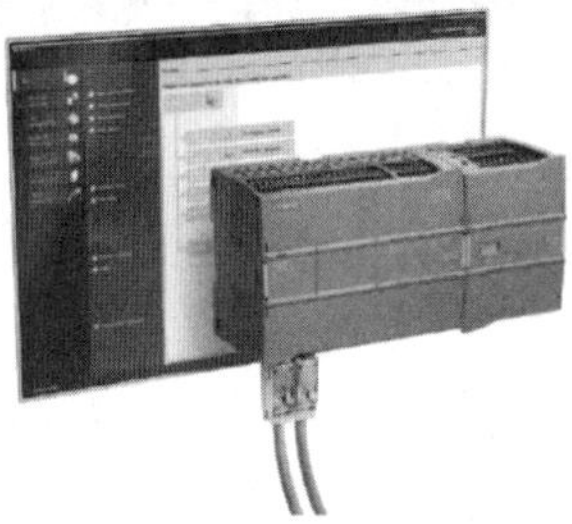
人机交互系统:包含触摸屏、指纹机和按钮指示灯。其中按钮指示灯具有设备开/关机指示、模式切换指示、电源状态指示、设备急停指示等功能;触摸屏选用西门子 KTP700 面板,用于设备的数据监控操作	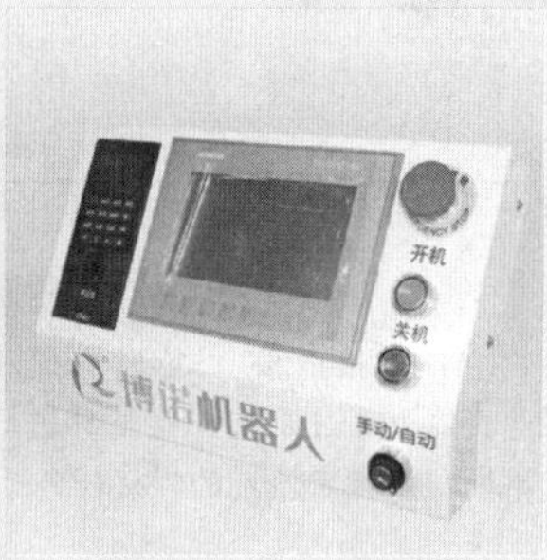
外围控制套件:左图为可调压油水分离器,右图为三色指示灯	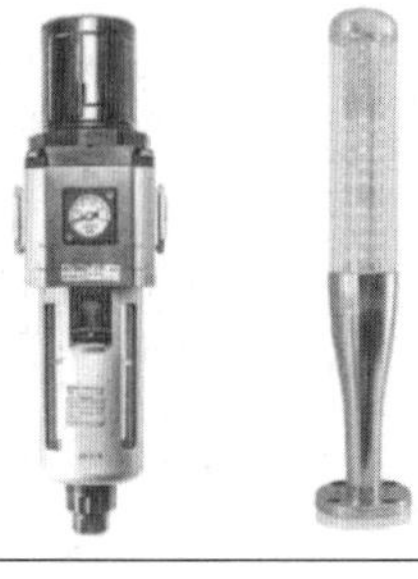

（续）

应用模块说明	模块示意图
考核管理系统：分为权限管理模块、培训管理模块、考核管理模块和证书管理模块	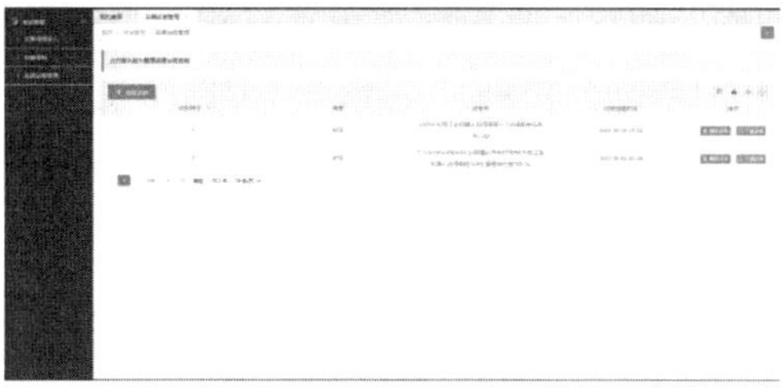
身份验证系统：是结合考核管理系统进行人证识别的终端，可进行人证比对，系统确认比对人与有效证件信息一致后，方可通过验证并记录相关信息	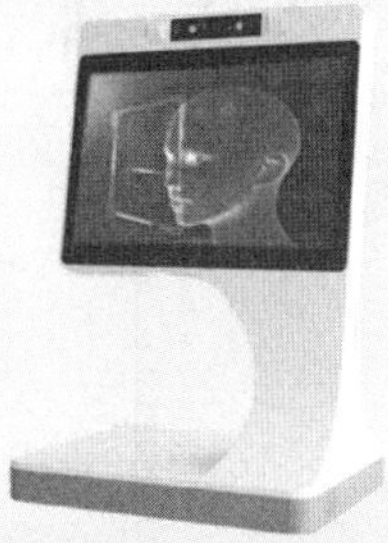
数字化监控系统：由工业以太网交换机、网络硬盘录像机、显示器、场景监控和机柜等组成	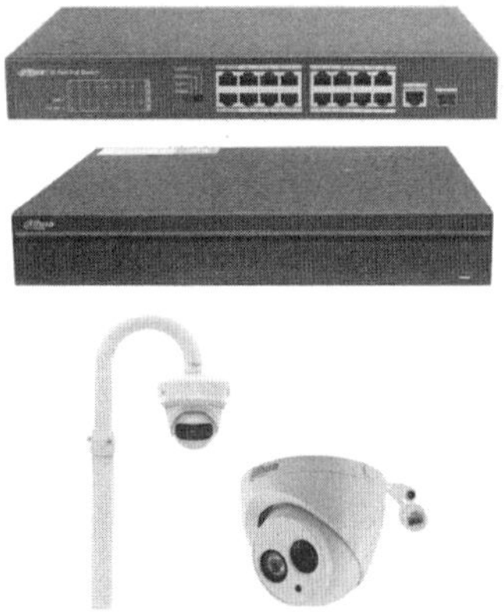

（4）平台软件介绍

1）离线编程软件。图 1-6 所示为离线编程软件的主界面（KUKA. Sim Pro 3. 1）。离线

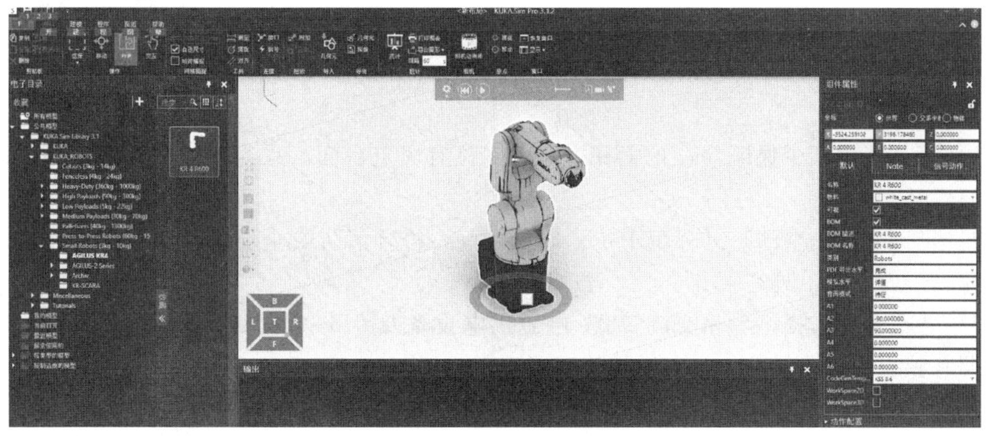

图 1-6　离线编程软件的主界面

编程软件具备的优势包括：远离调试现场，可以保证现场的轨迹精度要求；通过曲面、曲线特征来计算机器人运动轨迹，保证轨迹的精度要求；后置功能强大，具有生产过程的仿真验证等功能，能更加高效地完成项目规划。

2）TIA 博途软件。平台使用的控制器模块为西门子 S7-1200 小型 PLC，具有集成 PROFINET 接口，具备强大的集成工艺功能和灵活的可扩展性。PLC 所用编程软件为 TIA 博途软件，该软件是一款全集成自动化编程软件，如图 1-7 所示。

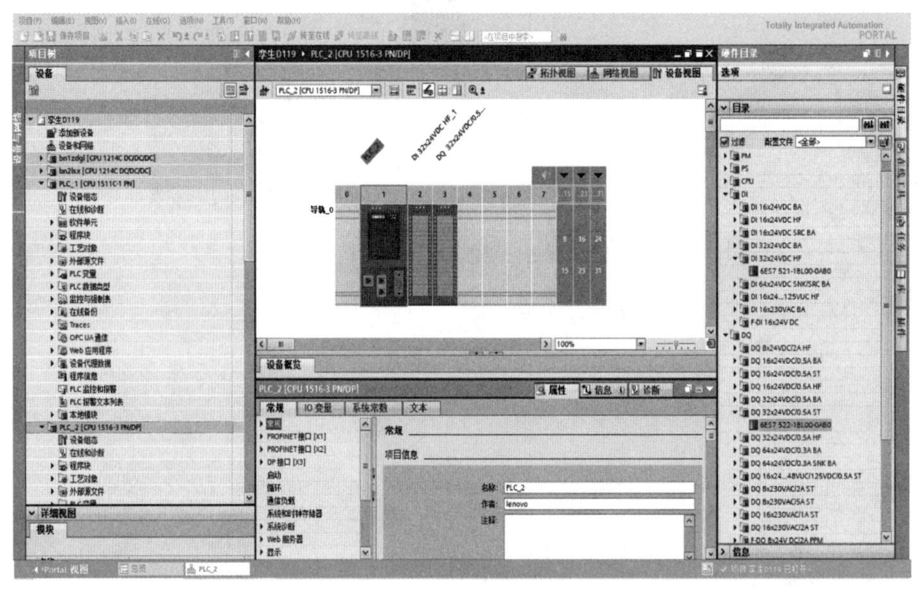

图 1-7 TIA 博途软件

3）MVP 视觉软件。平台使用的视觉检测模块为华睿科技股份有限公司的 12CG-E 小面阵工业相机，配套 MVP 智能算法平台，可实现对输出法兰的颜色及旋转角度的判断。MVP 视觉算法平台是视觉检测模块的“大脑”，它具备高性能底层算子、多种视觉工具，可对复杂的图像进行计算、处理。

（5）网络通信 图 1-8 所示为机器人与主控制器 PLC 及其他各模块的控制网络拓扑图。

二、工业机器人应用编程中级平台的模块安装

1. 场地准备

1）每个工位至少保证 6m^2 的面积，每个工位有固定台面，采光良好，光照不足的部分采用照明补充。

2）场地应干净整洁，无环境干扰，通风良好，符合消防安全要求。实训前，检查应准备的材料、设备和工具是否齐全。

3）各平台均需提供单相交流 220V 电源供电设备及 0.5~0.8MPa 压缩空气气源，各平台电源有独立的短路保护、漏电保护等装置。

2. 硬件准备

工业机器人应用编程中级平台设备清单见表 1-7。

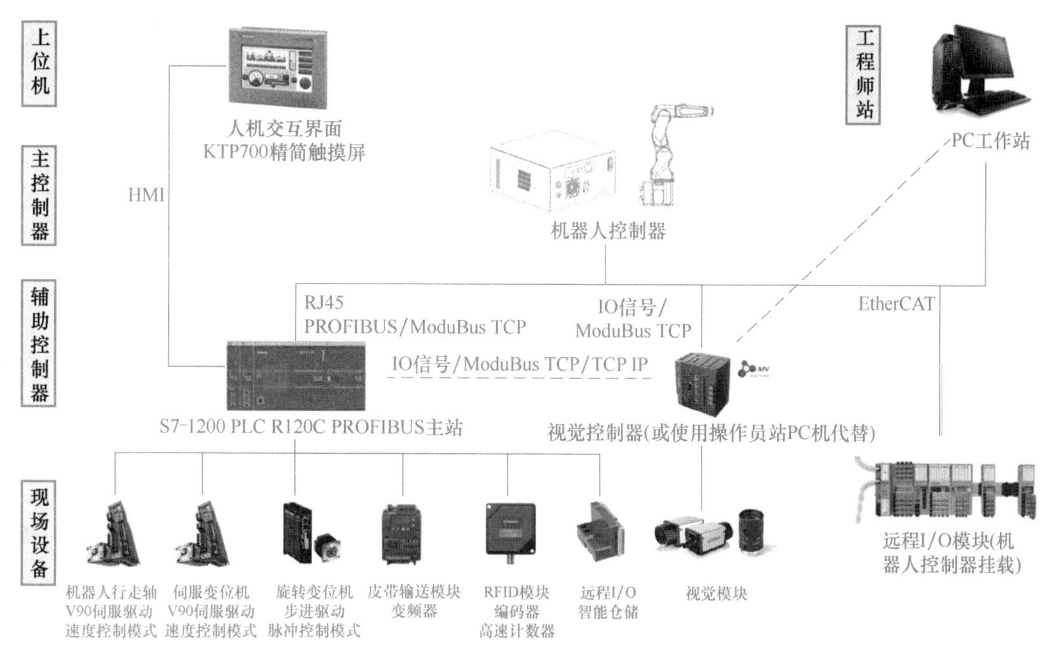

图 1-8　设备控制网络拓扑图

表 1-7　平台设备清单

序号	设备名称	数量	序号	设备名称	数量
1	工业机器人本体	1 套	9	模拟焊接模块	1 套
2	工业机器人示教器	1 套	10	雕刻模块	1 套
3	工业机器人控制器	1 套	11	搬运模块	1 套
4	工业机器人应用编程标准实训台	1 套	12	电气控制系统	1 套
5	快换工具模块	1 套	13	身份验证系统	1 套
6	快换底座模块	1 套	14	外围控制套件	1 套
7	涂胶模块	1 套	15	考核管理系统	1 套
8	码垛模块	1 套	16	数字化监控系统	1 套

3. 参考资料准备

平台配套计算机需要提前准备如下参考资料，并提前放置在“D：\1+X 实训\参考资料”文件夹下：

1）KUKA-KR4 型工业机器人操作编程手册。

2）1+X 平台信号表（中级）。

3）1+X 快插电气接口图。

4. 工量具及防护用品准备

相关工量具及防护用品按照表 1-8 所列清单准备，建议但不局限于表中列出的工量具。

表 1-8 工量具及防护用品清单

序号	名称	数量	序号	名称	数量
1	内六角扳手	1套	6	活扳手	1个
2	一字螺钉旋具	1套	7	尖嘴钳	1把
3	十字螺钉旋具	1套	8	工作服	1套
4	验电笔	1支	9	安全帽	1个
5	万用表	1个	10	电工鞋	1双

5. 模块安装

检查工业机器人应用领域一体化教学创新平台（BN-R116-KR4）所涉及的电路、气路及快换模块接口。实训前根据实训任务进行布局，安装好各模块，平台所用快换模块均可通过回字块进行快速安装，根据任务要求自由配置和布局，并完成接线。

（1）机械安装　图 1-9 所示为平台快换模块用的回字块，回字快上有 4 个定位孔，快换功能模块底面上有 4 个定位销，通过回字块定位孔与快换功能模块底面定位销配合，可实现平台上各模块的快速、精确安装。通过紧固螺孔可使模块与回字块连接更加牢固，以满足不同任务的需求。

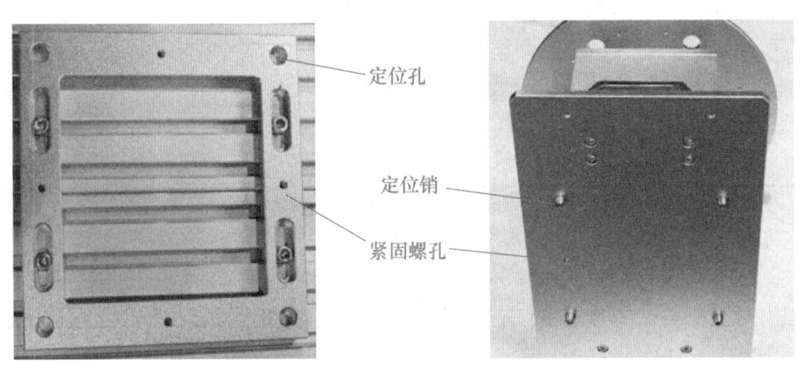

图 1-9 平台快换模块用的回字块

（2）安装样例　图 1-10 所示为平台模块安装前的俯视图，图 1-11 所示为平台安装部分模块样例。快换工具模块、旋转供料模块和快换底座模块都可通过回字块快速安装固定在平

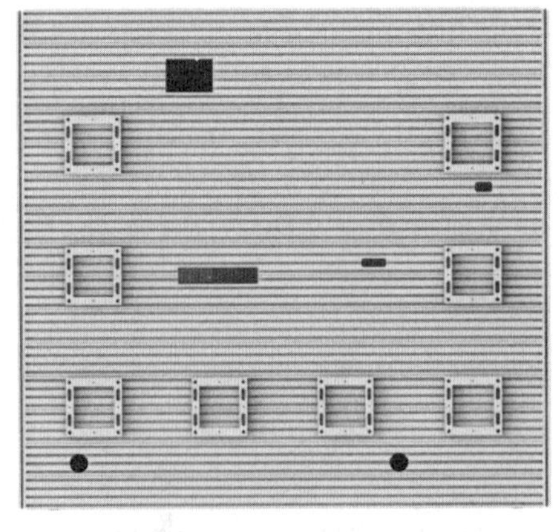

图 1-10 平台模块安装前俯视图

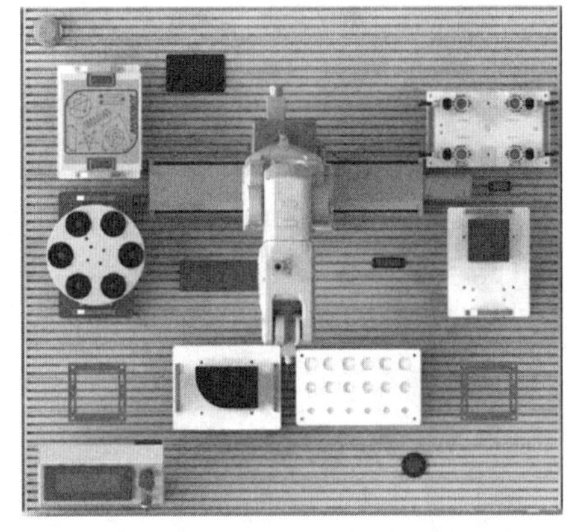

图 1-11 平台安装部分模块样例

台上，涂胶模块、模拟焊接模块和码垛模块可通过四个定位销和定位孔安装到快换底座上，培训和考核时可根据不同任务自由设计和布局各模块。

（3）电气与电路安装接口　图 1-12a 所示为气路快速接口，图 1-12b 所示为电路快速接口和网口，图 1-12c 所示为快换航空插头。

a)

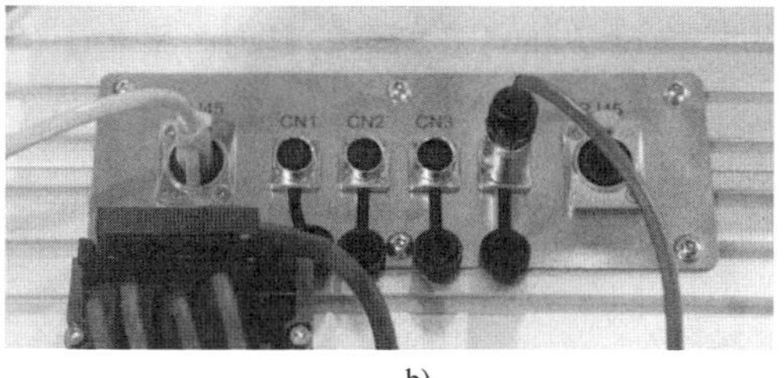

b)

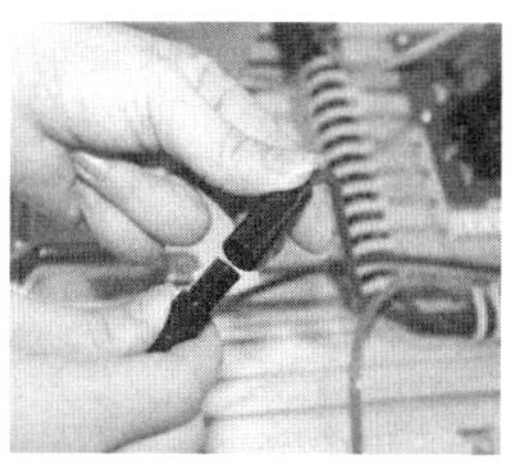

c)

图 1-12　电气与电路安装接口

6. KUKA-KR4 型工业机器人开机和关机

工业机器人应用领域一体化教学创新平台（BN-R116-KR4）的电源开关位于触摸屏的右下侧，如图 1-13 所示；控制器电源开关位于操作面板的左下角，如图 1-14 所示。

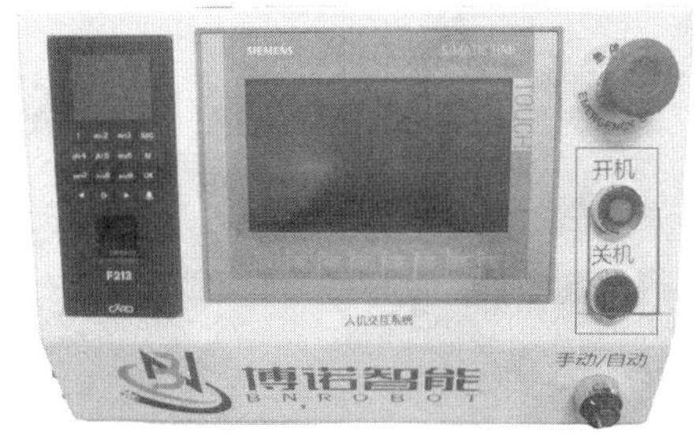

图 1-13　触摸屏

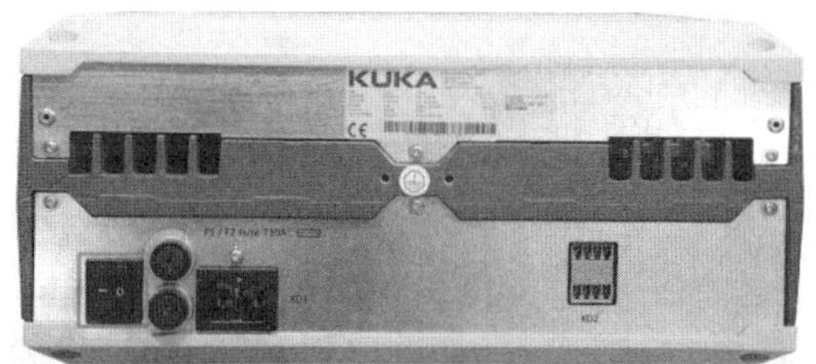

图 1-14　KUKA-KR4 控制器

（1）工业机器人开机　工业机器人开机包括以下步骤：

1）检查工业机器人周边设备、作业范围是否符合开机条件。

2）检查电路、气路接口是否连接正常。

3）确认工业机器人控制器和示教器上的急停按钮是否已经按下。

4）打开平台电源开关。

5）打开控制器电源开关。

6）打开气泵开关和供气阀门。

7）示教器画面自动开启，开机完成。

（2）工业机器人关机　工业机器人关机包括以下步骤：

1）将控制器模式开关切换到手动操作模式。

2）手动操作工业机器人返回到原点位置。

3）按下示教器上的急停按钮。

4）按下控制器上的急停按钮。

5）将示教器放到指定位置。

6）关闭控制器电源开关。

7）关闭气泵开关和供气阀门。

8）关闭平台电源开关。

9）整理工业机器人系统周边设备、电缆及工件等物品。

（3）紧急停止装置　紧急停止装置也称急停按钮，当发生紧急情况时，用户可以通过快速按下此按钮来达到保护机械设备和自身安全的目的。平台上的触摸屏和示教器上分别设有急停按钮。

知识拓展

一、KUKA 工业机器人

库卡（KUKA）机器人有限公司于 1898 年建立，公司总部位于德国奥格斯堡，是世界领先的工业机器人制造商，机器人四大家族之一。KUKA 公司向客户提供一站式解决方案：从机器人、工作单元到全自动系统及其联网。市场领域遍及汽车、电子产品、金属和塑料、消费品、电子商务/零售和医疗保健。我国家电企业美的集团在 2017 年顺利收购 KUKA 公司 94.55%的股权。KUKA 工业机器人的主要产品系列及规格见图 1-15 和表 1-9。

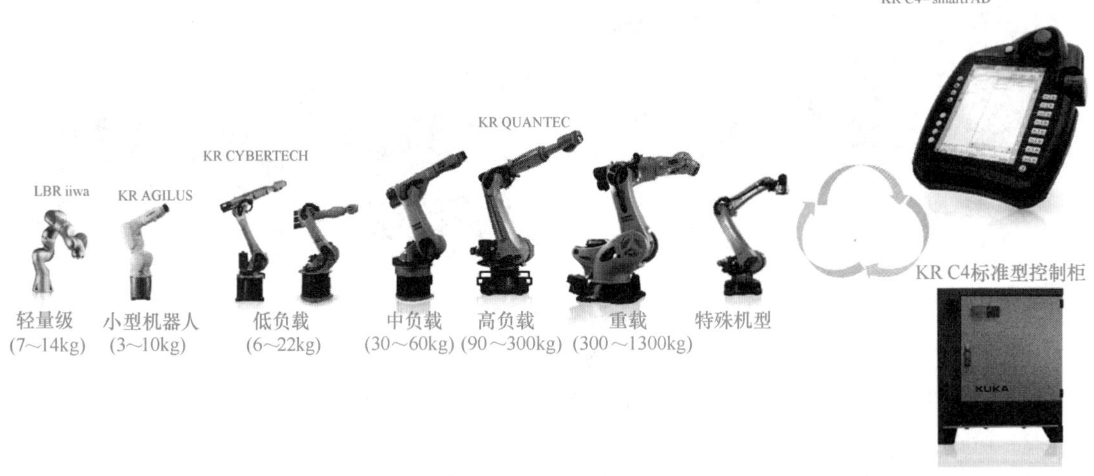

图 1-15　KUKA 机器人产品组合

表 1-9　KUKA 机器人的主要产品系列及规格

分类	型号	图片	应用领域
小型机器人，产品规格范围为 3～10kg 的有效载荷及 540～1100mm 的作用范围	KR 4 R600 KR 6 R700/900-2 KR 10 R900/1100-2		专为小型零部件装配和搬运任务而设计，主要应用于紧固、焊接、点胶、包装、组装、检验、取放和打标等

（续）

分类	型号	图片	应用领域
低负载机器人，产品规格范围为6~22kg的有效载荷及1420~2100mm的作用范围	KR 6 R1820 KR 8 R1420/2010-2 KR 8 R1620 KR 10 R1420 KR 12 R1810-2 KR 16 R1610/2610-2 KR 20 R1810-2 KR 22 R1610-2		主要应用于弧焊、上下料、涂胶、CNC、多机协同、装配等
中负载机器人，产品规格范围为30~60kg的有效载荷及2033~3100mm的作用范围	KR 30/60-3 KR 30 L16-3 KR 30-3 KR 60 L30-3 KR 60 L45-3 KR 60-3		主要应用于CNC、激光、激光焊接、铣削、装配、上下料、搬运、折弯、弧焊等
高负载机器人，产品规格范围为90~300kg的有效载荷及2700~3900mm的作用范围	KR 120 R2700/3100-2 KR 150 R2700/3100-2 KR 180 R2900-2 KR 210 R2700/3100-2 KR 210 R3300-2K KR 240 R2900-2 KR 250 R2700-2 KR 270 R3100-2K KR 300 R2700-2		主要应用于上下料、去毛刺、清洗、X射线扫描、搬运、切削、电焊、铸造等。
重载机器人，产品规格范围为300~1300kg的有效载荷及2830~3330mm的作用范围	KR 240 R3330 KR 280 R3080 KR 340 R3330 KR 360 R2830 KR 420 R3080/3330 KR 500 R2830 KR 510 R3080 KR 600 R2830		主要应用于铣削、钻孔、测试、娱乐等
Titan，产品规格范围为750~1000kg的有效载荷及3200~3600mm的作用范围	KR 1000 L750 Titan KR 1000 Titan		主要应用于搬运

（续）

分类	型号	图片	应用领域
码垛机器人，产品规格范围为 40～1300kg 的有效载荷以及 3200～3600mm 的作用范围	KR 120 R3200 PA KR 180 R3200 KR 240 R3200 PA KR 300-2 PA KR 470-2 PA KR 700 PA KR 1000 L950 Titan PA KR 1000 L1300 Titan PA		码垛机器人的应用场景，主要应用于码垛
SCARA 工业机器人	KUKA SCARA	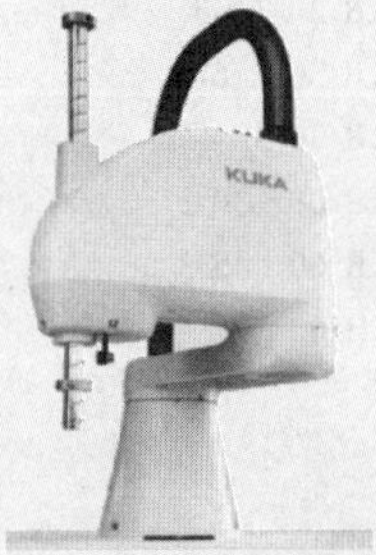	适用于装配和接合任务以及拾取和放置等
灵敏型机器人	LBR iiwa	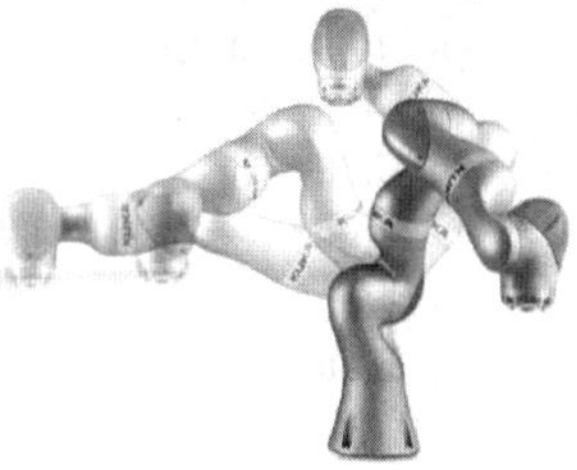	主要应用于螺栓连接、装载、搬运、装配、检测、抛光和涂胶等

二、工业机器人的主要性能指标

1. 自由度

机器人的自由度是指描述机器人本体（不含末端执行器）相对于基坐标系（机器人坐标系）进行独立运动的数目，表现为机器人动作灵活的尺度，一般以轴的直线移动、摆动或旋转动作的数目来表示。工业机器人一般采用空间开链连杆机构，其中的运动副（转动副或移动副）常称为关节，关节个数通常为工业机器人的自由度数，大多数工业机器人有 3～6 个运动自由度，如图 1-16 所示。

2. 工作空间

工作空间又叫工作范围、工作区域。机器人的工作空间是指机器人手臂末端或手腕中心（手臂或手部安装点）所能到达的所有点的集合，不包括手部本身所能到达的区域。由于末端执行器的形状和尺寸是多种多样的，因此，为真实反映机器人的特征参数，工作空间一般

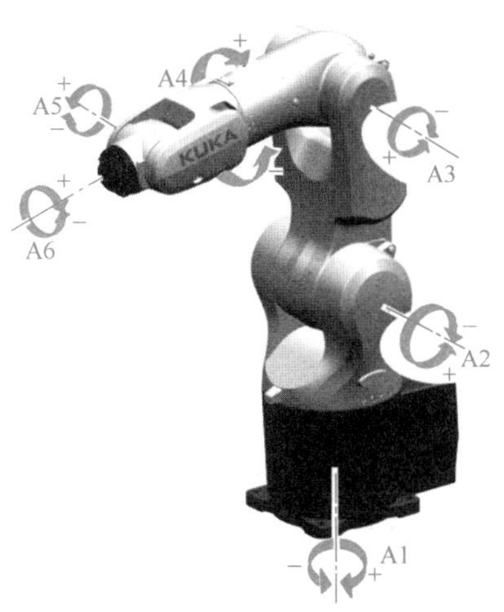

图 1-16　KUKA-KR4 六自由度机器人

为机器人未装任何末端执行器时的最大空间，机器人外形尺寸和工作空间如图 1-17 所示。

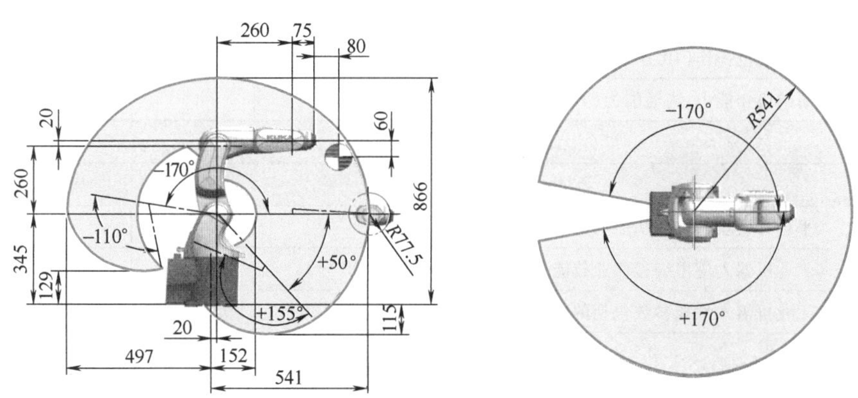

图 1-17　机器人外形尺寸和工作空间

工作空间的形状和大小是十分重要的，机器人在执行某作业时可能会因存在手部不能到达的作业死区而不能完成任务。

3. 负载能力

负载是指机器人在工作时能够承受的最大载重。如果将零件从一个位置搬至另一个位置，就需要将零件的重量和机器人手爪的重量计算在负载内。目前使用的工业机器人负载范围可从 0.5~800kg。

4. 工作精度

工业机器人的工作精度是指定位精度（也称绝对精度）和重复定位精度。定位精度是指机器人手部实际到达位置与目标位置之间的差异，用反复多次测试的定位结果的代表点与指定位置之间的距离来表示。重复定位精度是指机器人重复定位手部于同一目标位置的能力，以实际位置值的分散程度来表示。目前，工业机器人的重复精度可达±(0.01~0.5) mm。工业机器人典型行业应用的工作精度见表 1-10。

表 1-10 工业机器人典型行业应用的工作精度

作业任务	额定负载/kg	重复定位精度/mm
搬运	5～200	±(0.2～0.5)
码垛	50～800	±0.5
点焊	50～350	±(0.2～0.3)
弧焊	3～20	±(0.08～0.1)
涂装	5～20	±(0.2～0.5)
装配	2～5	±(0.02～0.03)
	6～10	±(0.06～0.08)
	10～20	±(0.06～0.1)

评价反馈

基本素养(30 分)				
序号	评估内容	自评	互评	师评
1	纪律(无迟到、早退、旷课)(10 分)			
2	安全规范操作(10 分)			
3	团结协作能力、沟通能力(10 分)			
理论知识(40 分)				
序号	评估内容	自评	互评	师评
1	平台各模块名称及功能(10 分)			
2	工业机器人应用编程职业技能中、高级标准的内容(20 分)			
3	工业机器人性能参数包括的内容(10 分)			
技能操作(30 分)				
序号	评估内容	自评	互评	师评
1	工业机器人示教器的使用(10 分)			
2	平台功能模块的安装(10 分)			
3	各种快换接口的安装(5 分)			
4	平台所用机器人型号的识别(5 分)			
综合评价				

练习与思考题

一、填空题

1. 工业机器人应用领域一体化教学创新平台是严格按照《工业机器人应用编程职业技能等级标准》开发的实训、培训和考核的一体化教学创新平台，适用于工业机器人应用编程______、______、______职业技能等级的培训考核。

2. 工业机器人工作精度是指 ________（也称绝对精度）和 ________。

3. 机器人的自由度是指工业机器人本体（不含末端执行器）相对于________进行独立运动的数目。

4. 工业机器人负载范围为____________。

5. 工业机器人的重复定位精度可达____________。

二、简答题

1. 工业机器人应用领域一体化教学创新平台中级培训考核需要哪些模块？

2. 工业机器人的性能指标主要有哪些？

项目二 工业机器人产品出入库

学习目标

1. 能够根据工作任务要求，通过组信号与 PLC 实现通信。
2. 能够根据产品定制及追溯要求，编制 RFID 应用程序。
3. 能够根据工作任务要求，编制基于工业机器人的智能仓储应用程序。
4. 能够根据工作任务要求，编制工业机器人单元人机界面程序。

工作任务

一、工作任务的背景

仓储物流管理系统通常使用条形码标签进行仓储管理，但条形码具有易复制、不防潮等缺点，容易造成人为损失；以人工作业为主的仓库管理效率较低，货物分类、货物查找和库存盘点等耗时费力。

RFID 技术是一种成熟、先进的技术，可以很好地解决以上问题。通过引入 RFID 技术，对仓库货物的配送、入库、出库、移库和库存盘点等各个作业环节的数据进行自动采集，保证了物流与供应链管理中各个环节数据采集的效率和准确，确保企业能及时、准确地掌握库存和在途货物的数据，合理保持和控制库存量。通过 RFID 电子标签，可以实现对物资的快速自动识别，并准确地随时获取产品的相关信息，例如物资种类、供货商、供货时间、有效期和库存量等。RFID 技术可以对物资从入库、出库、盘点和移库等所有环节进行实时监控，不仅能极大地提高自动化程度，而且可以大幅降低差错率，显著提高物流仓储管理的透明度和管理效率。RFID 技术在物流仓储管理上的应用有助于企业降低成本，提高企业的竞争力，信息畅通有利于控制和降低库存，使企业在对仓储物资的管理上更加高效、准确、科学。图 2-1

图 2-1　RFID 技术在快递包装中的应用

所示为 RFID 技术在快递包装中的应用。

二、所需要的设备

工业机器人产品出入库系统涉及的主要设备包括工业机器人应用领域一体化教学创新平台（BN-R116-KR4）、KUKA-KR4 型工业机器人本体、控制器、示教器、气泵、伺服变位机模块、立体仓储模块、弧口夹爪和刚轮，如图 2-2 所示。

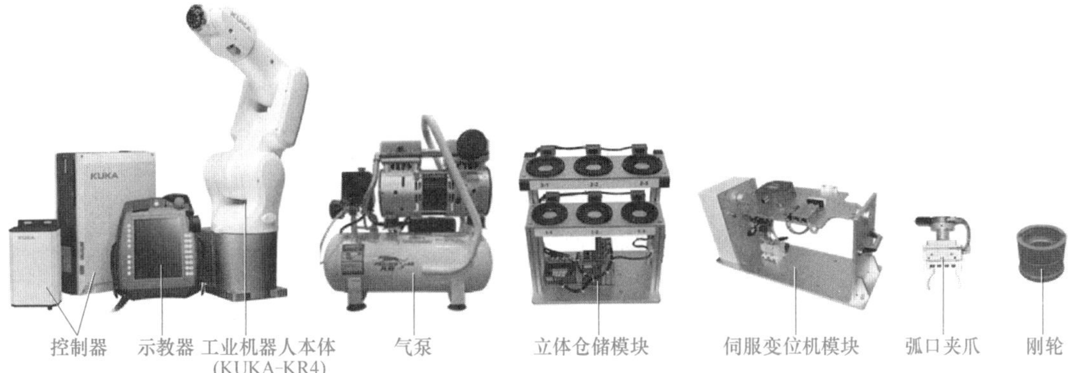

图 2-2 产品出入库所需设备

三、任务描述

本任务的目标是实现刚轮零件的出入库。利用机器人实现使刚轮从立体仓储模块中出库（图 2-3），经 RFID 模块写入数据后，放置到伺服变位机模块（图 2-4），再从伺服变位机模块经 RFID 读取数据，最后放置到立体仓储模块（图 2-5）。需要依次完成创建程序文件、程序编写、目标点示教及工业机器人程序调试等环节，从而完成整个刚轮出入库工作任务。

将伺服变位机模块和立体仓储模块安装在工作台上的指定位置，在工业机器人末端自动安装弧口夹爪，如图 2-3 所示，在立体仓储模块摆放 1 个刚轮，创建并正确命名运行程序。利用示教器进行现场操作编程，按下启动按钮后，工业机器人自动从工作原点开始执行刚轮出入库任务。完成刚轮出入库任务后，工业机器人返回工作原点，刚轮出入库完成样例如图 2-5 所示。

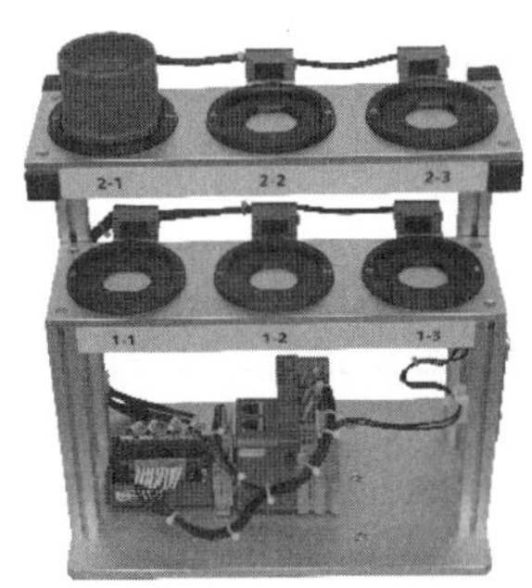

图 2-3 刚轮出库前位置

图 2-4 刚轮出库后位置

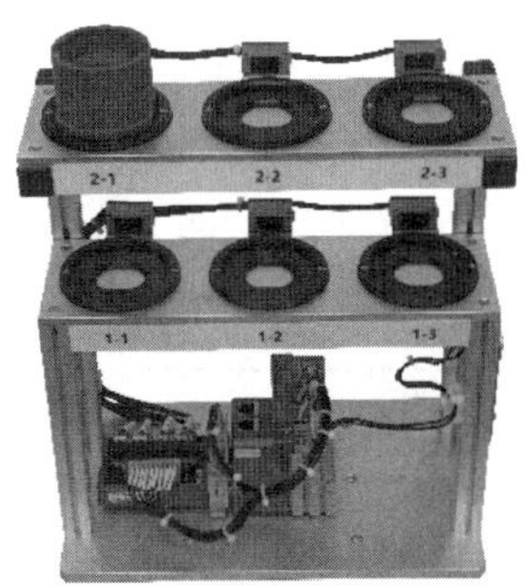

图 2-5 刚轮入库后位置

实践操作

一、知识储备

1. RFID 简介

无线射频识别即射频识别技术（Radio Frequency Identification，RFID），是自动识别技术的一种常用方法，通过无线射频方式进行非接触双向数据通信，利用无线射频方式对记录媒体（或射频卡）进行读写，从而达到识别目标和数据交换的目的。

RFID 系统主要由 RFID 读写器和 RFID 标签组成。RFID 读写器可实现对标签的数据读写和储存。RFID 读写器主要由控制单元、高频通信模块和天线组成，如图 2-6 所示。RFID 标签（图 2-7）由一块集成电路芯片及外接天线组成，其中集成电路芯片通常包括射频前端、逻辑控制和存储器等电路。RFID 标签按照供电原理可分为有源标签、半有源标签和无源标签，无源标签因其成本低、体积小而倍受青睐。

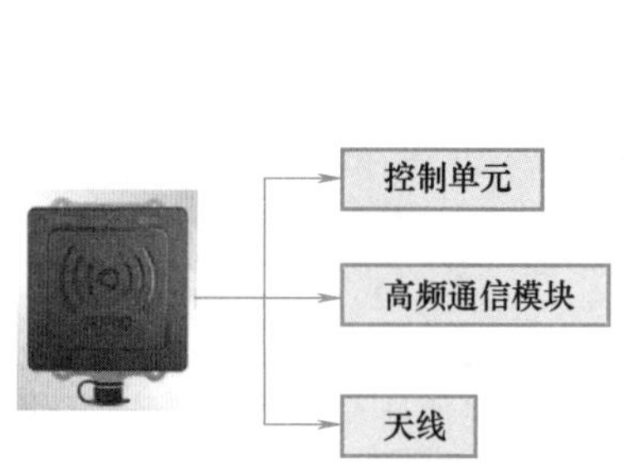

图 2-6 RFID 读写器组成

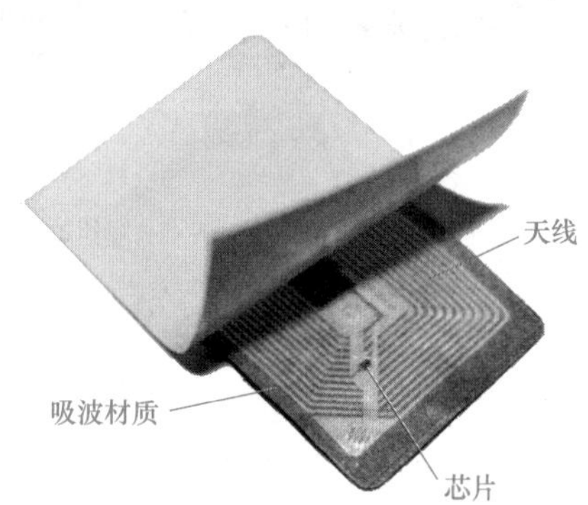

图 2-7 RFID 标签

RFID 系统的基本工作原理是：RFID 标签进入 RFID 发射射频场后，将天线获得的感应电流经升压电路转为芯片的电源，同时将带有信息的感应电流通过射频前端电路转变为数字信号，送入逻辑控制电路进行处理，需要回复的信息则从 RFID 标签储存器发出，经逻辑控制电路送回射频前端电路，最后通过天线发回 RFID 读写器。

2. 指令介绍

（1）Modbus_Comm_Load　Modbus_Comm_Load 指令通过 Modbus RTU 协议对用于通信的通信模块进行组态。当在程序中添加 Modbus_Comm_Load 指令时，系统将自动分配背景数据块。Modbus_Comm_Load 的组态更改保存在电缆调制解调器（Cable Modem，CM）中，而不是 CPU 中。恢复电压和插拔线时，将使用保存在设备配置中的数据组态 CM。Modbus_Comm_Load 指令的参数说明见表 2-1。

表 2-1 Modbus_Comm_Load 指令的参数说明

参数	声明	数据类型	标准	说明
REQ	IN	Bool	FALSE	当此输入出现上升时，启动该指令
PORT	IN	Port	0	设备组态中的硬件标识符。符号端口名称在 PLC 变量表的系统常数（System Constants）选项卡中指定并可应用于此处

（续）

参数	声明	数据类型	标准	说明
BAUD	IN	UDInt	9600	选择数据传输速率，有效值为 300bit/s、600bit/s、1200bit/s、2400bit/s、4800bit/s、9600bit/s、19200bit/s、38400bit/s、27600bit/s、76800bit/s、112200bit/s
PARITY	IN	UInt	0	选择奇偶校验：0 为无；1 为奇校验；2 为偶校验
FLOW_CTRL	IN	UInt	0	选择流控制： 0 为无流控制（默认） 1 为硬件流控制，RTS 始终开启（不适用于 RS422/482CM） 2 为硬件流控制，RTS 切换（不适用于 RS422/482CM）
RTS_ON_DLY	IN	UInt	0	RTS 接通延迟选择： 0 为从 RTS 激活直到发送帧的第一个字符之前无延迟 1～62232 为从 RTS 激活一直到发送帧的第一个字符之前的延迟（以 ms 表示，不适用于 RS422/482CM） 不论选择 FLOW_CTRL 为何值，都会使用 RTS 延迟
RTS_OFF_DLY	IN	UInt	0	RTS 关断延迟选择： 0 为从传送上一个字符一直到 RTS 未激活之前无延迟 1～62232 为从传送上一个字符直到 RTS 未激活之前的延迟（以 ms 表示，不适用于 RS422/482CM） 不论选择 FLOW_CTRL 为何值，都会使用 RTS 延迟
RESP_TO	IN	UInt	1000	响应超时：2～62232 为 Modbus_Master 等待从站响应的时间（以 ms 为单位）。如果从站在此时间段内未响应，Modbus_Master 将重复请求，或者在指定数量的重试请求后取消请求并提示错误
MB_DB	IN/OUT	MB_RASE	—	对 Modbus_Master 或 Modbus_Slave 指令的背景数据块的引用。MB_DB 参数必须与 Modbus_Master 或 Modbus_Slave 指令的（静态，因此在指令中不可见）MB_DB 参数相连
COM_RST	IN/OUT	—	FALSE	Modbus_Comm_Load 指令的初始化将使用 TRUE 对指令进行初始化。随后会将 COM_RST 复位为 FALSE。该参数仅适用于 S7-300/400 指令
DONE	OUT	Bool	FALSE	如果上一个请求完成并且没有错误，DONE 位将变为 TRUE 并保持一个周期
ERROR	OUT	Bool	FALSE	如果上一个请求完成出错，则 ERROR 位将变为 TRUE 并保持一个周期。STATUS 参数中的错误代码仅在 ERROR=TRUE 的周期内有效
STATUS	OUT	Word	16#7000	错误代码

（2）Modbus_Master　Modbus_Master 指令可通过由 Modbus_Comm_Load 指令组态的端口作为 Modbus 主站进行通信。当在程序中添加 Modbus_Master 指令时，系统将自动分配背景数据块。Modbus_Comm_Load 指令的 MB_DB 参数必须连接到 Modbus_Master 指令的（静态）MB_DB 参数。Modbus_Master 指令的参数说明见表 2-2。

表 2-2 Modbus_Master 指令的参数说明

参数	声明	数据类型	标准	说明
REQ	IN	Bool	FALSE	FALSE=无请求 TRUE=请求向 Modbus 从站发送数据
MB_ADDR	IN	UInt	—	Modbus RTU 站地址: 标准地址范围为 0~247,用于广播 扩展地址范围为 0~65535,用于广播 值 0 为将帧广播到所有 Modbus 从站预留 广播仅支持 Modbus 功能代码 02、06、12 和 16
MODE	IN	USInt	0	模式选择:指定请求类型(读取、写入或诊断)
DATA_ADDR	IN	UDInt	0	从站中的起始地址:指定在 Modbus 从站中访问的数据的起始地址
DATA_LEN	IN	UInt	0	数据长度:指定此指令将访问的位或字的个数
COM_RST	IN/OUT	—	FALSE	Modbus_Master 指令的初始化将使用 TRUE 对指令进行初始化。随后会将 COM_RST 复位为 FALSE。该参数仅适用于 S7-300/400 指令
DATA_PTR	IN/OUT	Variant	—	数据指针:指向要进行数据写入或数据读取的标记或数据块地址
DONE	OUT	Bool	FALSE	如果上一个请求完成并且没有错误,DONE 位将变为 TRUE 并保持一个周期
BUSY	OUT	Bool	—	FALSE-Modbus_Master 表示无激活命令 TRUE-Modbus_Master 表示命令执行中
ERROR	OUT	Bool	FALSE	如果上一个请求完成出错,则 ERROR 位将变为 TRUE 并保持一个周期。STATUS 参数中的错误代码仅在 ERROR=TRUE 的周期内有效
STATUS	OUT	Word	0	错误代码

(3) MB_CLIENT MB_CLIENT 指令作为 Modbus TCP 客户端通过 S7-1200 CPU 的 PROFINET 连接进行通信。使用该指令无须其他任何硬件模块。MB_CLIENT 指令可以在客户端和服务器之间建立连接、发送请求、接收响应并控制 Modbus TCP 服务器的连接终端。

(4) Read Read 块将读取发送应答器中的用户数据,并输入到 IDENT_DATA 缓冲区中。该数据的物理地址和长度则通过 ADDR_TAG 和 LEN_DATA 参数进行传送。使用 RF61xR/RF68xR 阅读器时,Read 块将读取存储器组 3(USER 区域)中的数据。使用可选参数 EPCID_UID 和 LEN_ID 可对特定的发送应答器进行特殊访问。

(5) Write 使用 Write 块可将 IDENT_DATA 缓冲区中的用户数据写入发送应答器。该数据的物理地址和长度则通过 ADDR_TAG 和 LEN_DATA 参数进行传送。使用 RF61xR/RF68xR 阅读器时,该块将数据写入存储器组 3(USER 区域)中。使用可选参数 EPCID_UID 和 LEN_ID 可对特定的发送应答器进行特殊访问。

(6) Reset_RF300 使用 Reset_RF300 指令可复位 RF300 系统。

(7) MOVE MOVE 是移动值指令,使用该指令可将 IN 输入处操作数中的内容传送给 OUT1 输出的操作数中,且始终沿地址升序方向进行传送。如果满足下列条件之一,则使能输出 ENO 将返回信号状态“0”:

1）使能输入 EN 的信号状态为“0”。

2）IN 参数的数据类型与 OUT1 参数的指定数据类型不对应。

（8）CMP== CMP==是等于指令（图 2-8），使用该指令可以判断第一个比较值（<操作数 1>）是否等于第二个比较值（<操作数 2>）。

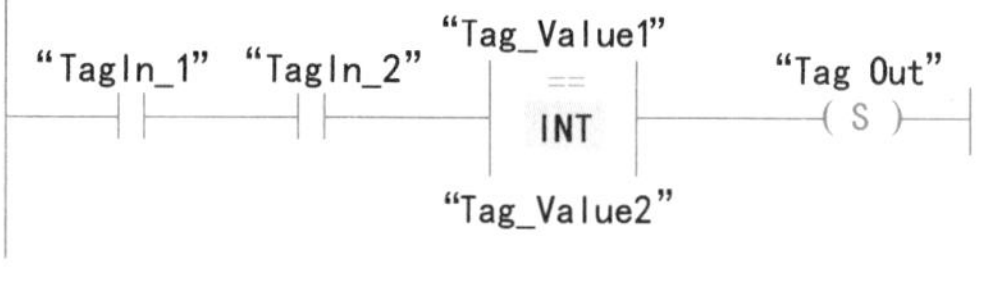

图 2-8 CMP ==指令

如果满足比较条件，则指令返回逻辑运算结果（RLO）“1”；如果不满足比较条件，则该指令返回 RLO“0”。该指令的 RLO 通过以下方式与整个程序段中的 RLO 进行逻辑运算：

1）串联比较指令时，将执行“与”运算。

2）并联比较指令时，将进行“或”运算。

3）在指令上方的操作数占位符中指定第一个比较值（<操作数 1>），在指令下方的操作数占位符中指定第二个比较值（<操作数 2>）。

4）如果启用了 IEC 检查，则要比较的操作数必须属于同一数据类型。如果未启用 IEC 检查，则操作数的宽度必须相同。

CMP==指令在满足以下条件时，将输出“Tag Out”：

1）操作数“TagIn_1”和“TagIn_2”的信号状态为“1”。

2）如果“Tag_Value1”=“Tag_Value2”，则满足比较指令的条件。

（9）复位输出 使用复位输出指令（图 2-9）可将指定操作数的信号状态复位为“0”。仅当线圈输入的 RLO=“1”时，才执行该指令。如果信号流通过线圈（RLO=“1”），则指定的操作数复位为“0”；如果线圈输入的 RLO=“0”（没有信号流过线圈），则指定操作数的信号状态将保持不变。

（10）置位输出 使用置位输出指令（图 2-10）可将指定操作数的信号状态置位为“1”。仅当线圈输入的 RLO=“1”时，才执行该指令。如果信号流通过线圈（RLO=“1”），则指定的操作数置位为“1”；如果线圈输入的 RLO=“0”（没有信号流过线圈），则指定操作数的信号状态将保持不变。

图 2-9 复位输出

图 2-10 置位输出

（11）P_TRIG P_TRIG 是扫描 RLO 的信号上升沿指令，使用该指令可查询 RLO 的信号状态（从“0”到“1”的更改）。该指令将比较 RLO 的当前信号状态与保存在边沿存储位（<操作数>）中上一次查询的信号状态。如果该指令检测到 RLO 从“0”变为“1”，则说明出现了一个信号上升沿。

每次执行指令时，都会查询信号上升沿。检测到信号上升沿时，该指令输出 Q 将立即返回程序代码长度的信号状态“1”。在其他任何情况下，该输出返回的信号状态均为“0”。

（12）N_TRIG N_TRIG 是扫描 RLO 的信号下降沿指令，使用该指令可查询 RLO 的信号状态从“1”到“0”的更改。该指令将比较 RLO 的当前信号状态与保存在边沿存储位（<操作数>）中上一次查询的信号状态。如果该指令检测到 RLO 从“1”变为“0”，则说明出现了一个信号下降沿。

每次执行指令时，都会查询信号下降沿。检测到信号下降沿时，该指令输出 Q 将立即返回程序代码长度的信号状态“1”。在其他任何情况下，该指令输出的信号状态均为“0”。

（13）ROL　ROL 是循环左移指令（图 2-11），使用该指令可将输入 IN 中操作数的内容按位向左循环移位，并在输出 OUT 中查询结果。参数 N 用于指定循环移位中待移动的位数。用移出的位填充因循环移位而空出的位。如果参数 N 的值为“0”，则将输入 IN 的值复制到输出 OUT 的操作数中；如果输入“TagIn”的信号状态为“1”，则执行循环左移指令。“TagIn _ Value”操作数的内容将向左循环移动两位。结果发送到输出“TagOut_Value”中。如果成功执行了该指令，则使能输出 ENO 的信号状态为“1”，同时置位输出“TagOut”。

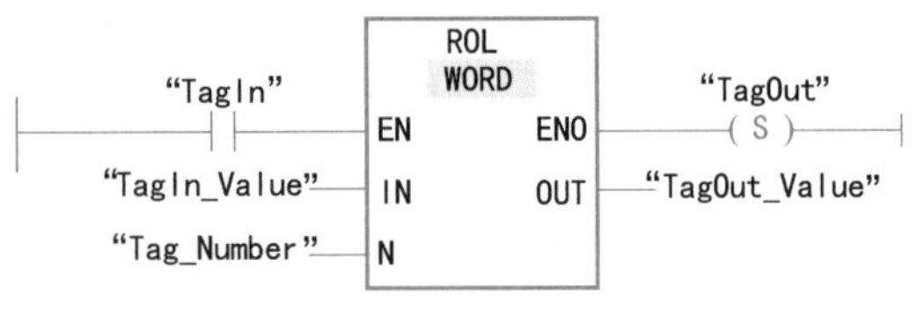

图 2-11　循环左移指令

参数 N 的值大于可用位数，则输入 IN 中的操作数值仍会循环移动指定位数。

（14）TON　TON 是接通延时指令（图 2-12），使用该指令可将输出 Q 的设置延时 PT 中指定的一段时间。当输入 IN 的 RLO 从“0”变为“1”（信号上升沿）时，启动该指令。指令启动时，预设的时间 PT 即开始计时。超出时间 PT 之后，输出 Q 的信号状态将变为“1”。只要启动输入仍为“1”，输出 Q 就保持置位。启动输入的信号状态从“1”变为“0”时，将复位输出 Q。在启动输入检测到新的信号上升沿时，该定时器功能将再次启动。

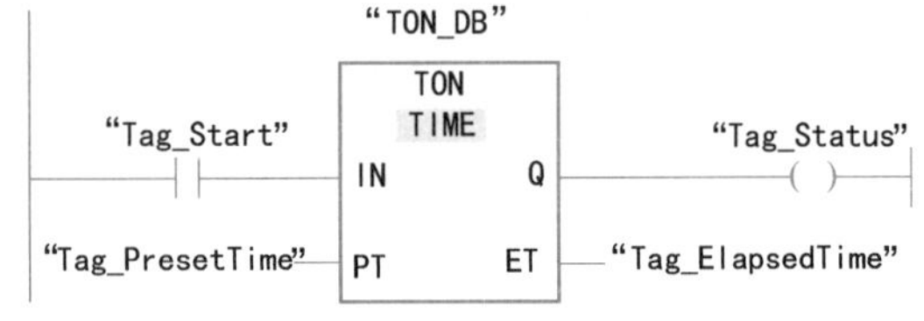

图 2-12　接通延时指令

可以在 ET 输出查询当前的时间值。该定时器值从 T#0s 开始，在达到持续时间 PT 后结束。只要输入 IN 的信号状态变为“0”，输出 ET 就复位。如果在程序中未调用该指令（如跳过该指令），则 ET 输出会在超出时间 PT 后立即返回一个常数值。

接通延时指令可以放置在程序段的中间或者末尾。它需要一个前导逻辑运算。每次调用接通延时指令，必须将其分配给存储实例数据的 IEC 定时器。

当“Tag_Start”操作数的信号状态从“0”变为“1”时，PT 参数预设的时间开始计时。超过该时间周期后，操作数“Tag_Status”的信号状态置位为“1”。只要操作数“Tag_Start”的信号状态为“1”，操作数“Tag_Status”就会保持置位为“1”。当前时间值存储在“Tag_ElapsedTime”操作数中。当操作数“Tag_Start”的信号状态从“1”变为“0”时，将复位操作数“Tag_Status”。

3. 创建新项目

打开 TIA 博途软件，单击左侧的“创建新项目”，然后按照要求修改项目名称，设置项目保存路径，单击右侧的“创建”，项目创建完成，如图 2-13 所示。

4. PLC 组态

（1）控制系统硬件连接（表 2-3）

打开现有项目
创建新项目
移植项目
关闭项目

创建新项目

项目名称：基本组态环境（KUKA）
路径：E:\
版本：V16
作者：Administrator
注释：

创建

图 2-13　创建新项目

表 2-3　控制系统硬件连接

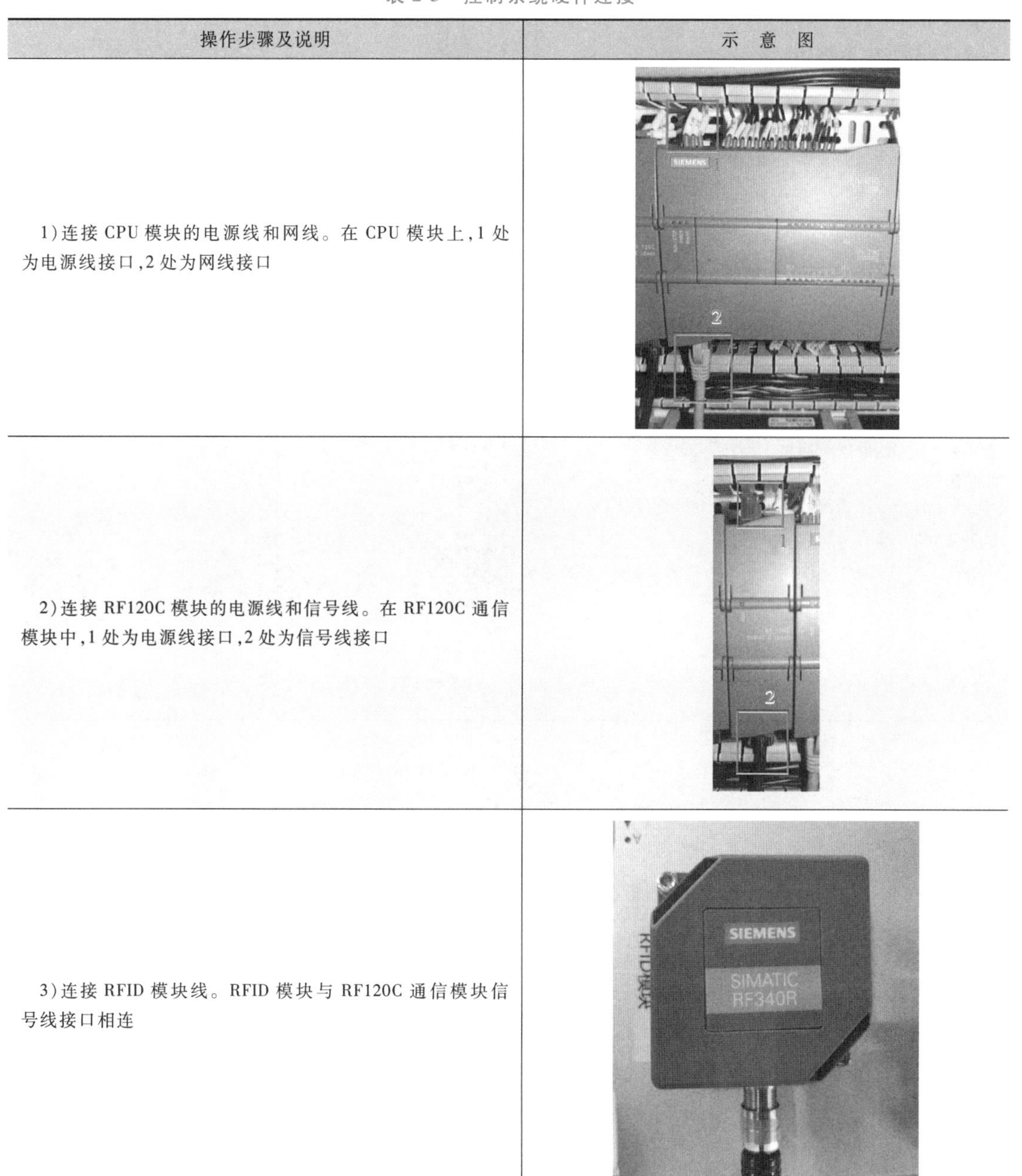

操作步骤及说明	示 意 图
1)连接 CPU 模块的电源线和网线。在 CPU 模块上,1 处为电源线接口,2 处为网线接口	
2)连接 RF120C 模块的电源线和信号线。在 RF120C 通信模块中,1 处为电源线接口,2 处为信号线接口	
3)连接 RFID 模块线。RFID 模块与 RF120C 通信模块信号线接口相连	

（2）添加新设备和新增工艺对象步骤（表 2-4）

表 2-4 添加新设备和新增工艺对象的步骤

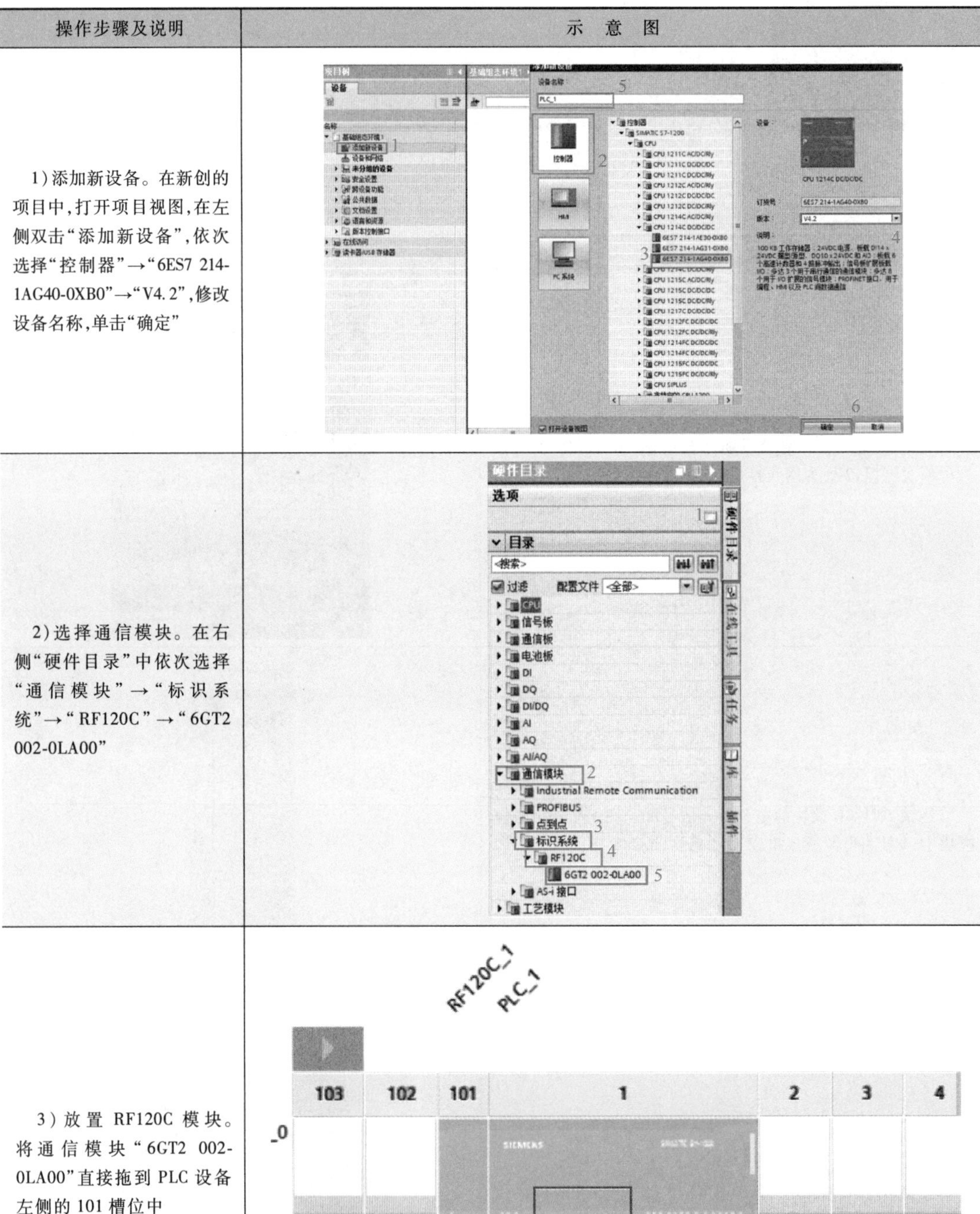

操作步骤及说明	示 意 图
1）添加新设备。在新创的项目中，打开项目视图，在左侧双击“添加新设备”，依次选择“控制器”→“6ES7 214-1AG40-0XB0”→“V4.2”，修改设备名称，单击“确定”	
2）选择通信模块。在右侧“硬件目录”中依次选择“通信模块”→“标识系统”→“RF120C”→“6GT2 002-0LA00”	
3）放置 RF120C 模块。将通信模块“6GT2 002-0LA00”直接拖到 PLC 设备左侧的 101 槽位中	

（续）

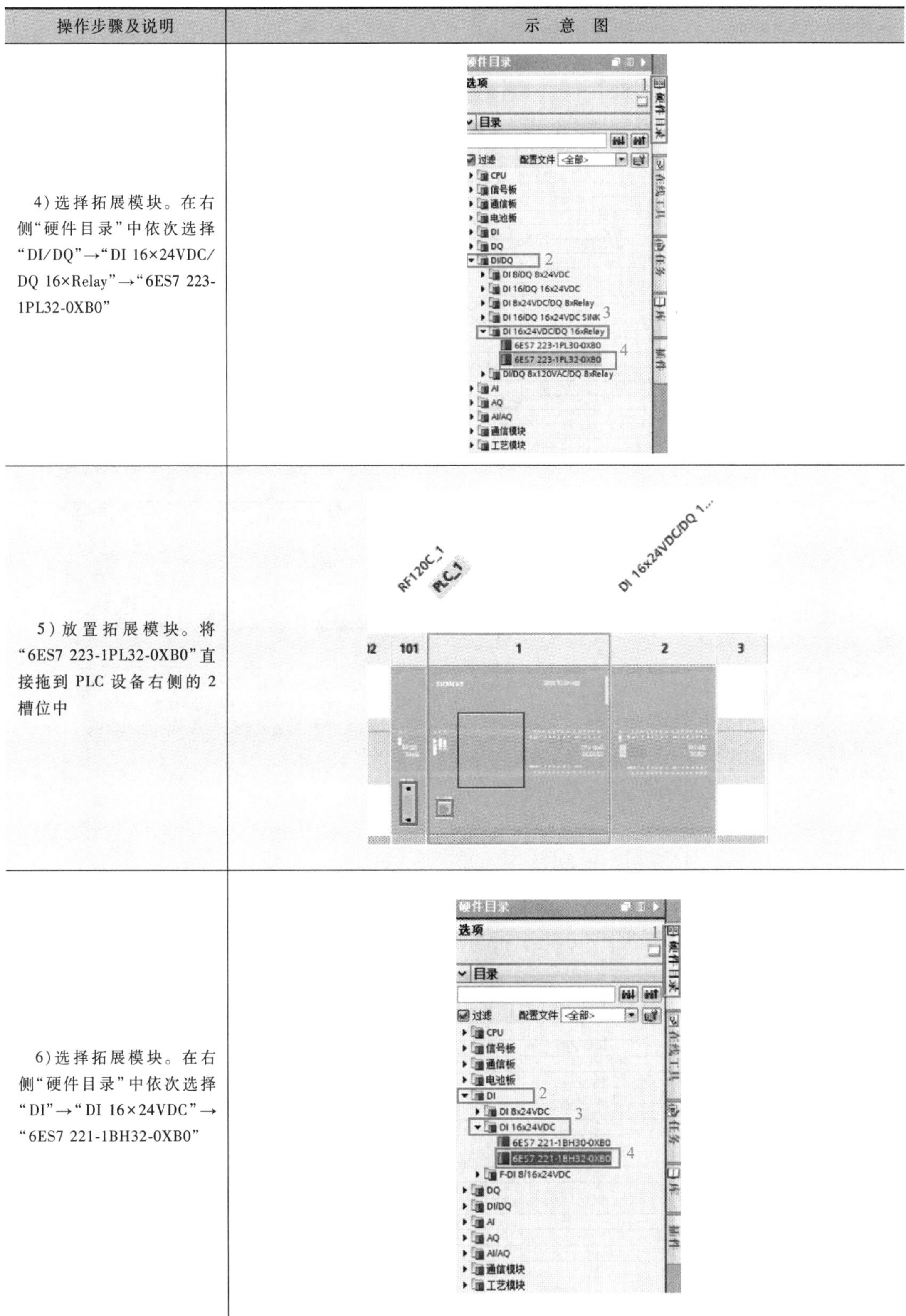

操作步骤及说明	示　意　图
4）选择拓展模块。在右侧“硬件目录”中依次选择“DI/DQ”→“DI 16×24VDC/DQ 16×Relay”→“6ES7 223-1PL32-0XB0”	
5）放置拓展模块。将“6ES7 223-1PL32-0XB0”直接拖到 PLC 设备右侧的 2 槽位中	
6）选择拓展模块。在右侧“硬件目录”中依次选择“DI”→“DI 16×24VDC”→“6ES7 221-1BH32-0XB0”	

（续）

操作步骤及说明	示 意 图
7）放置拓展模块。将“6ES7 221-1BH32-0XB0”直接拖到 PLC 设备右侧的 3 槽位中	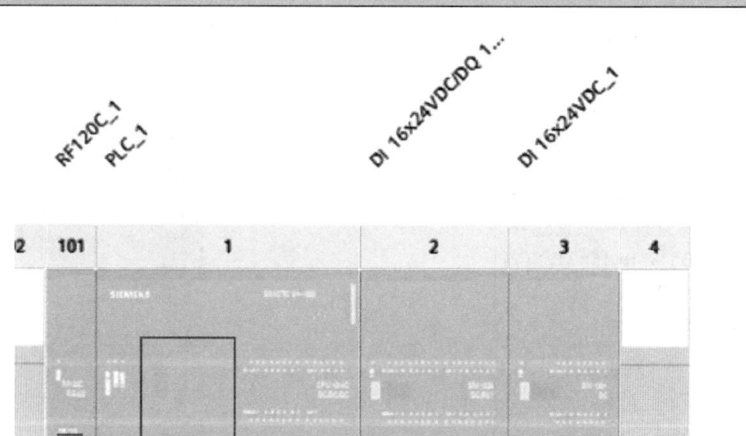
8）设置 RF120C 模块参数。双击 RF120C 控制模块，进入该模块的属性界面，将“阅读器”选项下的“Ident 设备/系统”修改为“通过 FB/光学阅读器获取的参数”	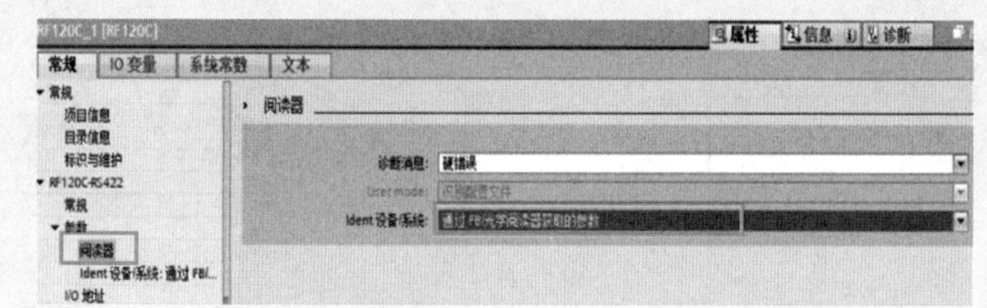
9）设置 RF120C 模块参数。将“I/O 地址”选项下的“输入地址”和“输出地址”中的“起始地址”设为 10.0，“结束地址”设为 11.7	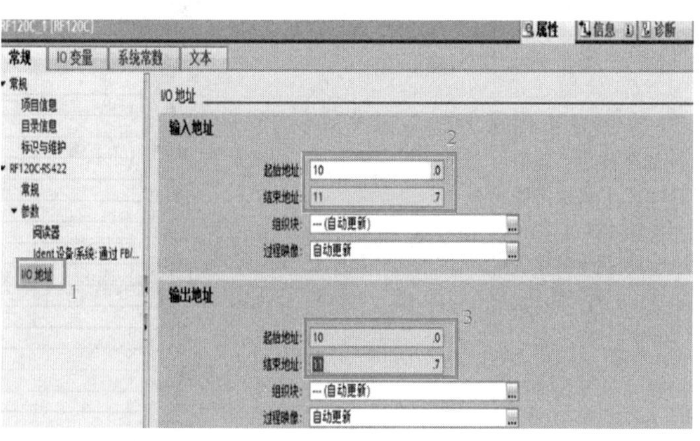

（续）

操作步骤及说明	示 意 图
10）设置拓展模块参数。双击拓展模块，进入该模块的属性界面，将“I/O 地址”选项下的“输入地址”和“输出地址”中的“起始地址”设为 2.0，“结束地址”设为 3.7	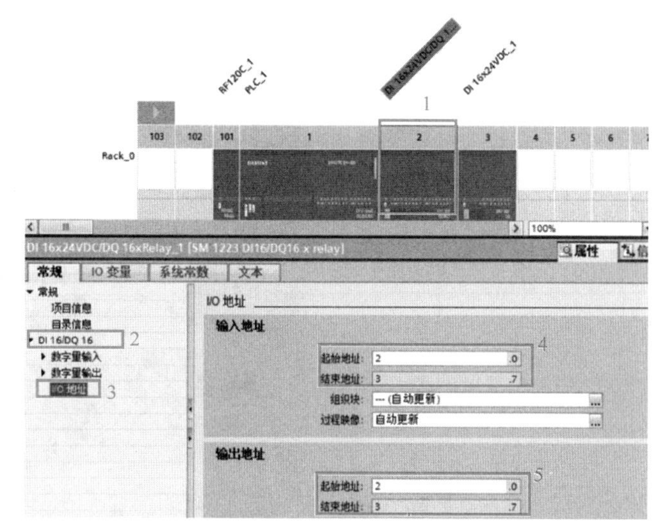
11）新增对象。打开左侧的“工艺对象”，双击“新增对象”，在对话框中依次选择“SIMATIC_Ident”→“TO_Ident”→“确定”	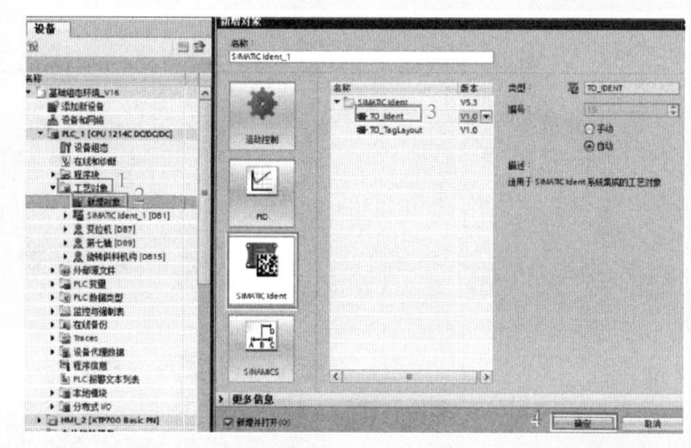
12）修改基本参数。在“基本参数”中，“Ident 设备”选择“RF120C_1”，“阅读器参数分配”选择“RF300 general”	
13）修改转发器类型。在“阅读器参数”的“转发器类型”中选择相关参数	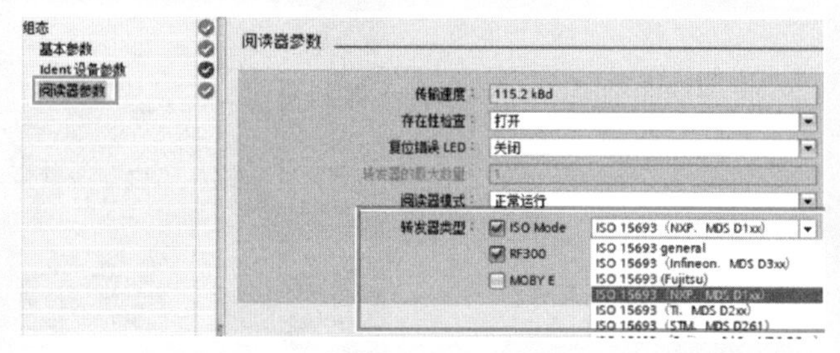

5. 立体仓储+HMI 组态

(1) 连接立体仓储通信线的步骤（表 2-5）

表 2-5 连接立体仓储通信线的步骤

操作步骤及说明	示 意 图
1）安装立体仓储模块。将立体仓储模块放置在指定位置并固定	 2-1 2-2 2-3
2）连接立体仓储模块电源。立体仓储模块电源线的连接如右图所示	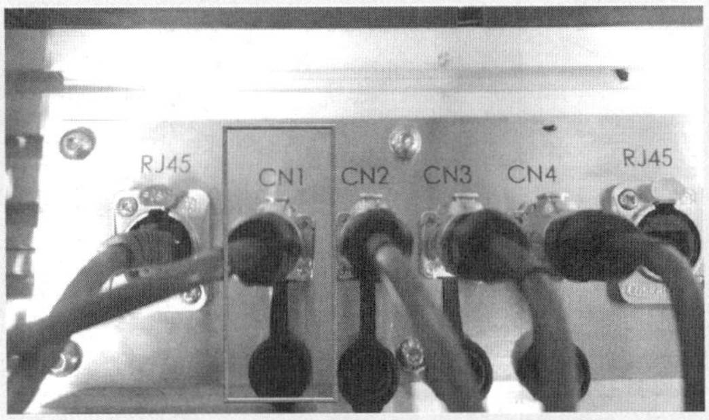 RJ45 CN1 CN2 CN3 CN4 RJ45
3）连接立体仓储模块的网线。立体仓储模块的网线的连接如右图所示	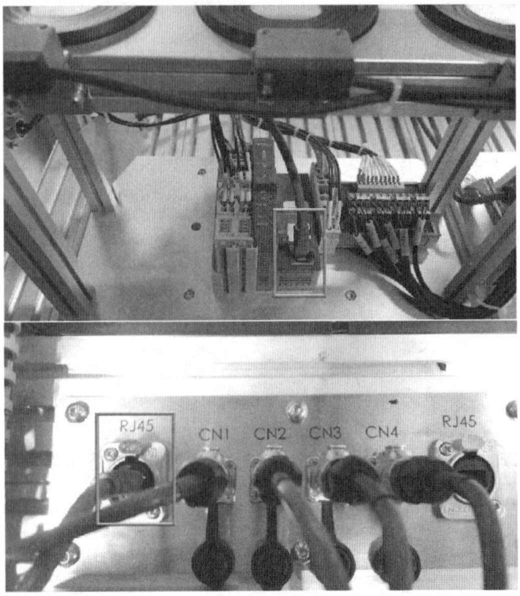 RJ45 CN1 CN2 CN3 CN4 RJ45

(2) 添加新设备 HMI 和 HDC（远程 IO 数字量输出模块）的步骤（表 2-6）

表 2-6　添加新设备 HMI 和 HDC 的步骤

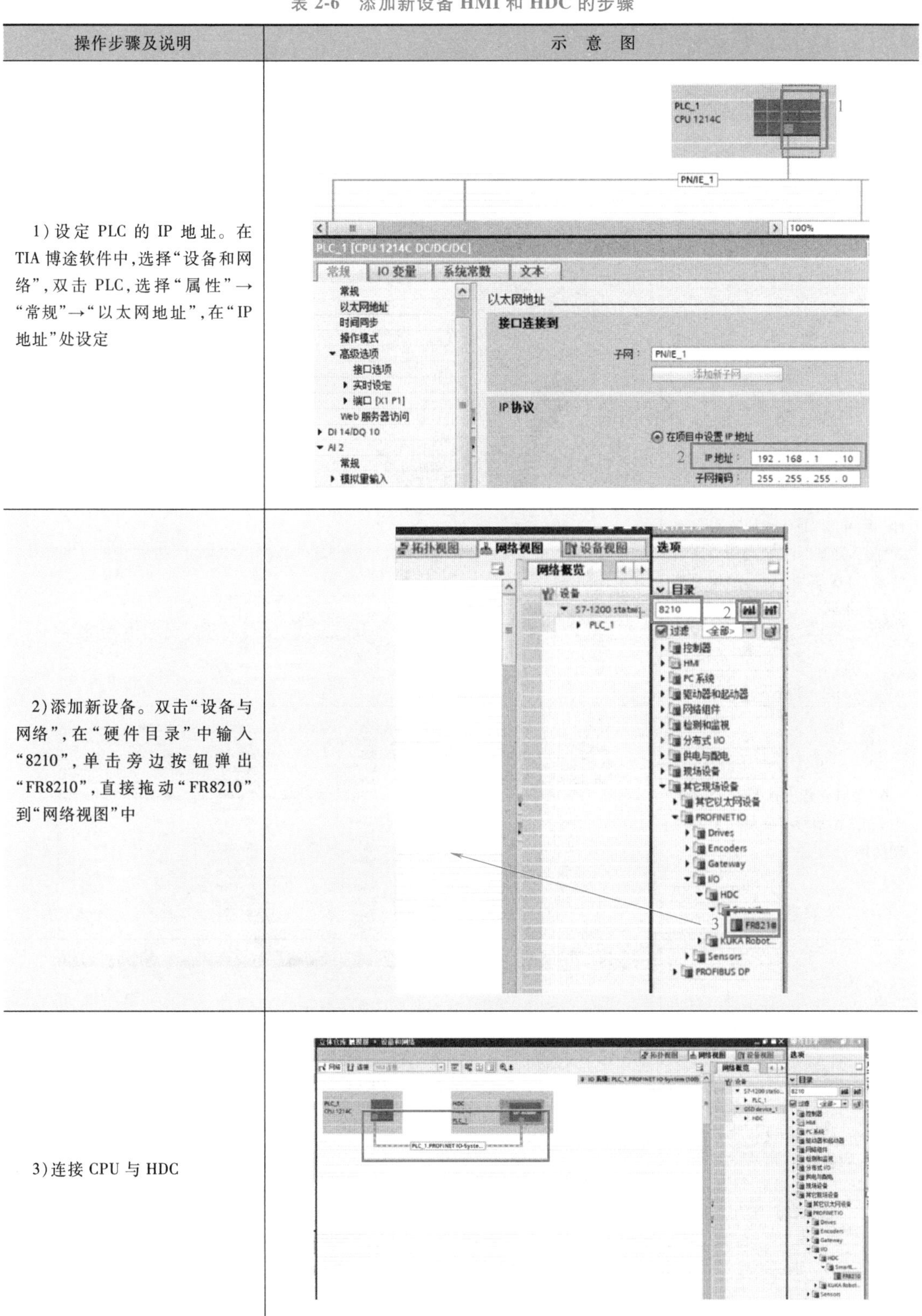

操作步骤及说明	示　意　图
1) 设定 PLC 的 IP 地址。在 TIA 博途软件中，选择“设备和网络”，双击 PLC，选择“属性”→“常规”→“以太网地址”，在“IP 地址”处设定	
2) 添加新设备。双击“设备与网络”，在“硬件目录”中输入“8210”，单击旁边按钮弹出“FR8210”，直接拖动“FR8210”到“网络视图”中	
3) 连接 CPU 与 HDC	

（续）

操作步骤及说明	示 意 图
4）添加“FR1118”。在 HDC 的目录中输入“1118”，单击旁边按钮，拖动“FR1118”到“模块”中	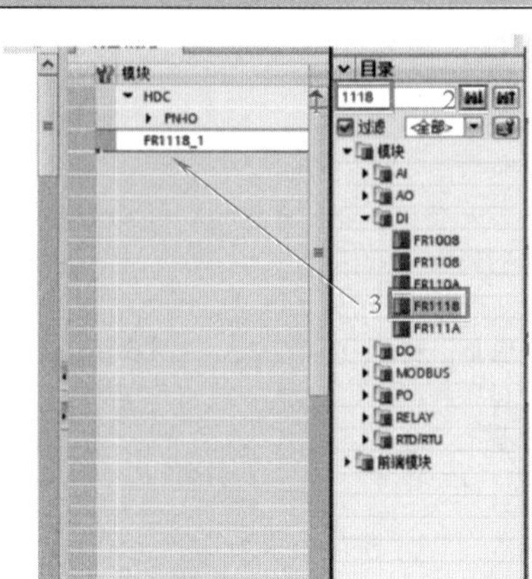
5）设置“FR1118”参数。在“属性”中，单击“I/O 地址”，可以查看“输入地址”中的“起始地址”。注意：每次添加 FR 的起始地址应有所不同	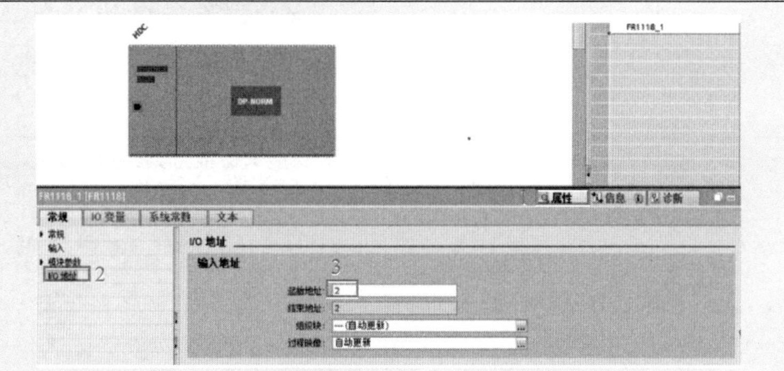
6）添加变量。在“PLC 变量”中单击“显示所有变量”，对其增加变量	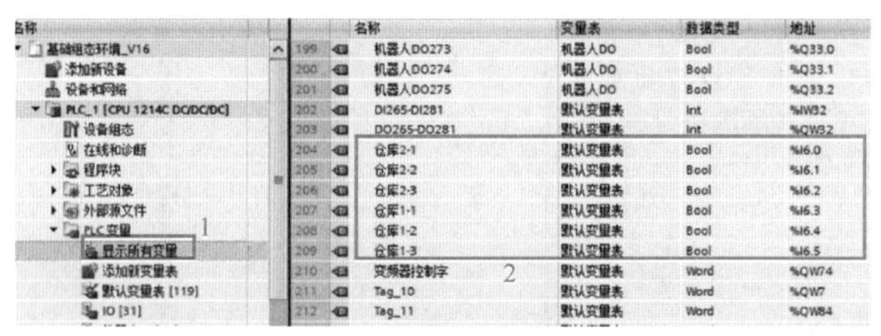
7）添加触摸屏。在基础组态中，单击“添加新设备”，然后选择对应的触摸屏，单击“确定”	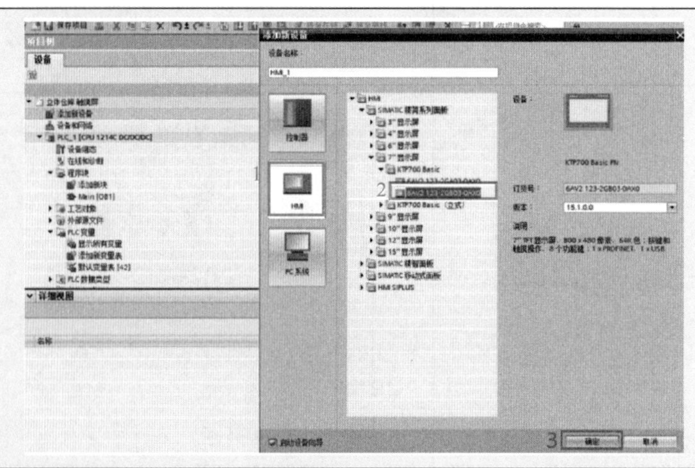

（续）

操作步骤及说明	示　意　图
8）建立 HMI 与 CPU 的通信	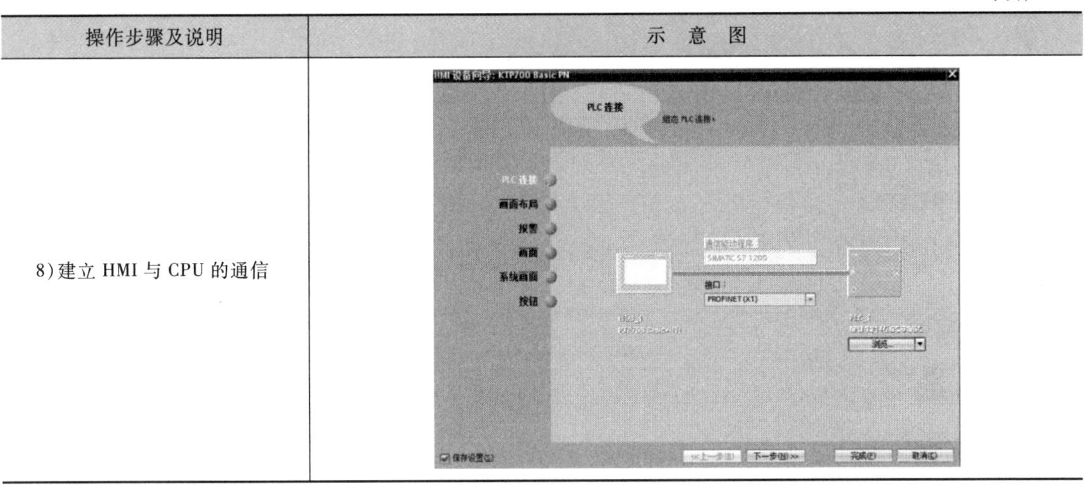

6. 机器人通信组态

添加新设备 KRC5，见表 2-7。

表 2-7　添加新设备 KRC5

操作步骤及说明	示　意　图
1）添加新设备。双击“设备与网络”，在“硬件目录”中输入“KRC5”单击旁边按钮弹出“KUKA. PROFINET6. 0”，直接拖动“KUKA. PROFINET6. 0”到“网络视图”中	
2）连接 CPU 与 KRC5	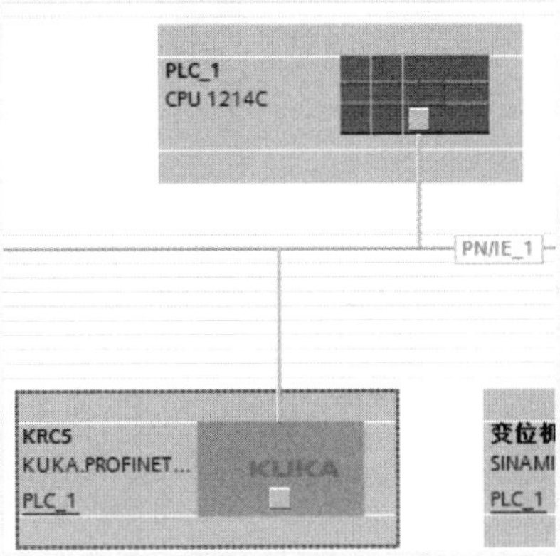

（续）

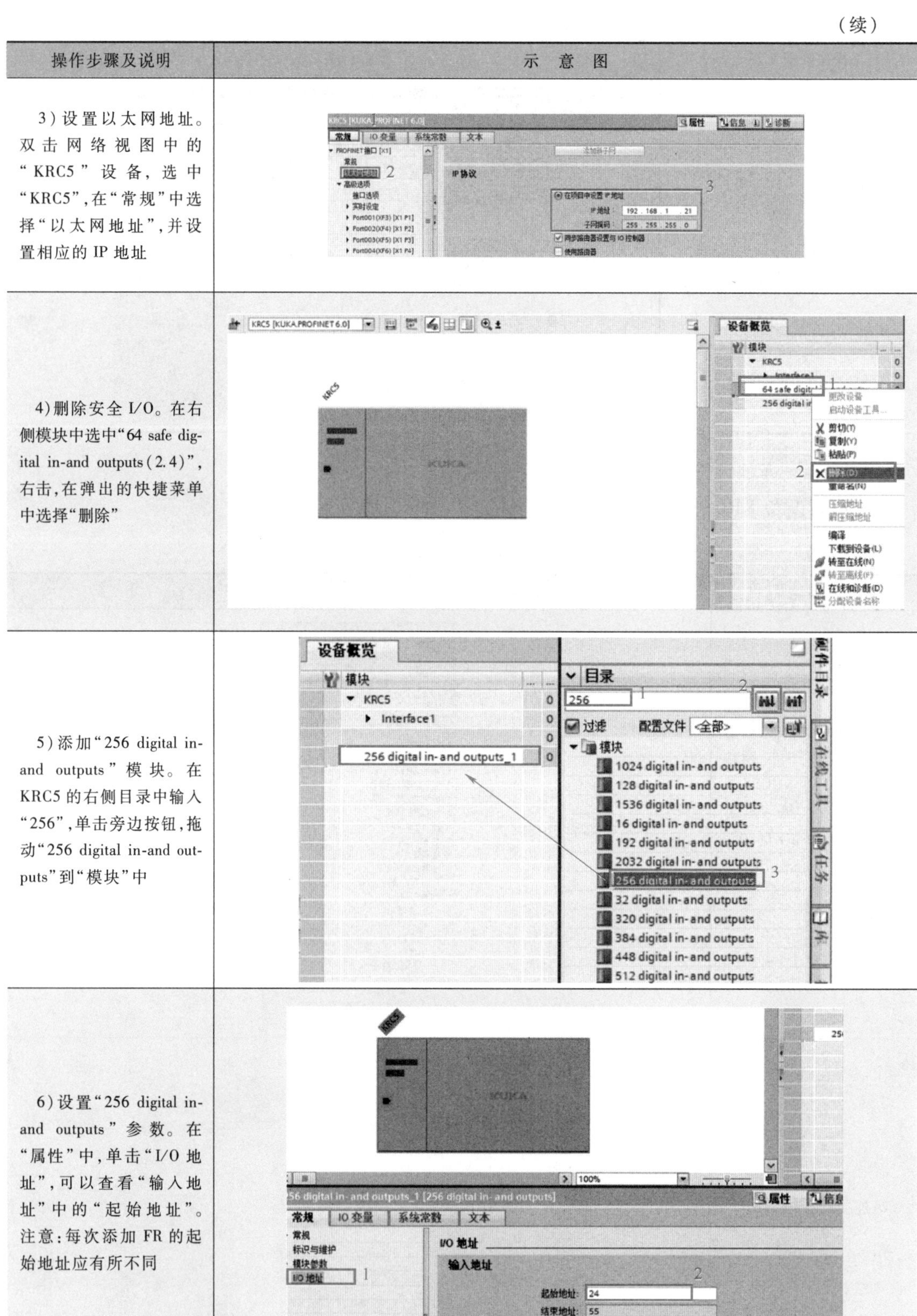

操作步骤及说明	示意图
3）设置以太网地址。双击网络视图中的“KRC5”设备，选中“KRC5”，在“常规”中选择“以太网地址”，并设置相应的 IP 地址	
4）删除安全 I/O。在右侧模块中选中“64 safe digital in-and outputs（2.4）”，右击，在弹出的快捷菜单中选择“删除”	
5）添加“256 digital in-and outputs”模块。在 KRC5 的右侧目录中输入“256”，单击旁边按钮，拖动“256 digital in-and outputs”到“模块”中	
6）设置“256 digital in-and outputs”参数。在“属性”中，单击“I/O 地址”，可以查看“输入地址”中的“起始地址”。注意：每次添加 FR 的起始地址应有所不同	

二、任务实施

1. PLC 编程

(1) 编写 RFID 设备 PLC 程序（表 2-8）

表 2-8　编写 RFID 设备 PLC 程序

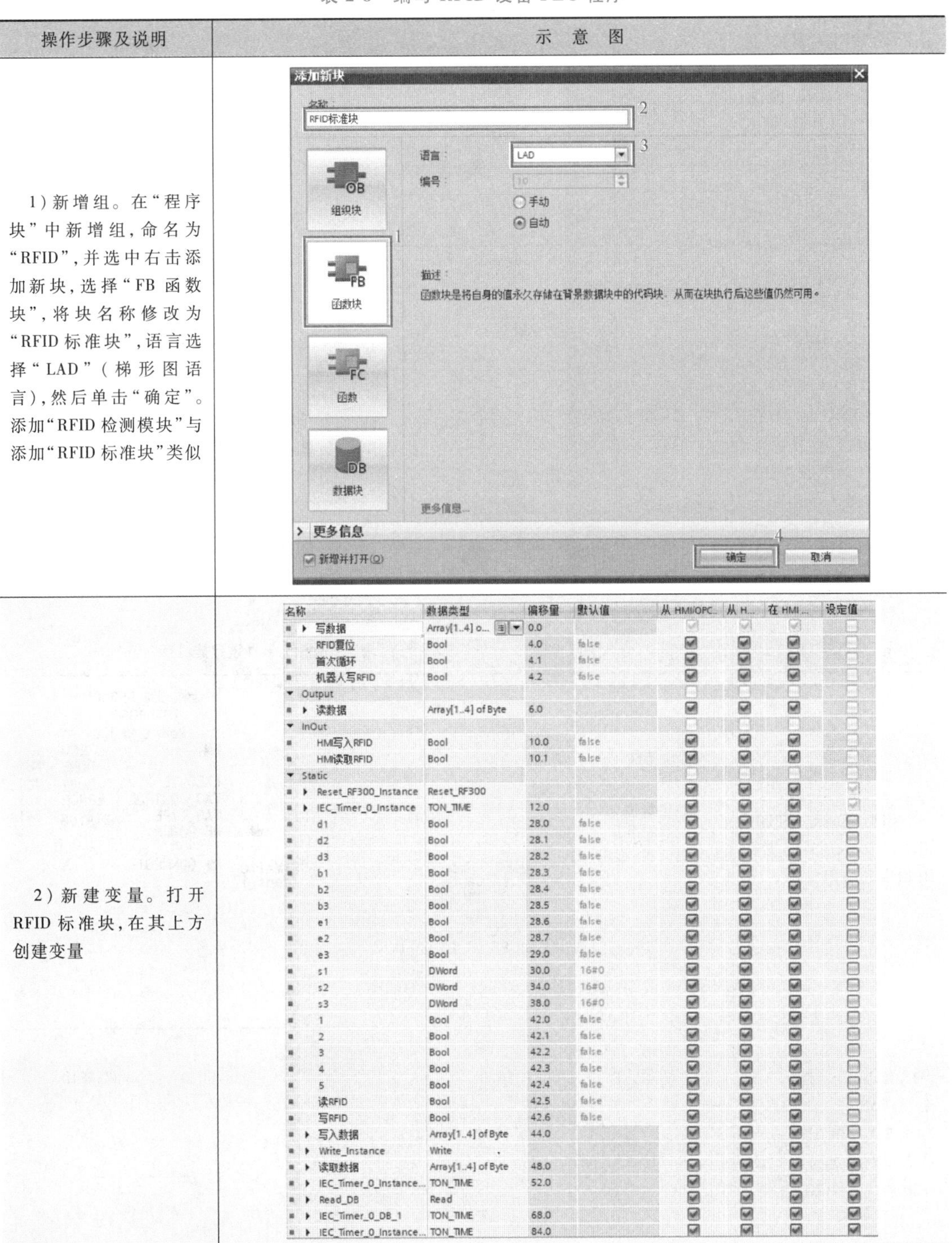

操作步骤及说明	示　意　图
1）新增组。在“程序块”中新增组，命名为“RFID”，并选中右击添加新块，选择“FB 函数块”，将块名称修改为“RFID 标准块”，语言选择“LAD”（梯形图语言），然后单击“确定”。添加“RFID 检测模块”与添加“RFID 标准块”类似	（添加新块对话框截图）
2）新建变量。打开 RFID 标准块，在其上方创建变量	（变量表截图）

名称	数据类型	偏移量	默认值	从 HMI/OPC..	从 H...	在 HMI ...	设定值
▸ 写数据	Array[1..4] o...	0.0					
RFID复位	Bool	4.0	false				
首次循环	Bool	4.1	false				
机器人写RFID	Bool	4.2	false				
▾ Output							
▸ 读数据	Array[1..4] of Byte	6.0					
▾ InOut							
HMI写入RFID	Bool	10.0	false				
HMI读取RFID	Bool	10.1	false				
▾ Static							
▸ Reset_RF300_Instance	Reset_RF300						
▸ IEC_Timer_0_Instance	TON_TIME	12.0					
d1	Bool	28.0	false				
d2	Bool	28.1	false				
d3	Bool	28.2	false				
b1	Bool	28.3	false				
b2	Bool	28.4	false				
b3	Bool	28.5	false				
e1	Bool	28.6	false				
e2	Bool	28.7	false				
e3	Bool	29.0	false				
s1	DWord	30.0	16#0				
s2	DWord	34.0	16#0				
s3	DWord	38.0	16#0				
1	Bool	42.0	false				
2	Bool	42.1	false				
3	Bool	42.2	false				
4	Bool	42.3	false				
5	Bool	42.4	false				
读RFID	Bool	42.5	false				
写RFID	Bool	42.6	false				
▸ 写入数据	Array[1..4] of Byte	44.0					
▸ Write_Instance	Write						
▸ 读取数据	Array[1..4] of Byte	48.0					
▸ IEC_Timer_0_Instance...	TON_TIME	52.0					
▸ Read_DB	Read						
▸ IEC_Timer_0_DB_1	TON_TIME	68.0					
▸ IEC_Timer_0_Instance...	TON_TIME	84.0					

（续）

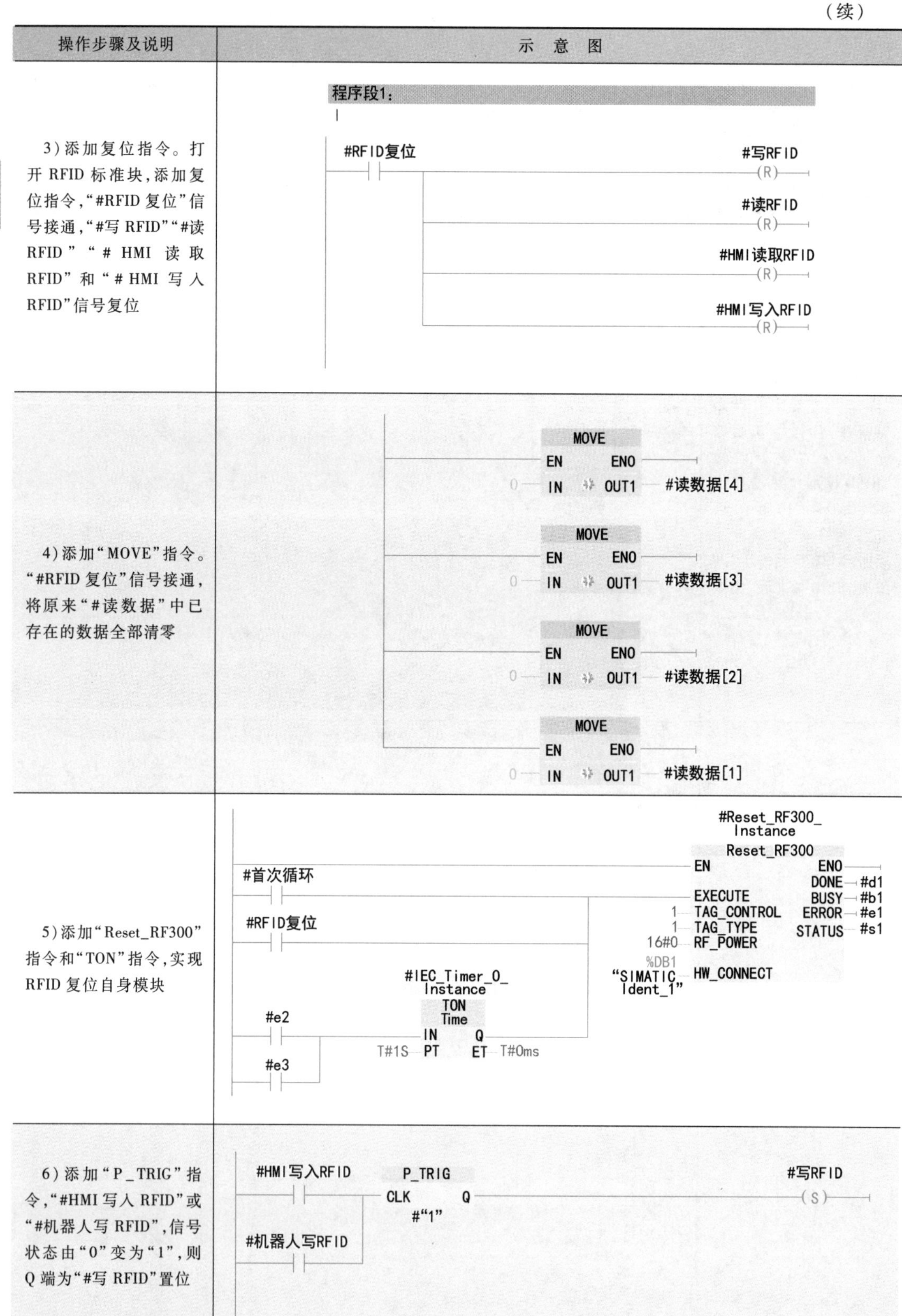

操作步骤及说明	示 意 图
3）添加复位指令。打开 RFID 标准块，添加复位指令，“#RFID 复位”信号接通，“#写 RFID”“#读 RFID”“# HMI 读取 RFID”和“# HMI 写入 RFID”信号复位	
4）添加“MOVE”指令。“#RFID 复位”信号接通，将原来“#读数据”中已存在的数据全部清零	
5）添加“Reset_RF300”指令和“TON”指令，实现 RFID 复位自身模块	
6）添加“P_TRIG”指令，“#HMI 写入 RFID”或“#机器人写 RFID”，信号状态由“0”变为“1”，则 Q 端为“#写 RFID”置位	

（续）

操作步骤及说明	示 意 图
7）添加“Write”指令。写入 RFID 数据，并通过 RFID 写入模块将“#写入数据”进行写入操作，写入完成后将“#写 RFID”和“# HMI 写入 RFID”复位	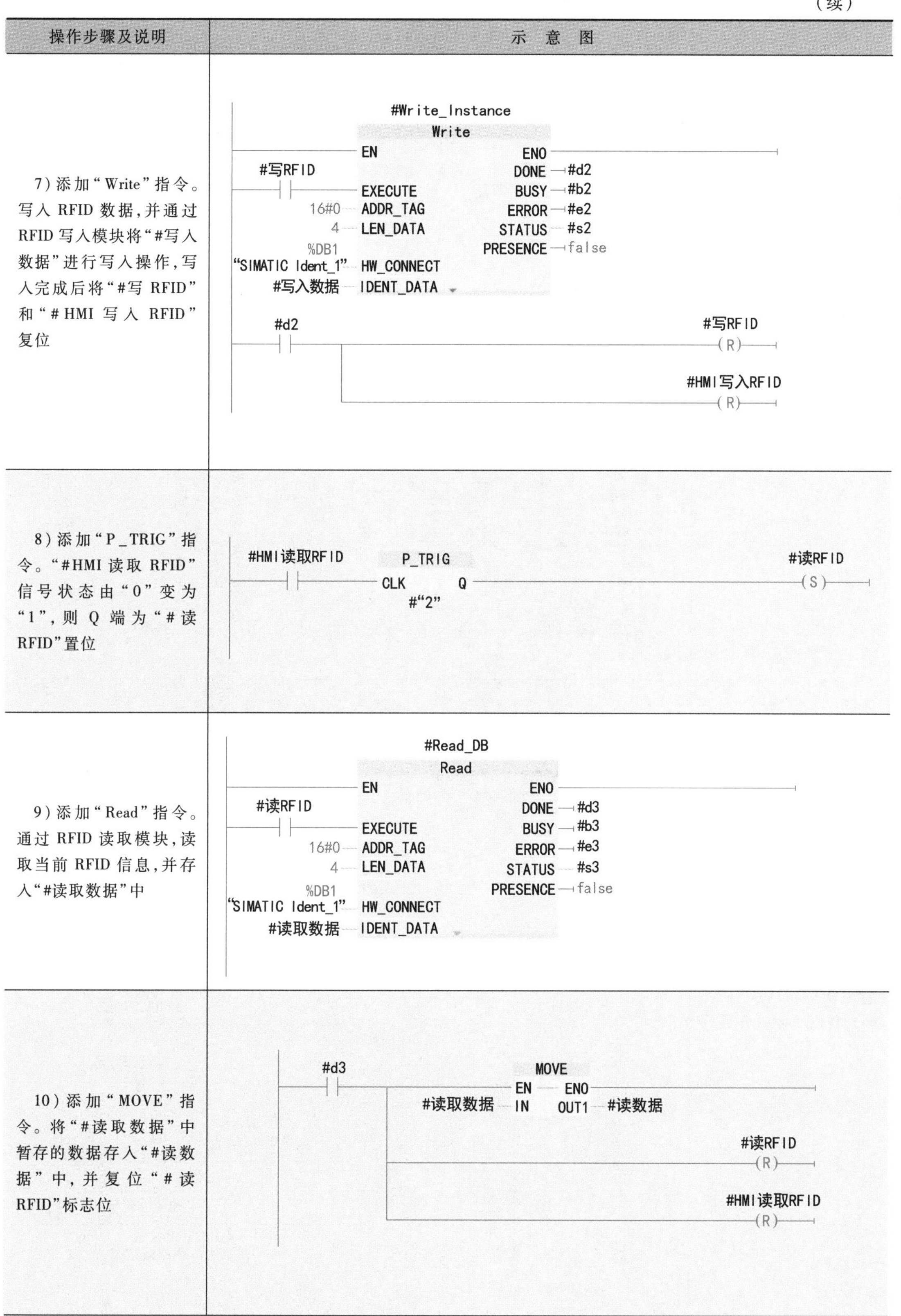
8）添加“P_TRIG”指令。“#HMI 读取 RFID”信号状态由“0”变为“1”，则 Q 端为“# 读 RFID”置位	
9）添加“Read”指令。通过 RFID 读取模块，读取当前 RFID 信息，并存入“#读取数据”中	
10）添加“MOVE”指令。将“#读取数据”中暂存的数据存入“#读数据”中，并复位“# 读 RFID”标志位	

（续）

操作步骤及说明	示 意 图
11）新建变量。打开 RFID 检测模块，在其上方创建变量	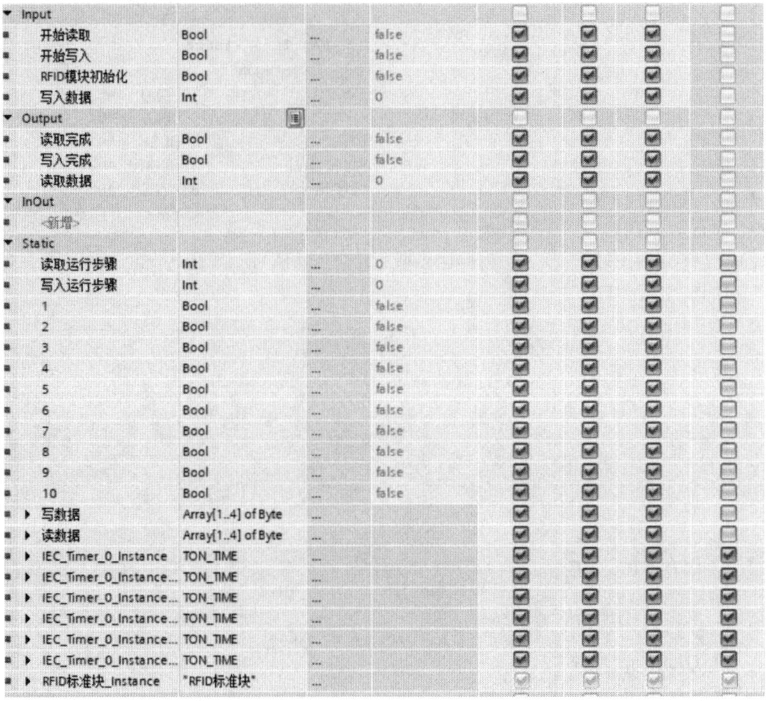 Input 开始读取 Bool ... false 开始写入 Bool ... false RFID模块初始化 Bool ... false 写入数据 Int ... 0 Output 读取完成 Bool ... false 写入完成 Bool ... false 读取数据 Int ... 0 InOut <新增> Static 读取运行步骤 Int ... 0 写入运行步骤 Int ... 0 1 Bool ... false 2 Bool ... false 3 Bool ... false 4 Bool ... false 5 Bool ... false 6 Bool ... false 7 Bool ... false 8 Bool ... false 9 Bool ... false 10 Bool ... false 写数据 Array[1..4] of Byte ... 读数据 Array[1..4] of Byte ... IEC_Timer_0_Instance TON_TIME ... IEC_Timer_0_Instance... TON_TIME ... IEC_Timer_0_Instance... TON_TIME ... IEC_Timer_0_Instance... TON_TIME ... IEC_Timer_0_Instance... TON_TIME ... IEC_Timer_0_Instance... TON_TIME ... RFID标准块_Instance "RFID标准块" ...
12）添加“MOVE”指令和“P_TRIG”指令。“#RFID 模块初始化”信号状态从“0”变为“1”时，复位相关操作标志位	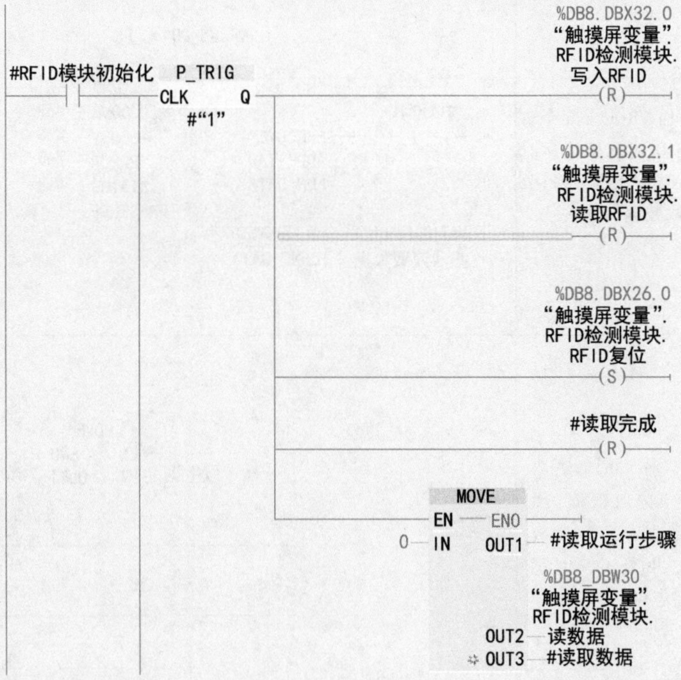 #RFID模块初始化 P_TRIG CLK Q #“1” %DB8.DBX32.0 “触摸屏变量”.RFID检测模块.写入RFID (R) %DB8.DBX32.1 “触摸屏变量”.RFID检测模块.读取RFID (R) %DB8.DBX26.0 “触摸屏变量”.RFID检测模块.RFID复位 (S) #读取完成 (R) MOVE EN ENO 0 IN OUT1 #读取运行步骤 %DB8_DBW30 “触摸屏变量”.RFID检测模块. OUT2 读数据 OUT3 #读取数据

（续）

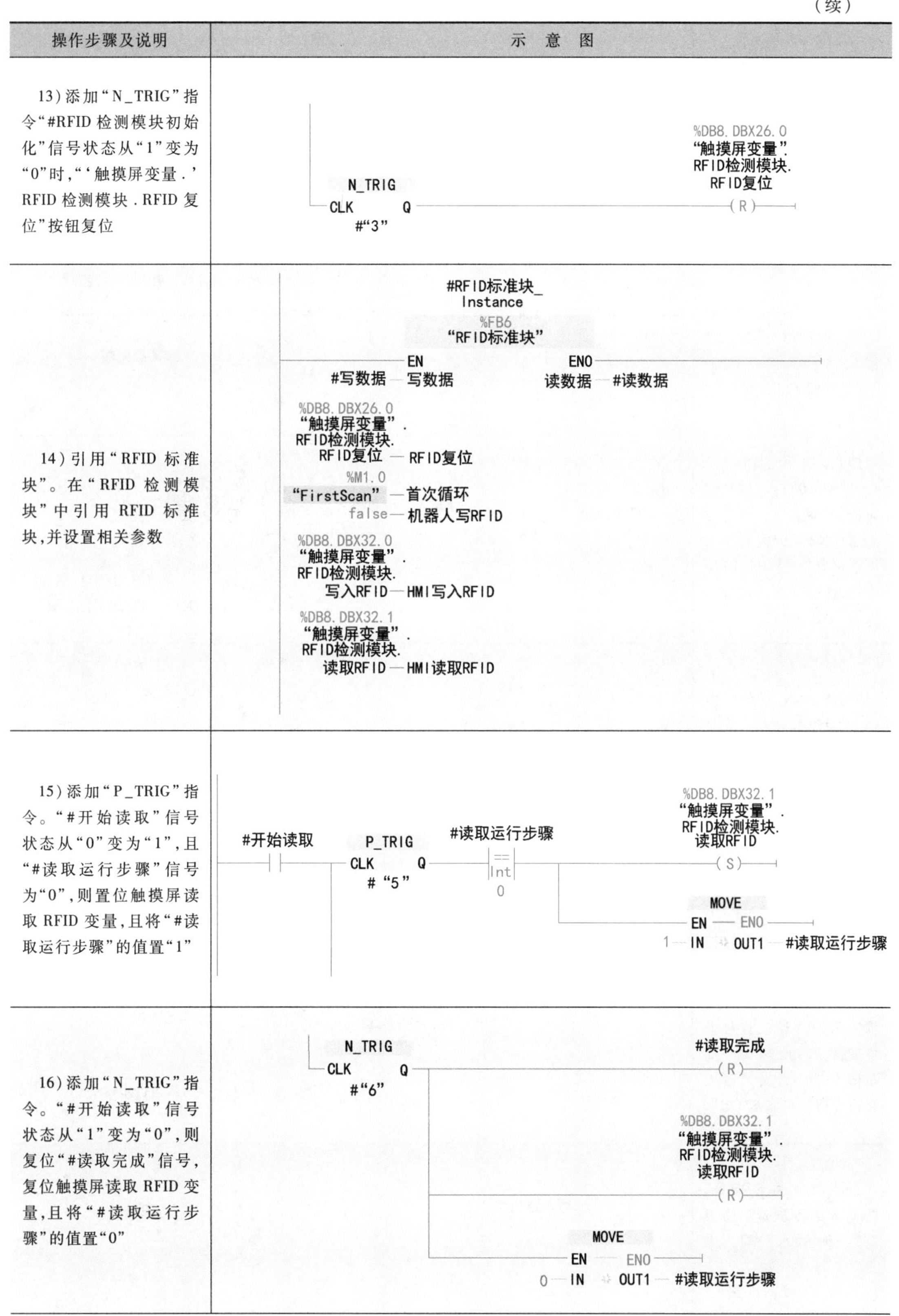

操作步骤及说明	示　意　图
13）添加“N_TRIG”指令“#RFID检测模块初始化”信号状态从“1”变为“0”时，“‘触摸屏变量.’RFID检测模块.RFID复位”按钮复位	N_TRIG CLK　Q #“3” %DB8.DBX26.0 “触摸屏变量”. RFID检测模块. RFID复位 (R)
14）引用“RFID标准块”。在“RFID检测模块”中引用RFID标准块，并设置相关参数	#RFID标准块_ Instance %FB6 “RFID标准块” EN　ENO #写数据 — 写数据　读数据 — #读数据 %DB8.DBX26.0 “触摸屏变量”. RFID检测模块. RFID复位 — RFID复位 %M1.0 “FirstScan” — 首次循环 false — 机器人写RFID %DB8.DBX32.0 “触摸屏变量”. RFID检测模块. 写入RFID — HMI写入RFID %DB8.DBX32.1 “触摸屏变量”. RFID检测模块. 读取RFID — HMI读取RFID
15）添加“P_TRIG”指令。“#开始读取”信号状态从“0”变为“1”，且“#读取运行步骤”信号为“0”，则置位触摸屏读取RFID变量，且将“#读取运行步骤”的值置“1”	#开始读取 P_TRIG CLK　Q #“5” #读取运行步骤 == Int 0 %DB8.DBX32.1 “触摸屏变量”. RFID检测模块. 读取RFID (S) MOVE EN — ENO 1 — IN　OUT1 — #读取运行步骤
16）添加“N_TRIG”指令。“#开始读取”信号状态从“1”变为“0”，则复位“#读取完成”信号，复位触摸屏读取RFID变量，且将“#读取运行步骤”的值置“0”	N_TRIG CLK　Q #“6” #读取完成 (R) %DB8.DBX32.1 “触摸屏变量”. RFID检测模块. 读取RFID (R) MOVE EN — ENO 0 — IN　OUT1 — #读取运行步骤

（续）

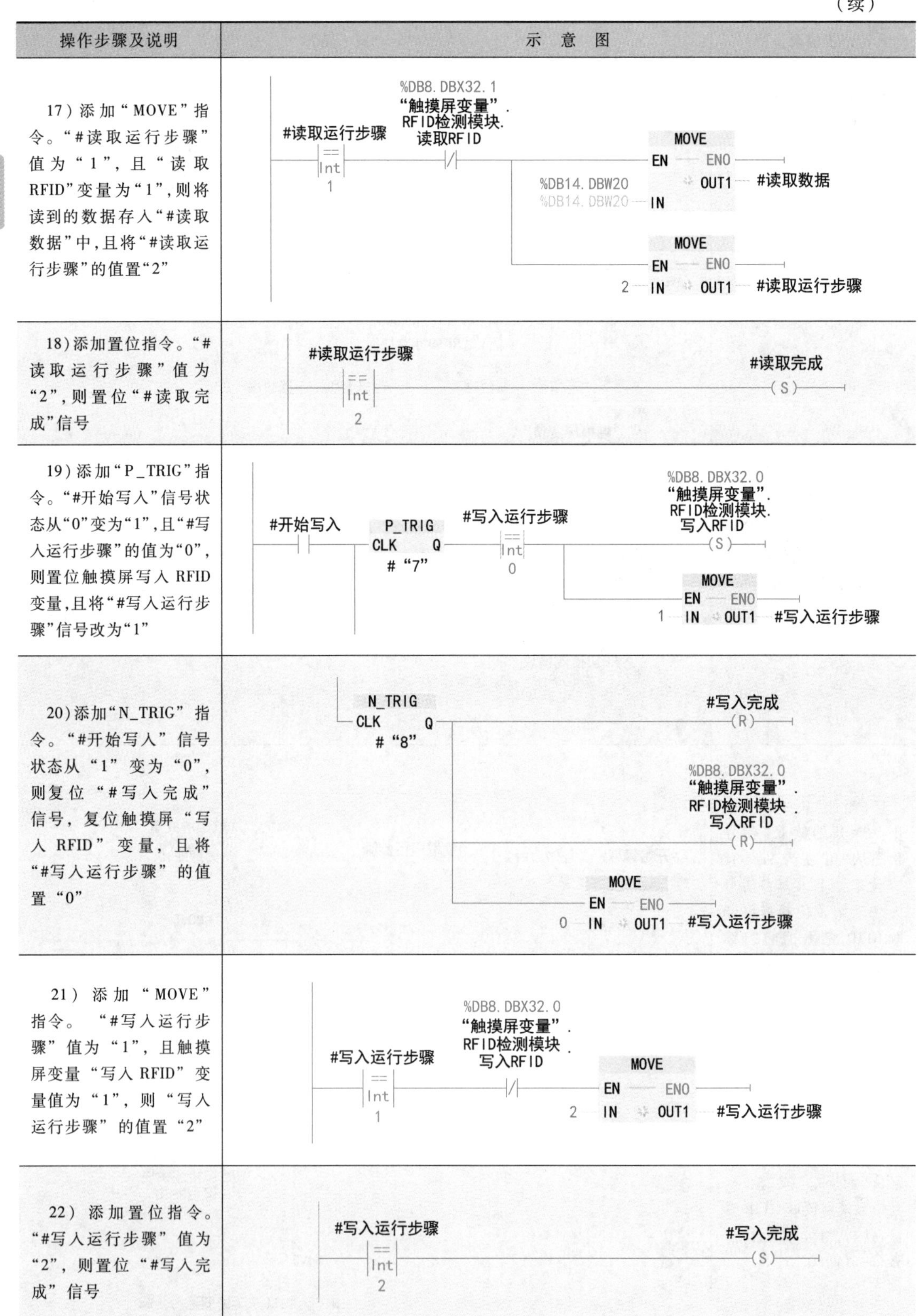

操作步骤及说明	示 意 图
17）添加“MOVE”指令。“#读取运行步骤”值为“1”，且“读取RFID”变量为“1”，则将读到的数据存入“#读取数据”中，且将“#读取运行步骤”的值置“2”	
18）添加置位指令。“#读取运行步骤”值为“2”，则置位“#读取完成”信号	
19）添加“P_TRIG”指令。“#开始写入”信号状态从“0”变为“1”，且“#写入运行步骤”的值为“0”，则置位触摸屏写入RFID变量，且将“#写入运行步骤”信号改为“1”	
20）添加“N_TRIG”指令。“#开始写入”信号状态从“1”变为“0”，则复位“#写入完成”信号，复位触摸屏“写入RFID”变量，且将“#写入运行步骤”的值置“0”	
21）添加“MOVE”指令。“#写入运行步骤”值为“1”，且触摸屏变量“写入RFID”变量值为“1”，则“写入运行步骤”的值置“2”	
22）添加置位指令。“#写入运行步骤”值为“2”，则置位“#写入完成”信号	

（续）

操作步骤及说明	示　意　图
23）添加“MOVE”指令。将读取到的数据存入触摸屏读数据变量中；将“#写入数据”中存储的数据通过 RFID 写入	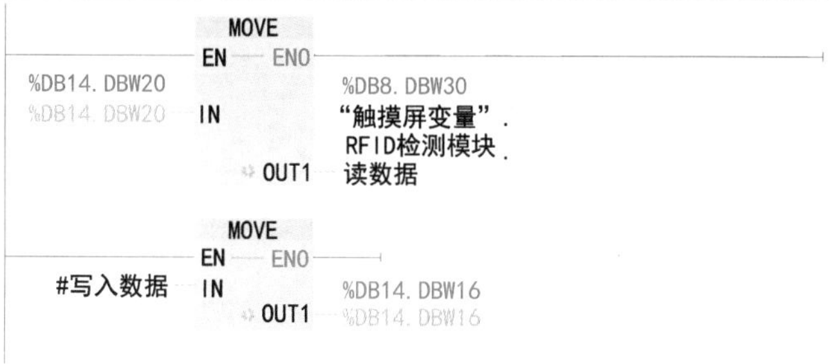 MOVE EN　ENO %DB14. DBW20 %DB14. DBW20　IN %DB8. DBW30 “触摸屏变量”. RFID检测模块. OUT1　读数据 MOVE EN　ENO #写入数据　IN %DB14. DBW16 OUT1　%DB14. DBW16
24）引用“RFID 检测模块”。在 Main 主程序中调用“RFID 检测模块”	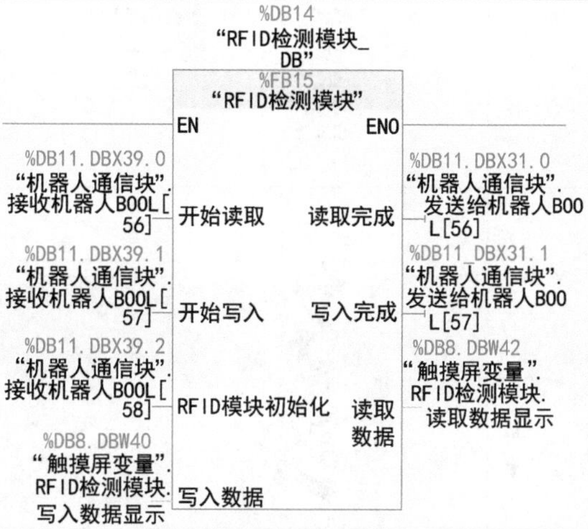 %DB14 “RFID检测模块_DB” %FB15 “RFID检测模块” EN　ENO %DB11. DBX39. 0 “机器人通信块”. 接收机器人BOOL[56]　开始读取　读取完成　%DB11. DBX31. 0 “机器人通信块”. 发送给机器人BOOL[56] %DB11. DBX39. 1 “机器人通信块”. 接收机器人BOOL[57]　开始写入　写入完成　%DB11_DBX31. 1 “机器人通信块”. 发送给机器人BOOL[57] %DB11. DBX39. 2 “机器人通信块”. 接收机器人BOOL[58]　RFID模块初始化　读取数据　%DB8. DBW42 “触摸屏变量”. RFID检测模块. 读取数据显示 %DB8. DBW40 “触摸屏变量”. RFID检测模块. 写入数据显示　写入数据

（2）HMI 界面编程（表 2-9）

表 2-9　HMI 界面编程

操作步骤及说明	示　意　图
1）添加新画面。依次选择左侧“HMI_2”→“画面”→“添加新画面”	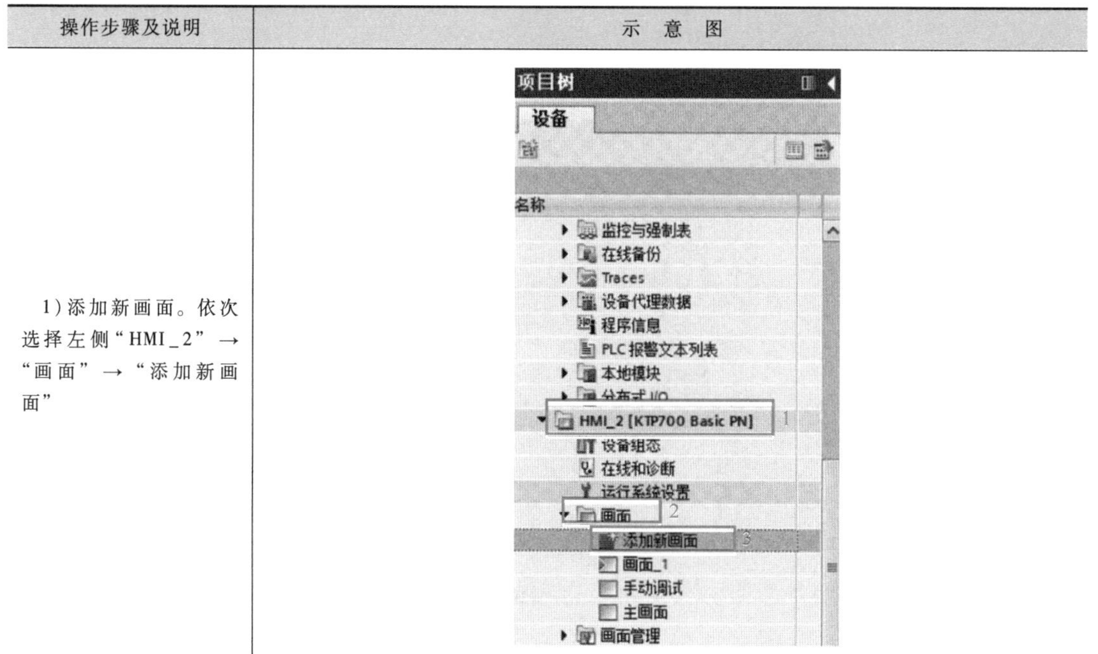

（续）

操作步骤及说明	示 意 图
2）添加新块。右击“程序块”，选择“添加新块”，在对话框中名称改为“触摸屏变量”，选择“DB 数据块”，单击“确认”，新建触摸屏变量	
3）新建显示框。打开添加的新画面，将右侧基本对象中的矩形图标拖到画面中	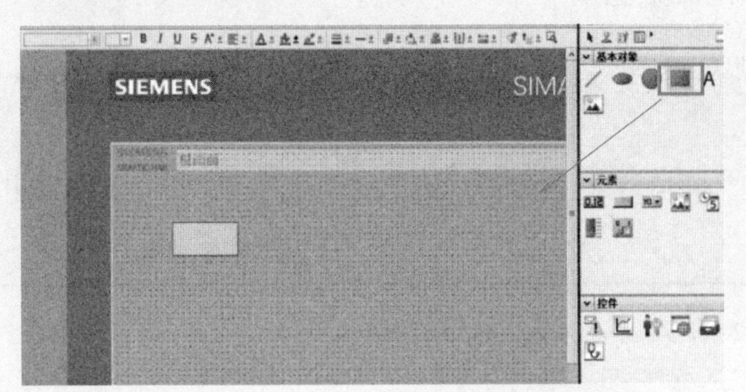
4）设置基本对象参数。在“属性”中，选择“属性”中的“外观”，背景颜色选择“白色”	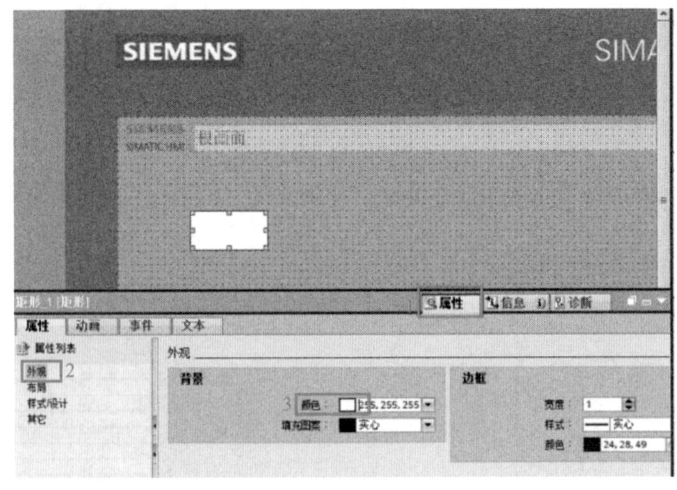

（续）

操作步骤及说明	示　意　图
5)设置基本对象参数。选中建立好的矩形,选择“属性”,在“动画”中单击“显示”→“添加新动画”,在弹出的对话框中单击“外观”,然后单击“确定”按钮	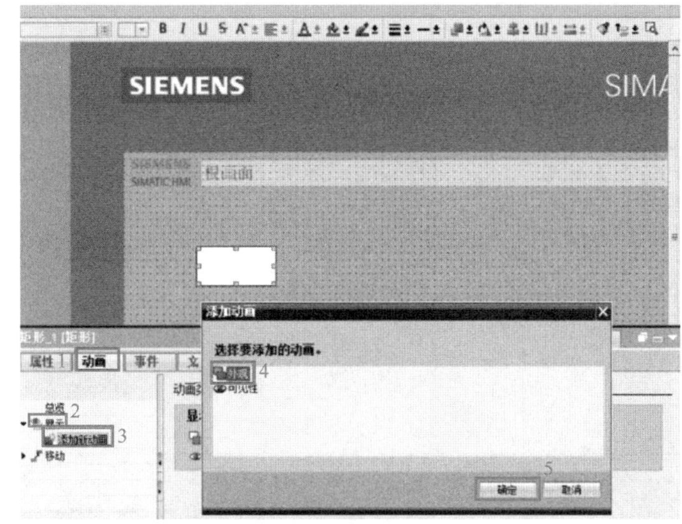
6)设置基本对象参数。打开左侧“默认变量表[42]”的“详细视图”,将“仓库2-1”拖到“外观”下“变量”的“名称”中,“范围”修改“0”和“1”,并设置相应的“背景色”,复制5个相同的矩形	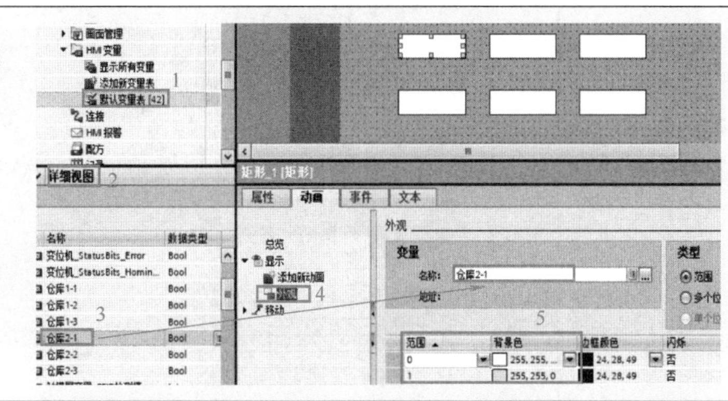
7)对其他矩形的名称进行命名,如:“仓库2-2”“仓库2-3”“仓库2-4”“仓库2-5”“仓库2-6”等	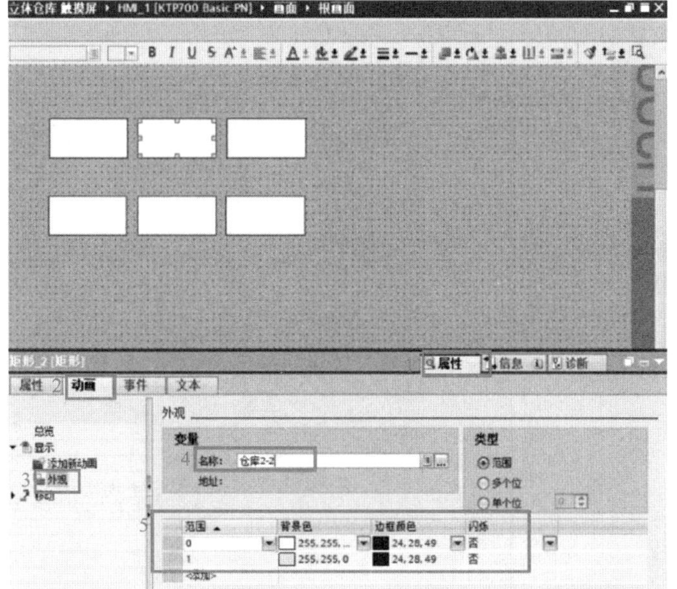

（续）

操作步骤及说明	示 意 图
8）插入文字。选中“基本对象”中的“A”拖动到画面中，对其进行命名，如“2-1”	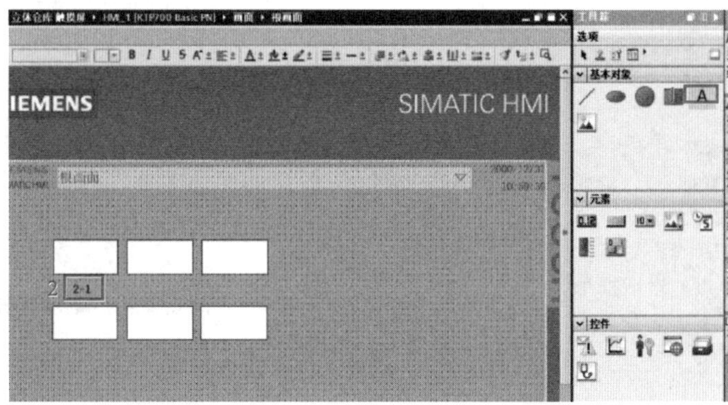
9）将所有矩形命名后，再将矩形图标拖到画面中	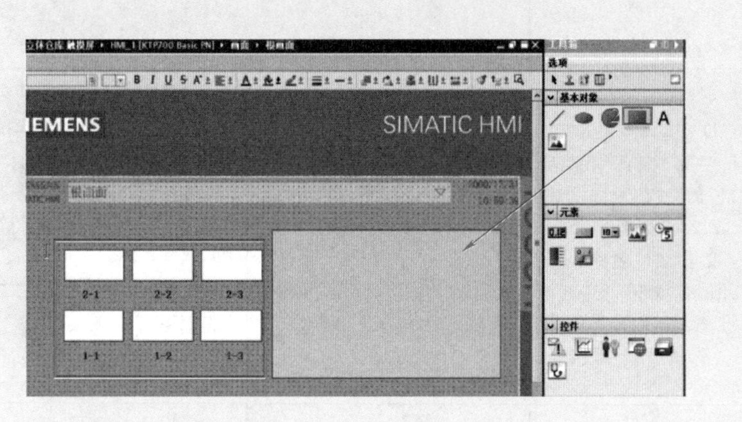
10）添加背景框。选中拖到画面的矩形，右击鼠标，选择“顺序”→“移到最后”	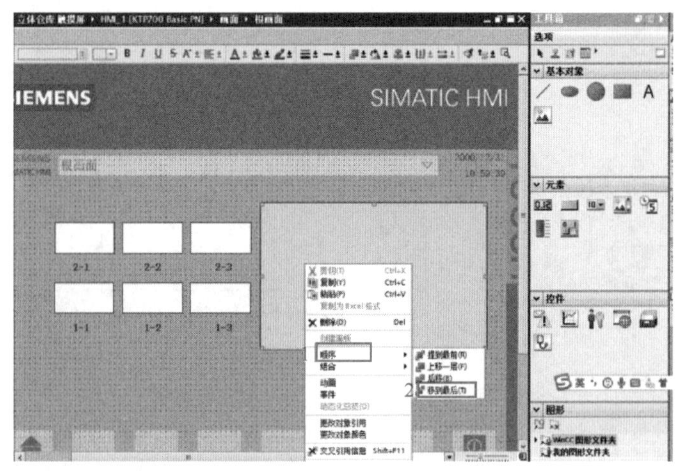

（续）

操作步骤及说明	示　意　图
11）插入文字。将建立的仓库显示区摆放在大矩形框中，在“基本对象”中将“A”拖动到方框中，并命名为“立体仓库”	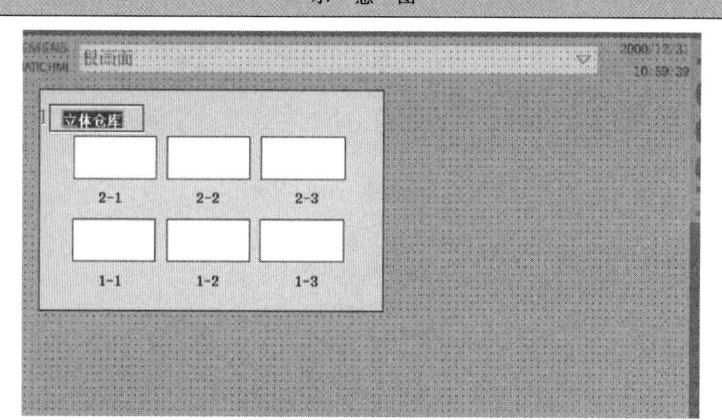
12）新建按钮。拖动“元素”中的“按钮元素”图标即可建立按钮	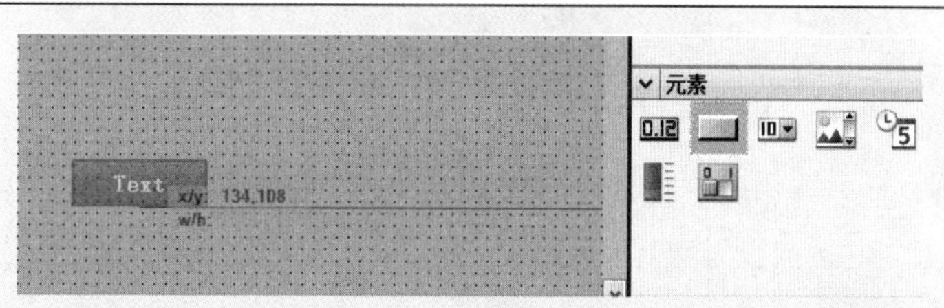
13）建立“装配启动”按钮“按下”事件，双击建立好的按钮，修改其名称为“装配启动”，选中“开始”按钮，选择“属性”→“事件”→“按下”→“系统函数”→“编辑位”→“置位位”	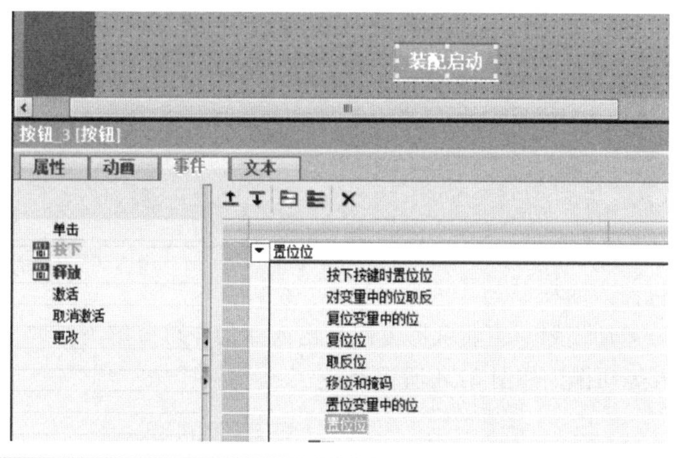
14）设置按钮参数。将“装配启动”添加到变量框中	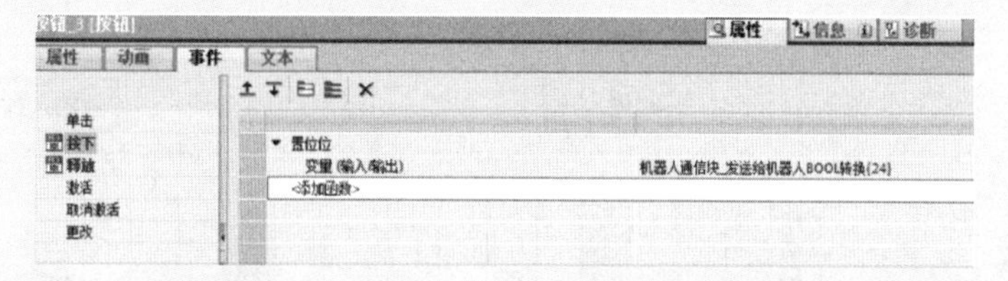
15）建立“装配启动”按钮“释放”事件。按照步骤12）~14）的方法，建立“复位位”释放事件，同样关联到“装配启动”，按钮建立完成	

（续）

操作步骤及说明	示 意 图
16）引用“机器人通信”模块。建立机器人通信模块和执行程序，用于连接 PLC 和机器人之间的通信	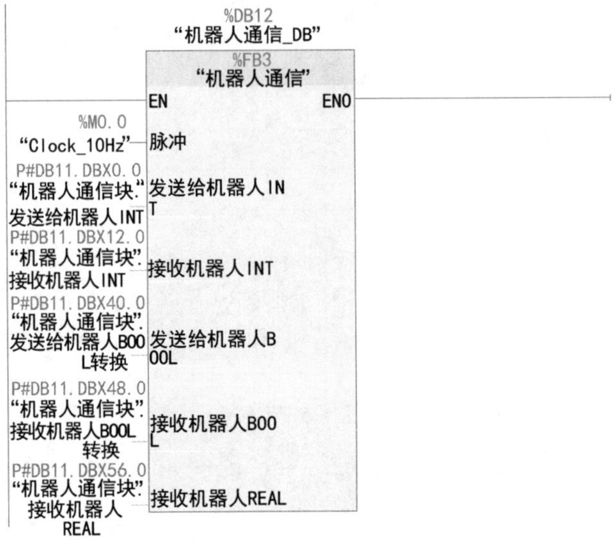 %DB12 “机器人通信_DB” %FB3 “机器人通信” EN ENO %M0.0 “Clock_10Hz” 脉冲 P#DB11.DBX0.0 “机器人通信块”.发送给机器人INT 发送给机器人INT P#DB11.DBX12.0 “机器人通信块”.接收机器人INT 接收机器人INT P#DB11.DBX40.0 “机器人通信块”.发送给机器人BOOL转换 发送给机器人BOOL P#DB11.DBX48.0 “机器人通信块”.接收机器人BOOL转换 接收机器人BOOL P#DB11.DBX56.0 “机器人通信块”.接收机器人REAL 接收机器人REAL
17）建立 PLC 与 HMI 按钮通信。编写程序，当按下“装配启动”按钮后，PLC 给机器人发送数据，机器人执行一系列装配动作并最终将装配、检测完成后的工件放置到对应的仓库位置处	“触摸屏变量”装配启动 %DB11.DBX31.4 “机器人通信块”.发送给机器人BOOL[60]

2. 机器人编程

（1）运动规划 工业机器人产品出入库动作可分解为抓取、移动、放置工件及 RFID 读取与写入等动作，如图 2-14 所示。

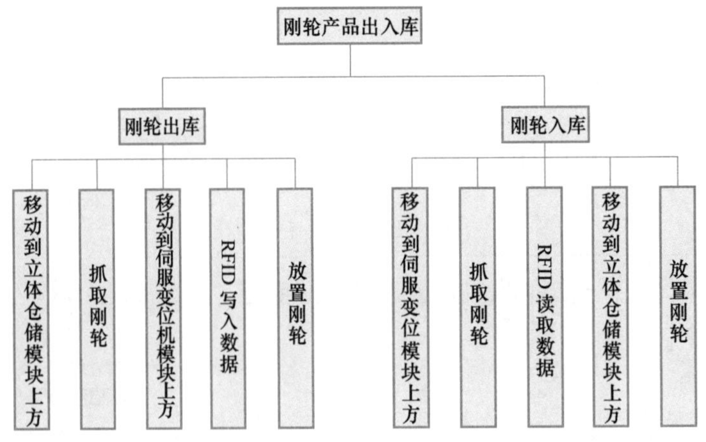

图 2-14 刚轮出入库任务图

本任务以刚轮出入库为例，规划 8 个主要程序点作为刚轮出入库程序点，如图 2-15 所示，主要程序点的说明见表 2-10。刚轮在立体仓储模块出库，经 RFID 模块写入数据后放置到伺服变位机模块；刚轮再从伺服变位机模块经 RFID 读取数据后放置到立体仓储模块。

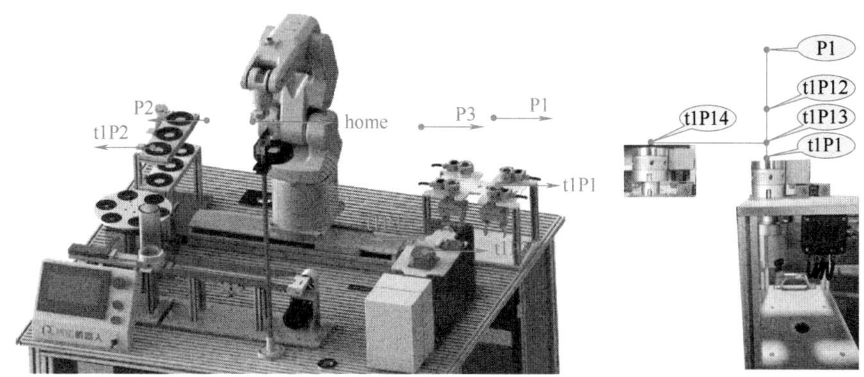

图 2-15　刚轮出入库流程图

表 2-10　主要程序点说明

程序点	符号	说明
程序点 1	home	原点
程序点 2	t1P1	弧口夹爪位置点
程序点 3	P1	过渡点 P1
程序点 4	P2	过渡点 P2
程序点 5	t1P2	抓取位置点
程序点 6	P3	过渡点 P3
程序点 7	t1P3	RFID 点
程序点 8	t1P4	装配位置点

（2）自动安装弧口夹爪工具

1）外部 I/O 功能说明见表 2-11。

表 2-11　外部 I/O 功能说明

I/O 变量名	数据类型	信号功能
3	BOOL	末端快换

2）建立取弧口夹爪子程序（程序名为 outT1），见表 2-12。

表 2-12　“outT1” 子程序

序号	程序	说明
1	DFF outT1( );	子程序命名为 outT1
2	SPTP home Vel=100% PDAT1	机器人本体从原点开始
3	SLIN P1 Vel=0.5m/s CPDAT1 Tool[0]Base[0]	机器人末端运动到过渡点 P1
4	OUT 3 " State=TRUE	快换末端卡扣收缩

（续）

序号	程序	说明
5	SLIN t1P12 Vel=0.5m/s CPDAT2 Tool[0]Base[0]	机器人末端到达快换工具 t1P1 上方辅助点 t1P12 点位
6	SLIN t1P1 Vel=0.5m/s CPDAT3 Tool[0]Base[0]	机器人末端到达快换工具 t1P1 点
7	OUT 3" State=FALSE	快换末端卡扣张开
8	WAIT Time=1 sec	等待 1s
9	SLIN t1P13 Vel=0.5m/s CPDAT4 Tool[0]Base[0]	末端弧口夹爪到达辅助点 t1P13 点位
10	SLIN t1P14 Vel=0.5m/s CPDAT5 Tool[0]Base[0]	末端弧口夹爪到达辅助点 t1P14 点位
11	SLIN P1 Vel=0.5m/s CPDAT6 Tool[0]Base[0]	机器人末端回到过渡点 P1
12	SPTP home Vel=100% PDAT2	机器人本体回到原点
13	END	结束

3）建立放弧口夹爪子程序（程序名为 inT1），见表 2-13。

表 2-13 “inT1”子程序

序号	程序	说明
1	DFF inT1()	子程序命名为 inT1
2	SPTP home Vel=100% PDAT1	机器人从原点开始
3	SLIN P1 Vel=0.5m/s CPDAT1 Tool[0]Base[0]	机器人末端运动到过渡点 P1 点
4	SLIN t1P14 Vel=0.5m/s CPDAT2 Tool[0]Base[0]	末端弧口夹爪到达辅助点 t1P14 点
5	SLIN t1P13 Vel=0.5m/s CPDAT3 Tool[0]Base[0]	末端弧口夹爪到达辅助点 t1P13 点
6	SLIN t1P1 Vel=0.5m/s CPDAT4 Tool[0]Base[8]	到达快换工具 t1P1 点
7	OUT 3" State=TRUE	快换末端卡扣收缩
8	WAIT Time=1 sec	等待 1s
9	SLIN t1P12 Vel=0.5m/s CPDAT5 Tool[0]Base[0]	机器人末端到达快换工具 t1P1 上方辅助点 t1P12 点
10	SLIN P1 Vel=0.5m/s CPDAT6 Tool[0]Base[0]	机器人回到过渡点 P1 点
11	SPTP home Vel=100% PDAT2	机器人回到原点
12	END	结束

（3）机器人程序

1）外部 I/O 功能说明见表 2-14。

表 2-14 外部 I/O 功能

I/O 变量名	数据类型	信号功能
2	BOOL	气爪张开
1	BOOL	气爪闭合
51	BOOL	伺服变位机模块-夹紧气缸工进
106	BOOL	RFID 开始读取
107	BOOL	RFID 开始写入
108	BOOL	RFID 初始化

2）刚轮出入库程序。

① 新建工具坐标系 tool1。

② 新建“TW1”刚轮出库子程序，见表 2-15。

表 2-15 “TW1”刚轮出库子程序

序号	程序	说明
1	DFF TW1( )	子程序命名为 TW1
2	SPTP home Vel=100% PDAT1	机器人从原点开始
3	SLIN P2 Vel=0.5m/s CPDAT1 Tool[1]Base[0]	机器人运动到过渡点 P2 点
4	OUT 1" State=FALSE	气爪闭合信号为假
5	WAIT Time=1 sec	等待 1s
6	OUT 2" State=TRUE	弧口夹爪工具张开
7	WAIT Time=1 sec	等待 1s
8	SLIN t1P21 Vel=0.5m/s CPDAT4 Tool[1]Base[0]	末端弧口夹爪到达 t1P2 正上方辅助点 t1P21 点
9	SLIN t1P2 Vel=0.5m/s CPDAT5 Tool[1]Base[8]	到达 t1P2 点，刚轮位置点
10	OUT 2" State=FALSE	气爪张开信号为假
11	WAIT Time=1 sec	等待 1s
12	OUT 1" State=FALSE	弧口夹爪工具闭合，夹爪夹取刚轮
13	WAIT Time=1 sec	等待 1s
14	SLIN t1P21 Vel=0.5m/s CPDAT4 Tool[1]Base[0]	末端弧口夹爪到达辅助点 t1P21 点
15	SLIN P2 Vel=0.5m/s CPDAT1 Tool[1]Base[0]	机器人回到过渡点 P2 点
16	SPTP home Vel=100% PDAT1	机器人回到原点
17	SLIN P3 Vel=0.5m/s CPDAT1 Tool[1]Base[0]	机器人运动到过渡点 P3 点
18	SLIN t1P31 Vel=0.5m/s CPDAT4 Tool[1]Base[0]	末端弧口夹爪到达 RFID 读写器 t1P3 正上方辅助点 t1P31 点
19	SLIN t1P3 Vel=0.5m/s CPDAT5 Tool[1]Base[8]	到达 RFID 读写器 t1P3 点
20	PULSE 108" State=True Time=1.0 sec	RFID 初始化
21	PULSE 106" State=True Time=1.0 sec	RFID 开始读取
22	WAIT Time=1 sec	等待 1s
23	SLIN t1P31 Vel=0.5m/s CPDAT4 Tool[1]Base[0]	末端弧口夹爪到达 RFID 读写器 t1P3 正上方辅助点 t1P31 点
24	SLIN t1P41 Vel=0.5m/s CPDAT4 Tool[1]Base[0]	末端弧口夹爪到达装配位置 t1P4 上方辅助点 t1P41 点
25	OUT 51" State=FALSE	夹紧气缸回收
26	SLIN t1P4 Vel=0.5m/s CPDAT5 Tool[1]Base[8]	到达装配位置 t1P4 点
27	OUT 51" State=TRUE	夹紧气缸工进，夹紧刚轮
28	WAIT Time=1 sec	等待 1s
29	OUT 1" State=FALSE	气爪闭合信号为假
30	WAIT Time=1 sec	等待 1s
31	OUT 2" State=TRUE	弧口夹爪工具张开

（续）

序号	程序	说明
32	WAIT Time=1 sec	等待 1s
33	SLIN t1P41 Vel=0. 5m/s CPDAT4 Tool[1]Base[0]	末端弧口夹爪到达装配位置 t1P4 上方辅助点 t1P41 点
34	SLIN P2 Vel=0. 5m/s CPDAT1 Tool[1]Base[0]	机器人回到过渡点 P2 点
35	SPTP home Vel=100% DEFAULT	机器人回到原点
36	END	结束

③ 新建“PW5”刚轮入库子程序，见表 2-16。

表 2-16 “PW5”刚轮入库子程序

序号	程序	说明
1	DFF PW5( )	子程序命名为 PW5
2	SPTP home Vel=100% PDAT1	机器人从原点开始
3	SLIN P3 Vel=0. 5m/s CPDAT1 Tool[1]Base[0]	机器人运动到过渡点 P3 点
4	OUT 1" State=FALSE	气爪闭合信号为假
5	WAIT Time=1 sec	等待 1s
6	OUT 2" State=TRUE	弧口夹爪工具张开
7	WAIT Time=1 sec	等待 1s
8	SLIN t1P41 Vel=0. 5m/s CPDAT2 Tool[1]Base[0]	末端弧口夹爪到达装配位置 t1P4 上方辅助点 t1P41 点
9	SLIN t1P4 Vel=0. 5m/s CPDAT3 Tool[1]Base[0]	到达 t1P4 点
10	OUT 51" State=FALSE	夹紧气缸回收
11	OUT 1" State=TRUE	弧口夹爪工具闭合，夹紧刚轮
12	WAIT Time=1 sec	等待 1s
13	SLIN t1P41 Vel=0. 5m/s CPDAT4 Tool[1]Base[0]	末端弧口夹爪夹紧刚轮到达装配位置 t1P4 上方辅助点 t1P41 点
14	SLIN t1P31 Vel=0. 5m/s CPDAT5 Tool[1]Base[0]	末端弧口夹爪夹紧刚轮到达 RFID 读写器 t1P3 正上方辅助点 t1P31 点
15	SLIN t1P3 Vel=0. 5m/s CPDAT6 Tool[1]Base[0]	末端弧口夹爪夹紧刚轮到达 RFID 读写器 t1P3 点
16	PULSE 107" State=True Time=1. 0 sec	RFID 开始写入
17	WAIT Time=1 sec	等待 1s
18	SLIN t1P31 Vel=0. 5m/s CPDAT7 Tool[1]Base[0]	末端弧口夹爪夹紧刚轮到达 RFID 读写器 t1P3 正上方辅助点 t1P31 点
19	SLIN P3 Vel=0. 5m/s CPDAT8 Tool[1]Base[0]	机器人运动到过渡点 P3 点
20	SPTP home Vel=100% PDAT1	机器人回到原点
21	SLIN P2 Vel=0. 5m/s CPDAT9 Tool[1]Base[0]	机器人到达过渡点 P2 点
22	SLIN t1P21 Vel=0. 5m/sCPDAT10 Tool[1]Base[0]	末端弧口夹爪夹紧刚轮到达 t1P2 正上方辅助点 t1P21 点位
23	SLIN t1P2 Vel=0. 5m/s CPDAT5 Tool[1]Base[0]	末端弧口夹爪夹紧刚轮到达 t1P2 点
24	OUT 9" State=FALSE	气爪闭合信号为假

（续）

序号	程序	说明
25	WAIT Time = 1 sec	等待 1s
26	OUT 8" State = TRUE	弧口夹爪工具张开,将刚轮放入库中
27	WAIT Time = 1 sec	等待 1s
28	SLIN t1P21 Vel = 0. 5m/s CPDAT4 Tool[1]Base[0]	末端弧口夹爪到达 t1P2 正上方辅助点 t1P21 点
29	OUT 9" State = TRUE	弧口夹爪工具张开
30	SLIN P1 Vel = 0. 5m/s CPDAT1 Tool[1]Base[0]	机器人回到到过渡点 P1 点
31	SPTP home Vel = 100% DEFAULT	机器人回到原点
32	END	结束

④ 在“Main”主程序（表 2-17）中调用子程序，完成程序的编写。

表 2-17　“Main”主程序

序号	程序	程序说明
1	outT1( );	调用子程序 outT1( ),取弧口夹爪
2	TW1( );	调用子程序 TW1( ),刚轮出库
3	PW5( );	调用子程序 PW5( ),刚轮入库
4	inT1( );	调用子程序 inT1( ),放下弧口夹爪

3）程序调试与运行。

① 程序调试的目的：检查程序的位置点是否正确，检查程序的逻辑控制是否有不完善的地方，检查子程序的输入参数是否正确。

② 调试与运行程序的方法。

a. 加载程序。编程完成后，保存的程序必须加载到内存中才能运行，选择“main1”程序，单击示教器下方的“选定”按钮，完成程序的加载，如图 2-16 所示。

b. 试运行程序。程序加载后，程序执行的蓝色指示箭头位于初始行。使示教器白色“确认开关”保持在“中间档”，然后按住示教器左侧绿色三角形“正向运行键”，状态栏运行键“ R”和程序内部运行状态文字说明为“绿色”，则表示程序开始试运行，蓝色指示箭头依次下移。

当蓝色指示箭头移至第 4 行 PTP 命令行时，弹出“BCO”提示信息，单击“OK”或“全部 OK”按钮，继续试运行程序，如图 2-17 所示。

c. 自动运行程序。经过试运行确保程序无误后，方可进行自动运行程序，自动运行程序操作步骤如下：

步骤 1：机器分别加载程序。

步骤 2：机器人手动操作程序，直至程序提示“BCO”信息。

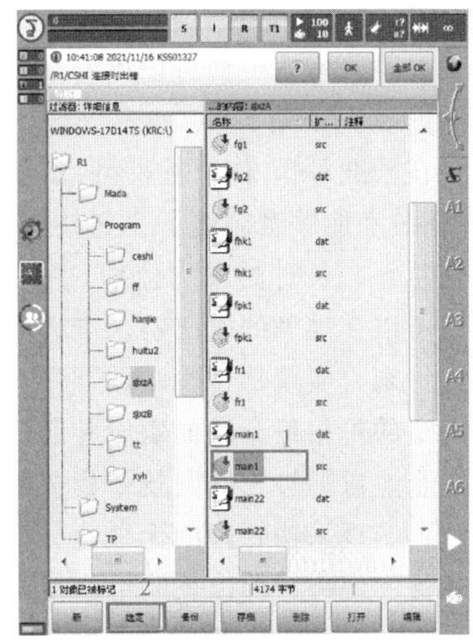

图 2-16　加载程序

步骤 3：利用连接管理器切换运行方式。将连接管理器转动到“锁紧”位置，弹出运行模式，选择“AUT”（自动运行）模式，再将连接管理器转动到“开锁”位置，此时示教器顶端的状态显示编辑栏“T1”改为“AUT”。

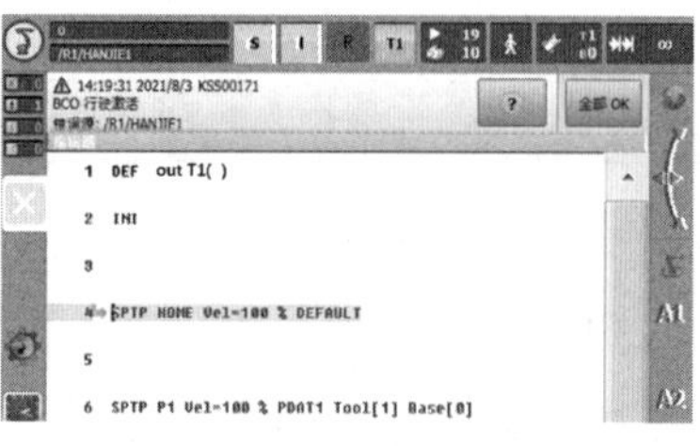

图 2-17 “BCO”提示信息

步骤 4：为安全起见，降低机器人自动运行速度。在第一次运行程序时，建议将程序调节量设定为 10%。

步骤 5：单击示教器左侧蓝色三角形“正向运行键”，在单击 HMI 上的“装配启动”，程序自动运行，机器人自动完成任务。

注意：运行程序过程中，若发现可能发生碰撞、失速等危险时，应及时按下示教器上的急停按钮，防止发生人身伤害或损坏工业机器人。

知识拓展

RFID 与物流仓储管理系统

以射频识别（radio frequency identification，RFID）系统为基础，结合已有的网络技术、数据库技术和中间件技术等，构建一个由大量联网的阅读器和无数移动的标签组成的、比 Internet 更为庞大的“物联网”（Internet of Things）已成为 RFID 技术发展的趋势。

物流仓储管理系统利用 RFID 技术来捕获信息，通过无线数据通信等技术将其与开放的网络系统相连，对供应链中各环节的信息进行自动识别与实时跟踪，可将庞大的物流系统建成一个高度智能的、覆盖仓库中所有物品之间的、甚至于物品和人之间的实物互联网。

基于 RFID 技术的物联网将在全球物流仓储范围内从根本上改变对物品生产、运输、仓储等各环节流动监控的管理水平。一个带有电子标签的产品，电子标签中有这个产品的唯一编码信息，当这个带有标签的产品通过一个 RFID 读写器时，这个产品的信息就会通过互联网传输到指定的计算机内，这是一个全自动的产品流动监测网络。通过物流仓储管理系统，带有电子标签的物品都可以随时随地按需被标识、追踪和监控，从而达到信息的实时共享，便于统筹管理，进而可以更好地提高企业的生产能力。

1. 采购环节

在采购环节中，企业可以通过 RFID 技术实现及时采购和快速采购，管理部门通过 RFID 技术能够实时地了解到整个供应链的供应状态，从而更好地把握库存、供应和生产需求信息等，及时对采购计划进行制订和管理，并及时生成有效的采购订单。通过 RFID 技术，可以在准确的时间购入准确的物资，既不会造成库存的积压，又不会因为缺少物资影响生产计划，实现从“简单购买”向“合理采购”的转变，即在合适的时间选择合适的产品，以合适的价格按合适的质量并通过合适的供应商获得。

企业以通过物联网技术集成的信息资源为前提，可以实现采购内部业务和外部运作的信息化，实现采购管理的无纸化，提高信息传递的速度，加快生产决策的反应速度，最终达到工作流的统一，即以采购单为源头，对供应商从确认订单、发货、到货、检验和入库等采购订单流转的各个环节进行准确跟踪，并可进行多种采购流程选择，如订单直接入库或经过到货质检环节后检验入库等，同时在整个过程中，可以实现对采购货物的计划状态、订单在途状态及到货待检状态等的监控和管理。通过对采购过程中资金流、物流和信息流的统一控制，以达到采购过程总成本和总效率的最优匹配。

2. 生产环节

传统企业物流系统的起点在入库或出库，但在基于 RFID 技术的物流系统中，所有的物资在生产的过程中已经开始实现 RFID 标签（Tag）化。在一般的商品物流中，大部分的 RFID 标签都以不干胶标签的形式使用，因此只需要在物品包装上贴 RFID 标签即可。

在企业物资生产环节中最重要的是 RFID 标签的信息录入，可分为以下四个步骤：

1）描述相对应的物品信息，包括生产部门、完成时间、生产各工序及责任人、使用期限、使用目标部门、项目编号、安全级别等，RFID 标签全面的信息录入将成为过程追踪的有力支持。

2）在数据库中将物品的相关信息录入到相对应的 RFID 标签项中。

3）将物品与相对应的信息编辑整理，得到物品的原始信息和数据库，这是整个物流系统中的第一步，也是 RFID 开始介入的第一个环节，需要绝对保证这个环节中的信息和 RFID 标签的准确性与安全性。

4）完成信息录入后，使用阅读器进行信息确认，检查 RFID 标签相对应的信息是否和物品信息一致。同时进行数据录入，显示每一件物品的 RFID 标签信息录入的完成时间和经手人。为保证 RFID 标签的唯一性，可将相同产品的信息进行排序编码，方便相同物品的清查。

3. 入库环节

传统物流系统的入库有三个基本要素是需要严格控制的：经手人员、物品和记录。这个过程需要耗费大量的人力、时间，并且一般需要多次检查才能确保准确性。在 RFID 的入库系统中，通过 RFID 的信息交换系统，这三个环节能够得到高效、准确的控制。在 RFID 的入库系统中，通过在入库口通道处的阅读器（Reader），识别物品的 RFID 标签，并在数据库中找到相应物品的信息，并自动输入到 RFID 的库存管理系统中。系统记录入库信息并进行核实，若合格则录入库存信息；若有错误则提示错误信息，发出警报信号，自动禁止入库。在 RFID 的库存信息系统中，通过功能扩展，可直接指引叉车、堆垛机等设备上的射频终端，选择空货位并找出最佳途径，抵达空位。阅读器确认货物就位后，随即更新库存信息。物资入库完毕后，可以通过 RFID 系统打印机打印入库清单，再由责任人进行确认。

4. 库存管理环节

物品入库后还需要利用 RFID 系统进行库存检查和管理，这个环节包括通过阅读器对分类的物品进行定期的盘查，分析物品库存变化情况；物品出现移位时，通过阅读器自动采集货物的 RFID 标签，并在数据库中找到相对应的信息，并将信息自动录入库存管理系统中，记录物品的品名、数量和位置等信息，核查是否出现异常情况，在 RFID 系统的帮助下，大量减少传统库存管理中的人工工作量，实现物品安全、高效的库存管理。由于 RFID 技术实现了数据录入的自动化，因此在盘点时无须人工检查或扫描条形码，可以减少大量的人力物力，使盘点更加快速和准确。利用 RFID 技术进行库存控制，能够实时、准确地掌握库存信息，从中了解每种产品的需求模式，及时进行补货，改善低效率的运作情况，同时提升库存管理能力，降低平均库存水平，通过动态、实时的库存控制有效降低库存成本。

5. 出库管理环节

在 RFID 的出库系统管理中，管理系统按物品的出库订单要求，自动确定提货区及最优提货路径。经扫描货物和货位的RFID标签，确认出库物品，同时更新库存数据。当物品到达出库口通道时，阅读器将自动读取RFID标签，并在数据库中调出相对应的信息，与订单信息行对比，若正确则可出库，货物的库存量相应减除；若出现异常，则仓储管理系统出现提示信息，方便工作人员进行处理。

6. 堆场管理环节

物品在出库到货物堆场后需要定期进行检查，而传统的检查办法需耗费大量的人力和时间。在RFID系统帮助下，堆场寻物的检查很便捷。使用特高频（UHF）的射频系统可对方圆10m内的RFID标签进行自动识别，RFID系统的阅读器首先将同批物品的RFID标签进行识别，同时调出数据库中相对应的标签信息，然后将这些信息与数据库的信息进行对比，查看堆场中的各类物品是否存在异常。

目前，物联网被看作是推动世界经济复苏的重要动力，其核心技术RFID也备受关注。RFID技术具有非接触、自动识别的优点，在物流管理中具有广泛的应用。然而RFID的发展仍然面临诸多问题，技术标准、实施成本及信息安全等问题都是RFID全面应用的障碍。当统一的RFID国际标准被制定出来、RFID的实施成本降低到可以接收的程度、RFID可能导致的信息安全问题得以解决后，RFID技术将在包括物流在内的众多行业迎来一个全球范围内高速发展的春天。

评价反馈

基本素养(30分)				
序号	评估内容	自评	互评	师评
1	纪律(无迟到、早退、旷课)(10分)			
2	安全规范操作(10分)			
3	团结协作能力、沟通能力(10分)			
理论知识(30分)				
序号	评估内容	自评	互评	师评
1	PLC指令的应用(10分)			
2	产品出入库工艺流程(5分)			
3	I/O信号的操作(5分)			
4	基于RFID的智能仓储系统特点(5分)			
5	RFID在物流仓储管理中的应用的认知(5分)			
技能操作(40分)				
序号	评估内容	自评	互评	师评
1	产品出入库轨迹规划(10分)			
2	程序运行示教(10分)			
3	程序校验、试运行(10分)			
4	程序自动运行(10分)			
综合评价				

练习与思考题

一、填空题

1. RFID 系统主要由__________和__________组成。

2. Modbus_Comm_Load 指令通过__________对用于通信的通信模块进行组态。

3. MB_CLIENT 指令作为__________客户端通过 S7-1200 CPU 的 PROFINET 连接进行通信。

4. RFID 技术具有__________的优点，在物流管理中具有广泛的应用。

5. 工业机器人产品出入库系统涉及的主要设备包括工业机器人应用领域一体化教学创新平台（BN-R116-KR4）、KUKA-KR4 型工业机器人本体、控制器、示教器、气泵、伺服变位机模块、立体仓储模块和__________。

二、简答题

1. RFID 系统的基本工作原理是什么?

2. 基于 RFID 技术的智能仓储系统有什么特点?

三、编程题

将立体仓储模块和伺服变位机模块安装在工作台的指定位置，在工业机器人末端手动安装弧口夹爪，如图 2-18 所示，在立体仓储模块 2-1 位置摆放 1 个刚轮，创建并正确命名例行程序。利用示教器进行现场操作编程，按下启动按钮后，工业机器人首先自动从原点开始执行产品出入库任务，将刚轮从立体仓储模块出库到伺服变位机模块的库位中，出库后的位置如图 2-19 所示；然后，工业机器人将刚轮从伺服变位机模块入库到立体仓储模块的库位中完成刚轮入库任务，入库后的位置如图 2-20 所示；最后，工业机器人返回原点。

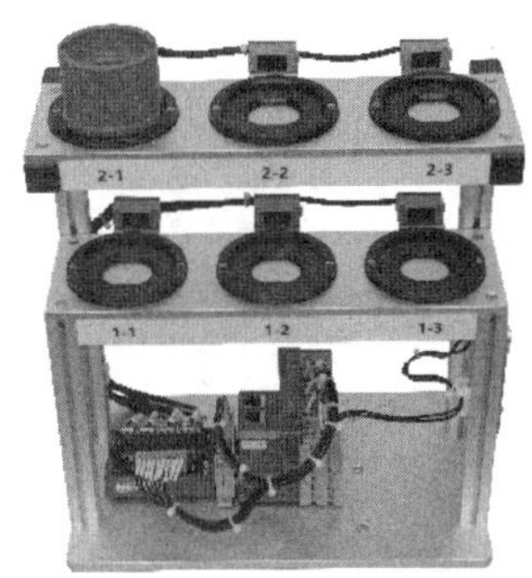

图 2-18　刚轮出库前位置

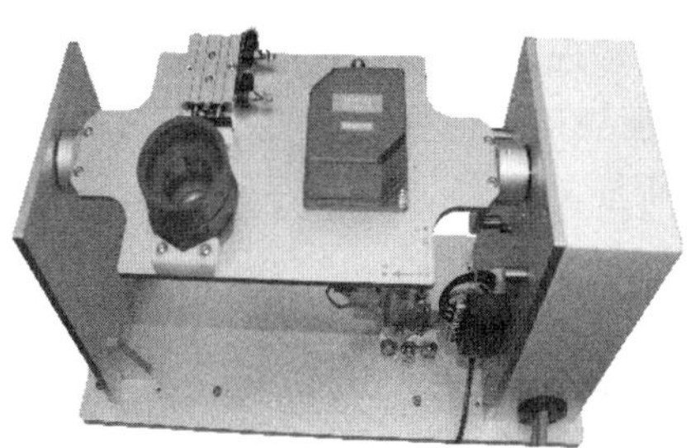

图 2-19　刚轮出库后位置

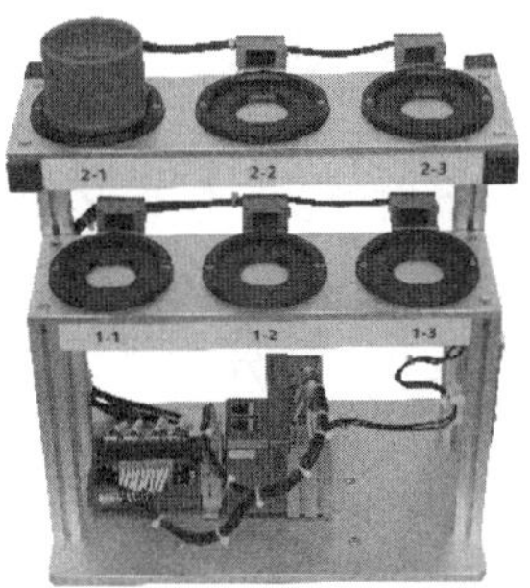

图 2-20　刚轮入库后位置

项目三 工业机器人视觉分拣与定位

学习目标

1. 了解视觉系统的组成、主要参数及典型应用。
2. 掌握固定视觉相机的标定方式。
3. 掌握 MVP 视觉软件的使用方法。
4. 掌握找圆、模板匹配、裁剪、彩色转灰度、颜色提取和报文发送等算子的用法。
5. 能够通过 PLC 编程软件进行工件颜色、角度信息的转化，并将信息显示在 HMI 上。
6. 能够使用 PLC、机器人示教器和 MVP 视觉软件综合编程，完成工件视觉检测及分拣等综合作业。

工作任务

一、工作任务的背景

机器人视觉系统用机器代替人眼来做测量和判断，通过对目标进行摄像拍照获取图像信号，传送给图像处理系统，转换为数字化信号，图像处理系统根据数字化信号进行运算以获取目标的特征，根据逻辑判断的结果来控制现场机器设备的动作，进行各种装配或者检测、报警有缺陷的产品，如图 3-1 所示。视觉系统一般分为五个部分：照明、镜头、相机、图像采集卡和视觉处理器。随着拍照、摄像设备、图像传感器、视频信号数字化设备及视频信号处理器等在应用上不断推陈出新，技术上也从 2D 到 3D 在不断进步。

图 3-1 视觉产品检测

视觉系统按功能划分，主要可分为检测、测量、定位、跟踪和引导；在实际工厂应用中，又可以分为检查防错、测量分析、视觉跟踪、引导抓取件和精确装配等。要实现视觉系统工装，必须明确测量和定位的定义，并在系统中构建测量和定位的设备。

（1）测量　针对特征点而言，测量结果为特征点在测量坐标系下的坐标（x，y，z）；在实际应用中，测量包含 2D 测量（只测量特征点的 x，y 坐标）和 3D 测量（测量特征点的 x，y，z 坐标），通过拍照获取目标物体特征点的坐标值，并在坐标系上确认。

（2）定位　针对目标物体而言，定位结果为目标物体相对于参考坐标系的姿态

（x，y，z，Ra，Rb，Rc）。定位包含 2D 定位（定位目标物体在参考坐标系 x、y 方向上的移动和绕 z 方向的旋转）、2.5D 定位（定位目标物体在参考坐标系 x，y，z 方向上的移动和绕 z 方向的旋转）和 3D 定位（定位目标物体在参考坐标系 x，y，z 方向上的移动和旋转）。工位上目标物体的姿态定位是基于物体上特征点的坐标测量结果计算得到的。

视觉产品检测如图 3-1 所示。

二、所需要的设备

工业机器人产品出入库系统涉及的主要设备包括：工业机器人应用领域一体化教学创新平台（BN-R116-KR4）、KR4 型工业机器人本体、电源、控制器、示教器、气泵、相机系统、视觉软件、吸盘工具、中间法兰和输出法兰，如图 3-2 所示。

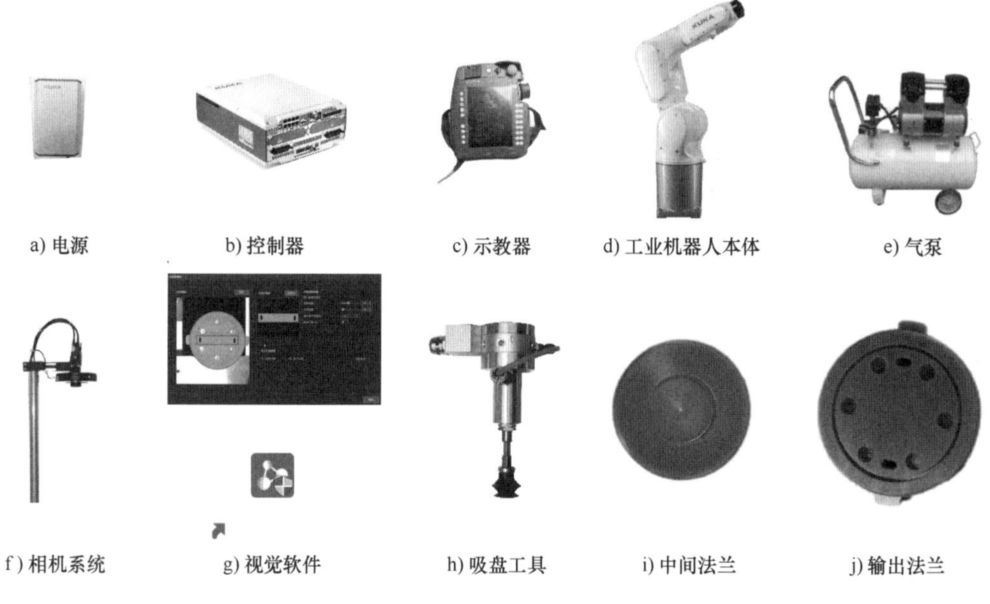

a) 电源　b) 控制器　c) 示教器　d) 工业机器人本体　e) 气泵

f) 相机系统　g) 视觉软件　h) 吸盘工具　i) 中间法兰　j) 输出法兰

图 3-2　所用设备

三、任务描述

这里以谐波减速器的中间法兰、输出法兰的颜色、角度视觉识别为典型案例。工业机器人自动将吸盘工具装配到机械臂上。

任务一：工件角度识别与定位。用相机检测输出法兰的角度，将角度信息显示在 HMI 上，通过找圆确定圆心，进行工件定位，使用工业机器人进行准确搬运。

任务二：工件颜色识别。相机检测中间法兰的颜色，检测后将工件搬运走，并将颜色信息显示在 HMI 上。

任务三：中间法兰和输出法兰视觉定位和分拣。用相机进行中间法兰和输出法兰的视觉识别，然后使用工业机器人进行分拣作业。

实践操作

一、知识储备

1. 固定视觉

在图像测量过程及机器视觉应用中，为确定空间物体表面某点的三维几何位置及其在图像中对应点之间的相互关系，必须建立相机成像的几何模型，这些几何模型参数就是相机参数。在大多数条件下，这些参数必须通过试验与计算才能得到，这个求解参数的过程称为相机标定（或摄像机标定）。无论是在图像测量还是在机器视觉应用中，相机参数的标定都是非常关键的环节，其标定结果的精度及算法的稳定性将直接影响相机工作产生结果的准确性。因此，做好相机标定是做好后续工作的前提。

1）坐标系基础。理解坐标系是进行相机标定的基础，坐标系包括图像像素坐标系、图像物理坐标系、相机坐标系和世界坐标系。

① 图像像素坐标系。图像像素坐标系是一个二维直角坐标系，反映了电荷耦合器件（CCD）相机芯片中像素的排列情况。其原点 O 位于图像的左上角，u、v 坐标轴分别与图像的两条边重合。像素坐标为离散值（0，1，2，…），以像素（pixel）为单位。

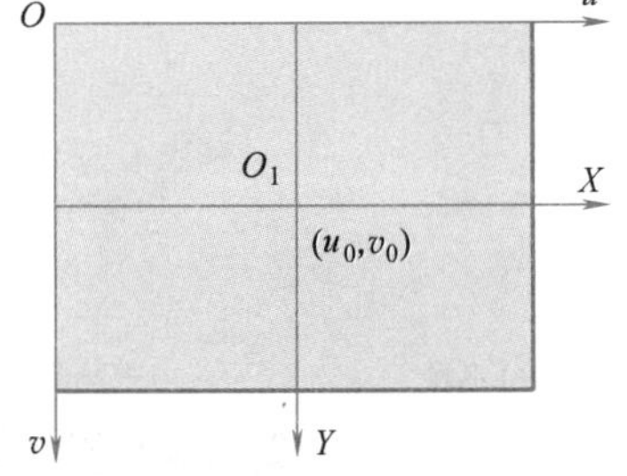

图 3-3　图像物理坐标系

② 图像物理坐标系。为了将图像与物理空间相关联，需要将图像转换到物理坐标系下。原点 O_1 位于图像中心（理想状态下），是相机光轴与像平面的交点（称为主点）。X、Y 坐标轴分别与 u、v 轴平行，如图 3-3 所示。两坐标系实为平移关系，平移量为（u_0，v_0）。

假设相机感光器件中单个像素的物理尺寸为 $d_X \times d_Y$，则

$$\left.\begin{aligned} u &= \frac{x}{d_X}+u_0 \\ v &= \frac{y}{d_Y}+v_0 \end{aligned}\right\} \tag{3-1}$$

图像物理坐标系到图像像素坐标系的转换如下：

$$\begin{bmatrix} u \\ v \\ 1 \end{bmatrix} = \begin{bmatrix} \frac{1}{d_X} & 0 & u_0 \\ 0 & \frac{1}{d_Y} & v_0 \\ 0 & 0 & 1 \end{bmatrix} \begin{bmatrix} x \\ y \\ 1 \end{bmatrix} \tag{3-2}$$

③ 相机坐标系（Camera Coordinate System）。相机坐标系（X_c，Y_c，Z_c）也是一个三维直角坐标系，如图 3-4 所示。原点 O_c 位于镜头光心处，X_c，Y_c 轴分别与像面的两边平行，Z_c 轴为镜头光轴，与像平面垂直。

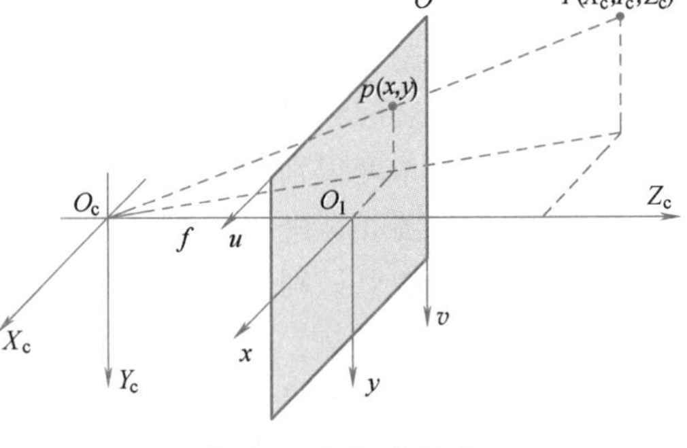

图 3-4　相机坐标系

点 $P(X_c, Y_c, Z_c)$ 为空间中任意一点，其通过投影中心的光线投影到图像平面上，在图像物理空间的投影点为 $p(x, y)$，扩展到相机坐标系下其坐标为（x，y，f）。根据相似三角形原理，转为齐次形式为

$$Z_c\begin{bmatrix}x\\y\\1\end{bmatrix}=\begin{bmatrix}f&0&0&0\\0&f&0&0\\0&0&1&0\end{bmatrix}\begin{bmatrix}X_c\\Y_c\\1\end{bmatrix} \tag{3-3}$$

式（3-3）完成了相机坐标系到图像物理坐标系的转换。

④ 世界坐标系（World Coordinate System）。世界坐标系（X_w，Y_w，Z_w）也称为测量坐标系、参考坐标系，是一个三维直角坐标系，以其为基准可以描述相机和待测物体的空间位置。世界坐标系的位置可以根据实际情况自由确定，如图 3-5 所示。

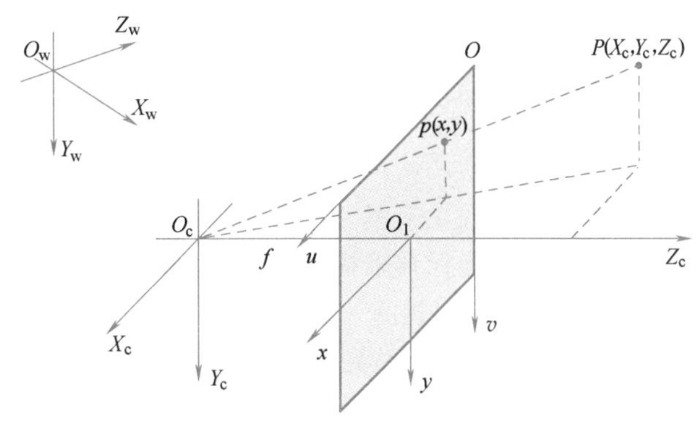

图 3-5 世界坐标系

世界坐标系到相机坐标系的变换实际上就是一个刚体变换，可以由旋转矩阵 $\boldsymbol{R}$ 和平移矢量 $\boldsymbol{t}$ 来表示，$(X_w, Y_w, Z_w)^T$ 表示世界坐标系中的点，$(X_c, Y_c, Z_c)^T$ 表示相机坐标系中的点，则它们之间的转换可表示为

$$\begin{bmatrix}X_c\\Y_c\\Z_c\end{bmatrix}=\boldsymbol{R}\begin{bmatrix}X_w\\Y_w\\Z_w\end{bmatrix}+\boldsymbol{t} \tag{3-4}$$

即

$$\begin{bmatrix}X_c\\Y_c\\Z_c\\1\end{bmatrix}=\begin{bmatrix}R_{3\times3}&t_{3\times1}\\0_{1\times3}&1_{1\times1}\end{bmatrix}\begin{bmatrix}X_w\\Y_w\\Z_w\\1\end{bmatrix} \tag{3-5}$$

公式（3-5）完成了世界坐标系到相机坐标系的转换。

综合式（3-2）、式（3-3）和式（3-5），可以得到世界坐标系与像素坐标系之间的转换关系：

$$Z_c\begin{bmatrix}u\\v\\1\end{bmatrix}=\begin{bmatrix}\frac{1}{d_X}&0&u_0\\0&\frac{1}{d_Y}&v_0\\0&0&1\end{bmatrix}\begin{bmatrix}f&0&0&0\\0&f&0&0\\0&0&1&0\end{bmatrix}\begin{bmatrix}R&t\\0^T&1\end{bmatrix}\begin{bmatrix}X_w\\Y_w\\Z_w\\1\end{bmatrix} \tag{3-6}$$

2）手眼标定（eye-to-hand）。眼在手外，即相机固定在机器人外的固定底座上。这种情况下，需要将标定板固定在机器人末端，求解的量为相机坐标系和机器人坐标系之间的位姿关系，如图 3-6 所示。

一般的摄像机标定方法都需要用到标定参照物，就是标定时在摄像机前放一个已知形状

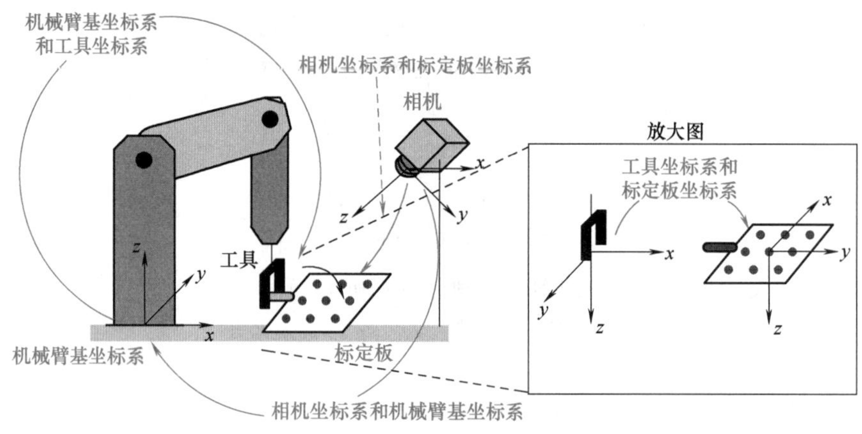

图 3-6 手眼标定

与尺寸的物体。常见的有基于圆形特征标定物、棋盘标定物和立方体标定物等。标定时，首先要选取一个工件坐标系来描述工件的位姿信息，选取方法为：画出标定板的两条中心对称线，其贯穿中心线所经过的一系列圆的圆心，并且两条中心线的重合点为标定板的中心。再将标定板放在工作台上，调整到摄像机的视场之中，在计算机视觉软件中打开视频图像窗口的图像坐标系显示线，调整标定板的两条中心线与视频窗口中的图像坐标系显示线中心重合。

需要测量几组固定点 P 在机器人基座坐标系和相机坐标系下的坐标 B_p 和 C_p。通过视觉算法可以准确地识别棋盘格的角点。识别棋盘格可以得到棋盘格角点在图像坐标系中的二维坐标 I_p，通过相机内参和物体的深度信息可以计算出 C_p。棋盘格标定板如图 3-7 所示。

图 3-7 棋盘格标定板

在 eye-to-hand 的情况下，将标定板固定在机器人末端，便得到以下坐标系：

{C}：相机坐标系。

{B}：机器人基坐标系。

{E}：机器人末端坐标系。

{K}：标定板坐标系。

坐标系之间的转换关系是：$\boldsymbol{A}$ 为机器人末端坐标系到机器人基坐标系的转换矩阵，机器人运动学正解可知变量。$\boldsymbol{B}$ 为标定板坐标系到机器人末端坐标系的转换矩阵，标定板是固定安装在机器人末端的，所以固定不变，未知变量。$\boldsymbol{C}$ 为相机坐标系到标定板坐标系的转换矩阵，可知变量。$\boldsymbol{D}$ 为相机坐标系到机器人基坐标系的转换矩阵，待求解变量。

因为：

$$B_p=\boldsymbol{ABC}C_p \tag{3-7}$$

$$B_p=\boldsymbol{D}C_p \tag{3-8}$$

所以：

$$\boldsymbol{D}=\boldsymbol{ABC} \tag{3-9}$$

$\boldsymbol{D}$ 和 $\boldsymbol{B}$ 都未知，但是固定不变的量。$\boldsymbol{A}$ 和 $\boldsymbol{C}$ 则随机器人的末端位姿变化而变化。让机器人走两个位置，于是有：

$$A_1BC_1 = A_2BC_2 \tag{3-10}$$

经变换可得：

$$(A_2^{-1} \cdot A_1) \cdot B = B \cdot (C_2 \cdot C_1^{-1}) \tag{3-11}$$

2. MVP 视觉软件

（1）软件功能介绍　软件界面包含标题栏、工具区、流程编辑区、图像显示区、配置结果区、状态栏、多屏设置等区域，如图 3-8 所示。

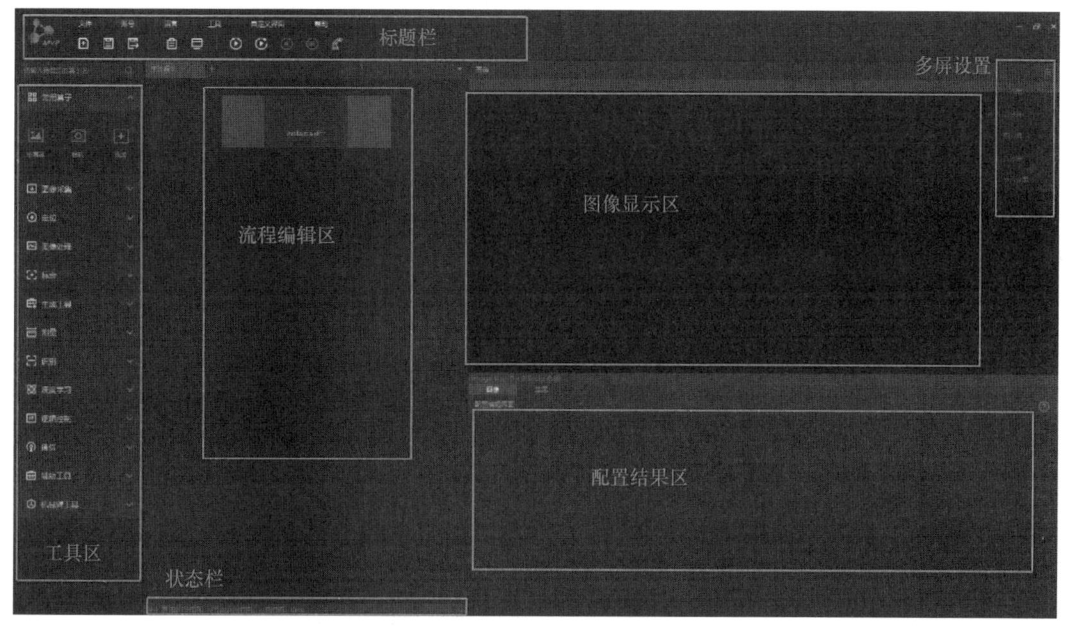

图 3-8　软件界面

注：图中"通信"应为"通信"，为与实际软件对应，此处保留"通信"。

1）标题栏：包含菜单栏及快捷工具条。

2）工具区：视觉方案搭建所需要的算子区域，包含常用算子、图像采集、定位、图像处理、标定、生成工具、测量、识别、深度学习、逻辑控制、通信、辅助工具和机械臂工具这几类功能。

① 常用算子：可以根据使用习惯自定义常用算子到此类中。

② 图像采集：分为相机和仿真器。相机是从工业相机获取图像，仿真器则是从本地获取图像。

③ 定位：类算子主要是根据不同的算法配置定位到图像中的特征并标识。

④ 图像处理：含图像基本处理类算子，一般作用于图像预处理或形态学处理。

⑤ 标定：包含棋盘格标定、N 点标定及读取坐标文件算子，作用于不同坐标系之间的转换。

⑥ 生成工具：包含生成点（生成点算子从输入或者配置接收 X、Y 坐标参数，根据 X、Y 的值输出一个点类型的输出参数）、生成直线（生成直线算子从输入或者配置接收相应的参数，生成一条直线）、生成圆（生成圆算子从输入或者配置接收相应的参数，生成一个圆）、生成矩形（生成矩形算子从输入或者配置接收基准点、矩形的宽高、矩形的角度来生

成一个矩形）。

⑦ 测量：类算子主要完成测量距离、夹角等基本测量功能。

⑧ 识别：包含一维码、二维码及字符识别算子。

⑨ 深度学习：使用深度学习方法训练模型完成识别功能，包含深度学习字符识别、深度学习检测、深度学习分类和深度学习像素分类算子。

⑩ 逻辑控制：用于视觉解决方案中数据的逻辑处理。

⑪ 通信：含业界常用的工业通信协议，支持 TCP/IP 和串口两种通信方式。

⑫ 辅助工具：包含保存图像、循环次数控制等常用算子。

⑬ 机械臂工具：包含机械臂位置计算和位置补偿算子。

3）流程编辑区：编辑视觉方案流程的区域。

4）图像显示区：显示图像的区域。

5）配置结果区：通过下方标签切换，对选中的算子进行参数配置或查看算子运行后的结果信息。

6）状态栏：状态显示区域，显示所选算子的运行耗时及整个视觉解决方案的运行耗时。

7）多屏设置：包括一分屏、二分屏和四分屏三种设置，可以将流程编辑区的任意一个子流程的输出拉到任意一屏幕进行绑定，即可显示对应子流程的图像信息，并且支持在连续运行过程中进行切换、绑定。

（2）视觉算子介绍

1）找圆算子。找圆算子在图像中放置一系列卡尺工具，根据卡尺工具得到的边缘点集结果拟合出圆，用于圆的定位与测量。找圆算子效果如图 3-9 所示。

进入设置界面设置卡尺个数、搜索长度、投影长度、忽略点数及搜索方向；并设置卡尺参数，通过比度阈值、高斯半径和排序模式等来调整找边卡尺工具，使找圆结果更加精准、理想。

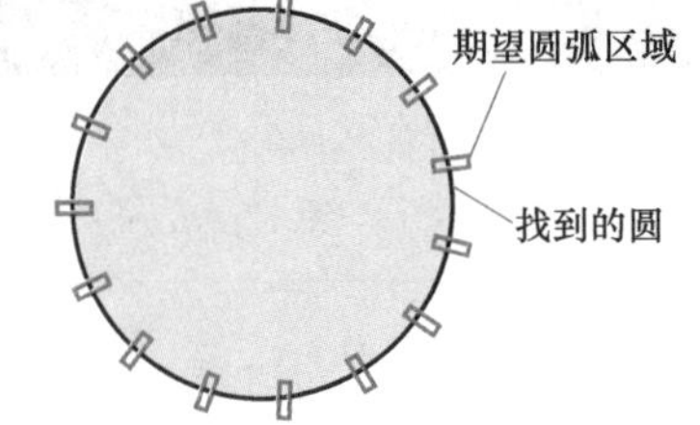

图 3-9 找圆算子效果

2）模板匹配。模板匹配工具是在模板图像中选择一个特征区域，并以特征区域的边缘特征作为模板，在检测图像中根据训练的模板边缘特征进行匹配，定位模板图像在检测图像中的位置。模板匹配可以配合其他工具使用，以模板匹配的结果作为其他工具的输入参数，引导其他工具跟随产品实时调整位置和角度，如图 3-10 所示。

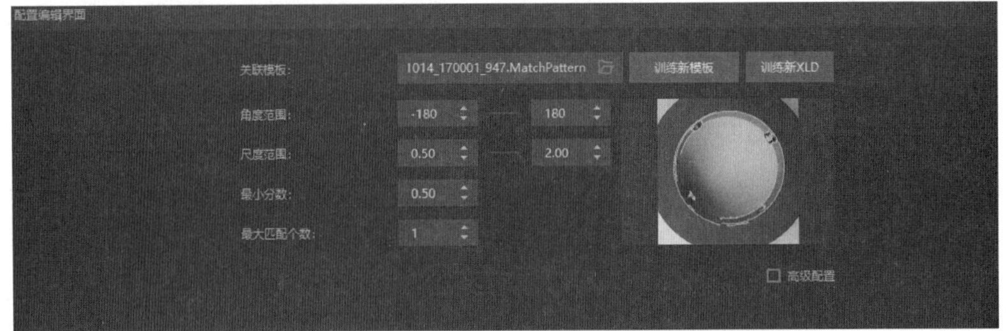

图 3-10 模板匹配配置参数

关联模板：配置已训练好的模板文件或者训练新的模板、训练新的 XLD（矩形、三角形、圆、十字星的中心横坐标、纵坐标）。

角度范围：匹配角度范围为-180°~180°；

尺度范围：匹配尺度范围为 0.50~2.00；

最小分数：匹配最小分数指特征模板与搜索图像中目标的相似程度，即相似度阈值，搜索到的目标在相似度达到该阈值时才会被搜索到，最大是 1，表示完全契合。

最大匹配个数：允许查找的最大目标个数，范围为 0~50。

模板匹配效果如图 3-11 所示。

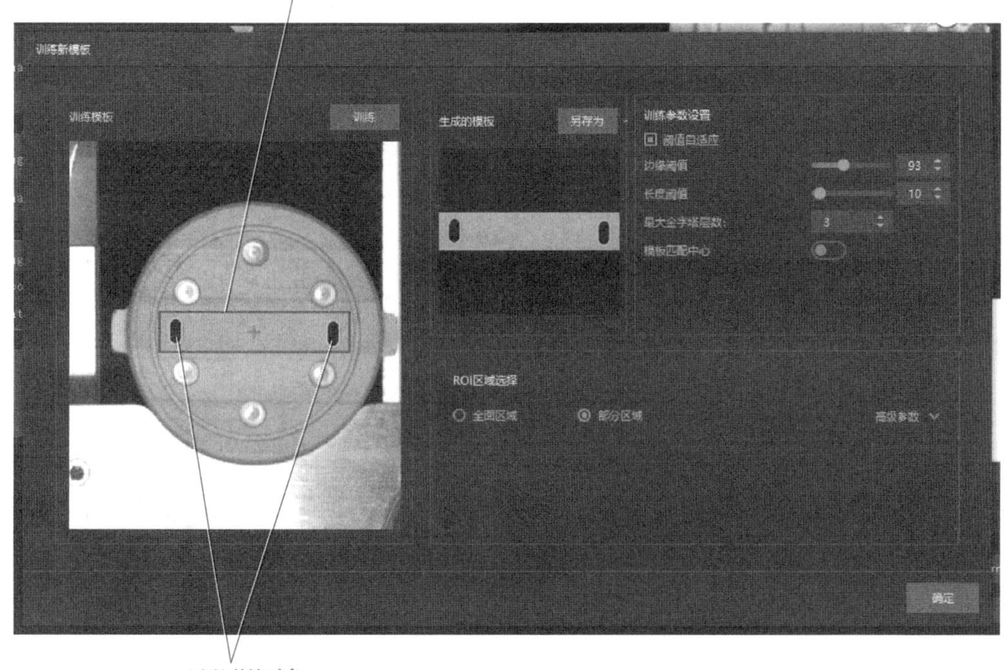

图 3-11　模板匹配效果

3）裁剪。裁剪工具可以截取指定的原灰度矩形 ROI 区域，并生成 ROI 大小的新的灰度图像。裁剪效果图如图 3-12 所示。

a) 裁剪前

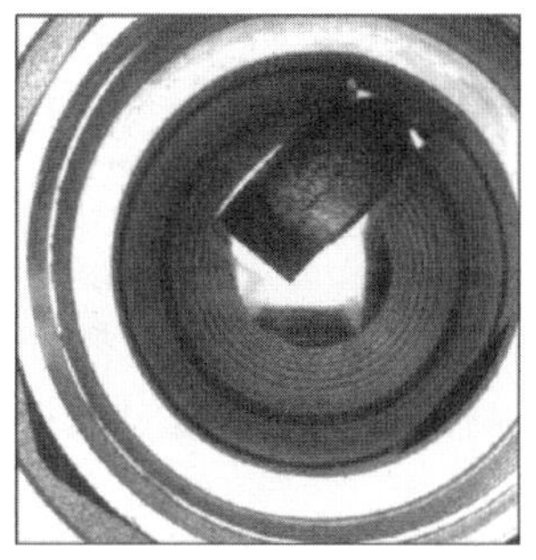

b) 裁剪后

图 3-12　裁剪效果

4）彩色转灰度。彩色转灰度工具可将三通道的彩色图像转换为单通道的灰度图像，如图 3-13 所示。

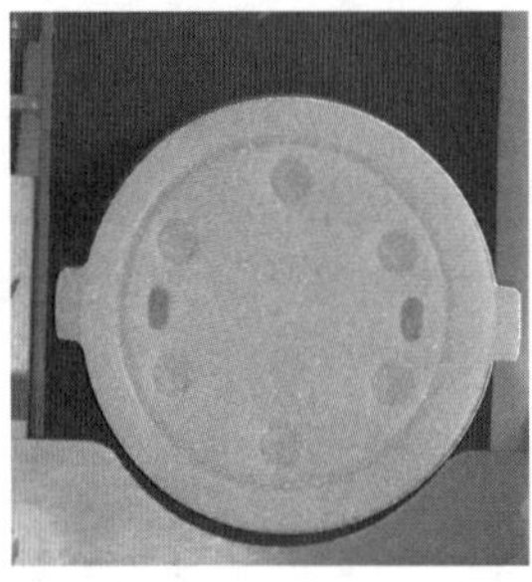

a) 彩色图

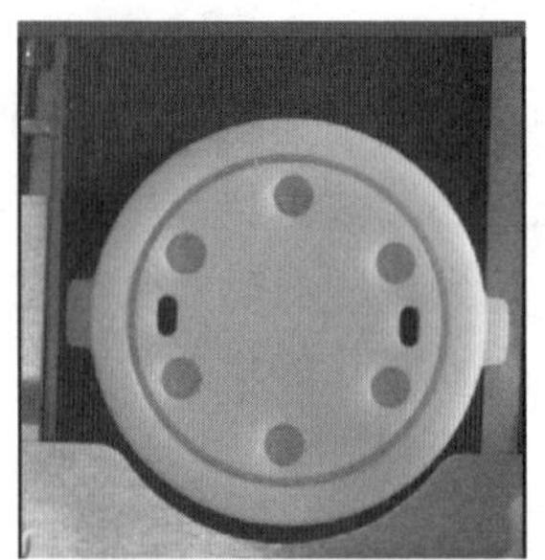

b) 灰度图

图 3-13 彩色转灰度效果

配置参数：通道模式下彩色转灰度的转换公式为：灰度 $=0.299r+0.587g+0.114b$。式中，r 为红色（R）通道灰度值，g 为绿色（G）通道灰度值，b 为蓝色（B）通道灰度值，见表 3-1。

表 3-1 配置参数

参数名称	数据类型	取值范围	默认值	说明
通道选择（Channel Select）	单选按钮	三通道/红色通道/绿色通道/蓝色通道	三通道	可选择 R、G、B 中的某一单独通道，也可选择三通道（即通过三通道权重混合后的灰度图像）

5）颜色提取。颜色提取算子首先提取框选区域的颜色，训练出对应颜色模板，可训练多种颜色，然后输入当前颜色，计算当前颜色与颜色模板的相似度，用于颜色匹配及颜色识别的项目。

例如：识别蔬菜，如图 3-14 所示，虽蔬菜皆为绿色，但不同蔬菜色度不同，可用该算子进行区分。首先训练各个蔬菜的颜色模板，当前训练模板图像是上海青时，算法会判断出当前图像与各个模板的匹配分数，选择最大匹配分数即为所识别的当前蔬菜。颜色提取最大支持 32 张训练图片。

标号	类别	匹配分数
1	上海青	0.945132
2	白菜	0.685924
3	甘蓝	0.724931
4	莴苣	0.578529
5	菠菜	0.795388

图 3-14 颜色提取

6）报文发送（参数可调）。报文发送通过预先定义的协议格式发送数据到外部设备或外部软件。

① 正常添加网络配置或串口配置和报文发送（参数可调）算子，并将 outHandle 连接到 inHandle。报文发送（参数可调）配置界面如图 3-15 所示。

② 单击配置发送数据，在新对话框中添加输出参数，并配置其类型名称后单击“确定”，如图 3-16 所示。

③ 添加需要输出参数的算子，并将输出的参数对应到发送算子的输入上，如图 3-17 所示。

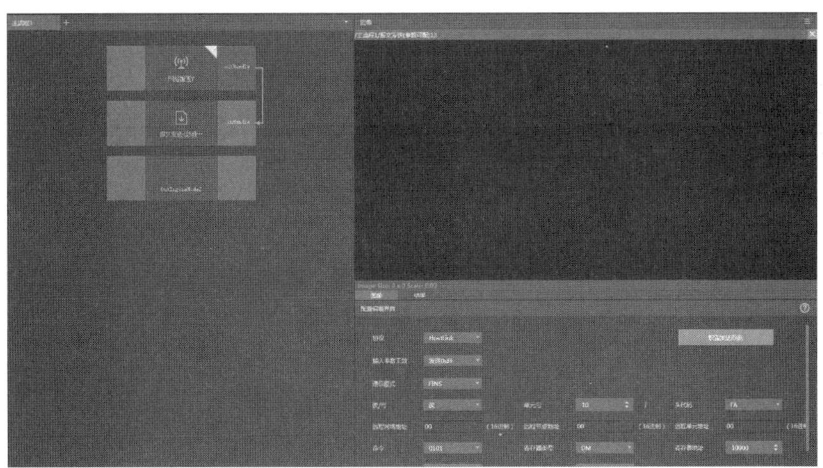

图 3-15　报文发送（参数可调）配置界面

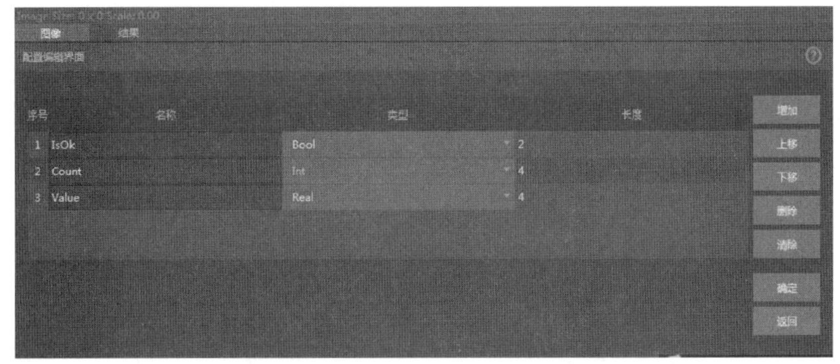

图 3-16　添加数据

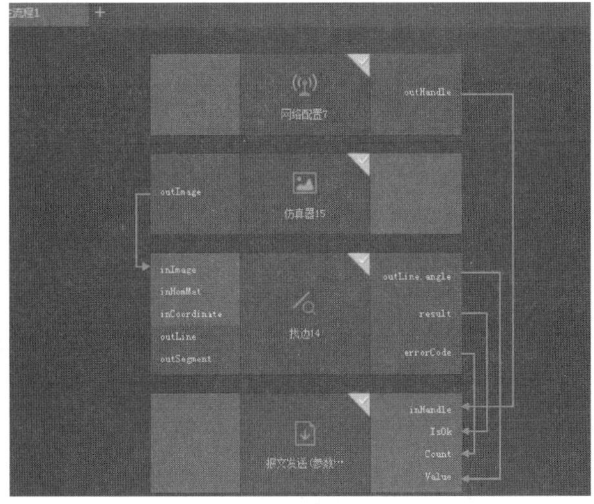

图 3-17　线路连接

完成设置后，算子会将数据利用发送算子配置的格式按照用户在步骤②中设定的顺序组成一条报文发送给其他设备或软件。

3. PLC 指令

CONV（转换值）指令将读取参数“IN”的内容，并根据指令框中选择的数据类型对其进行转换。转换值将在 OUT 输出处输出，如图 3-18 所示。如果满足下列条件之一，则使能输出 ENO 的信号状态为“0”：

1）使能输入 EN 的信号状态为“0”。

2）执行过程中发生溢出之类的错误。

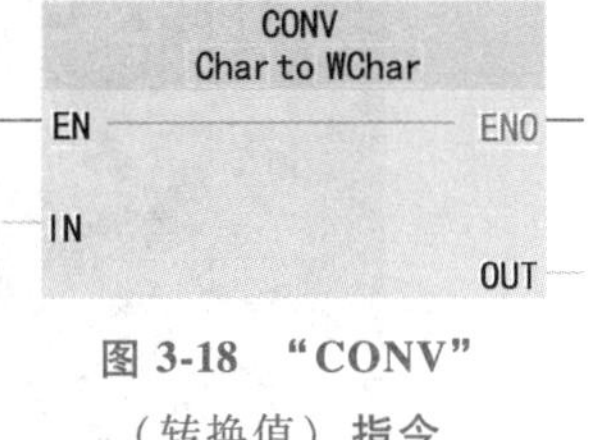

图 3-18 “CONV”（转换值）指令

位字符串的转换方式。在指令功能框中，不能选择位字符串 BYTE 和 WORD。但如果输入和输出操作数的长度匹配，则可以在该指令的参数处指定 DWORD 或 LWORD 数据类型的操作数。然后此操作数将被位字符串的数据类型根据输入或输出参数的数据类型来解释，并被隐式转换。例如，DWORD 将解释为 DINT/UDINT，而 LWORD 将解释为 LINT/ULINT。启用 IEC 检查（IEC check）时，也可使用这些转换方式。

4. 库卡机器人示教器设置

（1）库卡机器人 IP 地址与端口号设置　库卡机器人的 IP 地址要与视觉软件上“网络配置 1”的 IP 地址保持一致，库卡机器人可通过示教器进行 IP 地址的设置。首先打开示教器，登录用户以“专家”进入，在文件夹中寻找以下路径 c:\KRC\ROBOTER\Config\user\common\EthernetKRL，即可打开图 3-19 所示的界面。打开“binarystream”文件即可进入 IP 地址与端口号设置界面，如图 3-20 所示。进入设置界面后即可手动更改机器人服务器 IP 地址和端口号。

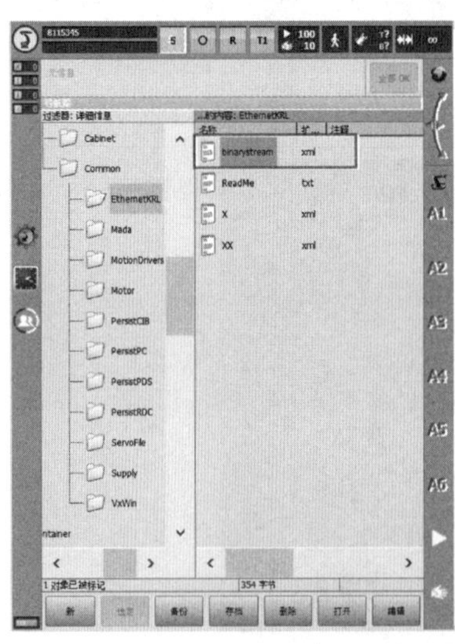

图 3-19 KUKA 机器人 IP 地址与端口号所在文件

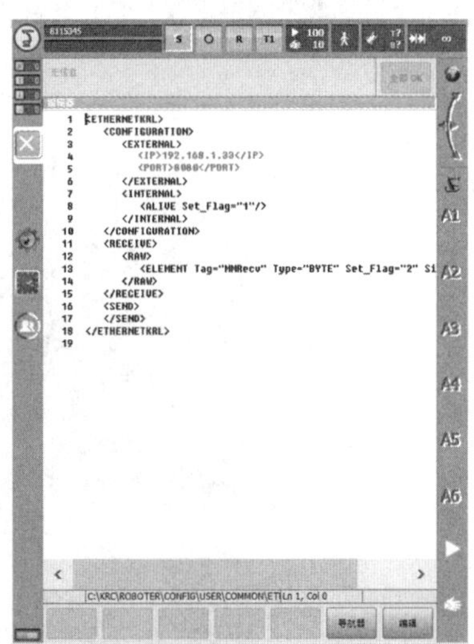

图 3-20 IP 地址与端口号设置界面

（2）视觉定位中偏差数据获取与偏差消除

1）偏差数据获取。在视觉检测中需要制作一个模板，此时吸盘吸取工件的圆心位置是一定的，即模板中工件圆心点，当模板制作完毕，设备正常运行后，每次工件到达的位置存在一定偏差，偏差数据通过在连续运行下，拖拽分析脚本的“inX”“inY”和模板匹配的

“ra”至右侧显示区（切换为结果界面），即可显示此时的工件圆心的 x、y 数据和此时工件的角度信息，如图 3-21 所示。

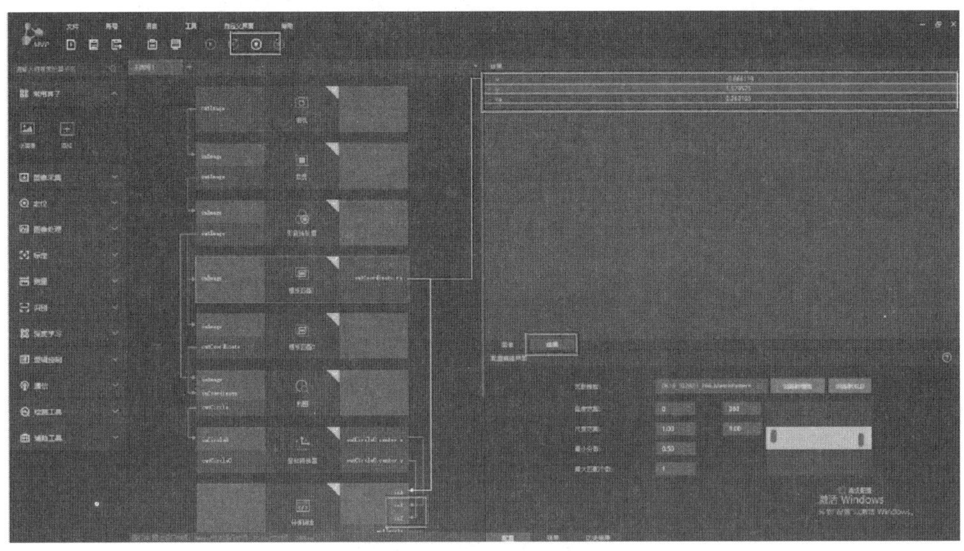

图 3-21　偏差数据获取

2）偏差消除。假如此时通过视觉软件获取了偏差数据（x=a，y=b），那么通过机器人程序改变吸盘吸取位点，数值与 pick. x、pick. y 数值进行“±”算数运算（对正值进行减运算，对负值进行加运算），可将偏差消除，吸取位点为此刻相机下工件的圆心定位点，如图 3-22 所示。

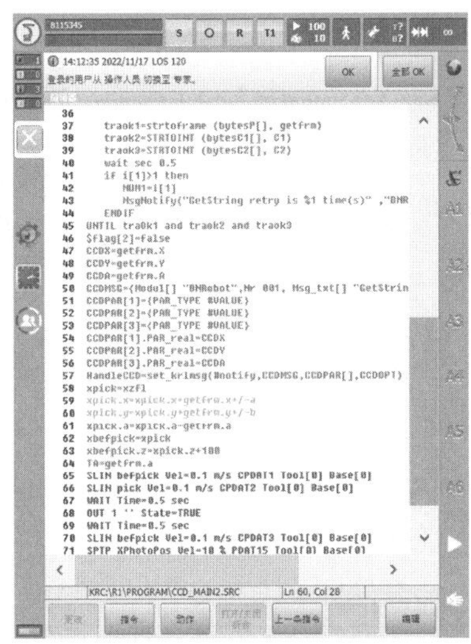

图 3-22　偏差数据修改位置

二、任务实施

1. 任务实施准备

（1）硬件连线　在进行任务前需要将相机的电源线、输入输出线、接地线、光源控制线和通信线等连接到对应的硬件上，如图 3-23～图 3-25 所示，相机线号定义见表 3-2。

表 3-2 相机线号

线号	名称	线号	名称
蓝色线	相机电源线(24V)	棕色线	相机电源接地线/GPIO 地线
红色线	光耦隔离输入线(L1)	黑色线	光耦隔离输出线(L0)
灰色线	光耦隔离输入/输出线(L2)	绿色线	光耦隔离信号地线(I/O 地线)

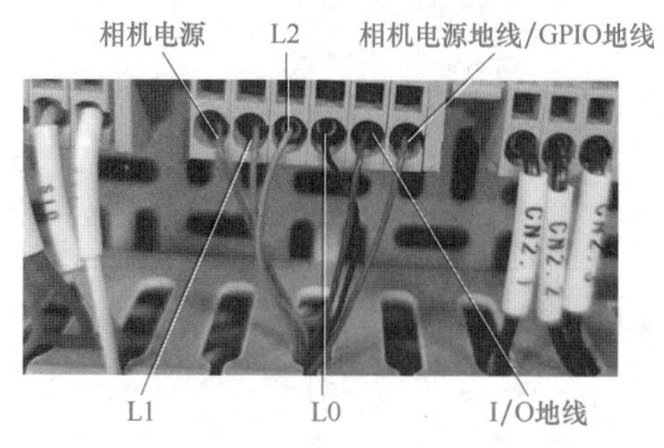

图 3-23 相机接线

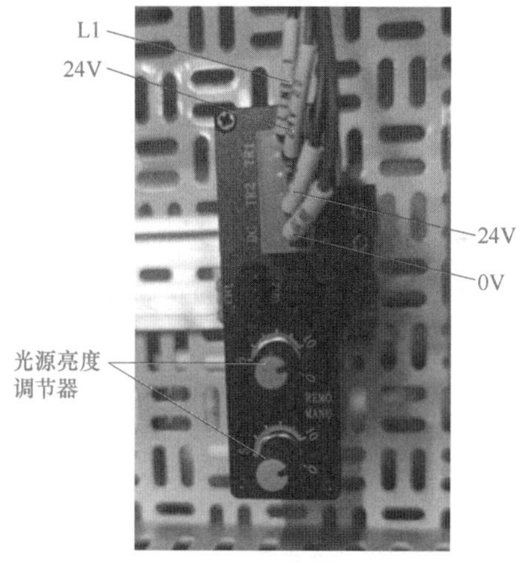

图 3-24 光源控制器接线

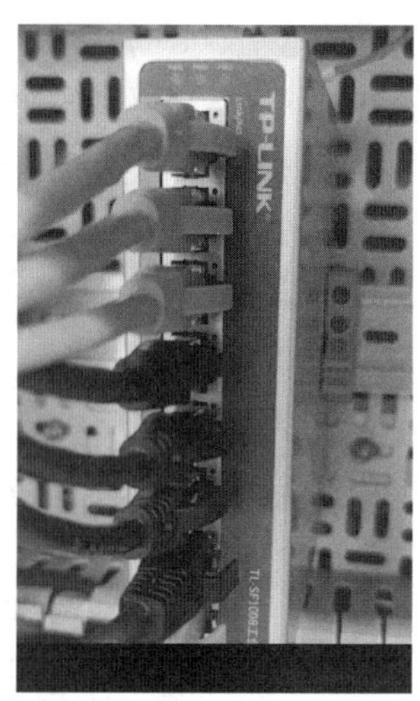

图 3-25 相机通信连接

（2）PLC 编程 针对相机的应用，PLC 编程具体步骤见表 3-3，PLC 具体程序如图 3-26 所示。

表 3-3 PLC 编程具体步骤

<table>
<tr><th>操作步骤及说明</th><th>示 意 图</th></tr>
<tr><td>1）建立相机数据块。添加工件坐标变量 x、y 和角度信息 a，数据类型均为“Real”。分别添加数据类型为“Char”和“WChar”的“颜色”“颜色转换”</td><td>
<table>
<tr><th colspan="10">相机数据</th></tr>
<tr><th></th><th>名称</th><th>数据类型</th><th>偏移量</th><th>起始值</th><th>保持</th><th>可从 HMI/...</th><th>从 H...</th><th>在 HMI ...</th><th>设定值</th></tr>
<tr><td>1</td><td>▼ Static</td><td></td><td></td><td></td><td>☐</td><td>☐</td><td>☐</td><td>☐</td><td>☐</td></tr>
<tr><td>2</td><td>x</td><td>Real</td><td>0.0</td><td>0.0</td><td>☐</td><td>☑</td><td>☑</td><td>☑</td><td>☐</td></tr>
<tr><td>3</td><td>y</td><td>Real</td><td>4.0</td><td>0.0</td><td>☐</td><td>☑</td><td>☑</td><td>☑</td><td>☐</td></tr>
<tr><td>4</td><td>a</td><td>Real</td><td>8.0</td><td>0.0</td><td>☐</td><td>☑</td><td>☑</td><td>☑</td><td>☐</td></tr>
<tr><td>5</td><td>颜色</td><td>Char</td><td>12.0</td><td>' '</td><td>☐</td><td>☑</td><td>☑</td><td>☑</td><td>☐</td></tr>
<tr><td>6</td><td>颜色转换</td><td>WChar</td><td>14.0</td><td>WCHAR#' '</td><td>☐</td><td>☑</td><td>☑</td><td>☑</td><td>☐</td></tr>
</table>
</td></tr>
</table>

（续）

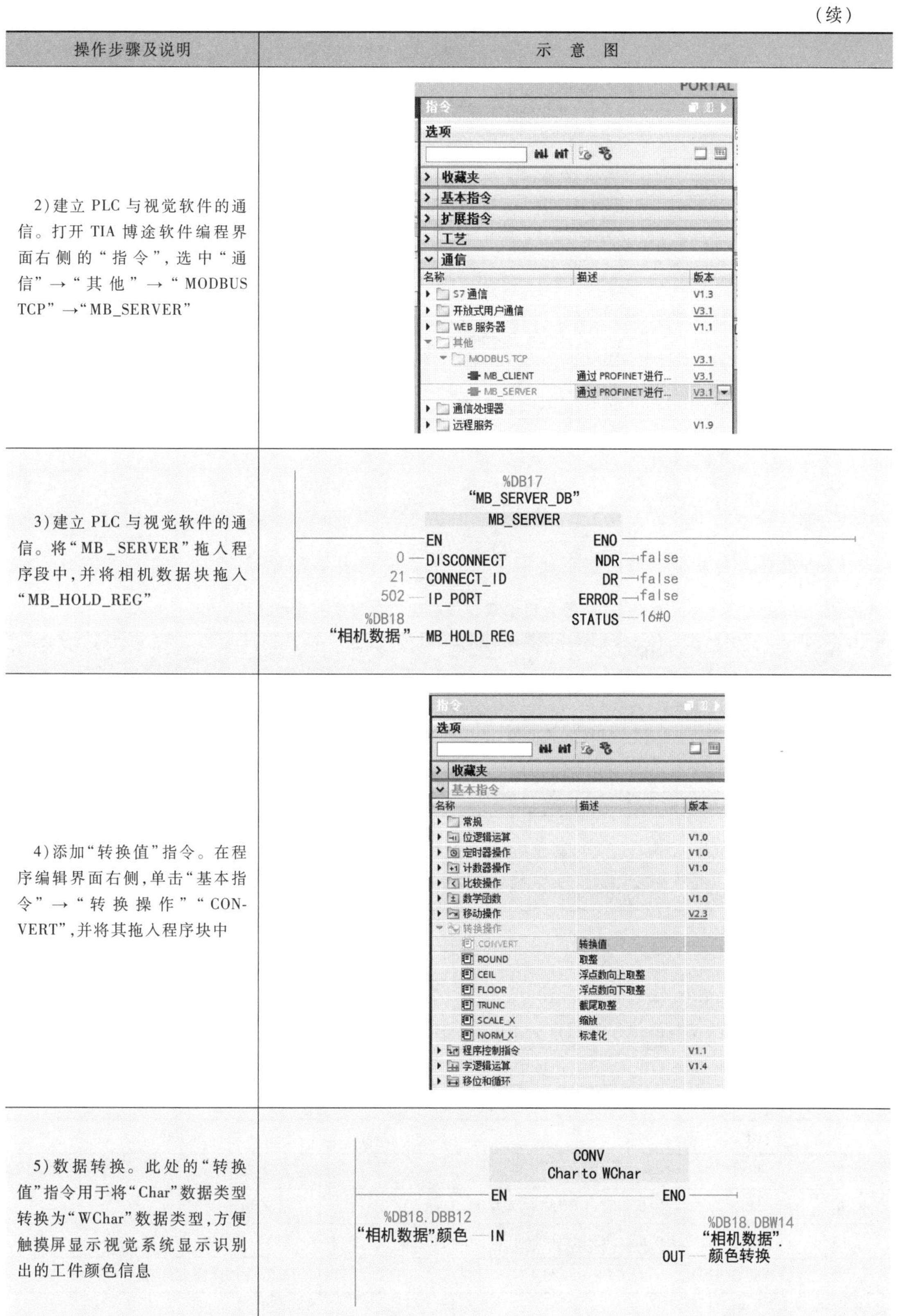

操作步骤及说明	示　意　图
2)建立 PLC 与视觉软件的通信。打开 TIA 博途软件编程界面右侧的“指令”，选中“通信”→“其他”→“MODBUS TCP”→“MB_SERVER”	PORTAL 指令 选项 收藏夹 基本指令 扩展指令 工艺 通信 名称 描述 版本 S7 通信 V1.3 开放式用户通信 V3.1 WEB 服务器 V1.1 其他 MODBUS TCP V3.1 MB_CLIENT 通过 PROFINET进行... V3.1 MB_SERVER 通过 PROFINET进行... V3.1 通信处理器 远程服务 V1.9
3)建立 PLC 与视觉软件的通信。将“MB_SERVER”拖入程序段中，并将相机数据块拖入“MB_HOLD_REG”	%DB17 “MB_SERVER_DB” MB_SERVER EN ENO 0 DISCONNECT NDR false 21 CONNECT_ID DR false 502 IP_PORT ERROR false %DB18 STATUS 16#0 “相机数据” MB_HOLD_REG
4)添加“转换值”指令。在程序编辑界面右侧，单击“基本指令”→“转换操作”“CONVERT”，并将其拖入程序块中	指令 选项 收藏夹 基本指令 名称 描述 版本 常规 位逻辑运算 V1.0 定时器操作 V1.0 计数器操作 V1.0 比较操作 数学函数 V1.0 移动操作 V2.3 转换操作 CONVERT 转换值 ROUND 取整 CEIL 浮点数向上取整 FLOOR 浮点数向下取整 TRUNC 截尾取整 SCALE_X 缩放 NORM_X 标准化 程序控制指令 V1.1 字逻辑运算 V1.4 移位和循环
5)数据转换。此处的“转换值”指令用于将“Char”数据类型转换为“WChar”数据类型，方便触摸屏显示视觉系统显示识别出的工件颜色信息	CONV Char to WChar EN ENO %DB18.DBB12 “相机数据”.颜色 IN %DB18.DBW14 “相机数据”. OUT 颜色转换

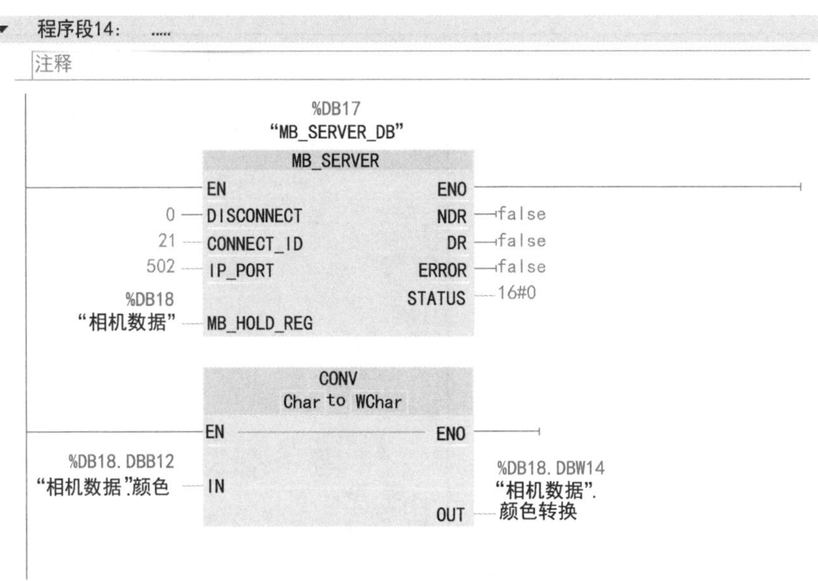

图 3-26 PLC 具体程序

（3）机器人自动取、放吸盘工具程序 具体程序见表 3-4~表 3-6。

表 3-4 机器人自动取、放吸盘工具程序变量点说明

序号	变量点	说明
1	home	原点
2	P1	过渡点
3	T3P1	快换工具位置点
4	T3P2	快换工具位置垂直上方点

表 3-5 自动取吸盘工具程序

序号	程序	说明
1	DEF outT3( )	子程序命名为 outT3
2	INI	程序初始化
3	SPTP HOME Vel=100% DEFAULT	机器人本体从原点开始
4	SLIN P1 Vel=0.5m/s CPDAT1 Tool[0] Base[0]	机器人末端运动到过渡点 P1
5	OUT 3" State=TRUE	快换末端卡扣收缩
6	SLIN T3P1 Vel=0.5m/s CPDAT3 Tool[0] Base[0]	到达快换工具位置点 T3P1
7	OUT 3" State=False	快换末端卡扣张开
8	WAIT Time=1 sec	等待 1s
9	SLIN T3P2 Vel=0.5m/s CPDAT4 Tool[0] Base[0]	沿 Z 轴偏移 80mm
10	SLIN P1 Vel=0.5m/s CPDAT6 Tool[0] Base[0]	机器人末端回到过渡点 P1
11	SPTP HOME Vel=100% DEFAULT	机器人本体回到原点
12	END	结束

表 3-6　自动放吸盘工具程序

序号	程　　序	说　　明
1	DEF inT3( )	子程序命名为 inT3
2	INI	程序初始化
3	SPTP HOME Vel=100% DEFAULT	机器人从原点开始
4	SLIN P1 Vel=0.5m/s CPDAT1 Tool[0] Base[0]	机器人末端运动到过渡点 P1
5	SLIN T3P2 Vel=0.5m/s CPDAT2 Tool[0] Base[0]	末端到达 T3P2 点
6	SLIN T3P1 Vel=0.5m/s CPDAT4 Tool[0] Base[8]	到达快换工具位置点 T3P1
7	OUT 3" State=TRUE	快换末端卡扣收缩
8	WAIT Time=1 sec	等待 1s
9	SLIN T3P2 Vel=0.5m/s CPDAT5 Tool[0] Base[0]	末端到达 T3P2 点
10	SLIN P1 Vel=0.5m/s CPDAT6 Tool[0] Base[0]	机器人回到过渡点 P1
11	SPTP HOME Vel=100% DEFAULT	机器人回到原点
12	END	结束

(4) HMI 相机检测信息显示　在 PLC 数据块中建立触摸屏变量，将 PLC 程序中的“相机数据工件角度信息”“相机数据工件颜色”或“相机数据工件坐标 x”“相机数据工件坐标 y”拖入该数据块中，写入显示块名称“相机检测信息”，如图 3-27 所示。

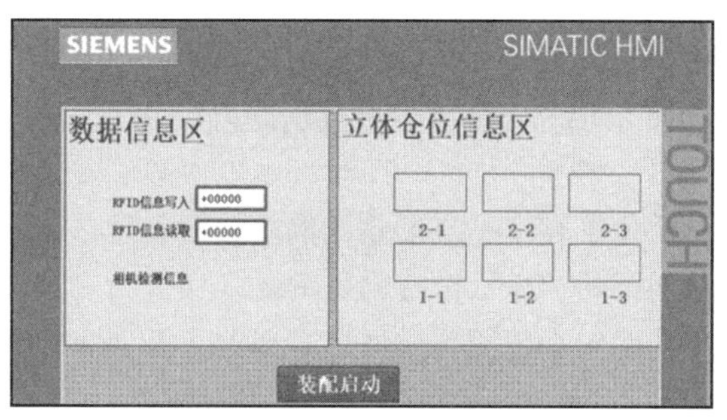

图 3-27　触摸屏信息

在“详细视图”中找到“相机数据工件角度信息”“相机数据工件颜色”，根据任务书的要求，拖入相关变量，如图 3-28 所示。

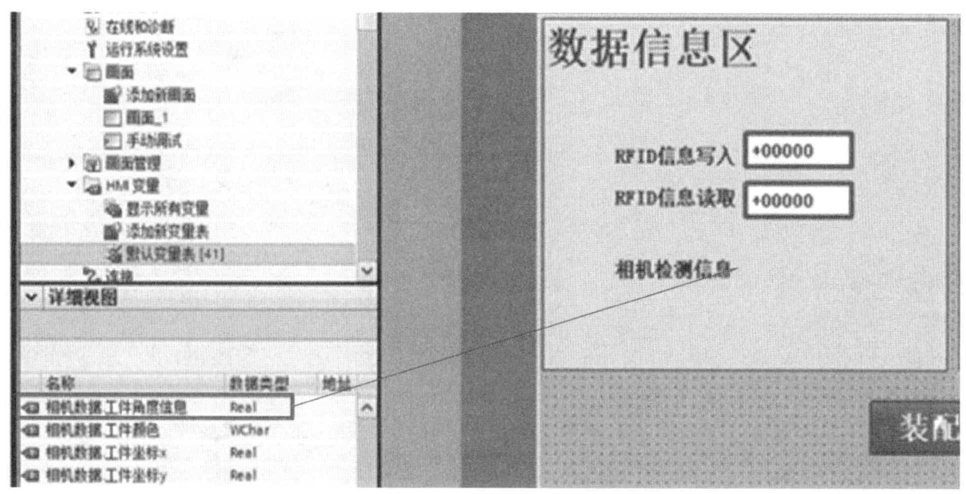

图 3-28　添加相机检测信息

将相机检测信息所在界面命名为“画面 1”，将“画面 1”拖入起始界面，调整按钮的大小，最后将 HMI 进行下载，即可从触摸屏起始画面中进入到相机检测信息显示界面，如图 3-29 所示。

图 3-29 画面 1 添加至起始界面

（5）视觉定位中偏差数据获取 在视觉检测中需要制作一个模板，此时吸盘吸取工件的圆心位置是一定的，即模板中工件圆心点，当模板制作完毕，设备正常运行后，每次工件到达的位置存在一定偏差，偏差数据通过在连续运行下，拖拽分析脚本的“inX”“inY”和模板匹配的“ra”至右侧显示区（切换为“结果”界面），即可显示此时的工件圆心的 x、y 数据和此时工件的角度信息，如图 3-30 所示。

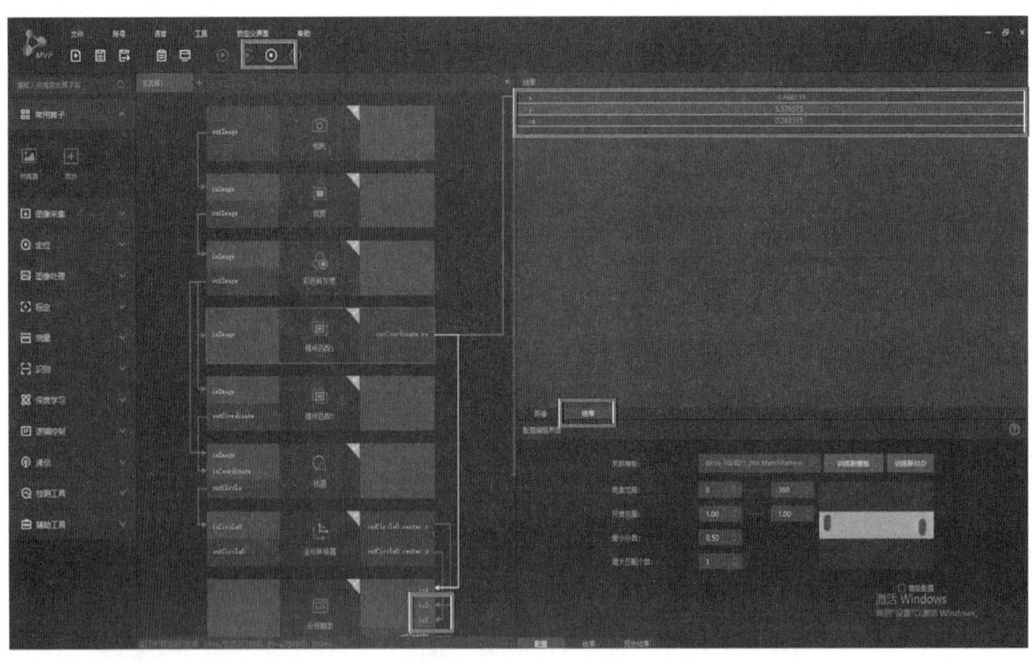

图 3-30 偏差数据获取

2. 任务一：工件角度识别与定位

（1）任务规划　工件角度识别与定位任务规划流程如图 3-31 所示。

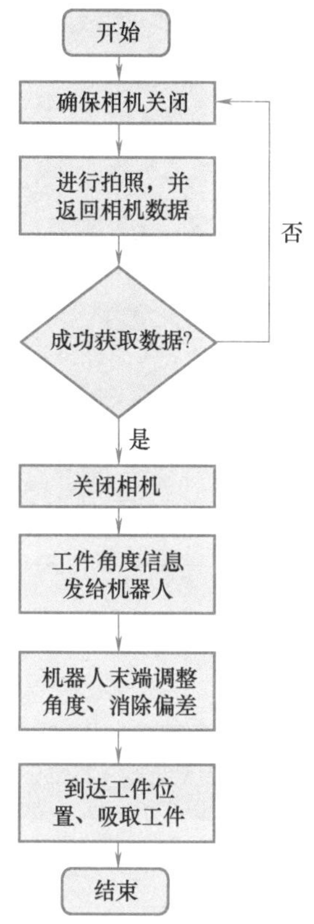

图 3-31　工件角度识别与定位任务规划流程

（2）工件角度识别与定位视觉程序设置（表 3-7）

表 3-7　工件角度识别与定位视觉程序设置

操作步骤及说明	示　意　图
1）打开 MVP 软件。打开 MVP 视觉算法平台，左侧为工具区，包含视觉处理需要的具体算子，中间为流程编辑区，右上为图像显示区，右下为配置结果区	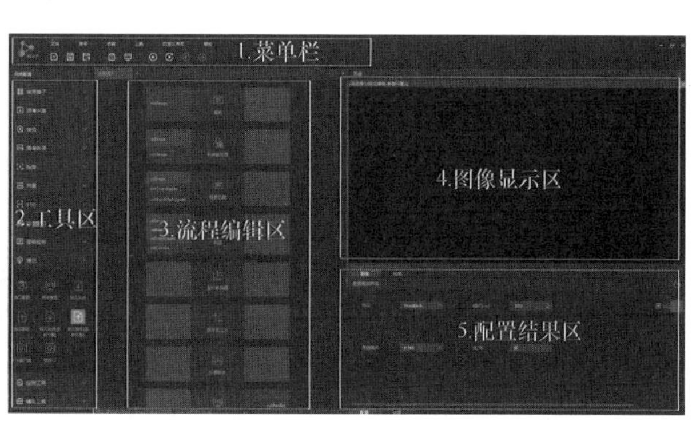

（续）

操作步骤及说明	示意图
2）选择拖拽算子。打开MVP视觉算法平台，从左侧的工具区选择需要的具体算子，按住鼠标左键将其拖动至右侧流程编辑区中。依次拖入“相机”“裁剪”“彩色转灰度”“模板匹配”“找圆”“坐标转换器”“数字表达式”“分析脚本”“网络配置”“报文发送（参数可配）”“网络配置”和“报文发送（参数可配）”	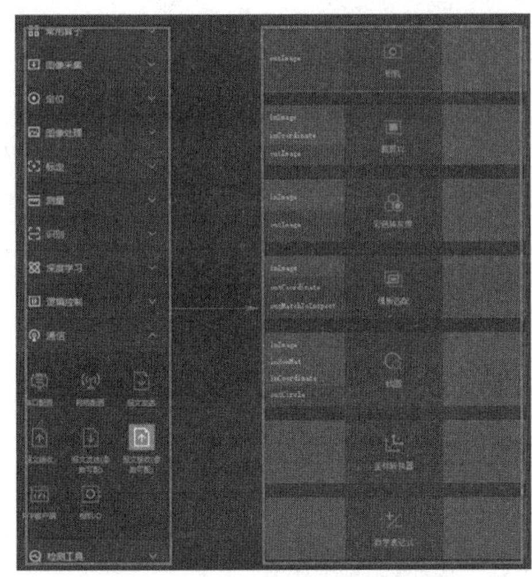
3）连接相机。选中流程编辑区的“相机”算子，选中的标志是“相机”算子四周的白色边框线要更加突出，然后单击右下角配置结果区的小相机标志，弹出“发现相机设备”窗口，选中“GigE”下面的“12CG-E”，最后单击“确认”	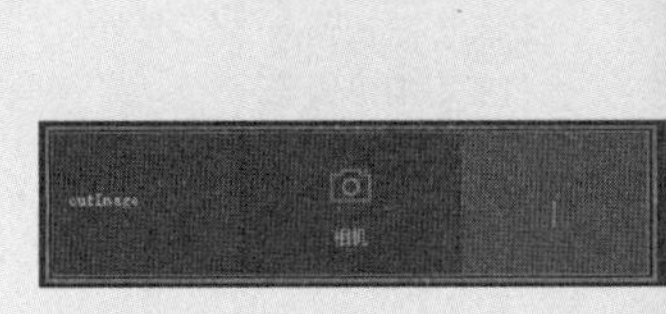 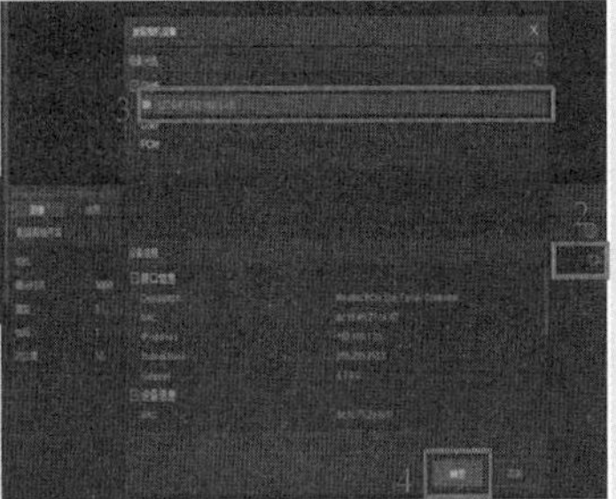
4）图片“裁剪”。将“相机”算子的“outImage”与“裁剪”算子的“inImage”连接，单击菜单栏的单步运行按键“◎”，获取图片。选中“裁剪”算子，在图像显示区对相机拍摄图片进行合理裁剪。也可双击图片全屏显示，修改完成后，再双击即可复原	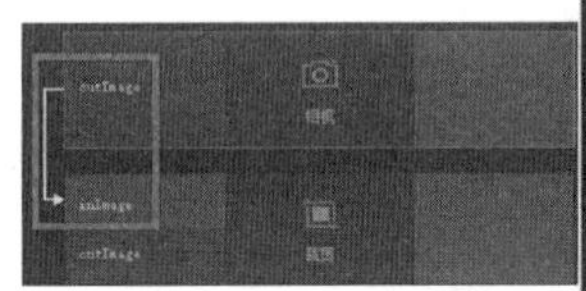 
5）图片由彩色转灰度。将“裁剪”算子的“outImage”与“彩色转灰度”算子的“inImage”连接，单击菜单栏的单步运行按键“◎”，即可获取工件的灰度图	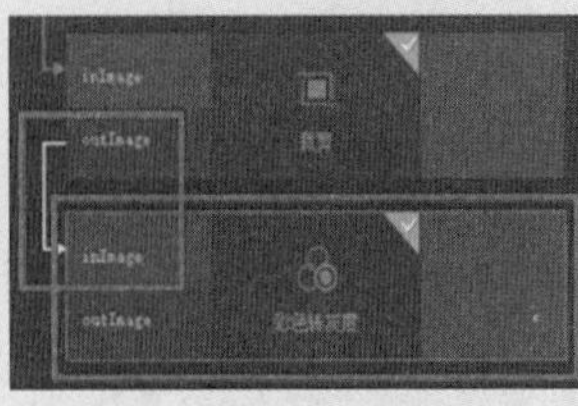 

（续）

操作步骤及说明	示　意　图
6）“彩色转灰度”算子输出 Image。将“彩色转灰度”算子的“outImage”分别与“模板匹配”和“找圆”的“inImage”连接	
7）添加输入/输出。鼠标右击“模板匹配”算子，在弹出的快捷菜单中选择“显示/隐藏参数”→“OutCoordinate”→“ra”	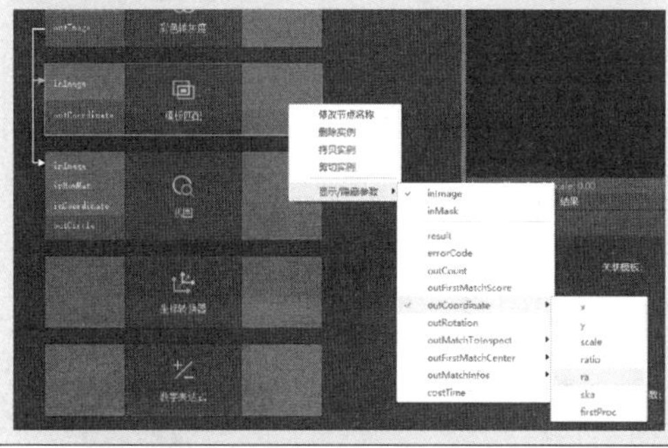
8）配置“模板匹配”。单击菜单栏的单步运行按键“◎”，即可获取实时工件的灰度图。选中“模板匹配”算子，单击右侧的“训练新模板”，训练模板对话框会自动弹出。在对话框的“ROI 区域选择”中搜索区域的形状（此处选择矩形），设置完成后，左侧图中出现蓝色矩形框，表示搜索区域。在右上角的“训练参数设置”中通过设置“边缘阈值”和“长度阈值”来调整绿色匹配框的形状，使其线条均匀、圆滑，与要匹配的特征更好拟合。然后单击“训练”，即可生成匹配模板，最后单击“确定”	
9）进行“找圆”算子设置。单击菜单栏的单步运行按键“◎”，即可获取实时工件的灰度图。在流程编辑区选中“找圆”算子，图像显示区即可显示一个带有卡尺（右图中的③处）的蓝色圆圈，选中后圆圈变为浅蓝色，且同时出现三个绿色小矩形框（右图中①、②、④处），此时可左键拖动浅蓝色圆圈至想要的位置，松开左键圆圈恢复蓝色。对绿色矩形框①拖拽即可改变卡尺的搜索长度和投影长度。对绿色矩形框②拖拽可改变整个圆圈的大小。对绿色矩形框④拖拽可让圆圈从此处断开。可根据具体情况更改设置中的“卡尺个数”“搜索长度”“投影长度”“忽略点个数”和“搜索方向”	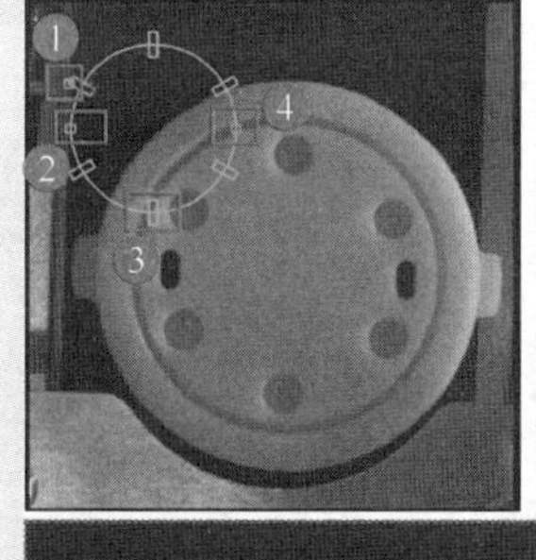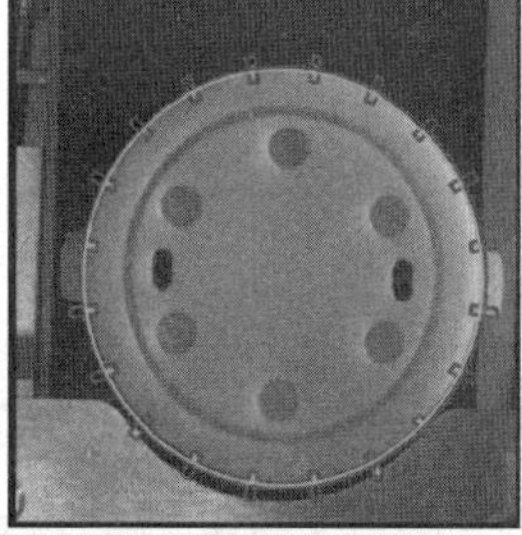

（续）

操作步骤及说明	示 意 图
10）连接“模板匹配”和“找圆”算子。将“模板匹配”算子的“outCoordinate”与“找圆”算子的“inCoordinate”连接。“模板匹配”算子输出参数“outCoordinate”主要用来作为粗定位，为紧邻的“找圆”算子提供检测 ROI 区域定位	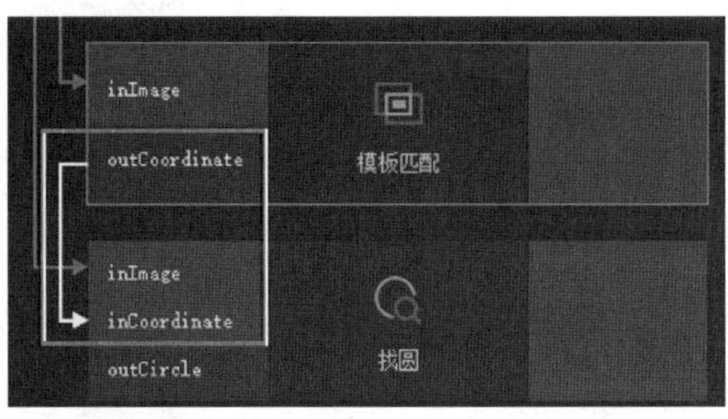
11）配置“坐标转换器”算子。在流程编辑区选中“坐标转换器”算子，将“找圆”算子的“outCircle”与“坐标转换器”算子的“inCircle0”连接，并将“坐标转换器”算子的“outCircle0. center. x”和“outCircle0. center. y”进行显示。在配置结果区单击“导入标定文件”，选择指定标定文件，并将“坐标转换圆个数”设置为“1”	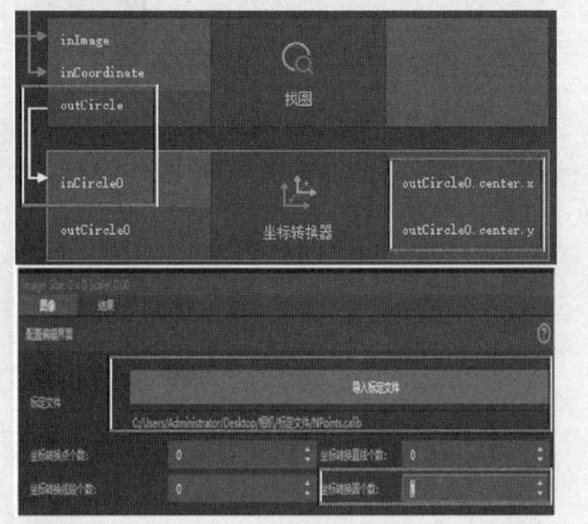
12）添加“数学表达式”算子。在流程编辑区添加数学表达式，右击“数学表达式”算子在弹出的快捷菜单中选中“添加输出变量”，在弹出的“添加输出”对话框中，输入自定义名称，类型为“Int”，自定义输出表达式。最后单击“确定”。此处数据表达式为多余输出端的悬空操作，没有实际的含义	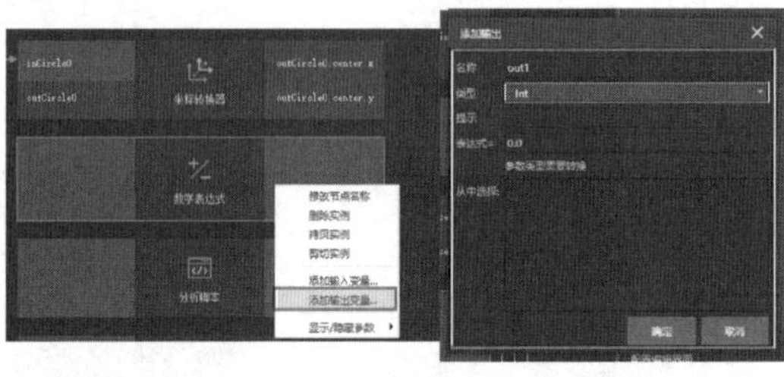
13）导入分析脚本文件。在流程编辑区添加“分析脚本”算子，选中“分析脚本”算子，再选中在配置结果区“脚本”后面的倒三角图标，在下拉列表框中选择“sendKUKA”脚本。若需要的脚本不存在，则需要找到软件所在位置→Conf→analyticScript，将脚本文件放置在“analyticScript”文件夹中，单击配置结果区路径的“重新加载”，即可找出所需的脚本文件	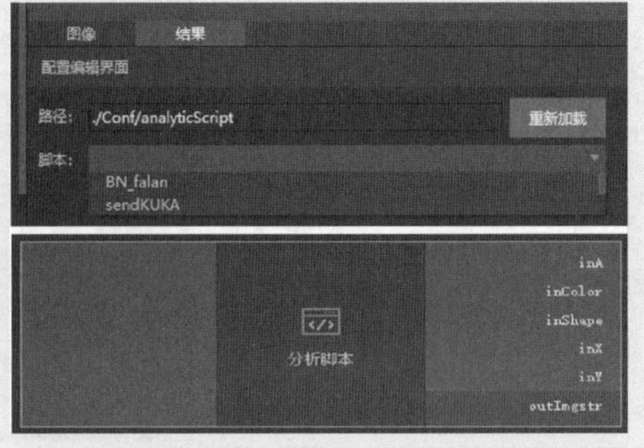

（续）

操作步骤及说明	示　意　图
14）配置“分析脚本”算子。在成功导入脚本文件后，“分析脚本”算子右侧的“inA”“inColor”……“outImgstr”等端口随即显现。调整出“模板匹配”算子的“outCoordinate. ra”。将“模板匹配”算子的“outCoordinate. ra”与“分析脚本”算子的“inA”相连，用于处理工件实时位置与模板位置的角度差值。将“坐标转换器”算子的“outCircle0. center. x”“outCircle0. center. y”分别与“分析脚本”算子的“inX”“inY”进行连接，用于将检测到的工件 x、y 坐标进行格式转换，方便机器人进行工件位置识别。“数学表达式 15”算子的“out1”与“分析脚本”算子的“inColor”“inShape”连接，此条程序没有对工件颜色、形状的检测要求，所以“outImgstr”进行空置处理	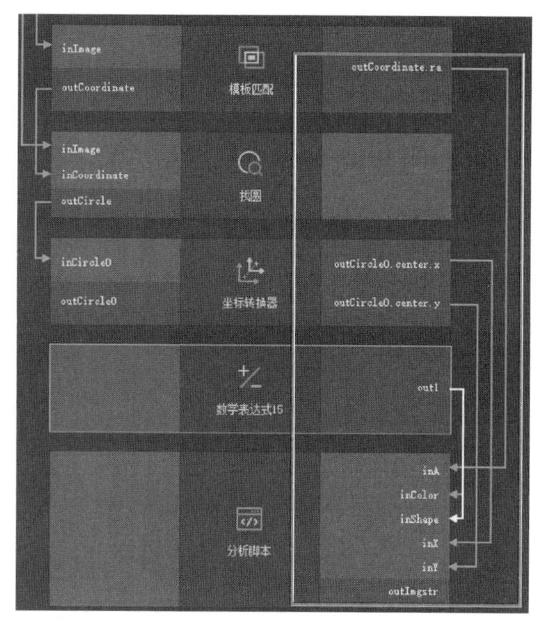
15）配置“网络配置 1”。此处配置的为视觉软件与机器人的通信。选中“网络配置 1”算子，将右侧的“配置编辑界面”的“协议”设置为“TCP 客户端”；“IP”地址设为“192. 168. 1. 33”（地址可自由设定，但必须保证此处 IP 地址要按照电脑 IP 设置）；“端口”设为机器人端口号“8080”（端口号可在机器人示教器上自设定）	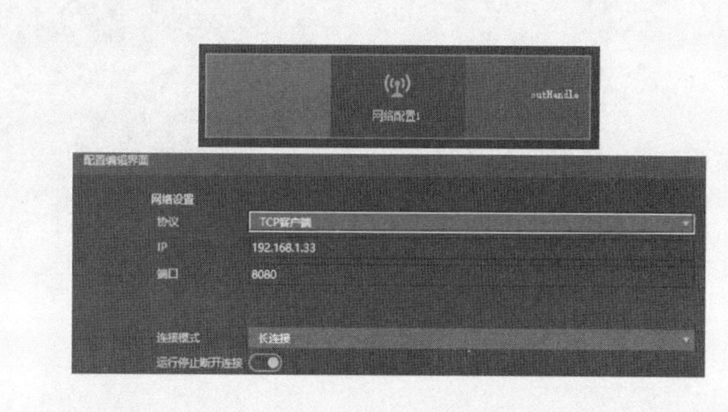
16）配置“报文发送（参数可配）1”算子。首先在流程编辑区选中“报文发送（参数可配）1”算子，配置结果区显示为界面①，在“配置编辑界面”中，“协议”选择“Custom”，“发送的数据”选择“外部输入”，关闭“报文头”“报文尾”，然后单击“设置发送数据”。配置结果区界面会弹出界面②。然后单击“增加”，对于增加的数据“名称”自命名，数据类型设定为“String”，最后单击“确定”	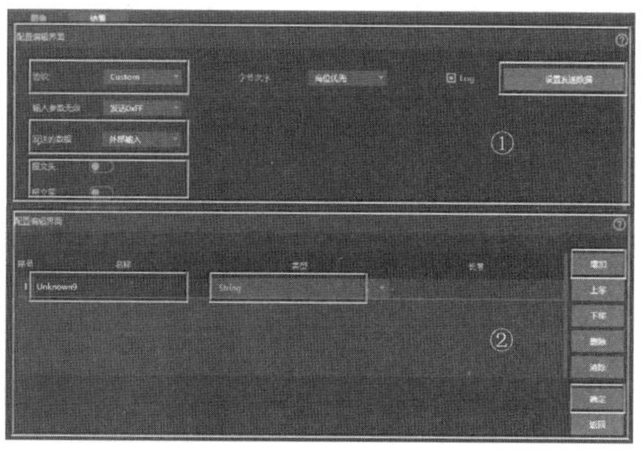

（续）

操作步骤及说明	示 意 图
17)“报文发送(参数可配)1”算子与“网络配置 1”算子“分析脚本”算子连线。将“报文发送(参数可配)1”算子的“inHandle”和“Unknown9”(名字可自定)分别与“网络配置 1”的“outHandle”和“分析脚本”算子的“outImgstr”进行连接。“outImgstr”端口输出的为数据转换后的工件坐标角度信息,再通过“报文发送(参数可配)1”,发送至机器人端	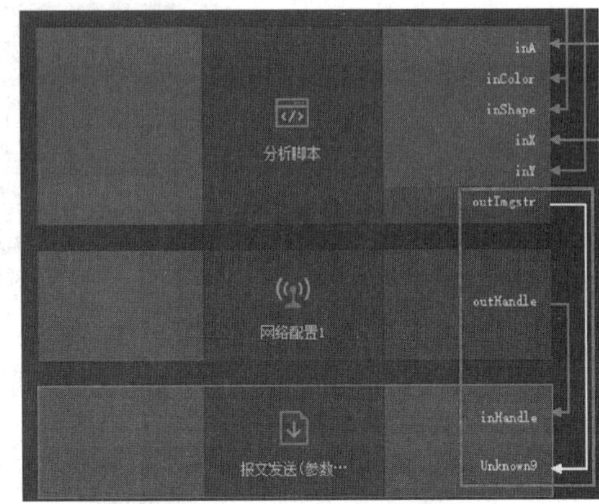
18)设置“网络配置 2”算子。此处配置的为视觉软件与 PLC 的通信。单击流程编辑区“网络配置 2”算子,在右侧的配置结果区的“配置编辑界面”中,“协议”选择“TCP 客户端”;“IP”地址为“192.168.1.11”(地址可自定义,但必须保证此处地址与 PLC 地址一致);此处端口号与 PLC 端口号一致;“连接模式”调整为“长连接”	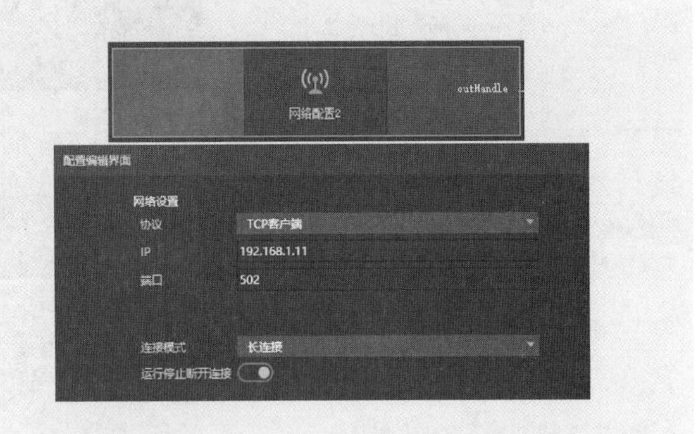
19)配置“报文发送(参数可配)2”。首先在流程编辑区选中“报文发送(参数可配)2”算子,配置结果区显示为界面①,在“配置编辑界面”中,“协议”选择“Modbus”;“寄存器数量”设置为“6”,然后单击“设置发送数据”。配置结果区界面会弹出界面②。然后单击“增加”,将增加的数据“名称”命名为“X”“Y”“A”,数据“类型”均设置为“Real”。最后单击“确定”	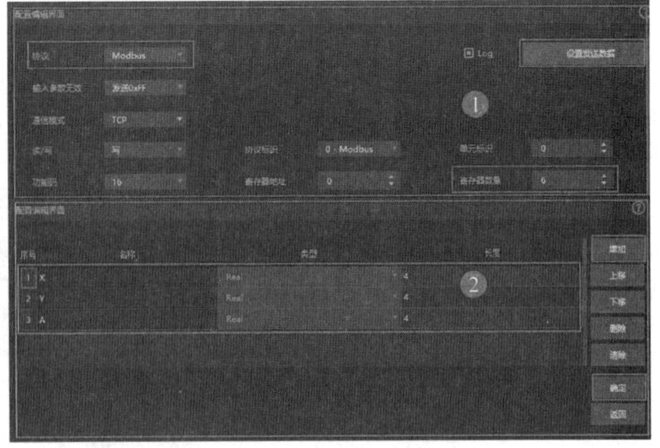

（续）

操作步骤及说明	示 意 图
20）“报文发送（参数可配）2”的连线。将“模板匹配”算子的“outCoordinate. ra”，“坐标转换器”算子的“outCircle0. center. x”“outCircle0. center. y”分别与“报文发送（参数可配）2”算子的“A”“X”“Y”相连接，旨在将工件的角度 A、X、Y 坐标数据发送给 PLC。将“网络配置 2”算子的“OutHandle”与“报文发送（参数可配）2”算子的“inHandle”进行连接	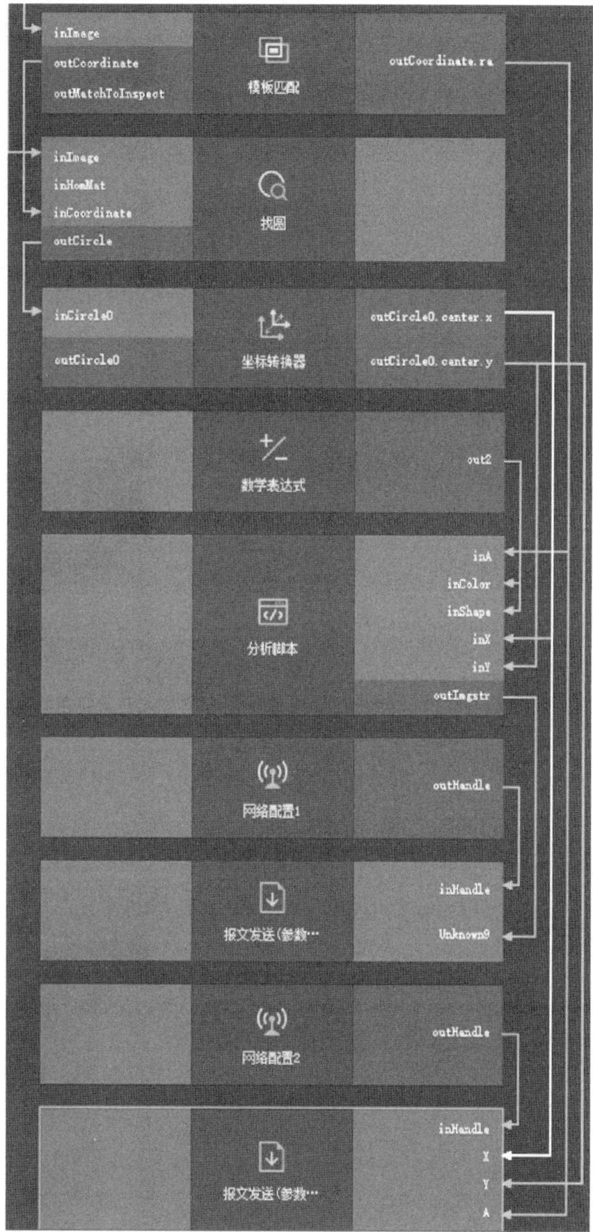

（续）

操作步骤及说明	示 意 图
21）调整相机触发模式。单击“相机”按钮，选择“相机管理工具”，将“AcquisitionControl”下的“TriggerSource”的触发方式调整为“Line1”	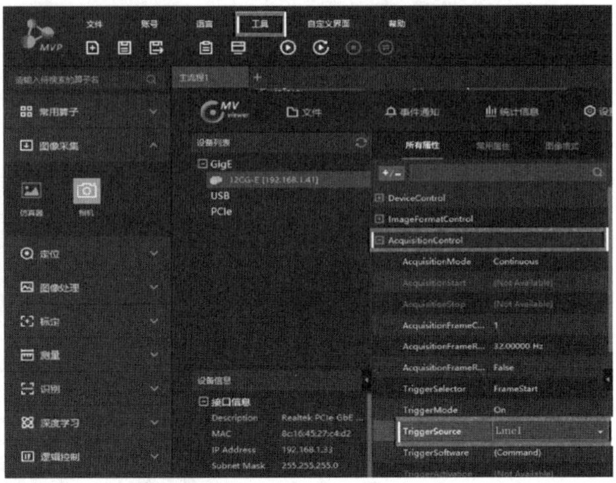

(3) 工件角度识别与定位工业机器人编程（表 3-8）

表 3-8 工件角度识别与定位工业机器人编程

序号	程 序	程序说明
1	Declaration	声明
2	Initialize	特定文件初始化
3	INI	程序初始化
4	if $ IN[350] THEN	if 判断 350 为真
5	SLIN zfl vel=0.01m/s CPDAT6 Tool[0] Base[0]	工业机器人移动到 zfl 位置
6	ENDIF	结束 if 判断
7	st:	记录抓取法兰抓取基准点
8	SPTP XPhotoPos vel=10%PDAT14 Tool [0] Base[0]	运动到拍照位置
9	Initialize sample data	初始化示例数据
10	CCD Comunication conect	与相机通信建立连接
11	Send Stream	发送数据流
12	OUT110" State=TRUE	启动相机拍照
13	WAIT FOR $ FLAG[2]	检测到拍照通过
14	GET Frame/Color/Shape	获得位置帧/颜色/类别数据信息
15	SLIN befpick vel=0.01m/s CPDAT1 Tool [0] Base[0]	工业机器人运动到过渡位置点
16	SLIN pick vel=0.01m/s CPDAT2 Tool [0] Base[0]	工业机器人运动到抓取位置点
17	WAIT Time=0.5 sec	延时 0.5s
18	OUT 1" State=TRUE	吸盘启动
19	WAIT Time=0.5 sec	延时 0.5s
20	SLIN befpick vel=0.01m/s CPDAT3 Tool [0] Base[0]	工业机器人返回到过渡位置点
21	SPTP XPhotoPos vel=10%PDAT15 Tool [0] Base[0]	工业机器人返回到拍照位置点
22	Channel closed	关闭服务器
23	OUT 110" State=FALSE	相机拍照关闭

3. 任务二：工件颜色识别

（1）任务规划　工件颜色识别任务规划流程如图 3-32 所示。

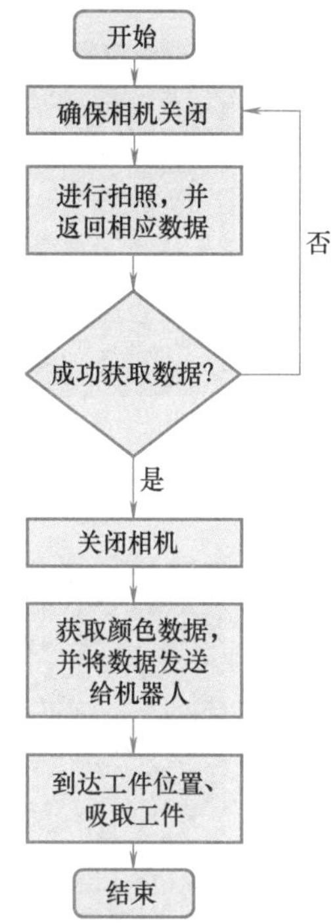

图 3-32　工件颜色识别任务规划流程

（2）工件颜色识别（表 3-9）

表 3-9　工件颜色识别

操作步骤及说明	示　意　图
1）打开软件，布局视觉算子。打开 MVP 软件，从左侧工具区依次拖入“相机”算子、“颜色提取”算子、“分析脚本”算子、“数学表达式”算子、“分析脚本”算子、“网络配置”算子、“报文发送（参数可配）”算子、“网络配置 2”算子、“报文发送（参数可配）”算子。也可以在程序编辑过程中，随时拖入	……

（续）

操作步骤及说明	示 意 图
2）连接“颜色提取”算子与“相机”算子。将“相机”算子的“outImage”与“颜色提取”算子的“inImage”相连接，这样就将相机捕获的图片传送给“颜色提取”算子	
3）设置“颜色提取”算子。单击菜单栏的单步运行按键“”，即可获取工件的实时画面，再选中“颜色提取”，即可获取最新的实时图像。单击配置结果区的“训练颜色”按钮，进行形状选择和识别区域大小的设置（拖拽形状边缘），待设置好后，分别写入颜色名称“RS”（红色）、“BS”（蓝色）、“YS”（黄色），最后单击训练	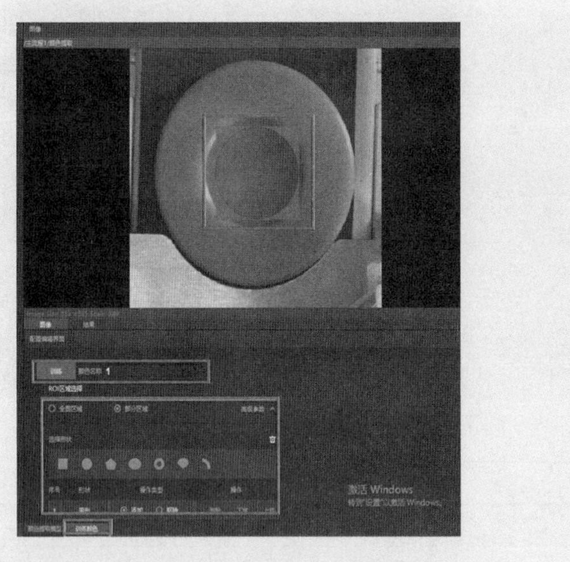
4）“颜色提取”算子颜色训练完成后，单击“颜色提取模型”，颜色与对应的名称会显示在配置编辑界面，状态选择“启用”	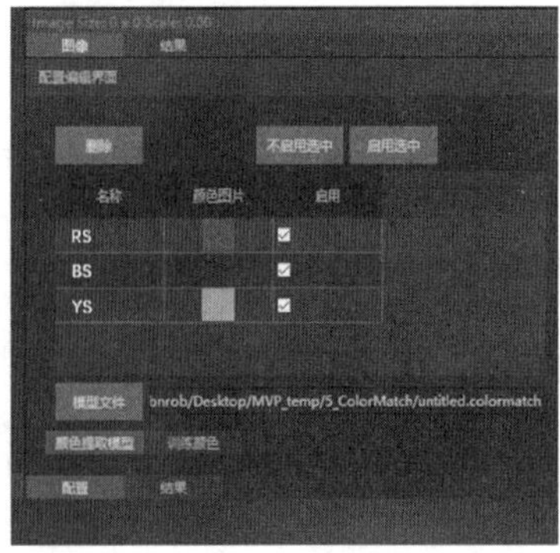

（续）

操作步骤及说明	示　意　图
5）配置“分析脚本 1”。在流程编辑区选中“分析脚本 1”算子，若“analyticScript”文件中没有所需的脚本，需要手动将脚本文件放置在此文件夹下。再单击“重新加载”，然后单击“脚本”后面的倒三角图标，在下拉列表框中选择需要的脚本。若所需要的脚本已在“analyticScript”文件中，则只需单击脚本后面的倒三角图标，在下拉列表框中直接选中该脚本。在成功设置脚本后，“分析脚本”算子的输出“inBlueName”随即显现，将“颜色提取”算子的“outFirstName”与“分析脚本 1”算子的“inBlueName”进行连接，将“颜色提取”算子的工件颜色信息数据进行转换处理	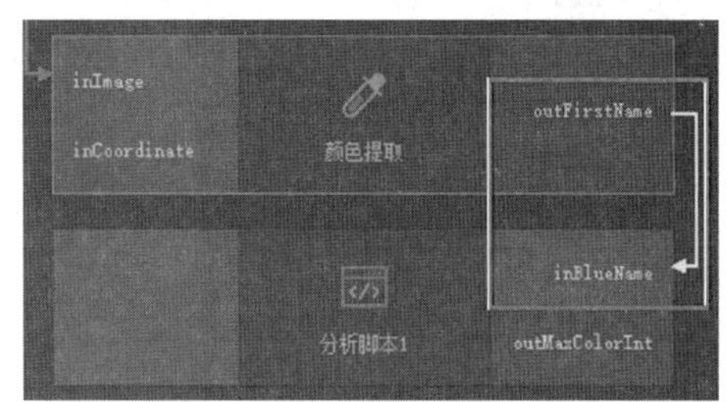
6）配置“数学表达式”算子。右击流程编辑区的“数学表达式”算子，在弹出的快捷菜单中选中“添加输出变量”，在跳转出的“添加输出”对话框中进行名称命名，“名称”为“out0”数据“类型”，设置为“Int”；“out1”数据“类型”设置为“Real”；表达式可自行设定。“数学表达式”算子在此处的作用为将不需要的端口进行空置设置，如分析脚本中的角度、*X/Y* 坐标、形状等在此条检测工件颜色的程序中为多余端口，可进行人为设置	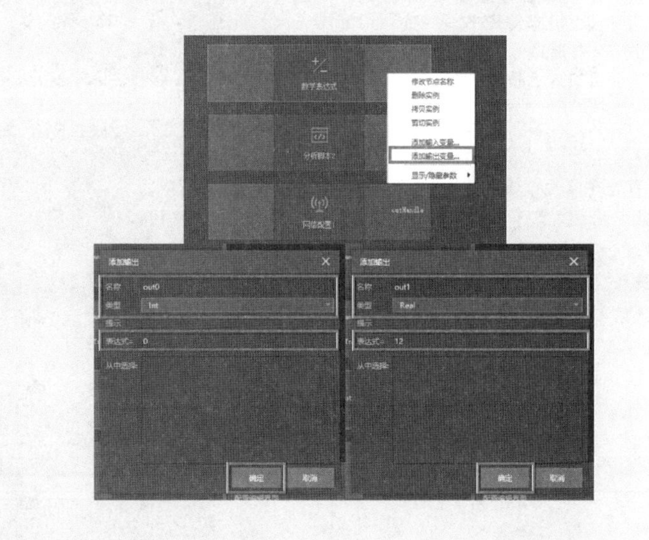
7）配置“分析脚本 2”算子。右击流程编辑区的“分析脚本 2”算子，若“analyticScript”文件中没有所需的脚本时，需要手动将脚本文件放置在此文件夹下。再单击“重新加载”，然后单击脚本后面的倒三角图标，在下拉列表框中选择需要的脚本。若所需要的脚本已在“analyticScript”文件中，则只需单击脚本后面的倒三角图标，在下拉列表框中直接选中“sendKUKA”脚本（脚本名字可自命名）	

（续）

操作步骤及说明	示 意 图
8）连接“分析脚本 2”算子。将“分析脚本 1”算子的“outMaxColorInt”端口与“分析脚本 2”算子的“inColor”进行连接，将获取的工件颜色信息数据再次处理，成为机器人可识别的数据类型。因为在此条工件颜色检测的程序中，工件的角度、*X/Y* 坐标、形状等无关信息可进行人为设置，所以将“数学表达式”算子 Int 类型的“out0”端口与“分析脚本 2”算子的“inShape”连接，“数学表达式”算子的 Real 类型的“out1”分别与“分析脚本 2”算子的“inA”“inX”“inY”连接	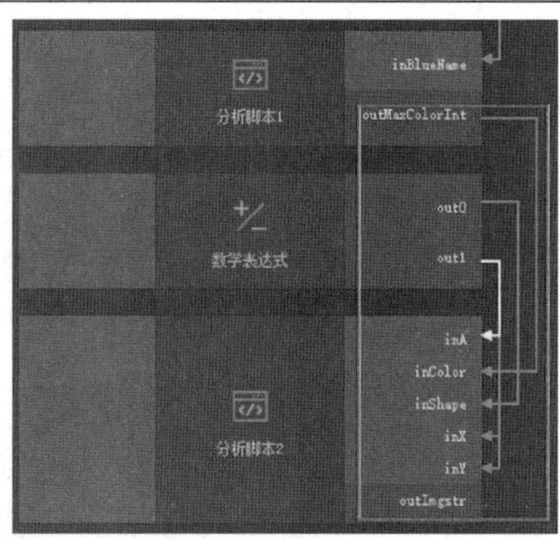
9）配置“网络配置 1”。此处配置的为视觉软件与机器人的通信。选中“网络配置 1”算子，在右侧的“配置编辑界面”中，将“协议”设置为“TCP 服务端”；“IP”地址设为“192.168.1.33”（地址可自由设定，但必须保证此处 IP 地址和计算机 IP 地址、机器人 IP 地址一致）；“端口”为机器人端口号“8080”（端口号可通过工业机器人示教器自设定）	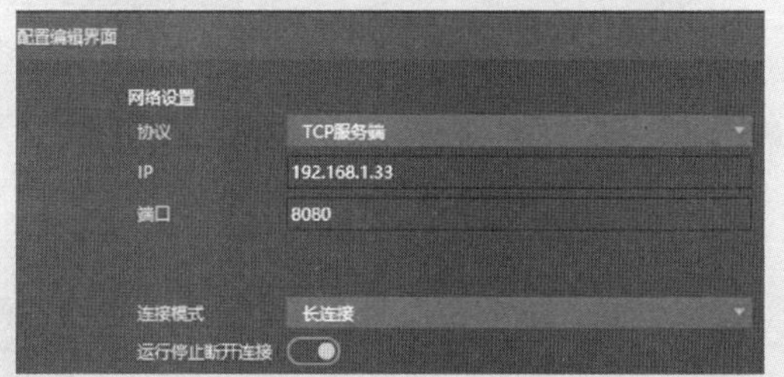
10）配置“报文发送（参数可配）1”算子。首先在流程编辑区选中“报文发送（参数可配）1”算子，配置结果区显示为界面①，在“配置编辑界面”中，“协议”选择“Custom”；“发送的数据”选择“外部输入”；关闭“报文头”“报文尾”。然后单击“设置发送数据”按钮，配置结果区界面会跳出界面②。再单击“增加”，设置增加的数据“名称”，数据类型设定为“String”，最后单击“确定”	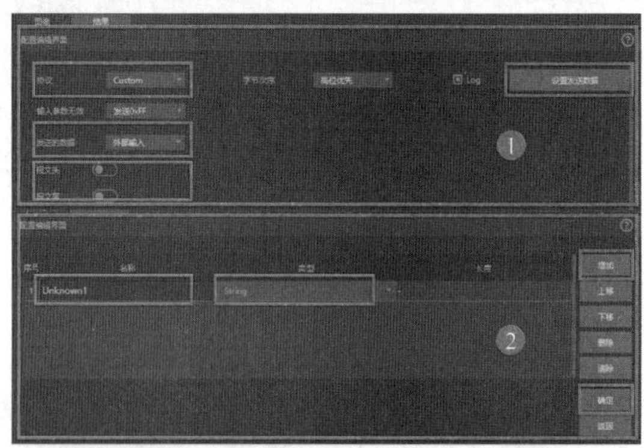
11）连接“报文发送（参数可配）1”算子。将“报文发送（参数可配）1”算子的“inHandle”和“Unknown1”（名字可自定）分别与“网络配置 1”算子的“outHandle”和“分析脚本 2”算子的“outImgstr”进行连接。“outImgstr”输出的为数据转换后的工件坐标角度信息，在与机器人端通信后，再通过“报文发送（参数可配）1”，发送至工业机器人端	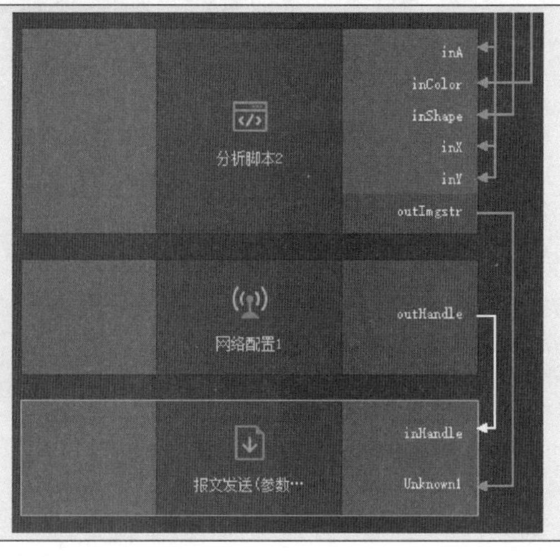

（续）

<table>
<tr><th>操作步骤及说明</th><th>示　意　图</th></tr>
<tr><td>12）配置“网络配置 2”算子。此处配置的为视觉软件与 PLC 的通信。单击流程编辑区“网络配置 2”算子，在右侧的配置结果区的“配置编辑界面”中，“协议”选择“TCP 客户端”；“IP”地址为“192.168.1.11”（地址可自定义，但必须保证此处地址与 PLC 地址一致）；此处端口号与 PLC 端口号一致；“连接模式”调整为“长连接”</td><td>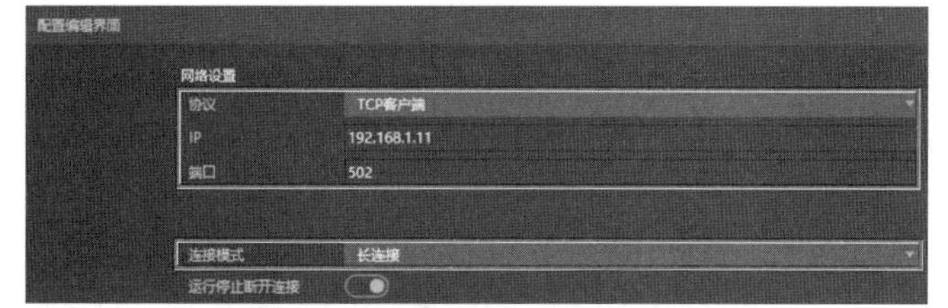
</td></tr>
<tr><td>13）配置“报文发送（参数可配）2”算子。首先在流程编辑区选中“报文发送（参数可配）2”算子，配置结果区显示为界面①，在“配置编辑界面”中，“协议”选择“Modbus”；“发送的数据”选择“外部输入”，关闭“报文头”“报文尾”，然后单击“设置发送数据”按钮。配置结果区界面会跳出界面②。然后单击“增加”，在数据类型里面选择“String”，最后单击“确定”</td><td>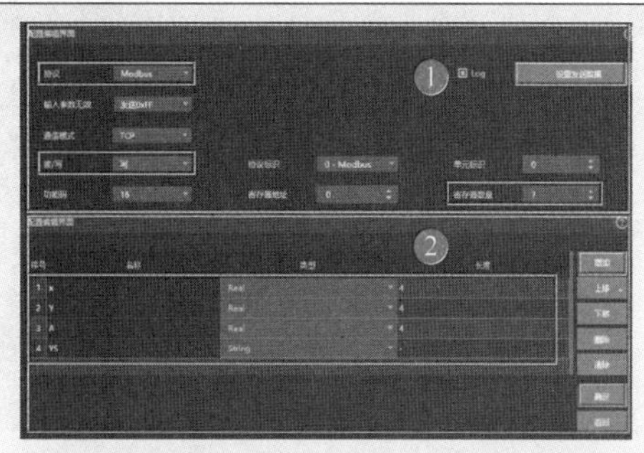
</td></tr>
<tr><td>14）连接“报文发送（参数可配）2”算子。将发送工件的 X/Y 坐标、角度信息的“报文发送（参数可配）2”算子 X、Y、A 端口依然与“数学表达式”算子 Real 类型的“out1”接口连接，进行人工设置操作。将“颜色提取”算子的“outFirstName”端口与“报文发送（参数可配）2”算子的“YS”直接连接。此处，将“颜色提取”算子的工件颜色信息直接发送至 PLC，无须做数据修改。将“网络配置 2”算子的“outHandle” 与“报文发送（参数可配）2”算子的“inHandle”连接，建立相机软件与 PLC 的通信连接</td><td>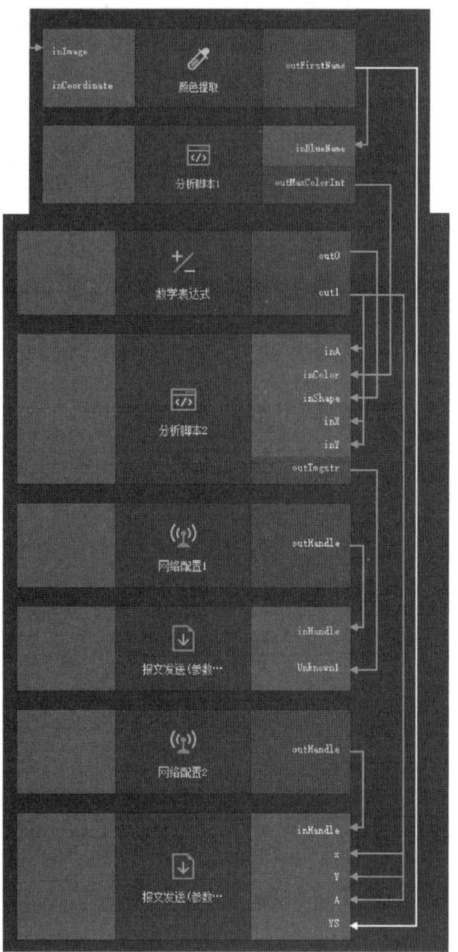
</td></tr>
</table>

（续）

操作步骤及说明	示　意　图
15）调整相机触发拍照模式。单击“相机”按钮，选择下面的“相机管理工具”，将“AcquisitionControl”下面的“TriggerSource”的触发方式调整为“Line1”。设置完毕之后，将相机运行调整为连续运行	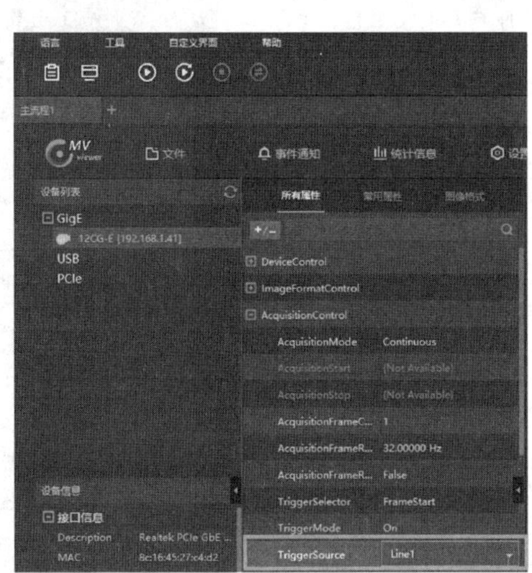

（3）工件颜色识别程序（表 3-10）

表 3-10　工件颜色识别程序

序号	程　　序	程序说明
1	Declaration	声明
2	Initialize	特定文件初始化
3	INI	程序初始化
4	if $ IN[350]THEN	if 判断 350 为真
5	SLIN zfl vel=0.01m/s CPDAT6 Tool[0]Base[0]	工业机器人移动到 zfl 位置
6	ENDIF	结束 if 判断
7	st：	记录抓取法兰抓取基准点
8	SPTP XPhotoPos vel=10%PDAT14 Tool [0] Base[0]	工业机器人运动到拍照位置
9	Initialize sample data	初始化示例数据
10	CCD Comunication conect	与相机通信建立连接
11	Send Stream	发送数据流
12	OUT110"　State=TRUE	启动相机拍照
13	WAIT FOR $ FLAG[2]	检测到拍照通过
14	GET Frame/Color/Shape	获得位置帧/颜色/类别数据信息
15	SLIN befpick vel=0.01m/s CPDAT1 Tool [0] Base[0]	工业机器人运动到过渡位置点
16	SLIN pick vel=0.01m/s CPDAT2 Tool [0] Base[0]	工业机器人运动到抓取位置点
17	WAIT Time=0.5 sec	延时 0.5s

（续）

序号	程　　序	程序说明
18	OUT 1"　State = TRUE	吸盘启动
19	WAIT Time = 0.5 sec	延时 0.5s
20	SLIN befpick vel = 0.01m/s CPDAT3 Tool [0] Base[0]	工业机器人返回到过渡位置点
21	SPTP XPhotoPos vel = 10 %PDAT15 Tool [0] Base[0]	工业机器人返回到拍照位置点
22	Channel closed	关闭服务器
23	OUT 110"　State = FALSE	相机拍照关闭

4. 任务三：中间法兰和输出法兰定位和分拣

（1）任务规划　中间法兰和输出法兰定位和分拣任务规划流程如图 3-33 所示。

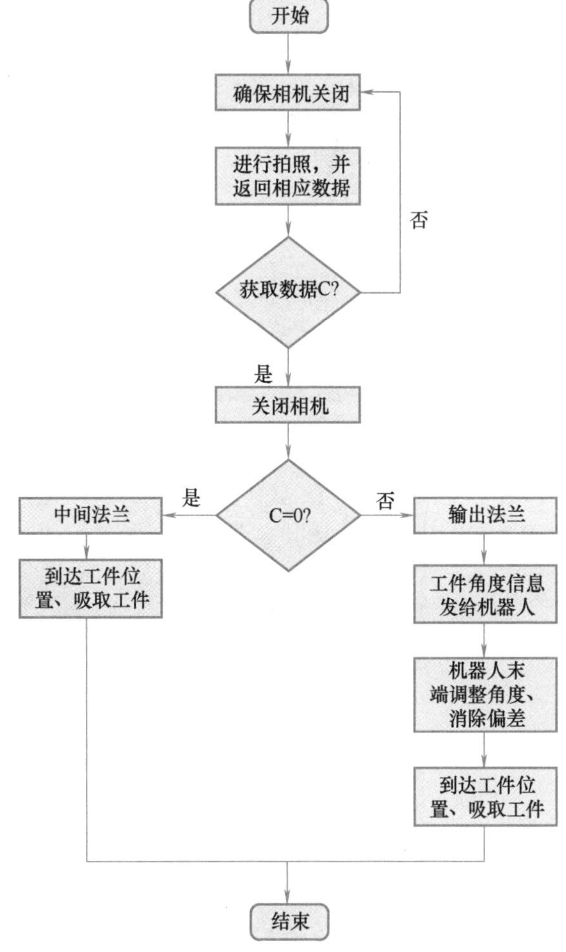

图 3-33　任务规划流程

（2）工件角度识别与定位视觉程序（表 3-11）

表 3-11 工件角度识别与定位视觉程序

操作步骤及说明	示 意 图
1)建立“相机”算子、“彩色转灰度”算子、“模板匹配”算子、“找圆”算子、“坐标转换器”算子的配置和连接。参考任务一中相关算子的配置方法和输出法兰模板制作方式(表 3-7),进行本任务的“相机”算子、“彩色转灰度”算子、“模板匹配”算子、“找圆”算子、“坐标转换器”算子的设置。在本任务中,将“坐标转换点个数”设置为“1”,并将“模板匹配”算子的“outCoordinate. ra”端口、“找圆”算子的“outCount”端口、以及“坐标转换器”算子的“outCircle0. center. x”“outCircle0. center. y”端口进行显示处理。右击“数学表达式”算子,选择“添加输出变量”,并将变量的输出类型设置为“Int”	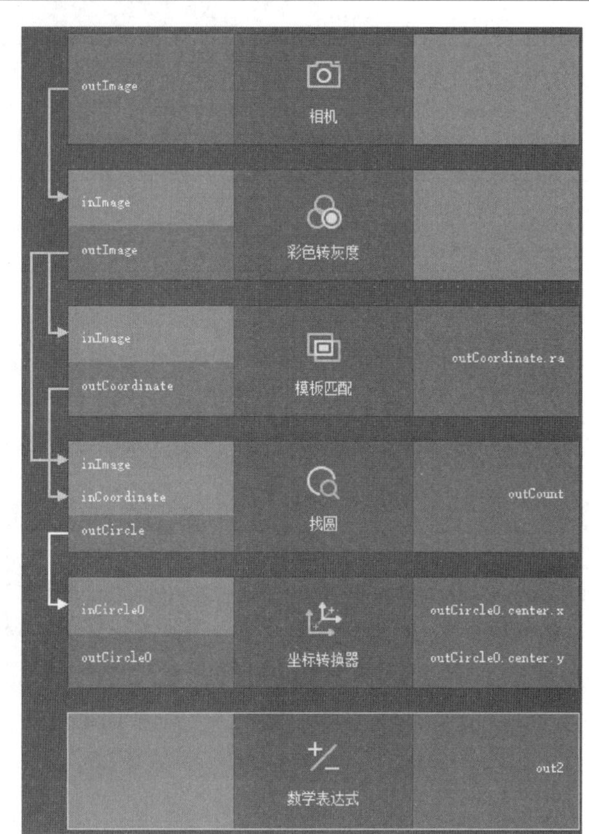
2)添加“分支节点”算子。将“分支节点”算子由工具区拖入流程编辑区后,在弹出的“添加条件”对话框中,“类型”选择“Int”;“值”设置为“0”。然后单击“确定”	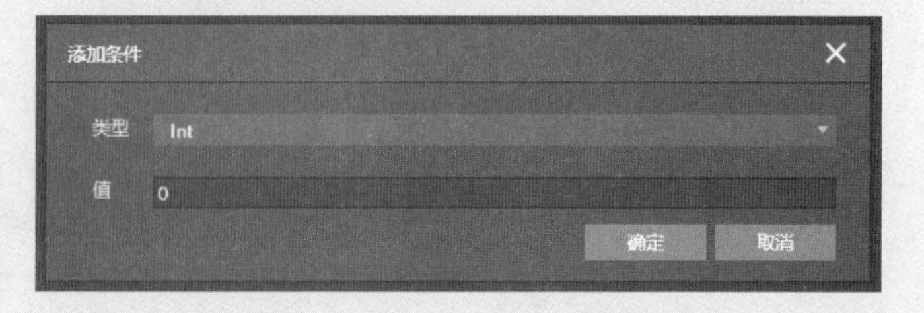
3)“分支节点”中添加分支。单击右图中 1 的倒三角图标,选中下拉列表框中的“添加条件”;在“添加条件”对话框的“Value”选项中输入“1”。“找圆”算子通过时进入“1 分支”,否则进入“0 分支”	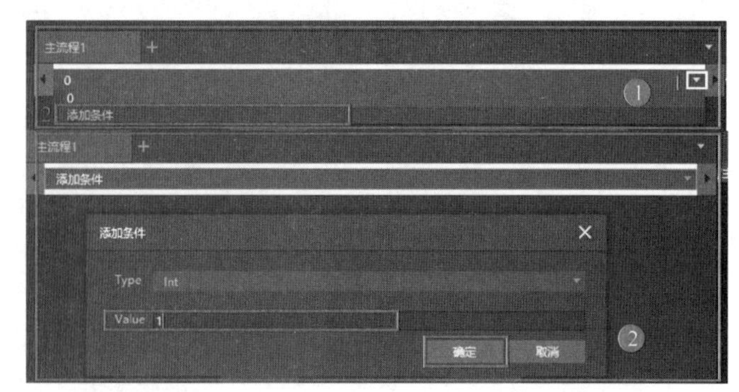

（续）

操作步骤及说明	示 意 图
4）配置“0 分支”。在“InEngineNode1”算子中添加数据类型为“Int”的“inA”“inX”“inY”输入变量。在“OutEngineNode1”算子中添加数据类型为“real”的“outA”“outX”“outY”和数据类型为“Int”的“outB”。在“数学表达式 2”算子中添加数据类型为“real”的“out1”和数据类型为“Int”的“out2”。它们之间的连接方式如右图所示	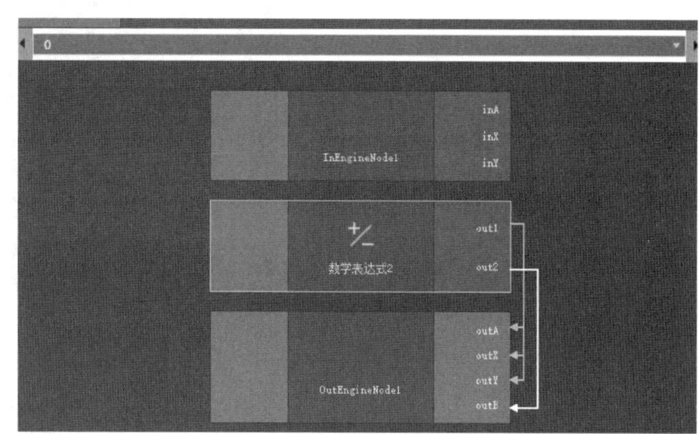
5）配置“1 分支”算子。在“InEngineNode2”算子中添加数据类型为“Int”的“inA”“inX”“inY”输入变量。在“OutEngineNode3”算子中添加数据类型为“real”的“outA”“outX”“outY”和数据类型为“Int”的“outB”。在“数学表达式 3”算子中添加数据类型为“Int”的“out1”，它们之间的连接方式如右图所示	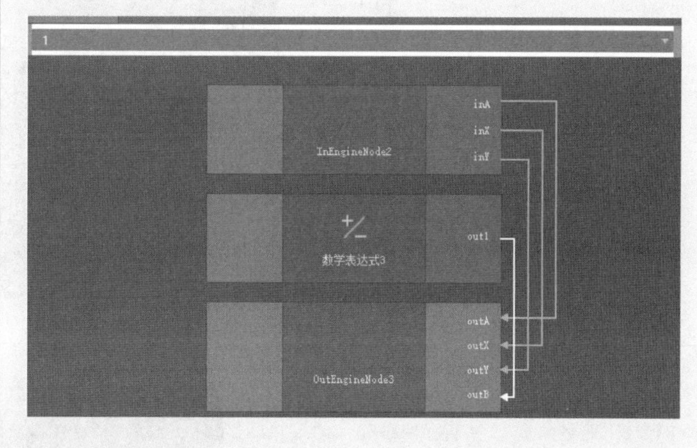
6）配置“分析脚本”算子。右击流程编辑区的“分析脚本”算子，若“analyticScript”文件中没有所需的脚本时，需要手动将脚本文件放置在此文件夹下，再单击“重新加载”，然后单击脚本后面的倒三角图标，在弹出的下拉列表框中选择需要的脚本。若所需要的脚本已在“analyticScript”文件中，则只需单击脚本后面的倒三角图标，在弹出的下拉列表框中直接选中“sendKUKA”脚本（脚本名字可自命名）	

（续）

操作步骤及说明	示 意 图
7)连接“分支节点”“分析脚本”等算子。将“模板匹配”算子输出端口“outCoordinate. ra”与“分支节点”算子的“Condition”连接。将“坐标转换器”算子的输出端口“outCircle0. center. x”“outCircle0. center. y”分别与“分支节点”算子的“inX”“inY”连接。将“找圆”算子的“outCount”与“分支节点”算子的“Condition ”连接。“数学表达式1”算子的 Int 类型的“out1”与“分析脚本”算子的“inColor”连接。将“分支节点”算子的“outA”“outX”“outY”“outB”分别与“分析脚本”算子的“inA”“inX”“inY”“inShape”连接	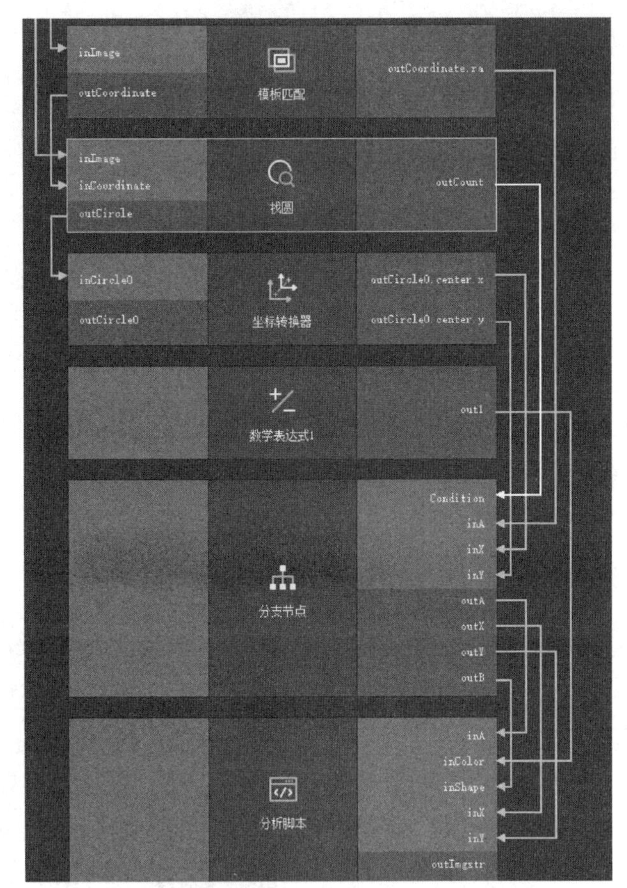
8)配置“网络配置 1”算子、“网络配置 2”算子、“报文发送(参数可配)1”算子、“报文发送(参数可配)2”算子。“网络配置 1”算子、“网络配置 2”算子“报文发送(参数可配)1”算子、“报文发送(参数可配)2”算子的配置方式参见任务一和任务二(表 3-7、表 3-9),其中,配置“网络配置 1”算子是为了与机器人建立通信,配置“报文发送(参数可配)1”算子是为了将视觉检测到的工件信息发送给机器人,配置“网络配置 2”算子是为了与 PLC 建立通信,配置“报文发送(参数可配)2”是为了将视觉检测到的工件信息发送给 PLC	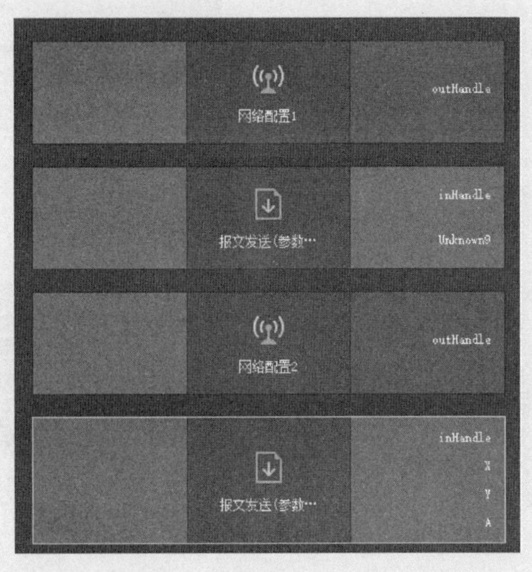

（续）

操作步骤及说明	示 意 图
9）连接"网络配置 1"算子、"网络配置 2"算子、"报文发送（参数可配）1"算子、"报文发送（参数可配）2"算子。将"分析脚本"算子的输出端口"outImgstr"和"网络配置 1"算子的"outHandle"分别与"报文发送（参数可配）1"算子的"Unknown9"和"inHandle"连接。"网络配置 2"算子的输出端口"outHandle"与"报文发送（参数可配）2"算子的"inHandle"连接。报文发送（参数可配）2"算子的"X""Y""A"端口分别与"坐标转换器"算子的输出端口"outCircle0. center. x""outCircle0. center. y"与"模板匹配"算子输出端口的"outCoordinate. ra"连接	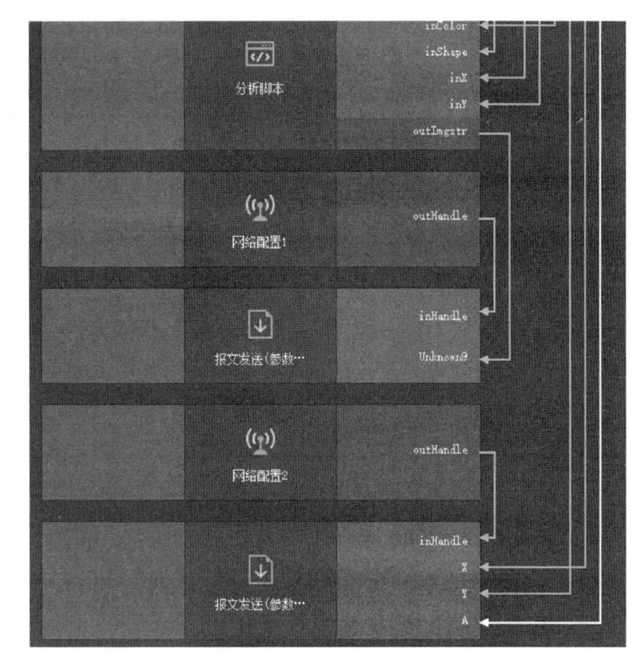

（3）工件角度识别与定位程序（表 3-12）

表 3-12 工件角度识别与定位程序

序号	程　　序	程序说明
1	Declaration	声明
2	Initialize	特定文件初始化
3	INI	程序初始化
4	if $ IN[350]THEN	if 判断 350 为真
5	SLIN zfl vel=0.01m/s CPDAT6 Tool[0]Base[0]	工业机器人移动到 zfl 位置
6	ENDIF	结束 if 判断
7	st:	记录法兰抓取基准点
8	SPTP XPhotoPos vel=10 %PDAT14 Tool [0] Base[0]	运动到拍照位置
9	Initialize sample data	初始化示例数据
10	CCD Comunication conect	与相机通信建立连接
11	Send Stream	发送数据流
12	OUT110" State=TRUE	启动相机拍照
13	WAIT FOR $ FLAG[2]	检测到拍照通过
14	GET Frame/Color/Shape	获得位置帧/颜色/类别数据信息
15	SLIN befpick vel=0.01m/s CPDAT1 Tool [0] Base[0]	工业机器人运动到过渡位置点
16	SLIN pick vel=0.01m/s CPDAT2 Tool [0] Base[0]	工业机器人运动到抓取位置点

（续）

序号	程　序	程序说明
17	WAIT Time=0.5 sec	延时 0.5s
18	OUT 1" State=TRUE	吸盘启动
19	WAIT Time=0.5 sec	延时 0.5s
20	SLIN befpick vel=0.01m/s CPDAT3 Tool [0] Base[0]	工业机器人返回到过渡位置点
21	SPTP XPhotoPos vel=10 %PDAT15 Tool [0]Base[0]	工业机器人返回到拍照位置点
22	……	进行其他装配作业
23	SLIN befpick vel=0.01m/s CPDAT1 Tool [0] Base[0]	工业机器人运动到过渡位置点
24	SLIN pick vel=0.01m/s CPDAT2 Tool [0] Base[0]	工业机器人运动到抓取位置点
25	……	进行其他装配作业
26	Channel closed	关闭服务器
27	OUT 110" State=FALSE	相机拍照关闭

三、调试

利用井式供料模块、带传送模块将输出法兰或者中转法兰放置在视觉检测模块下，将编写的视觉程序设置为连续运行，打开 PLC，设置为监控状态，测试工业相机是否每次都能清晰识别出法兰及法兰的角度，如果有故障，则应按照前面的程序继续调试。

知识拓展

机器视觉在工业中的应用

由于“工业 4.0”时代的到来，机器视觉在智能制造业领域的作用越来越重要，人们对于机器视觉的认识也愈加深刻，机器视觉系统提高了生产的自动化程度，大大提高了生产率和产品精度。

机器视觉系统可以通过机器视觉设备（即图像摄取装置）将被摄取目标转换成图像信号，并传送给专用的图像处理系统，得到被摄取目标的形态信息，将像素分布和亮度、颜色等信息转变成数字化信号，然后由图像系统对这些信号进行各种运算来抽取目标的特征，进而根据判别的结果来控制现场的设备动作。

1. 图像识别应用

利用机器视觉对图像进行处理、分析和理解，以识别各种不同模式的目标和对象。图像识别在机器视觉领域中最典型的应用就是二维码的识别了，二维码是常见的条形码中最为普遍的一种。将大量的数据信息存储在这小小的二维码中，通过条码对产品进行跟踪管理。通过机器视觉系统可以方便地对各种材质表面的条码进行识别读取，大大提高了现代化生产的效率。

2. 图像检测应用

检测是机器视觉主要的应用之一，几乎所有产品都需要检测，而人工检测存在着较多的弊端，人工检测准确性低，若人长时间工作的话，准确性更是无法保证，而且检测速度慢，容易影响整个生产过程的效率。机器视觉在图像检测方面的应用也非常广泛，比如应用于印刷过程中的套色定位及校色检查、包装过程中的饮料瓶盖的印刷质量检查，产品包装上的条码和字符识别，玻璃瓶的缺陷检测等。其中，机器视觉系统对玻璃瓶的缺陷检测也包括药用玻璃瓶范畴，即机器视觉也涉及医药领域，其主要检测包括尺寸检测、瓶身外观缺陷检测、瓶肩部缺陷检测、瓶口检测以及液位检测（图 3-34）等。

图 3-34　视觉液位检测

3. 物体测量应用

机器视觉工业应用最大的特点就是其非接触测量技术，具有高精度和高速度的性能，非接触、无磨损，消除了接触测量可能造成的二次损伤隐患。常见的物体测量应用包括齿轮、接插件、汽车零部件、IC 元件管脚、麻花钻等。

4. 视觉定位应用

视觉定位要求机器视觉系统能够快速、准确地找到被测零件并确认其位置。如在半导体封装领域，设备需要根据机器视觉取得的芯片位置信息调整拾取头，准确拾取芯片并进行绑定；又如协作无人早餐设备中鸡蛋的定位，如图 3-35 所示。

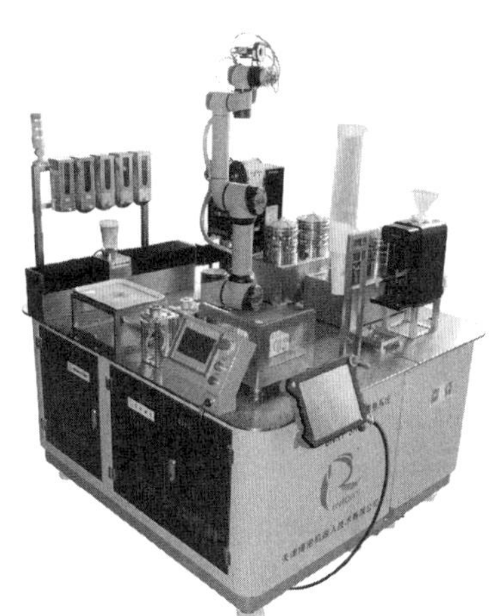

图 3-35　视觉定位的应用

5. 物体分拣应用

物体分拣应用是建立在识别、检测之后一个环节，通过机器视觉系统将图像进行处理，实现分拣。机器视觉常用于食品分拣、零件表面瑕疵自动分拣以及棉花纤维分拣等。

随着社会现代化的蓬勃发展，我国工业取得了长足的发展。经过机器视觉检测市场的长期积累，我国涌现出一批具有竞争实力的机器视觉研发和生产企业。

机器视觉可以代替人眼做测量和判断，在工业自动化中的应用自然是十分重要的，在食品、饮料、制药、日化、电子、五金、汽配、包装和印刷等行业均有广泛的应用，在不久的将来还将会有更多领域的突破和发展。

评价反馈

基本素养(30分)				
序号	评估内容	自评	互评	师评
1	纪律(无迟到、早退、旷课)(10分)			
2	安全规范操作(10分)			
3	团结协作能力、沟通能力(10分)			
理论知识(40分)				
序号	评估内容	自评	互评	师评
1	“Chars_TO_Strg”指令的应用(10分)			
2	各种视觉算子的应用(20分)			
3	视觉软件的应用(10分)			
技能操作(30分)				
序号	评估内容	自评	互评	师评
1	PLC环境配置,HMI程序编写(5分)			
2	视觉软件程序编写及试运行(10分)			
3	机器人程序校验、试运行(5分)			
4	程序自动运行(10分)			
综合评价				

练习与思考题

一、填空题

1. Robert 算子是________阶微分算子。
2. 机器人视觉常用的图像特征主要有________、________、________等。
3. 常用的一阶微分边缘检测算子有________、________、________、________。
4. 找圆算子中，边缘阈值的范围为________，长度阈值的范围为________。
5. 颜色提取最大支持________张训练图片。

二、简答题

1. 简述找圆算子的工作流程。
2. 简述 PLC 中转换指令的作用。

三、编程题

用相机检测传送带末端的工件颜色，并将颜色显示在触摸屏上，如图 3-36 所示。

图 3-36 待检测物品

项目四　工业机器人谐波减速器装配

学习目标

1. 能够根据工作任务要求，选择和加载机器人程序。
2. 能够使用单步、连续等方式运行机器人程序。
3. 能够根据运行结果对位置、姿态、速度等机器人程序参数进行调整。
4. 能够操作工业机器人完成装配任务。

工作任务

一、工作任务的背景

工业机器人的出现及应用不仅提高了生产率，而且解决了许多人工难以完成的工作，工业机器人在装配领域的应用已经越来越广泛。传统装配工作存在以下两种方式。

（1）人工装配　利用人工来完成装配工作的方式效率较低，当装配任务量较大时，需要安排更多的人来完成装配工作，使得工厂需要消耗更多的资金用于支付工资。除此之外，工人也无法长时间连续进行装配工作，因此，由人工装配的局限性很大，甚至在一些大型装配现场，人力根本无法完成装配工作。

（2）半自动化装配　进入 20 世纪后，一些工厂开始进行半自动化装配，即工人利用装配工具来完成装配工作，比如在工厂的流水线上安装传送带，而工人只需要站在自己的位置进行分拣，或者在大型装配工作现场，工人可以利用起重机等完成装配工作。尽管采用半自动化方式进行装配，但是仍然存在很多弊端及局限性，比如在工厂流水线中进行装配工作时，传送带所传送的工件只能和传送带大小相等或者是小于传送带的宽度，如果传送的工件过大，易使工件卡在传送过程中。除此之外，传送带所传送货物的重量也是限制装配工作的主要因素，并且传送带在固定安装后很难进行移动，因此其灵活性也较差。在利用传送带进行装配工作时，虽然减轻了工人的工作量，但是依旧无法长时间连续进行工作。在装配大型工件时，虽然可以利用装载机进行装配工作，但是装载机的体积较大，如果装配工作环境过于狭小，那么装载机便无法进入及正常地施展其功能。

二、所需要的设备

机器人装配系统主要包括工业机器人本体、控制器、示教器、电源、气泵、立体仓储模块、平口夹爪、弧口夹爪、吸盘、旋转供料模块、快换模块、井式供料模块、带传送模块、伺服变位机和谐波减速器样件，如图 4-1 所示。

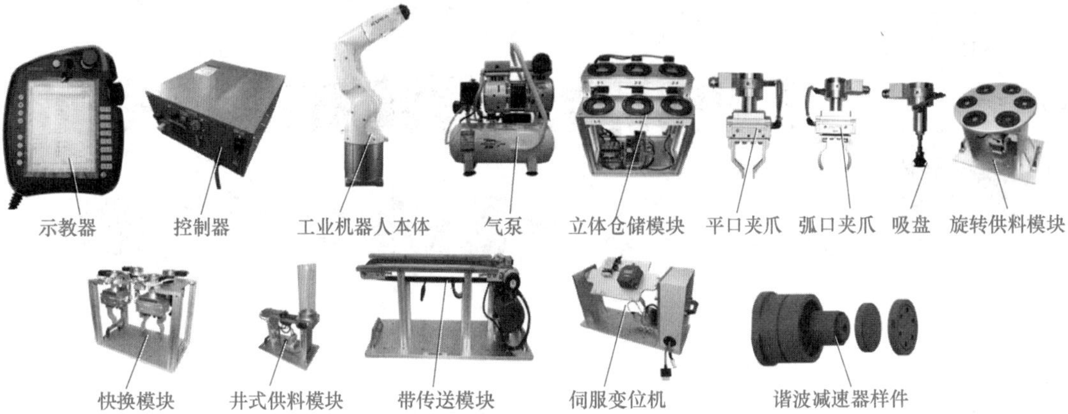

图 4-1 装配系统

三、任务描述

这里以谐波减速器的装配为典型案例，自动将夹爪装配到机械臂上，通过弧口夹爪夹取刚轮，通过 RFID 读取再放置在伺服变位机上。通过旋转供料模块，由安装平口夹爪的工业机器人去抓取柔轮组合，并将柔轮组合装配在刚轮上；再通过井式供料模块将中间法兰和输出法兰推出，由带传送模块输送到相机下面，经过拍照识别，再由吸盘装配到刚轮中，完成刚轮组件的装配任务，如图 4-2 所示。

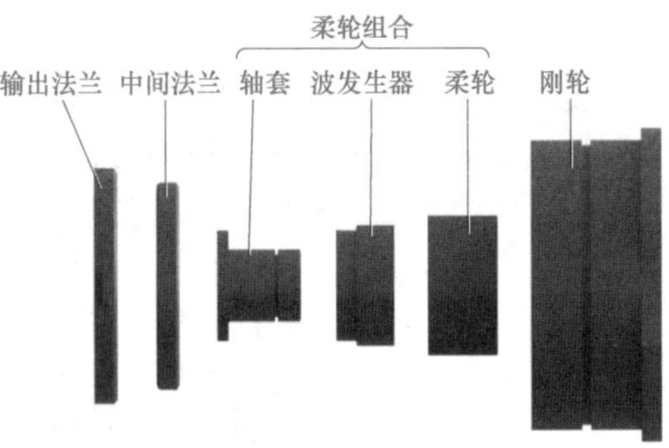

图 4-2 待装配工件

装配完成后，工业机器人将装配好的刚轮组合搬送到指定的仓库编码中，最终工业机器人回到原点。

实践操作

一、知识储备

1. 步进电动机

（1）步进电动机简介 步进电动机是一种可以将脉冲信号转换为角位移或线位移的开环控制电动机，如图 4-3 所示。在空载低频的情况下，一个脉冲就是一步，可以精准地控制旋转角度；步进电动机按照构造方式分为反应式、永磁式和混合式。在旋转供料模块中选用两相混合式步进电动机。

（2）步进电动机驱动器 步进电动机不能直接接到直流或交流电源上工作，必须接入专用的步进电动机驱动器（图 4-4）才能正常使用。图 4-5 所示为控制器、步进电动机驱动器、步进电动机之间的关系，图 4-6 所示为混合式步进电动机拆解图。控制器将脉冲和方向信号发送到步进电动机驱动器，步进电动机驱动器将控制器发来的脉冲信号转换为激励步进电动机旋转所需的功率信号。步进电动机驱动器通常都带有细分功能，可以对步距角和电流进行细分，从而实现更精准的控制。

图 4-3　步进电动机

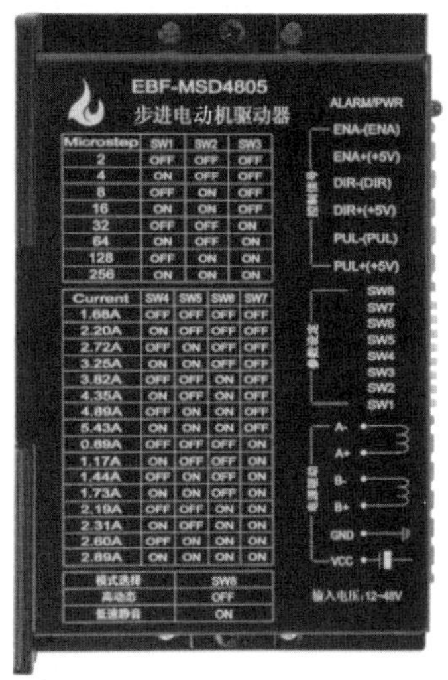

图 4-4　步进电动机驱动器

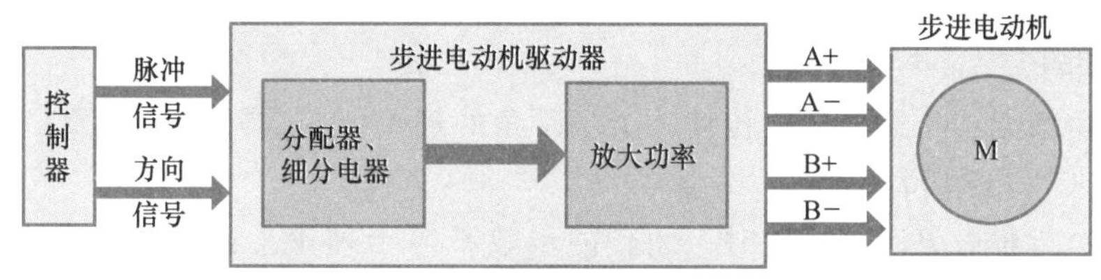

图 4-5　控制器、步进电动机驱动器和步进电动机之间的关系

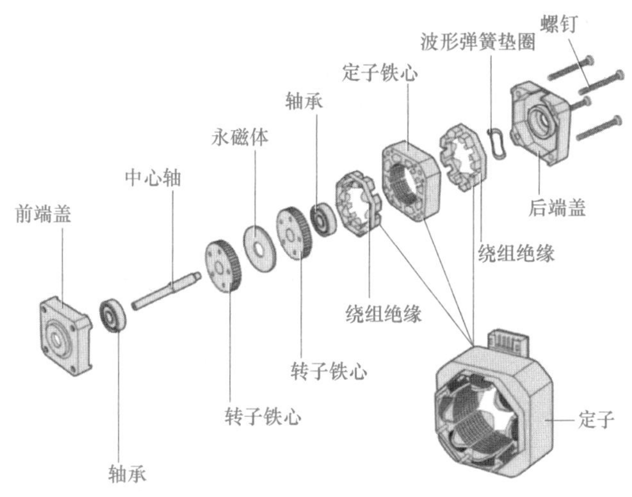

图 4-6　混合式步进电动机拆解图

（3）步进电动机的工作原理　通常，步进电动机的转子为永磁体，当电流流过定子绕组时，产生矢量磁场，该磁场会带动转子旋转一定的角度，使转子的一对磁场方向与定子的磁场方向一致。当定子的矢量磁场旋转一个角度，转子也随着该磁场旋转一个步距角。每输入一个电脉冲，步进电动机转动一个角度，前进一步。它输出的角位移与输入的脉冲数成正比，转速与脉冲频率成正比。改变绕组通电的顺序，步进电动机就会反转。所以可用控制脉

冲数量、频率及步进电动机各相绕组的通电顺序来控制步进电动机的转动，如图 4-7 所示。

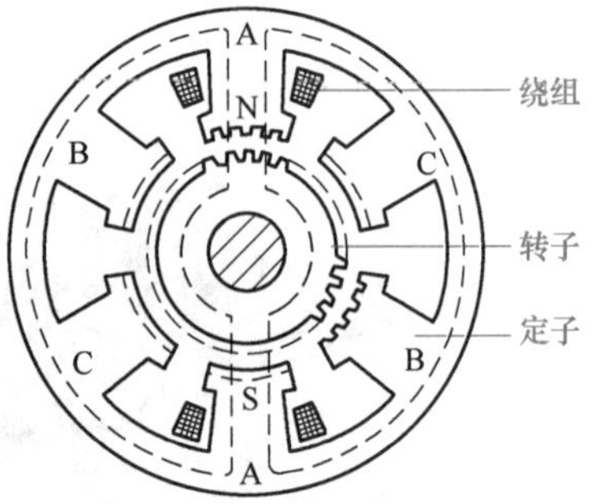

(4) 步进电动机的基本参数

1) 静态指标。

① 相数：指产生不同对极 N、S 磁场的激磁线圈对数，也可以理解为步进电动机中线圈的组数。

② 拍数：指完成一个磁场周期性变化所需脉冲数或导电状态，或指电动机转过一个齿距角所需的脉冲数，用 n 表示。

图 4-7 步进电动机截面图

③ 步距角：指一个脉冲信号所对应的电动机转动的角度，可以简单理解为一个脉冲信号驱动的角度。

④ 定位转矩：指步进电动机各相绕组不通电且处于开路状态时，由于混合式步进电动机转子上有永磁材料产生磁场，从而产生的转矩。

⑤ 静转矩：指步进电动机在不考虑电动机负载情况下的转矩值。静转矩越大，表示步进电动机的负载能力越强，工作性能越好。

2) 动态指标。

① 步距角精度：步进电动机转动一个步距角的理论值与实际值的误差。它可用百分比表示：误差/步距角×100%。

② 失步：指步进电动机运转时，运转的步数不等于理论上的步数，也可以称作丢步，一般是因负载太大或者是频率过快造成的。

③ 失调角：指转子齿轴线偏移定子齿轴线的角度，步进电动机运转时存在失调角，由失调角产生的误差采用细分驱动是不能解决的。

④ 最大空载起动频率：指步进电动机在不加负载的情况下，能够直接起动的最大频率。

⑤ 最大空载的运行频率：指步进电动机不带负载的最高转速频率。

⑥ 运行转矩频特性：指在某些测试条件下测得的输出转矩与频率之间的关系。

⑦ 正反转控制：通过改变通电顺序而改变步进电动机的正反转方向。

2. 三相异步电动机

工业机器人应用编程考核平台上，带传送模块使用的电动机为三相异步电动机，通过 V20 变频器实现三相异步电动机的调速控制，即实现传送带的变速运行。

(1) 三相异步电动机简介　三相异步电动机是感应电动机的一种，是靠同时给三相对称定子绕组通入三相对称交流电流供电的电动机。由于三相异步电动机的转子与定子旋转磁场以相同的方向、不同的转速旋转，存在转差率，所以叫三相异步电动机。三相异步电动机转子的转速低于定子旋转磁场的转速，转子绕组因与定子磁场间存在相对运动而产生电动势和电流，并与定子磁场相互作用产生电磁转矩，实现能量变换。与单相异步电动机相比，三相异步电动机运行性能好，并可节省材料。

(2) 三相异步电动机工作原理　当电动机的三相定子绕组（各相差 120°相位角）通入三相对称交流电后，将产生一个旋转磁场，该旋转磁场切割转子绕组，从而在转子绕组中产生感应电流（转子绕组是闭合通路），载流的转子导体在定子旋转磁场作用下将产生电磁力，从而在三相异步电动机转轴上形成电磁转矩，驱动其旋转，并且三相异步电动机的旋转方向与旋转磁场方向相同。以三相异步电动机为原动力拖动传送带运转时，将三相异步电动机的电能传输给传送带，转化为机械能。

（3）三相异步电动机参数　本考核平台使用型号为3IK15GN-S/3GN20K，AC 220V 15W的三相异步电动机。该电动机结构简单、运行可靠、质量小、价格便宜。

（4）变频器简介　变频器是应用变频技术与微电子技术，通过改变电动机工作电源频率方式来控制交流电动机的电力控制设备。变频器主要由整流（交流变直流）、滤波、逆变（直流变交流）、制动单元、驱动单元、检测单元和微处理单元等组成。变频器靠内部绝缘栅双极晶体管（IGBT）的开断来调整输出电源的电压和频率，根据电动机的实际需要来提供其所需要的电源电压，进而达到节能、调速的目的。另外，变频器还有很多保护功能，如过电流、过电压和过载保护等。随着工业自动化程度的不断提高，变频器得到了非常广泛的应用。本平台使用V20变频器，型号为6SL3210-5BB12-5UV1，参数为AC 220V 0.25kW（标准版）。该款变频器结构紧凑、坚固耐用、调试迅速、操作简便且经济实用，在带传送模块中主要负责调整电动机的功率、实现电动机的变速运行，以达到省电的目的，同时变频器还可以降低电力线路电压波动的影响。

SINAMICS V20变频器（图4-8）可通过RS485接口的USS协议与西门子PLC进行通信。可以通过参数设置为RS485接口选择USS或者MODBUS RTU协议。

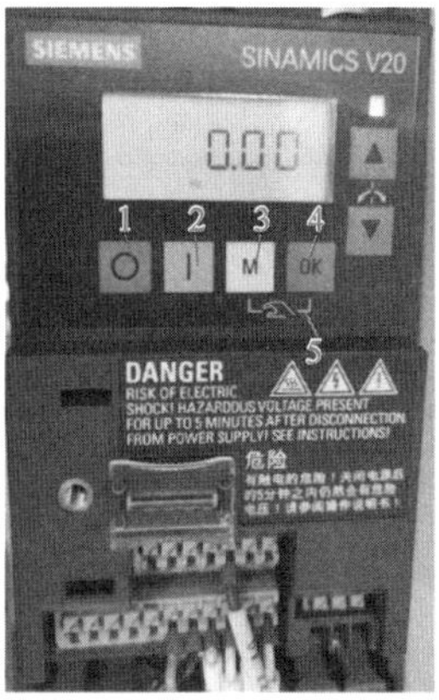

图4-8　SINAMICS V20变频器

1—停止　2—运行　3—功能　4—OK　5—手动/自动/点动模式

3. 伺服电动机

“伺服”一词是来源于希腊语“奴隶”的意思，那么伺服电动机也可以理解为绝对服从控制信号指挥的电动机，所以伺服电动机是指在伺服系统中被控制的电动机。如果单指一个电动机的话，那只能算一个被控的机械元件，加上闭环控制系统就可以称为伺服系统中的电动机。

伺服电动机广泛应用于各种控制系统中，能将输入的电压信号转换为电动机轴上的机械输出量，拖动被控制元件，从而达到控制目的。伺服电动机系统如图4-9所示。伺服电动机要求：电动机的转速要受所加电压信号的控制，转速能够随着所加电压信号的变化而连续变化，转矩能通过控制器输出的电流进行控制，电动机的反应要快、体积要小、控制功率要小。伺服电动机主要应用在各种运动控制系统中，尤其是随动系统。

伺服电动机有直流伺服电动机和交流伺服电动机之分，早期，在控制精度要求不高的情况下，大都采用一般的直流电动机作伺服电动机。当前随着永磁同步电动机技术的飞速发展，绝大部分的伺服电动机是指交流永磁同步伺服电动机或者直流无刷电动机。其主要特点是，当信号电压为零时无自转现象，转速随着转矩的增加而匀速下降。

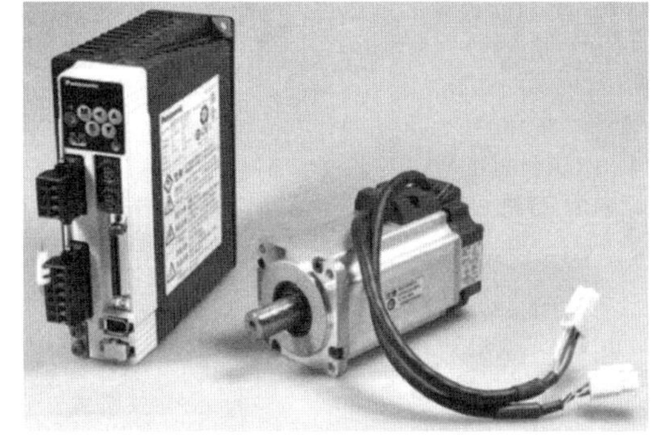

图4-9　伺服电动机系统

（1）直流伺服电动机的特性

1）机械特性。在输入的电枢电压保持不变时，直流伺服电动机的转速随电磁转矩变化而变化。

2）调节特性。直流电动机在一定的电磁转矩（或负载转矩）下，直流伺服电动机的稳态转速随电枢控制电压的变化而变化。

3）动态特性。从原来的稳定状态到新的稳定状态，存在一个过渡过程。

（2）交流伺服电动机特性

1）无电刷和换向器，因此工作可靠，对维护和保养要求低。

2）定子绕组散热比较方便。

3）惯量小，易于提高系统的快速性。

4. PLC 设备组态

（1）PLC 设备组态环境（表 4-1）

表 4-1　PLC 设备组态环境

组态环境	组态型号
CM 1241(RS422/485)	6ES7 241-1CH32-0XB0
RF120C	6GT2 002-0LA00
CPU 1214C DC/DC/DC	6ES7 214-1AG40-0XB0
SM 1223 DI16/DQ16x 继电器输出	6ES7 223-1PL32-0XB0
SM 1221 DI16x DC 24V	6ES7 221-1BH32-0XB0

（2）PLC 设备组态的操作步骤（表 4-2）

表 4-2　PLC 设备组态的操作步骤

操作步骤及说明	示　意　图
1）在"添加新设备"中，添加"控制器"为"CPU 1214C DC/DC/DC"，"订货号"为"6ES7 214-1AG40-0XB0"的 PLC，然后单击"确定"按钮	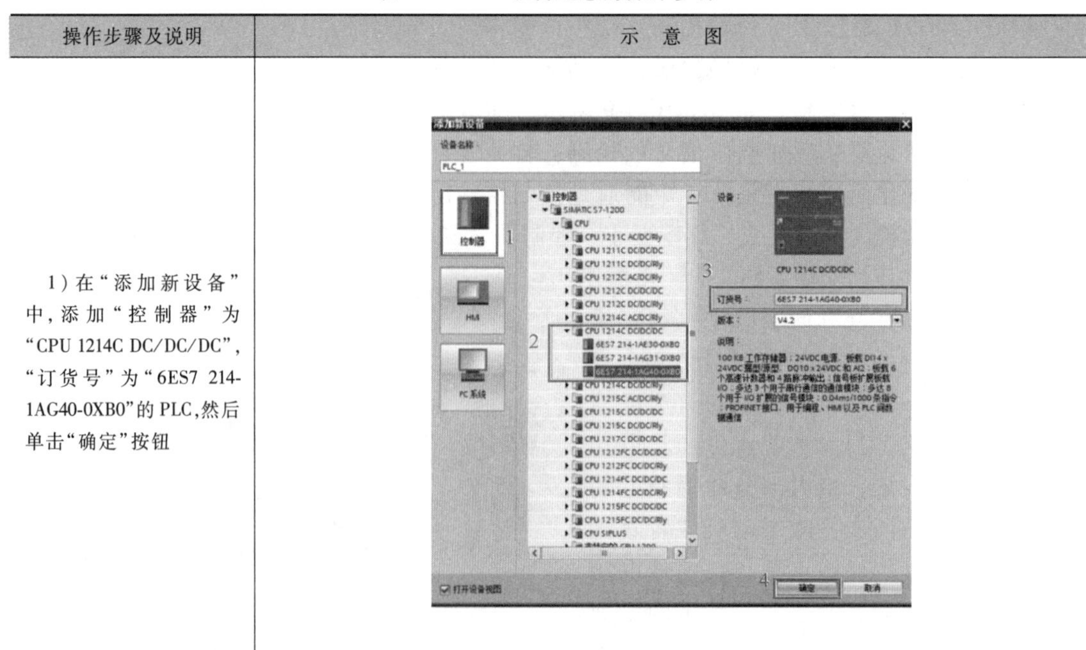

（续）

操作步骤及说明	示意图
2）添加通信模块 CM 1241（RS422/485），主要用于与带传送模块的变频器建立通信	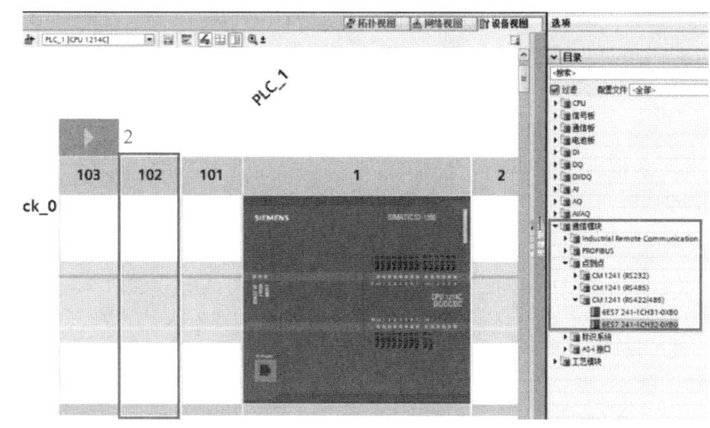
3）添加通信模块 RF120C，作为识别技术的通信模块，主要用于与 RFID 读写器进行通信	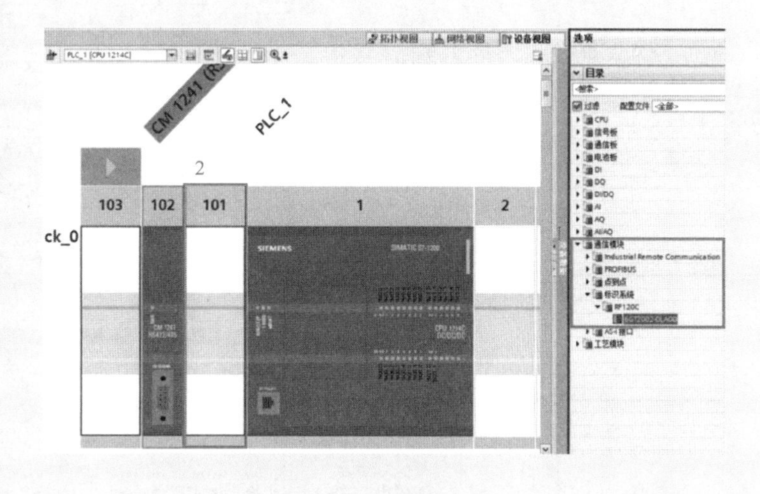
4）添加扩展模块 SM 1223 DI16/DQ16x 继电器输出	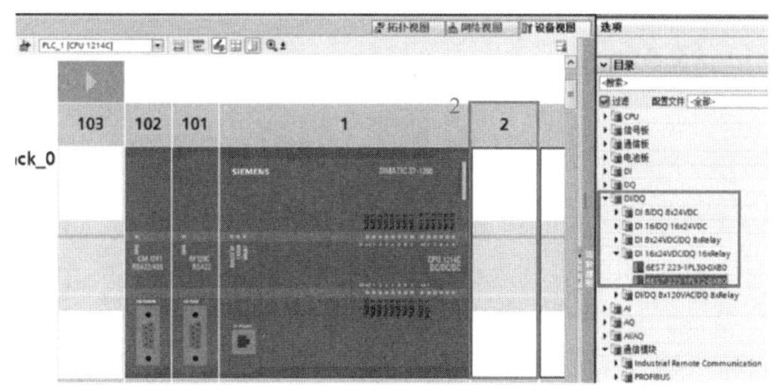

（续）

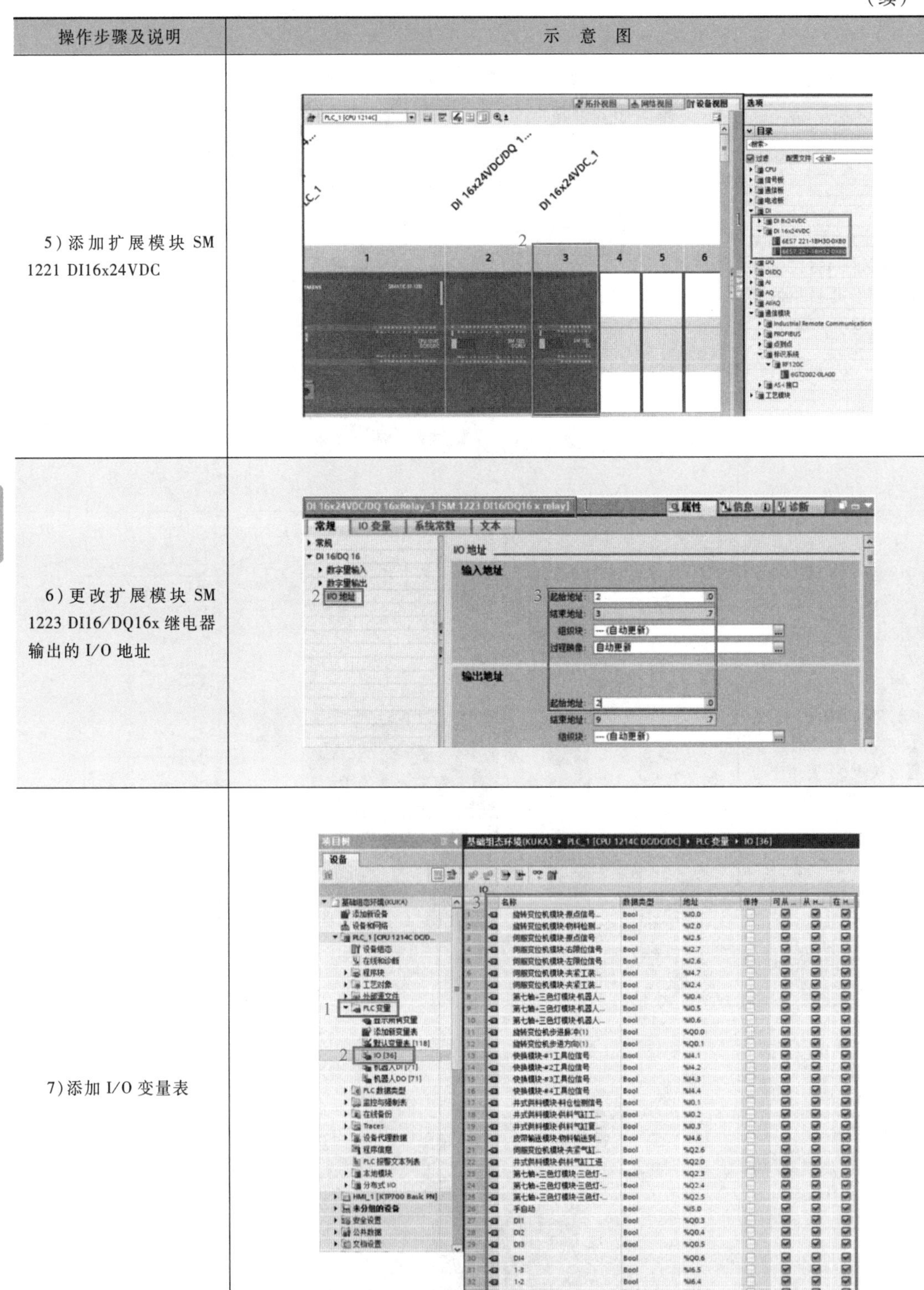

操作步骤及说明	示 意 图
5）添加扩展模块 SM 1221 DI16x24VDC	
6）更改扩展模块 SM 1223 DI16/DQ16x 继电器输出的 I/O 地址	
7）添加 I/O 变量表	

（续）

操作步骤及说明	示　意　图
8）单击“设备与网络”，添加“V90 变位机”并将其与 CPU 相连	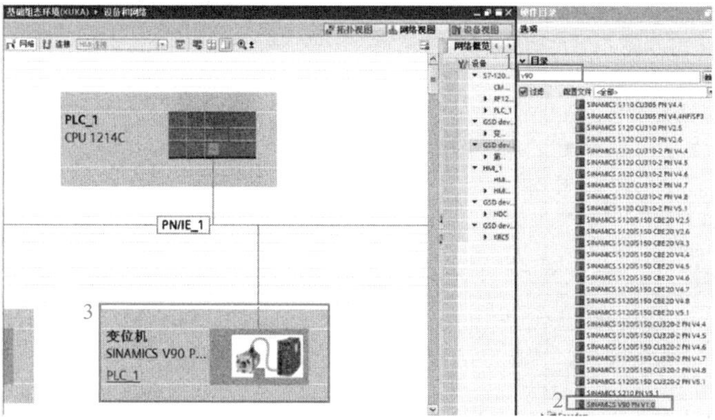
9）双击“变位机”，进入变位机模块，添加“标准报文 3”，在“常规”中更改设备名称为“bwj”	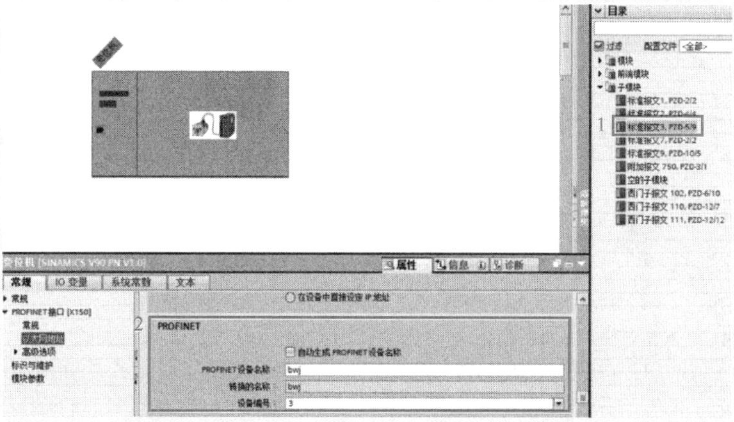

（3）PLC 控制系统与机器人通信编程步骤（表 4-3）

表 4-3　PLC 控制系统与机器人通信编程步骤

操作步骤及说明	示　意　图
1）建立通信块。在“设备与网络”的“目录”中输入“krc5”，将通信模块拖入网络视图中	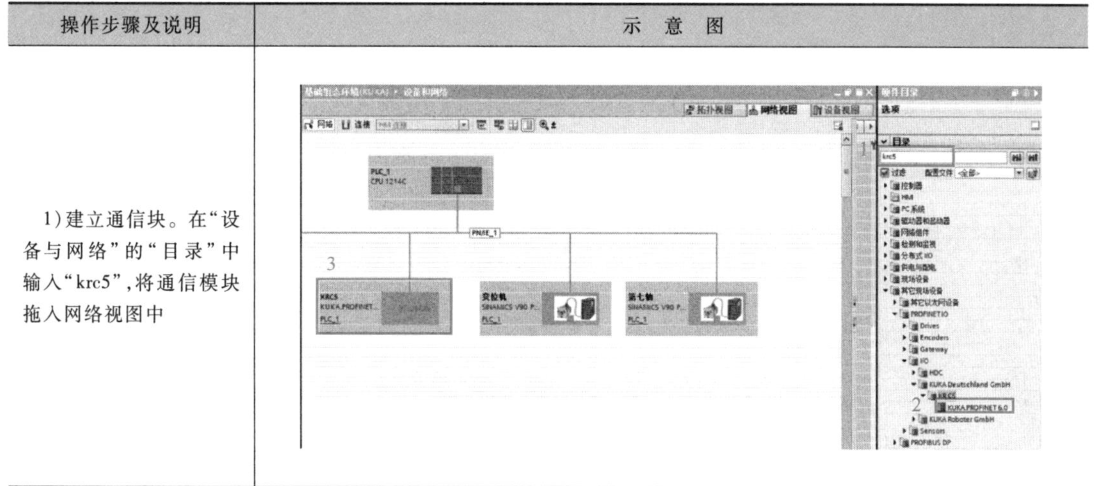

（续）

操作步骤及说明	示 意 图
2）添加设备模块。通过双击模块，在“设备视图”的“目录”中输入“256”，选择“256 digital in-and outputs”	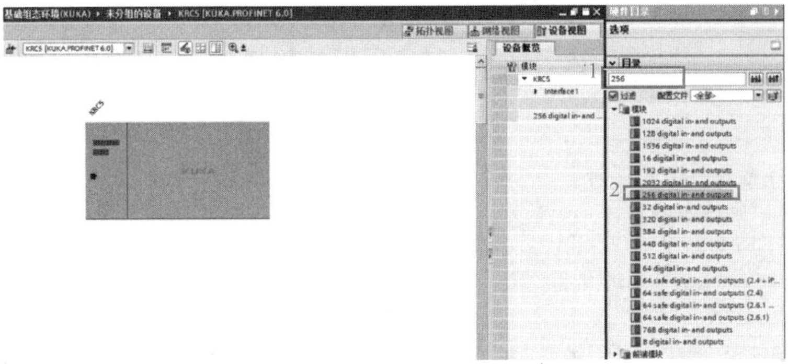
3）修改 I/O 地址。单击“常规”，进入“I/O 地址”中进行修改	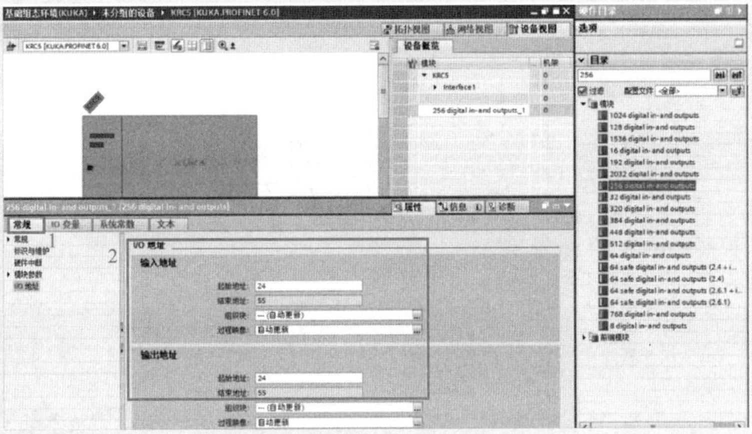

5. PLC 标准轴设定

实训平台第七轴 PLC 标准轴设定步骤见表 4-4。

表 4-4 实训平台第七轴 PLC 标准轴设定步骤

操作步骤及说明	示 意 图
1）单击“添加新块”，建立“标准轴”FB 函数块	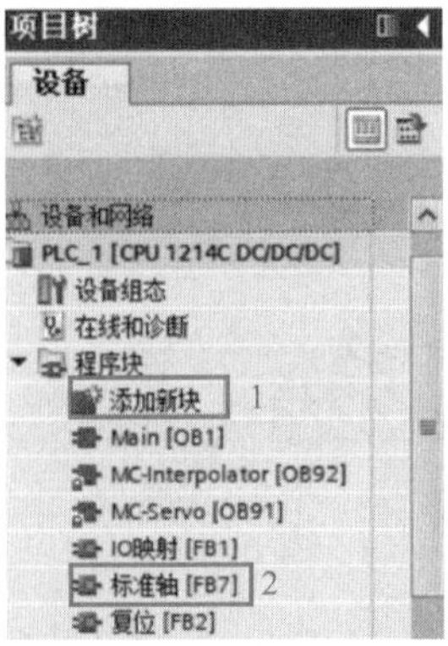

（续）

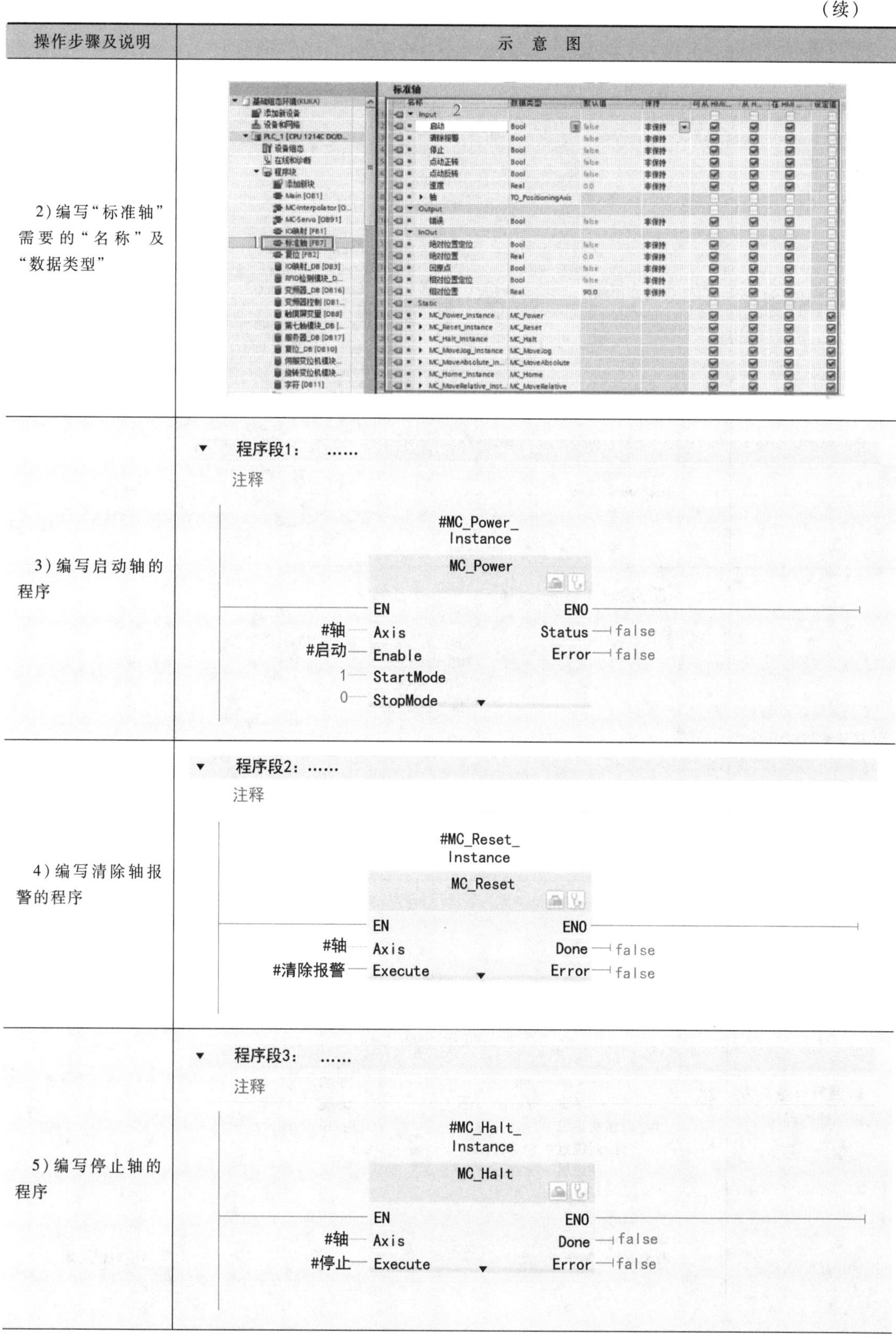

操作步骤及说明	示意图
2）编写“标准轴”需要的“名称”及“数据类型”	
3）编写启动轴的程序	
4）编写清除轴报警的程序	
5）编写停止轴的程序	

（续）

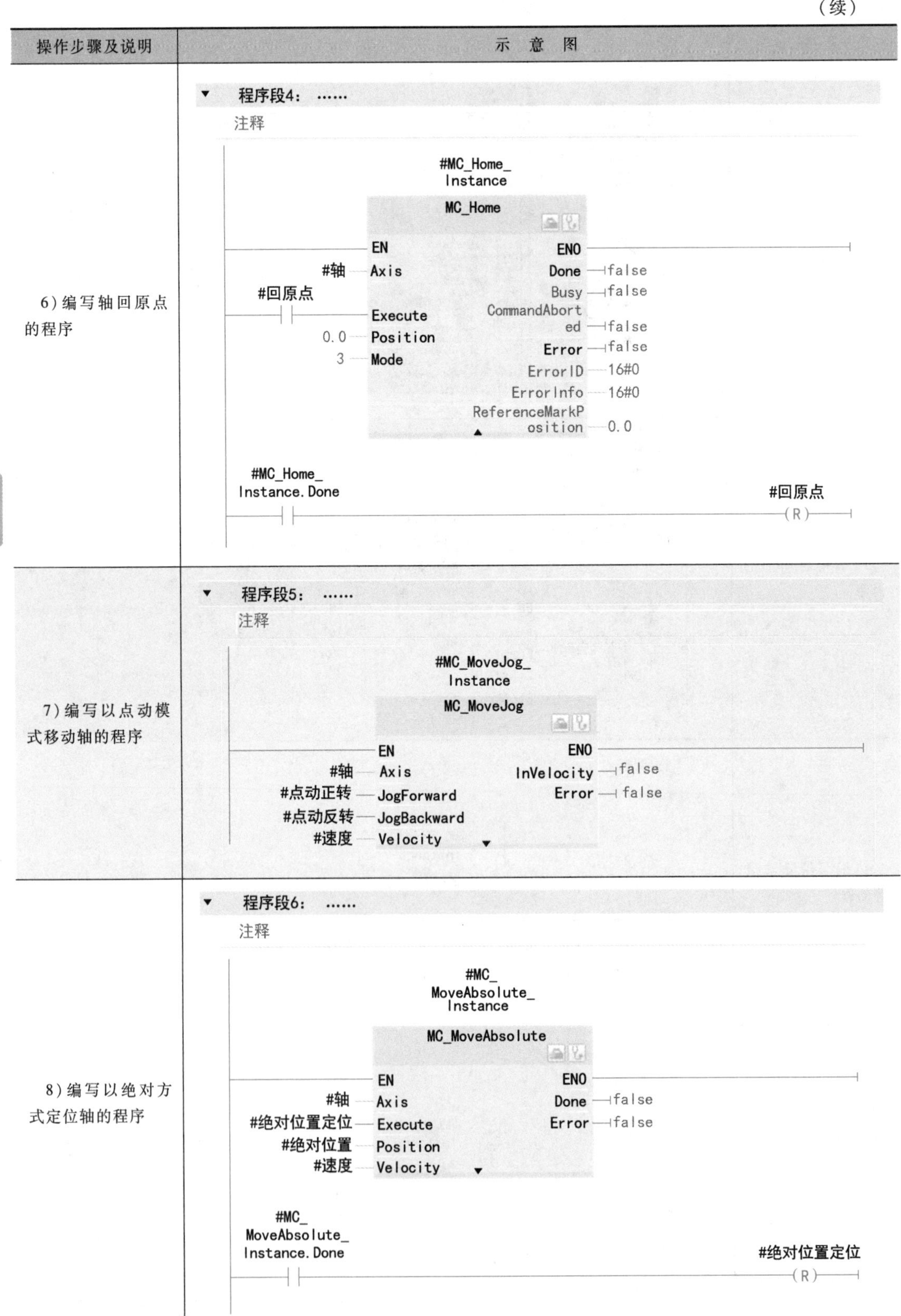

操作步骤及说明	示 意 图
6）编写轴回原点的程序	
7）编写以点动模式移动轴的程序	
8）编写以绝对方式定位轴的程序	

（续）

操作步骤及说明	示　意　图
9）编写以相对方式定位轴的程序	▼ 程序段7：…… 注释 #MC_MoveRelative_Instance MC_MoveRelative EN　ENO #轴 — Axis　Done — false #相对位置定位 — Execute　Error — false #相对位置 — Distance #速度 — Velocity #MC_MoveRelative_Instance.Done　#相对位置定位 (R)

6. 示教器编程基本指令操作

机器人子程序调用的操作步骤见表 4-5。

表 4-5　机器人子程序调用的操作步骤

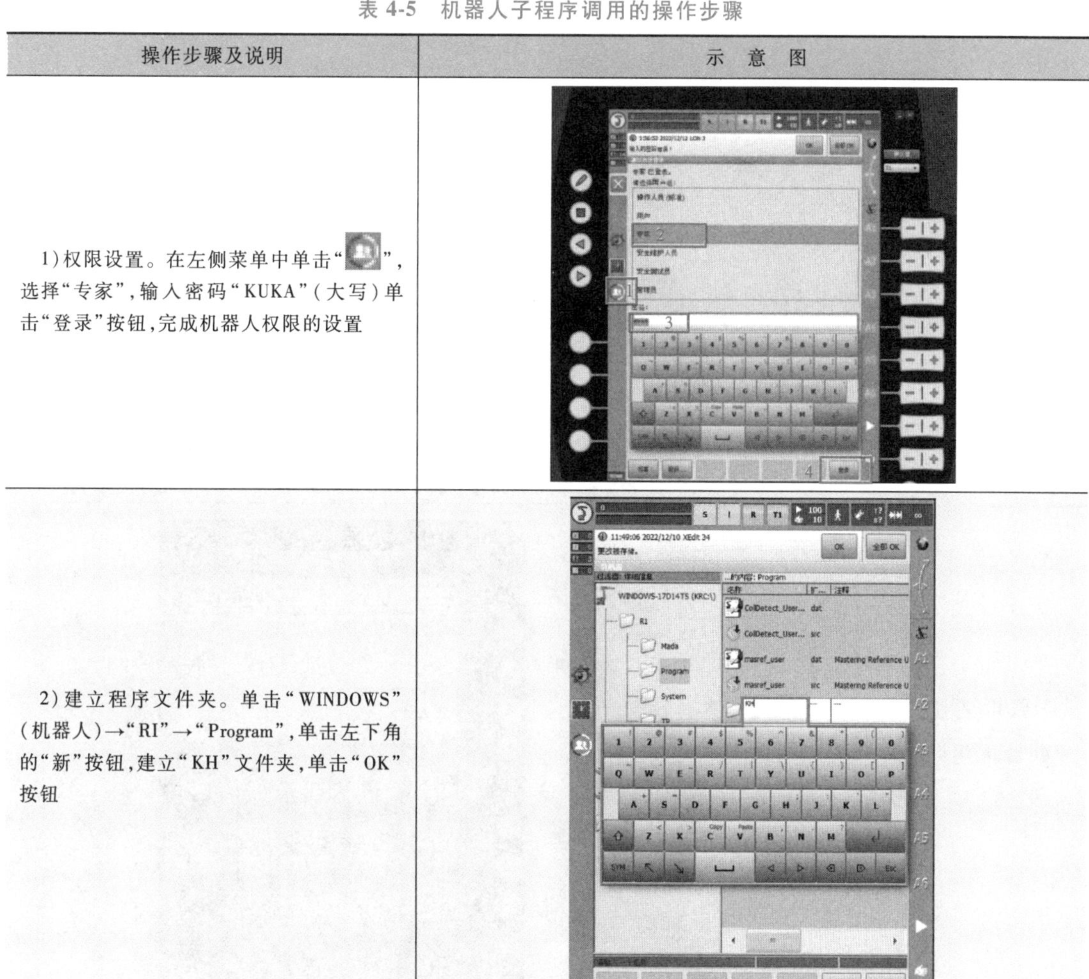

操作步骤及说明	示　意　图
1）权限设置。在左侧菜单中单击“ ”，选择“专家”，输入密码“KUKA”（大写）单击“登录”按钮，完成机器人权限的设置	
2）建立程序文件夹。单击“WINDOWS”（机器人）→“RI”→“Program”，单击左下角的“新”按钮，建立“KH”文件夹，单击“OK”按钮	

（续）

操作步骤及说明	示 意 图
3）新建子程序。双击新建的“KH”文件夹，右侧部分出现“无对象…”字样。再单击左下角的“新”按钮，选中“Modulmo 模块”，单击“OK”按钮，输入“qhk”，再次单击“OK”按钮，即可完成子程序的建立，再用相同的方法建立“main”子程序	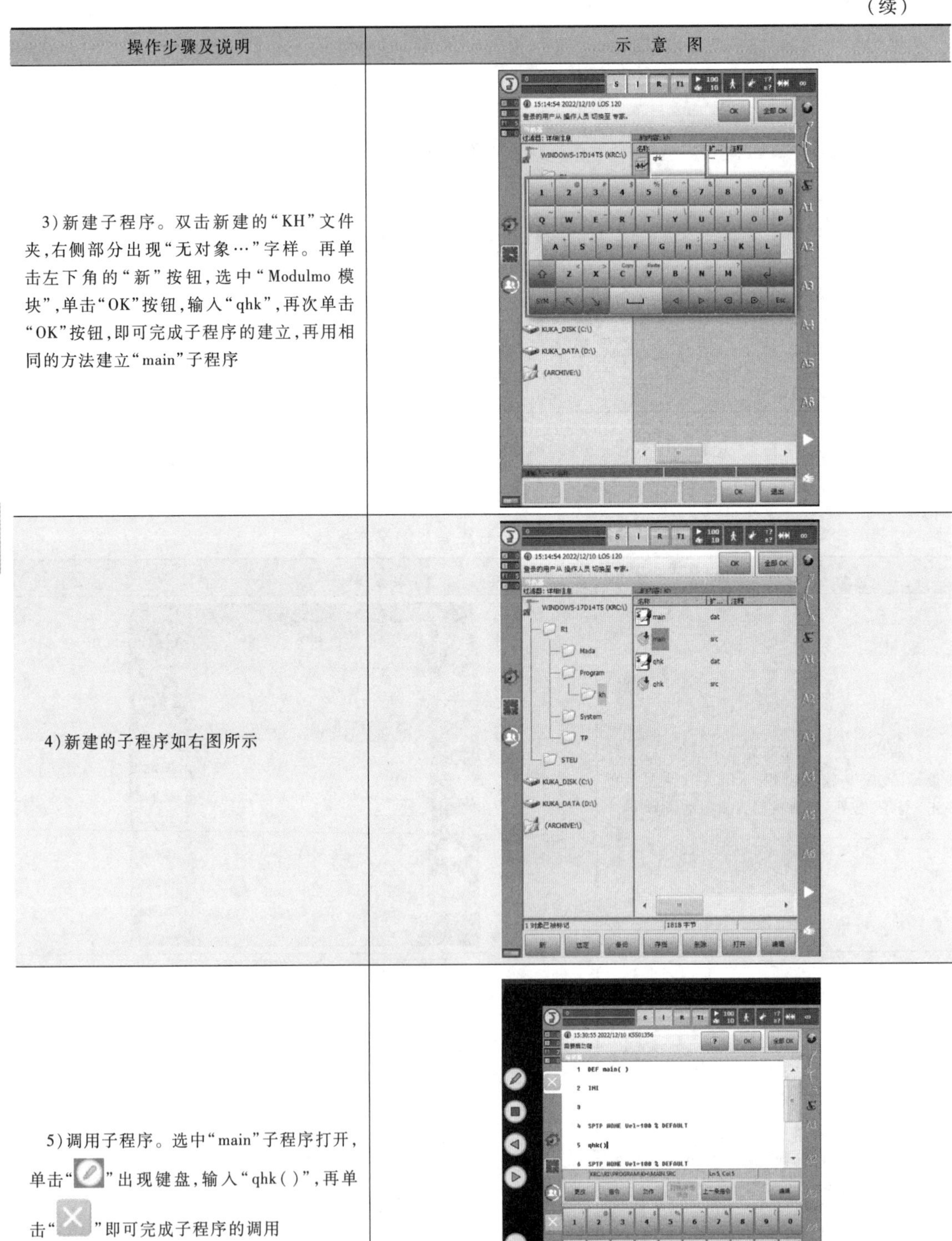
4）新建的子程序如右图所示	
5）调用子程序。选中“main”子程序打开，单击“”出现键盘，输入“qhk（）”，再单击“”即可完成子程序的调用	

二、任务实施

1. 旋转供料模块应用编程

(1) 旋转供料模块的安装步骤(表 4-6)

表 4-6 旋转供料模块的安装步骤

操作步骤及说明	示意图
1)旋转供料模块的安装。该模块通过内六角头螺栓与机器人工作台相连	
2)24V 电源线的一端连接旋转供料的电源端口	
3)24V 电源线的另外一端连接电气接口	
4)I/O 信号线的一端连接旋转供料端口	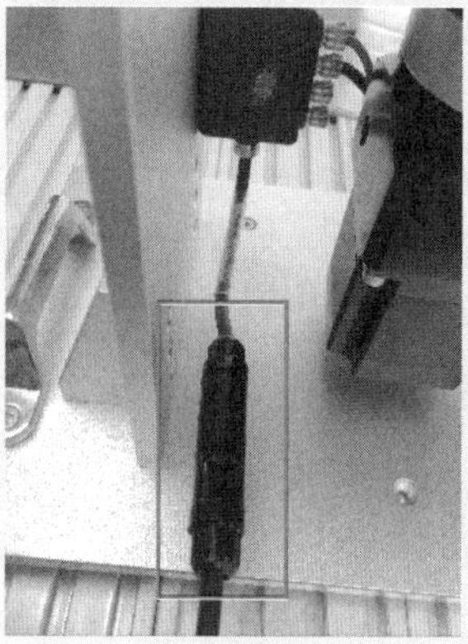

（续）

操作步骤及说明	示 意 图
5）I/O 信号线的另一端连接电气端口	

（2）旋转供料模块 PLC 编程的操作步骤（表 4-7）

表 4-7　旋转供料模块 PLC 编程的操作步骤

操作步骤及说明	示 意 图
1）在"新增对象"中选择"运动控制"，选择"TO_PositioningAxis"，将其"名称"设置为"旋转供料"，然后单击"确定"按钮	
2）在"旋转供料"的"组态"中选择"基本参数"→"常规"，设置"驱动器"的模式为"PTO（Pulse Train Output）"模式，设置"测量单位"为"°"	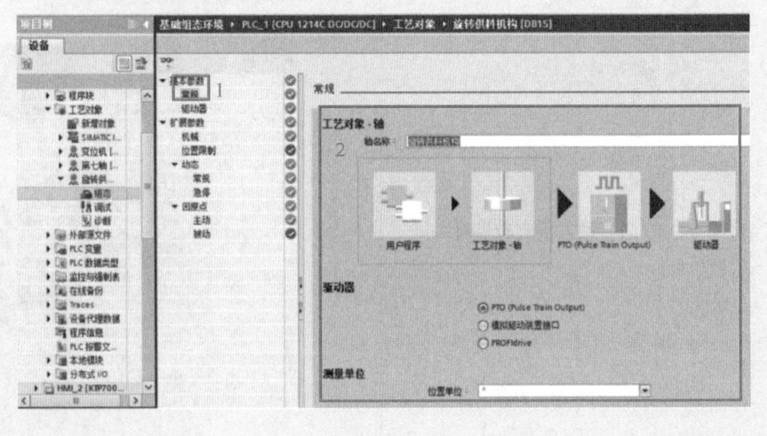

（续）

操作步骤及说明	示　意　图
3）选择“基本参数”→“驱动器”，设置对应参数	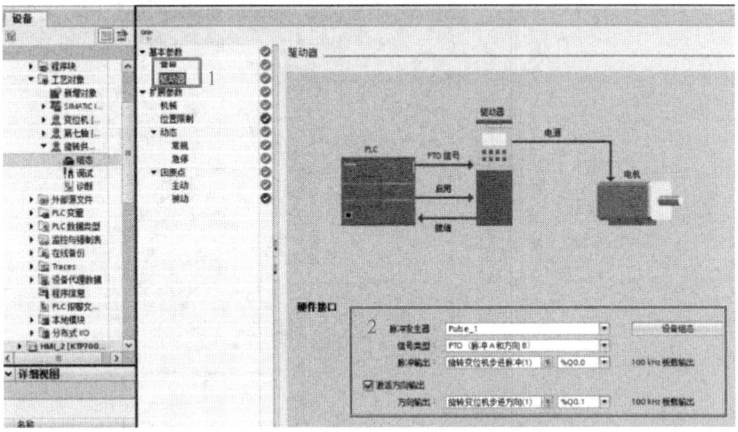
4）选择“扩展参数”→“机械”，设置对应参数	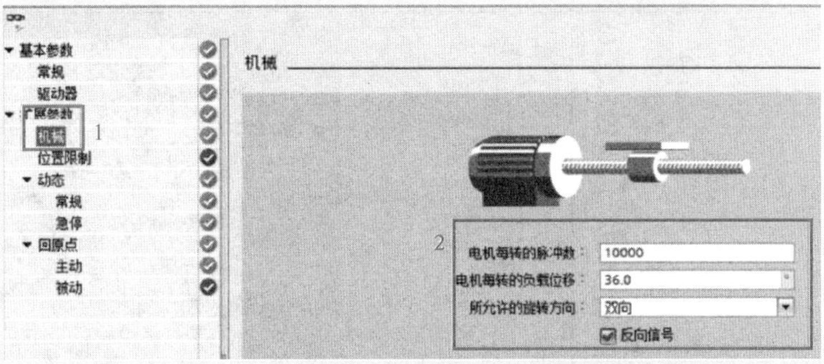
5）选择“扩展参数”→“动态”→“常规”，设置对应参数	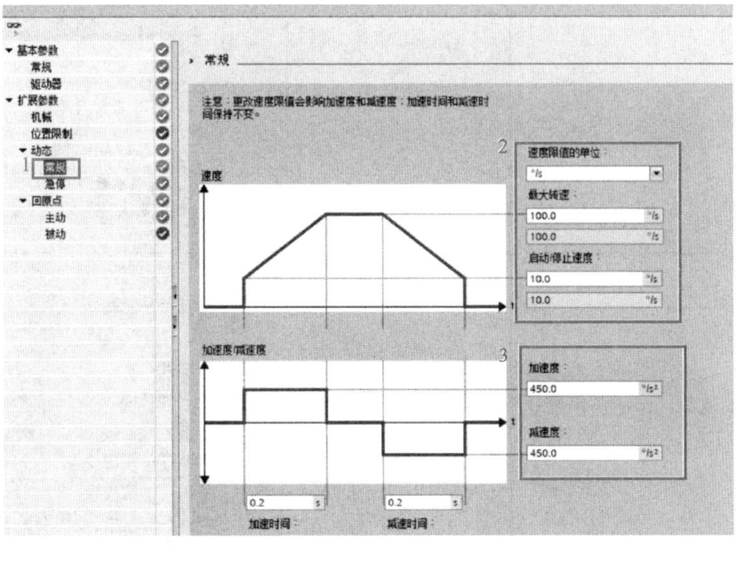

（续）

操作步骤及说明	示 意 图
6）选择“扩展参数”→“动态”→“急停”，设置对应参数	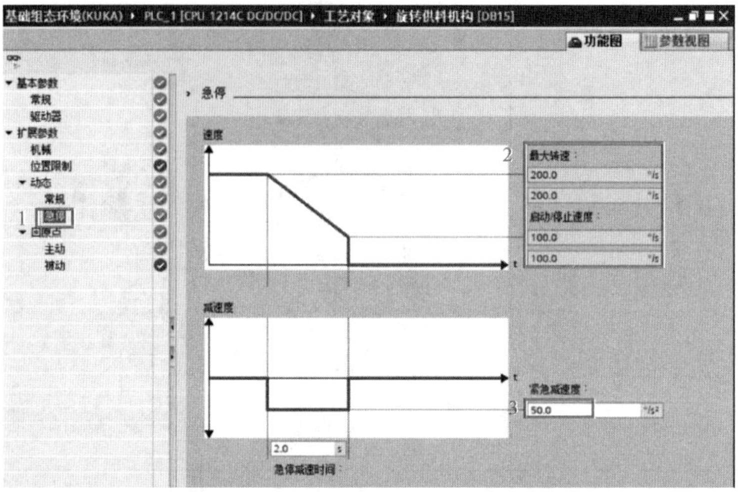
7）选择“扩展参数”→“回原点”→“主动”，设置对应参数	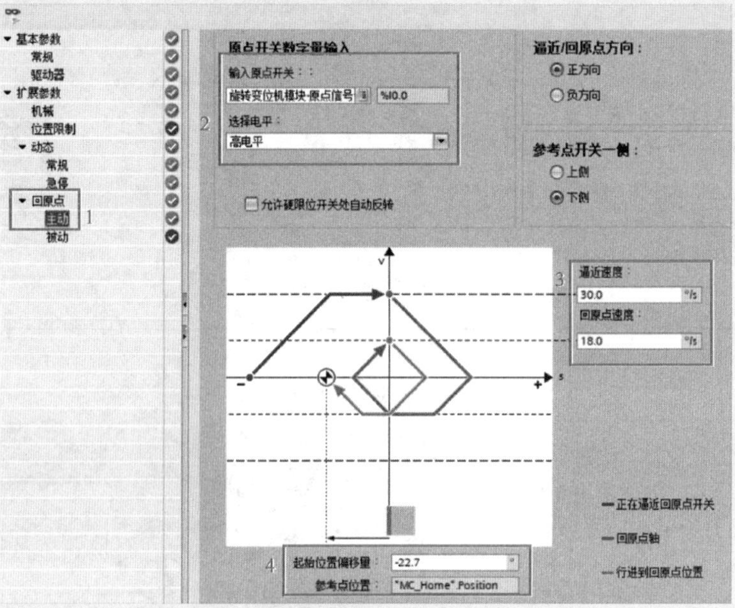
8）选定“旋转变位机模块”	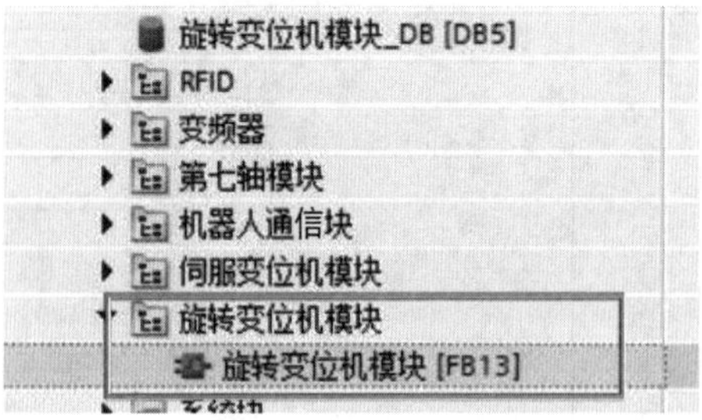

（续）

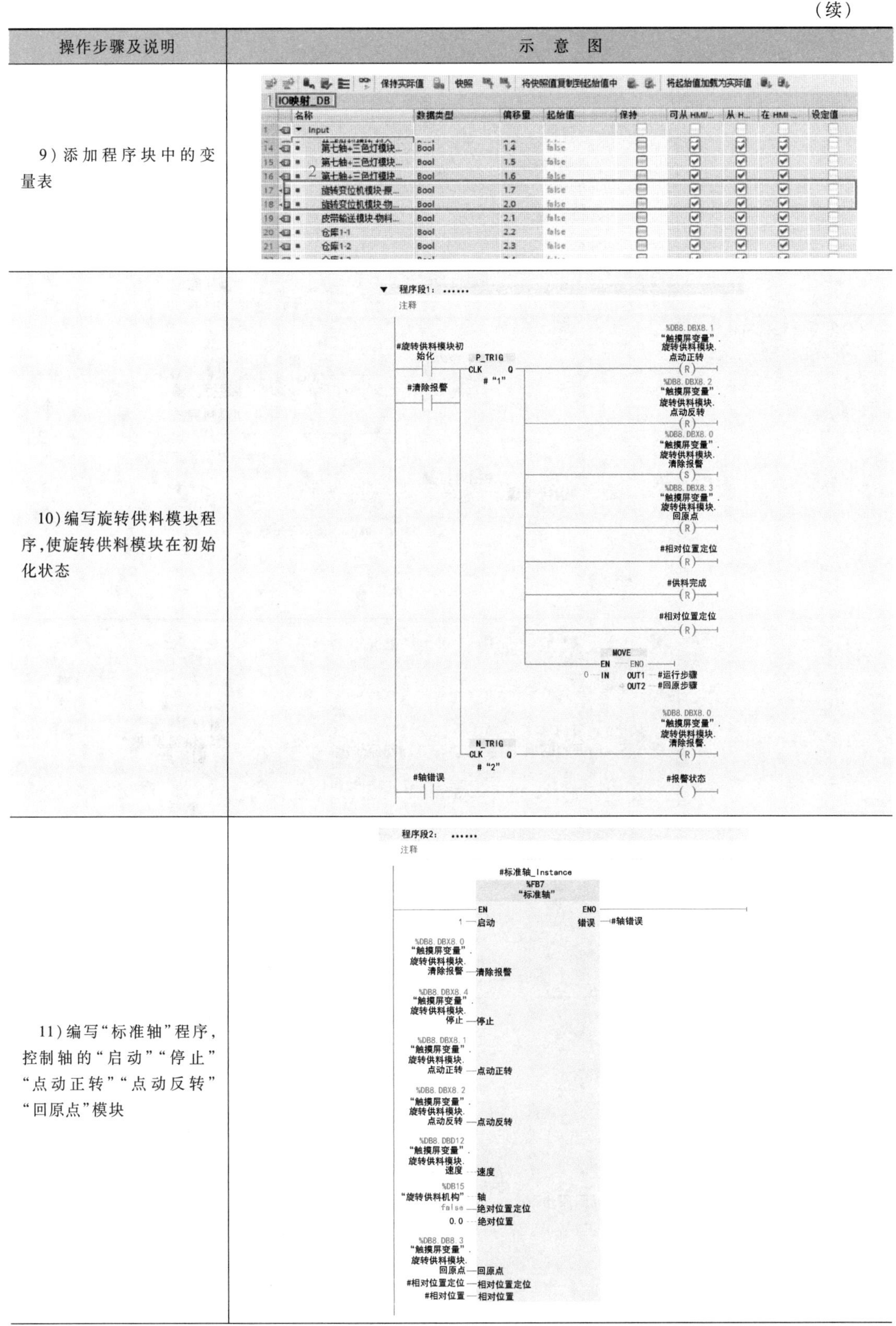

操作步骤及说明	示　意　图
9）添加程序块中的变量表	
10）编写旋转供料模块程序，使旋转供料模块在初始化状态	
11）编写“标准轴”程序，控制轴的“启动”“停止”“点动正转”“点动反转”“回原点”模块	

（续）

操作步骤及说明	示意图
12）编写旋转供料模块中的“#开始供料”程序	▼ 程序段3：…… 注释 #开始供料 P_TRIG CLK Q #“3” #运行步骤 ==Int 0 #相对位置定位 (S) MOVE EN ENO 1 IN OUT1 #运行步骤 #运行步骤 ==Int 2 #供料完成 (S) N_TRIG CLK Q #“4” MOVE EN ENO 0 IN OUT1 #运行步骤 #供料完成 (R) #相对位置定位 (R) #运行步骤 ==Int 1 #相对位置定位 MOVE EN ENO 2 IN OUT1 #运行步骤
13）编写旋转供料模块中在物料运送完成后返回回原状态的“#回原步骤”程序	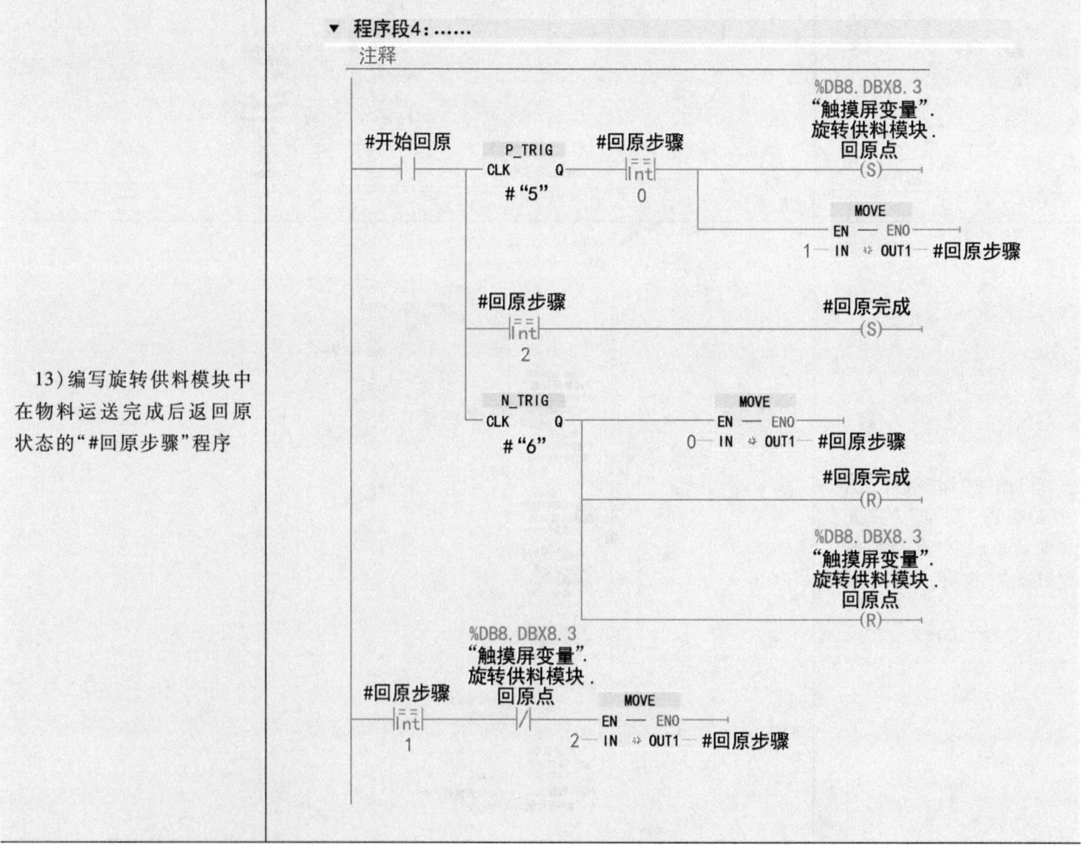

（续）

操作步骤及说明	示 意 图
14）将旋转供料变位机程序 FB 块放入组织块 Main 中	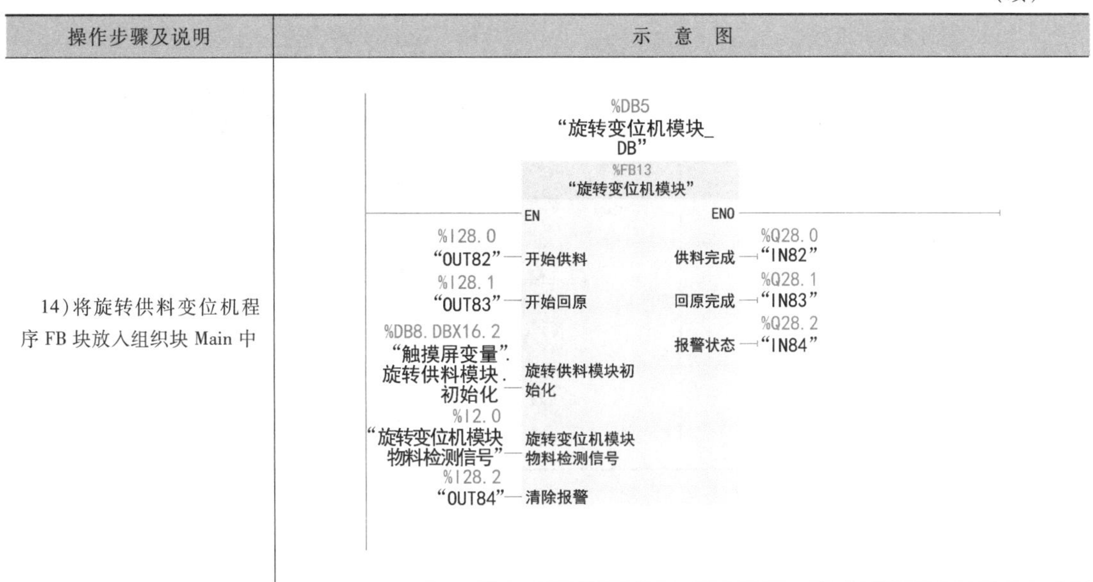

2. 井式供料模块应用编程

（1）井式供料模块的安装步骤（表 4-8）

表 4-8 井式供料模块的安装步骤

操作步骤及说明	示 意 图
1）井式供料模块的安装位置如右图所示	
2）将井式供料模块信号连接线的一个端口连接六位防水接线盒	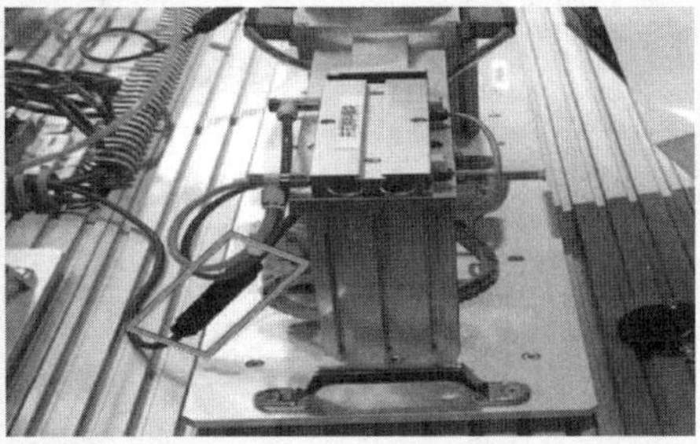

（续）

操作步骤及说明	示 意 图
3）将井式供料模块信号连接线的另一个端口连接数字量接口“1-3 C1”	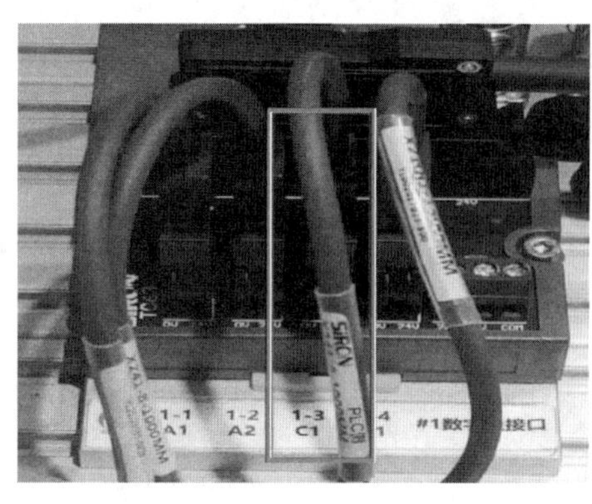

（2）井式供料模块的编程

1）井式供料模块 I/O 变量见表 4-9。

表 4-9 井式供料模块 I/O 变量

名称	数据类型	地址
井式供料模块-料仓检测信号	Bool	%I0.0
井式供料模块-供料气缸工进信号	Bool	%I0.1
井式供料模块-供料气缸复位信号	Bool	%I0.2
井式供料模块-供料气缸工进	Bool	%Q8.0

2）井式供料模块 PLC 编程步骤见表 4-10。

表 4-10 井式供料模块 PLC 编程步骤

操作步骤及说明	示 意 图
1）新建子程序，单击“添加新块”，选择 FB 函数块，将块名称修改为“IO 映射”，语言选择“LAD”梯形图语言，然后单击“确定”	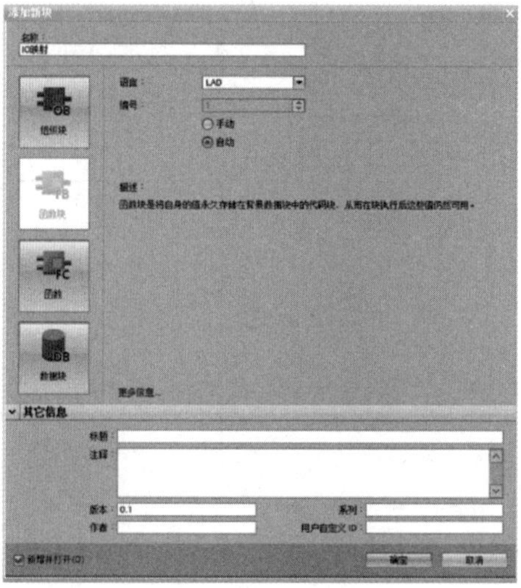

（续）

操作步骤及说明	示 意 图
2）在 IO 映射 FB 块中写入井式供料模块复位程序	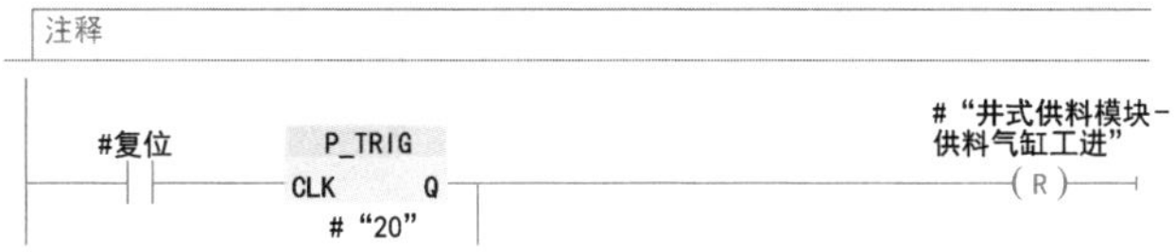 注释 #复位 P_TRIG CLK Q #“20” #“井式供料模块-供料气缸工进” (R)
3）在 IO 映射 FB 块中写入井式供料模块工进程序	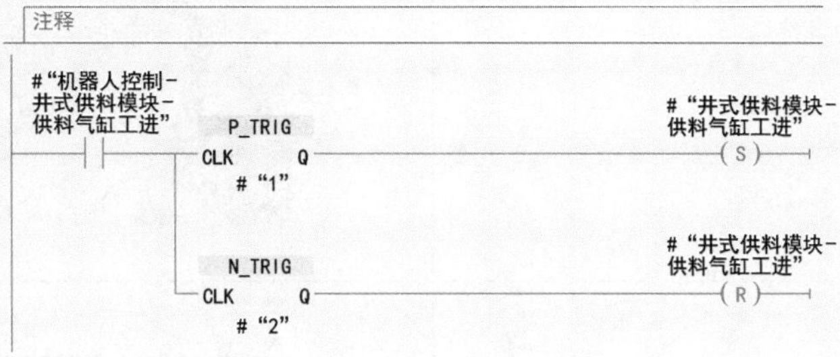 注释 #“机器人控制-井式供料模块-供料气缸工进” P_TRIG CLK Q #“1” #“井式供料模块-供料气缸工进” (S) N_TRIG CLK Q #“2” #“井式供料模块-供料气缸工进” (R)
4）将 IO 映射程序 FB 块放入组织块 Main 中	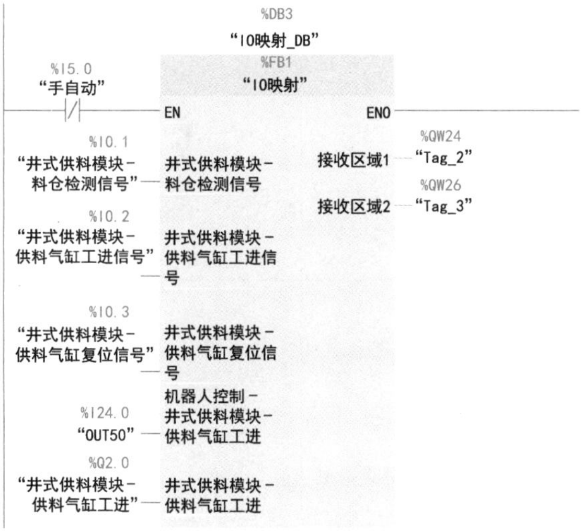 %DB3 “IO映射_DB” %FB1 “IO映射” %I5.0 “手自动” EN ENO %I0.1 “井式供料模块-料仓检测信号” — 井式供料模块-料仓检测信号; 接收区域1 — %QW24 “Tag_2” %I0.2 “井式供料模块-供料气缸工进信号” — 井式供料模块-供料气缸工进信号; 接收区域2 — %QW26 “Tag_3” %I0.3 “井式供料模块-供料气缸复位信号” — 井式供料模块-供料气缸复位信号 %I24.0 “OUT50” — 机器人控制-井式供料模块-供料气缸工进 %Q2.0 “井式供料模块-供料气缸工进” — 井式供料模块-供料气缸工进

3. 带传送模块应用编程

（1）带传送模块的安装步骤（表 4-11）

表 4-11 带传送模块的安装步骤

操作步骤及说明	示 意 图
1）带传送模块的安装如右图所示	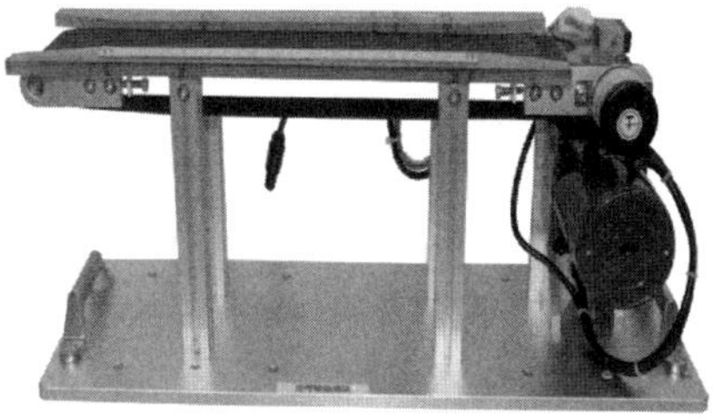

（续）

操作步骤及说明	示 意 图
2）24V 电源线的一端连接带传送模块的电源接口	
3）24V 电源线的另一端接电气接口板的“CN3”接口	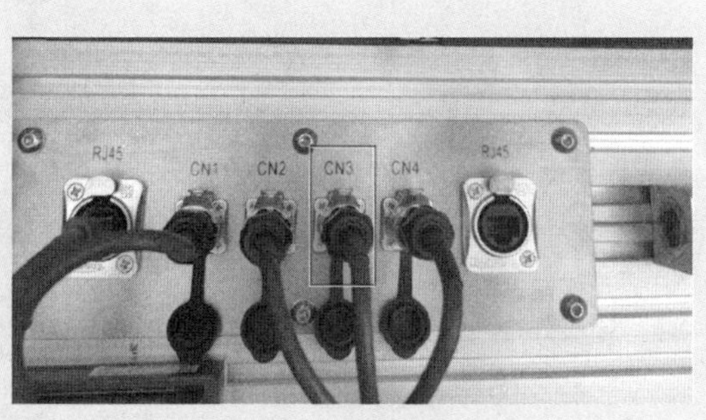
4）连接带传送模块的编码器端子上的引线	
5）连接带传送模块的漫反射光电开关上的引线	

（续）

操作步骤及说明	示意图
6)将漫反射光电开关接入防水接线盒1,编码器的引线接入防水接线盒2(或3、4)端口,并在防水接线盒5端口接出PLC信号线	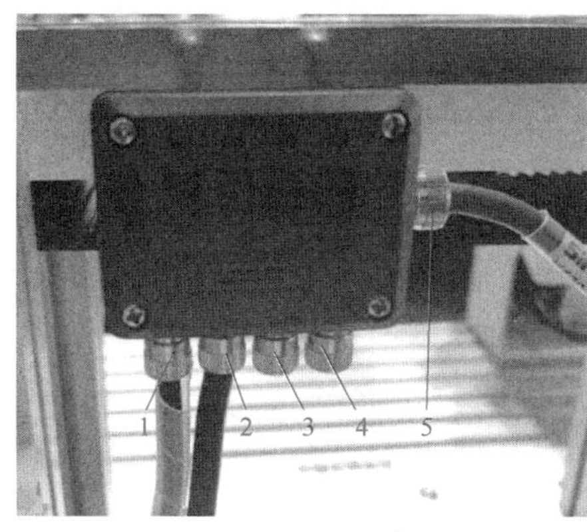
7)I/O信号线的另一端接到电气接口板的1-2 A2上	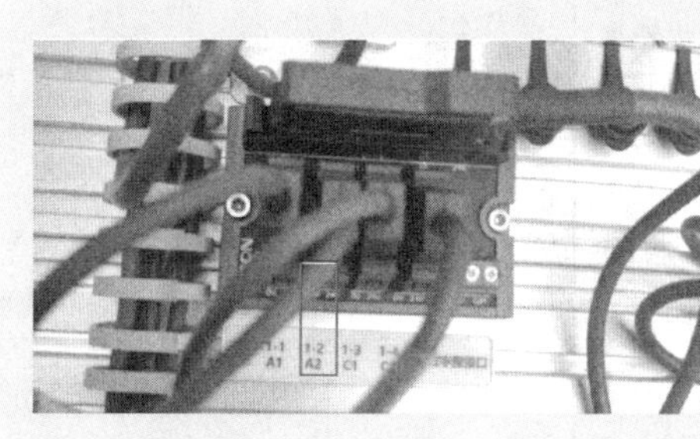

（2）带传送模块的组态与编程（表4-12）

表4-12 带传送模块的组态与编程

操作步骤及说明	示意图
1)调用"Modbus_Comm_Load"指令。为使端口在启动时就被设置为Modbus RTU通信模块,可在右侧指令目录中依次选择"通信"→"通信处理器"→"MODBUS(RTU)",调用"Modbus_Comm_Load"指令	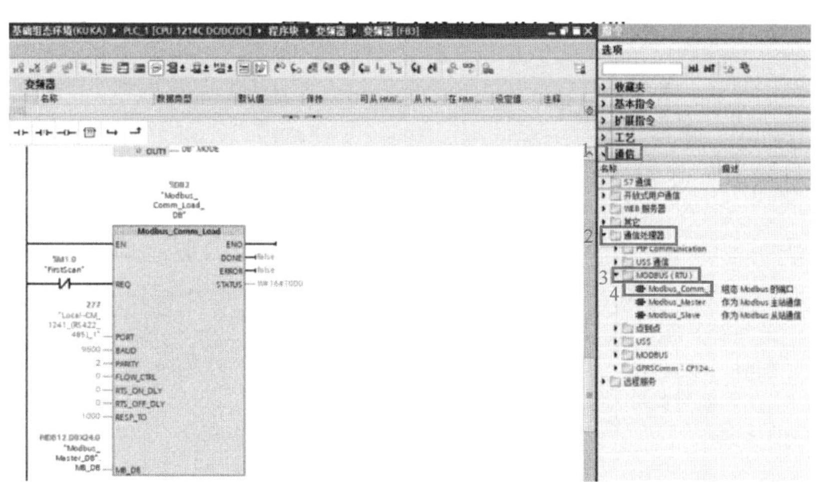

（续）

操作步骤及说明	示 意 图
2）调用“Modbus_Master”指令。在OB1中调用“Modbus_Master”指令。“Modbus_Master”指令可通过“Modbus_Comm_Load”指令组态的端口作为Modbus主站进行通信	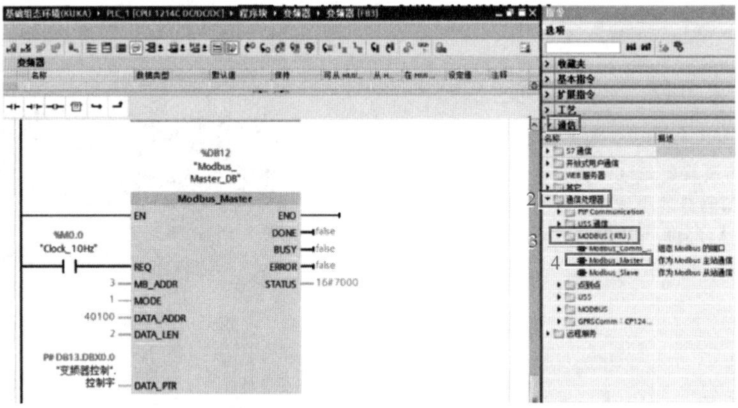 %DB12 "Modbus_Master_DB" Modbus_Master EN ENO %M0.0 "Clock_10Hz" REQ DONE false 3 MB_ADDR BUSY false 1 MODE ERROR false 40100 DATA_ADDR STATUS 16#7000 2 DATA_LEN P#DB13.DBX0.0 "变频器控制".控制字 DATA_PTR
3）在程序块中新增组，命名为“变频器”，在变频器组中创建函数块“变频器”，使用“LAD”语言	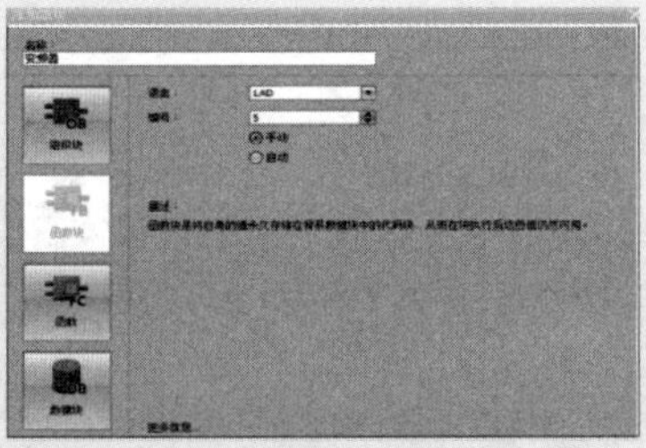
4）添加DB数据块“变频器”“变频器控制”，并填入相关参数	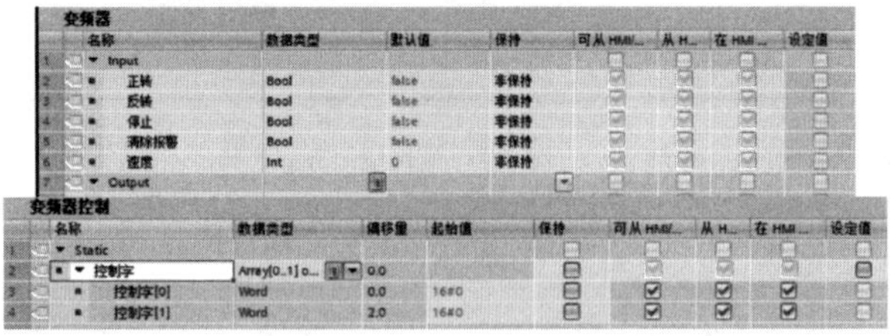
5）添加指令实现“控制字”的写入，可实现电动机正转	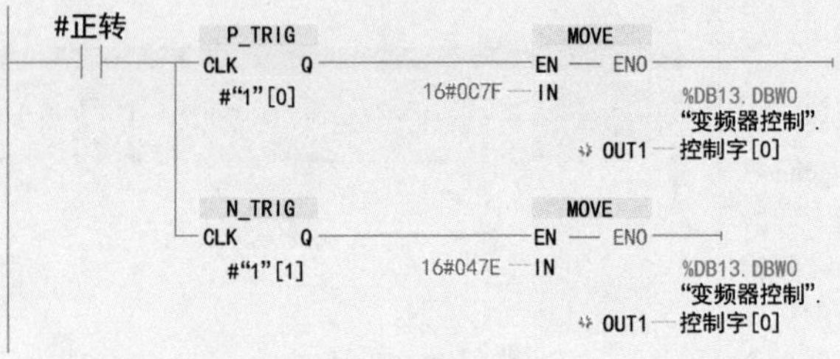 #正转 P_TRIG CLK Q #“1”[0] — MOVE EN ENO, 16#0C7F IN, OUT1 %DB13.DBW0 “变频器控制”.控制字[0] N_TRIG CLK Q #“1”[1] — MOVE EN ENO, 16#047E IN, OUT1 %DB13.DBW0 “变频器控制”.控制字[0]
6）添加指令实现“控制字”的写入，可实现电动机反转	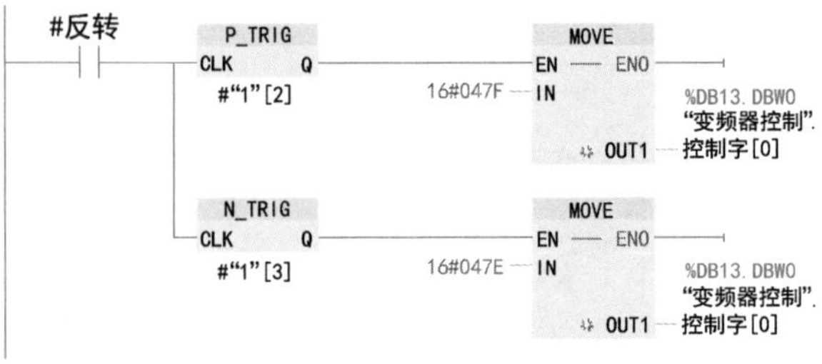 #反转 P_TRIG CLK Q #“1”[2] — MOVE EN ENO, 16#047F IN, OUT1 %DB13.DBW0 “变频器控制”.控制字[0] N_TRIG CLK Q #“1”[3] — MOVE EN ENO, 16#047E IN, OUT1 %DB13.DBW0 “变频器控制”.控制字[0]

（续）

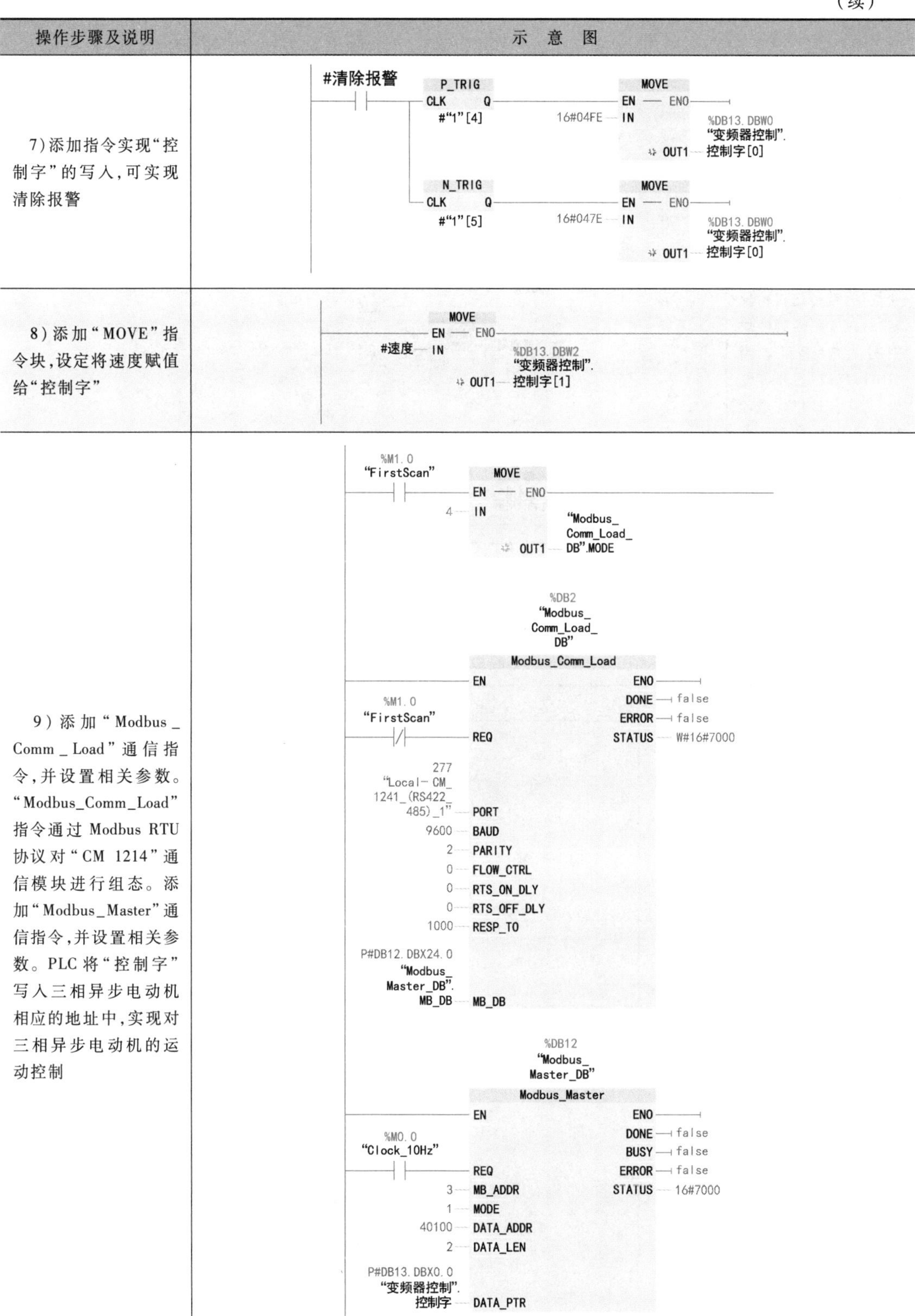

操作步骤及说明	示　意　图
7）添加指令实现“控制字”的写入，可实现清除报警	
8）添加“MOVE”指令块，设定将速度赋值给“控制字”	
9）添加“Modbus_Comm_Load”通信指令，并设置相关参数。“Modbus_Comm_Load”指令通过 Modbus RTU 协议对“CM 1214”通信模块进行组态。添加“Modbus_Master”通信指令，并设置相关参数。PLC 将“控制字”写入三相异步电动机相应的地址中，实现对三相异步电动机的运动控制	

（续）

操作步骤及说明	示 意 图
10）在 Main 程序中引用“变频器”程序块。当“OUT55”或“触摸屏变量”为带传送机构正转时，在变频器程序块中写入“正转”。当“OUT56”或“触摸屏变量”为带传送机构反转时，在变频器程序块中写入“反转”。当“OUT57”或“触摸屏变量”为带传送机构电动机清除报警，在变频器程序块中写入“清除报警”	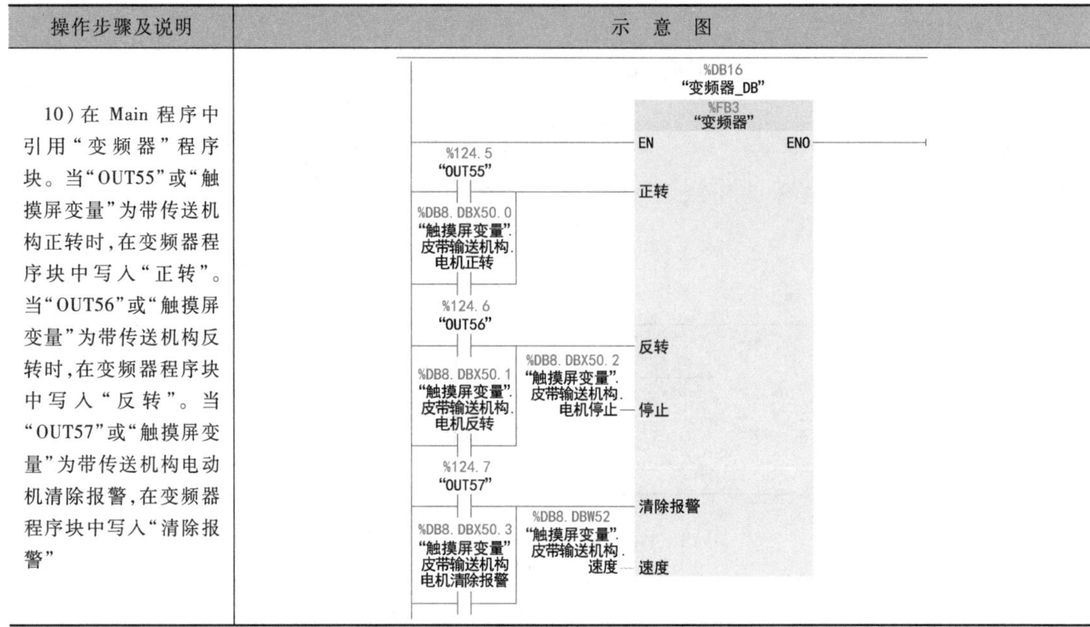

4. 伺服电动机模块应用编程

（1）伺服电动机模块的安装步骤（表 4-13）

表 4-13 伺服电动机模块安装步骤

操作步骤及说明	示 意 图
1）伺服电动机模块的安装	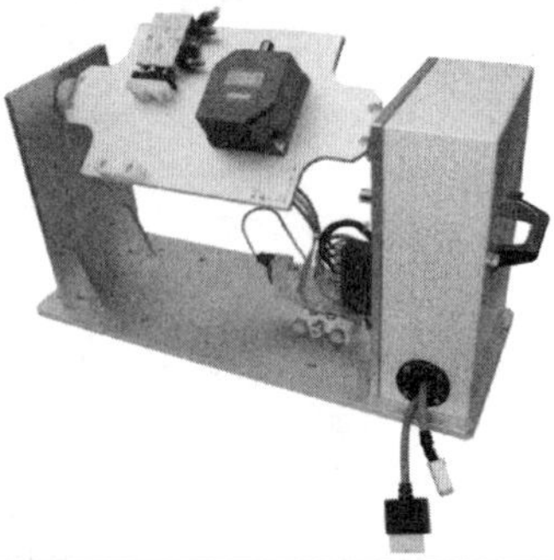
2）动力线、编码器线的一端与伺服电动机相连	

（续）

操作步骤及说明	示　意　图
3）动力线、编码器线的一端与伺服驱动器相连	
4）传感器线一端与传感器防水接线盒相连	
5）传感器线另一端与 PLC 端“2-3 C1”相连	

（2）伺服电动机模块的组态编程操作步骤（表 4-14）

表 4-14　伺服电动机模块的组态编程操作步骤

<table>
<tr><th>操作步骤及说明</th><th>示　意　图</th></tr>
<tr><td>1）在“新增对象”中，选择“运动控制”，选择“TO_PositioningAxis”并添加，创建“变位机”模块</td><td>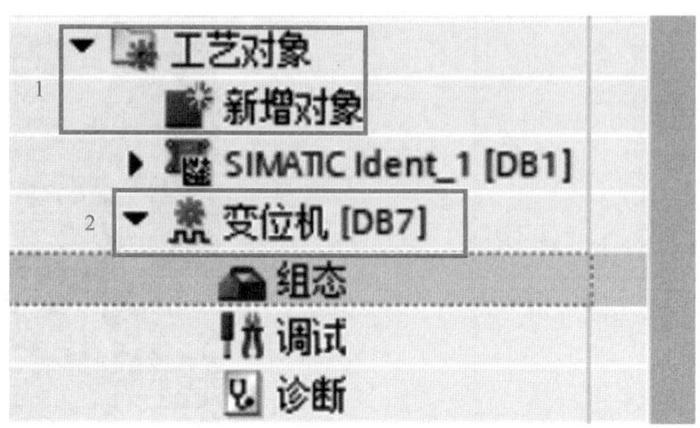
</td></tr>
<tr><td>2）在变位机的组态中，选择“基本参数”→“常规”，设置对应参数</td><td>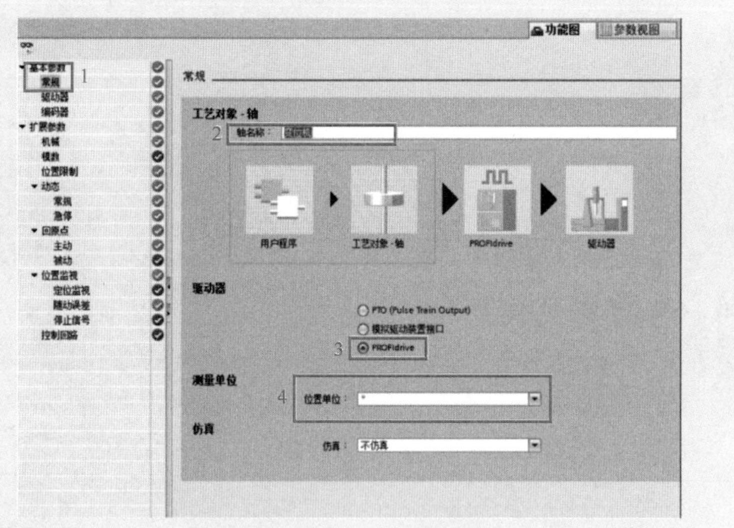
</td></tr>
<tr><td>3）选择“基本参数”→“驱动器”，设置对应参数</td><td>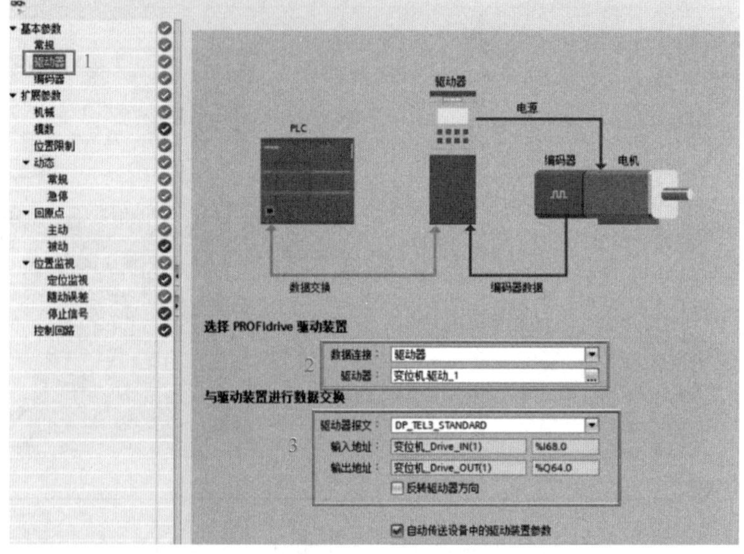
</td></tr>
</table>

（续）

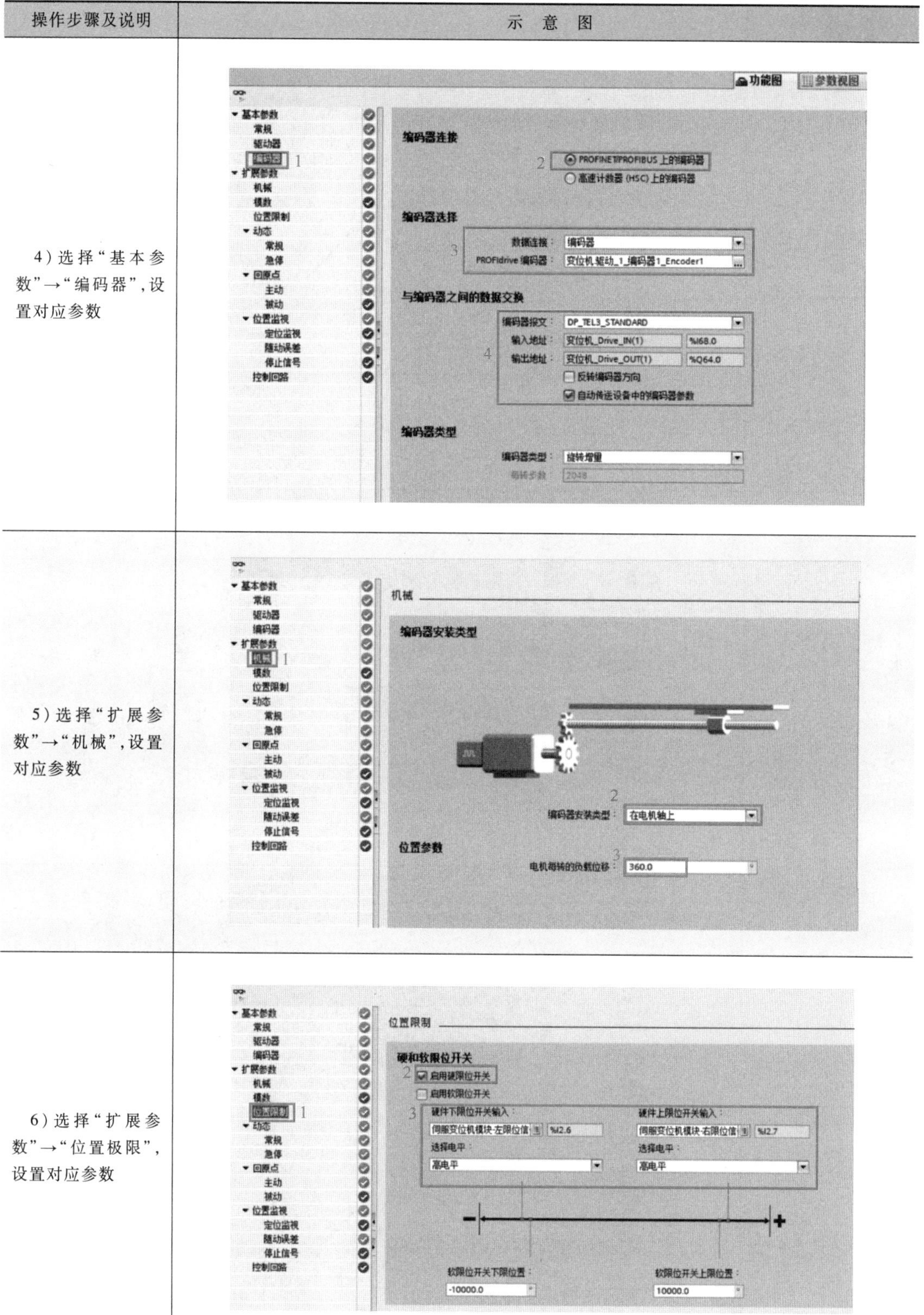

操作步骤及说明	示　意　图
4）选择“基本参数”→“编码器”，设置对应参数	
5）选择“扩展参数”→“机械”，设置对应参数	
6）选择“扩展参数”→“位置极限”，设置对应参数	

（续）

操作步骤及说明	示 意 图
7）选择“扩展参数”→“动态”→“常规”，设置对应参数	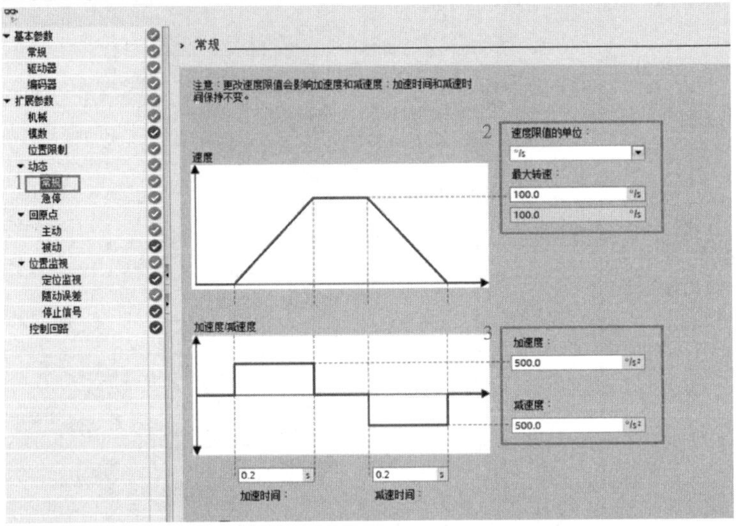
8）选择“扩展参数”→“动态”→“急停”，设置最大转速，紧急减速度	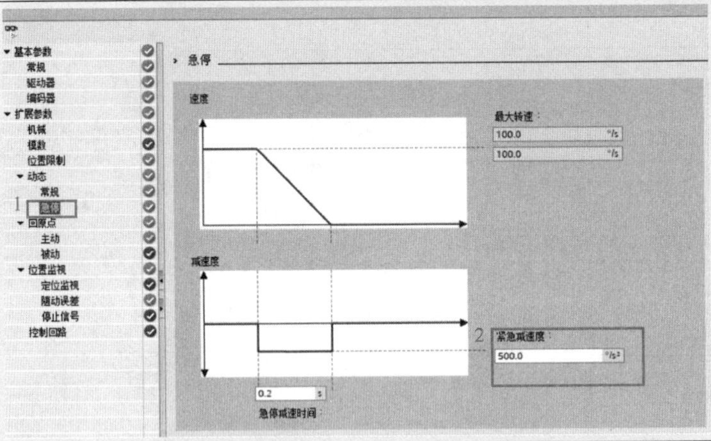
9）选择“扩展参数”→“回原点”→“主动”，设置对应参数	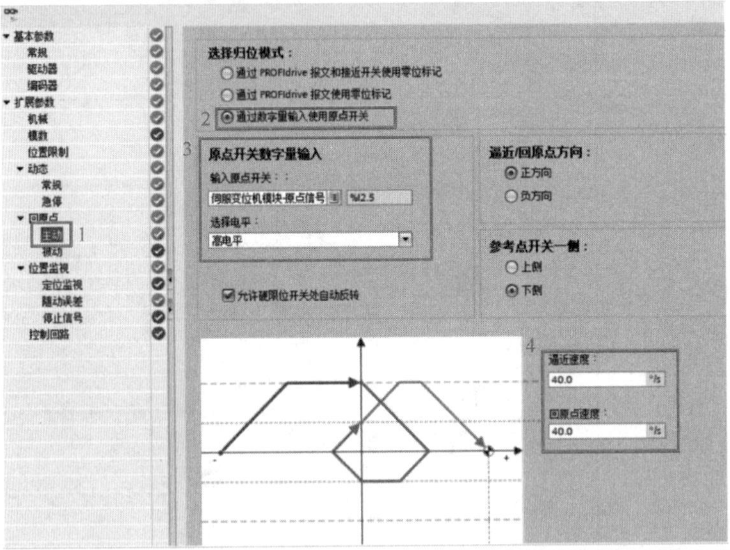

（续）

操作步骤及说明	示　意　图
10）选择“扩展参数”→“回原点”→“被动”，设置对应参数	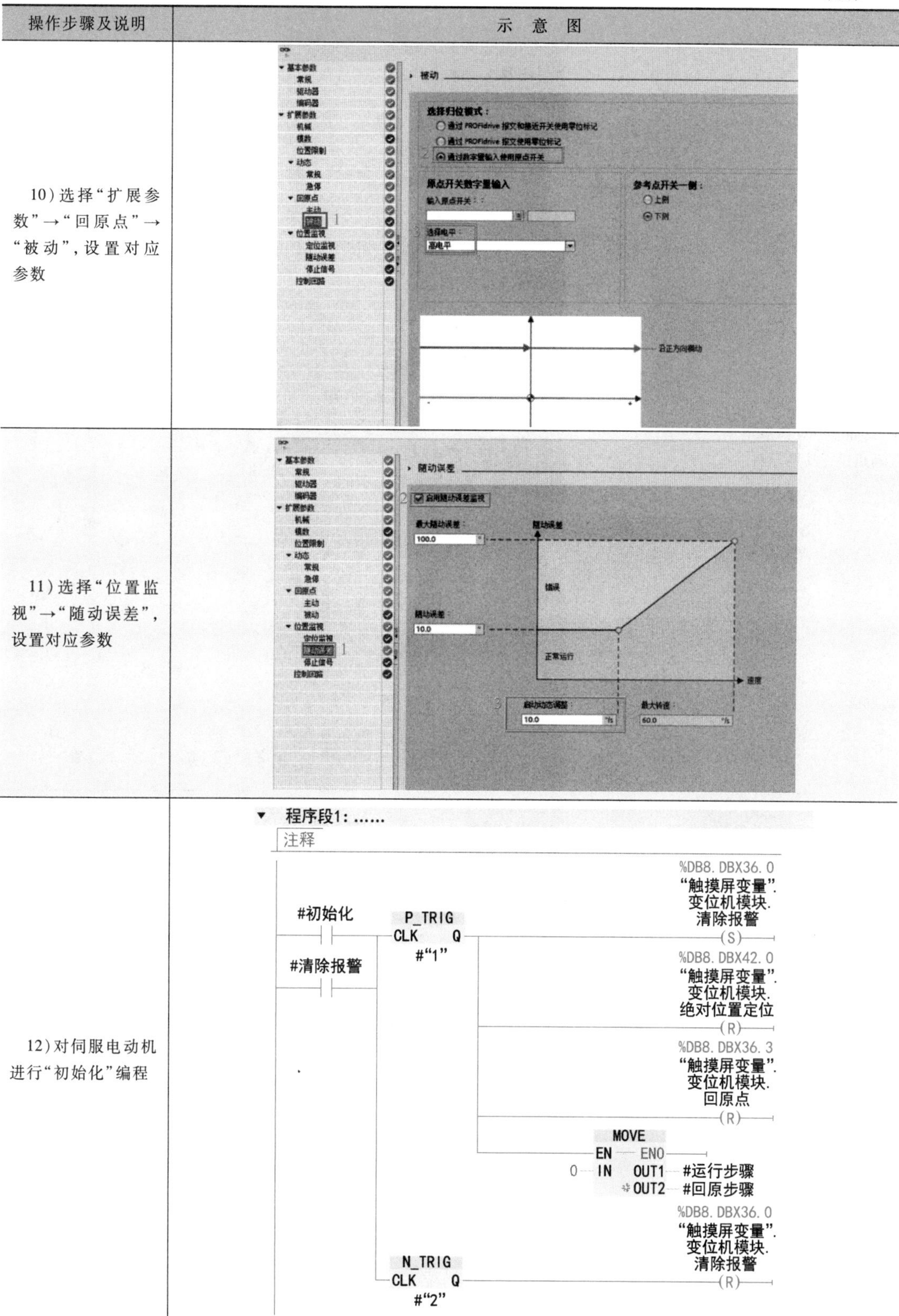
11）选择“位置监视”→“随动误差”，设置对应参数	
12）对伺服电动机进行“初始化”编程	

（续）

操作步骤及说明	示 意 图
13）对“标准轴”进行编程设定，运用“标准轴”对伺服电动机进行功能控制	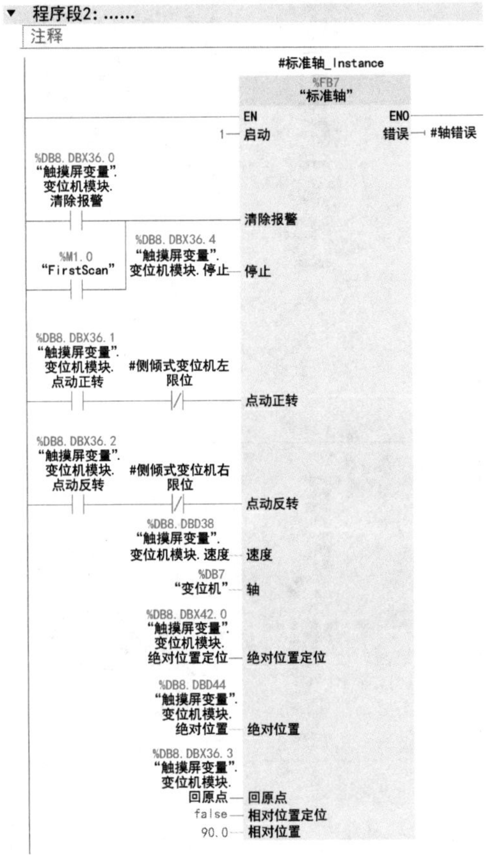 程序段2：…… 注释 #标准轴_Instance %FB7 “标准轴” EN ENO 1 — 启动 错误 — #轴错误 %DB8.DBX36.0 “触摸屏变量”.变位机模块.清除报警 — 清除报警 %M1.0 “FirstScan” %DB8.DBX36.4 “触摸屏变量”.变位机模块.停止 — 停止 %DB8.DBX36.1 “触摸屏变量”.变位机模块.点动正转 #侧倾式变位机左限位 — 点动正转 %DB8.DBX36.2 “触摸屏变量”.变位机模块.点动反转 #侧倾式变位机右限位 — 点动反转 %DB8.DBD38 “触摸屏变量”.变位机模块.速度 — 速度 %DB7 “变位机” — 轴 %DB8.DBX42.0 “触摸屏变量”.变位机模块.绝对位置定位 — 绝对位置定位 %DB8.DBD44 “触摸屏变量”.变位机模块.绝对位置 — 绝对位置 %DB8.DBX36.3 “触摸屏变量”.变位机模块.回原点 — 回原点 false — 相对位置定位 90.0 — 相对位置
14）对伺服变位机“运行步骤”进行编程	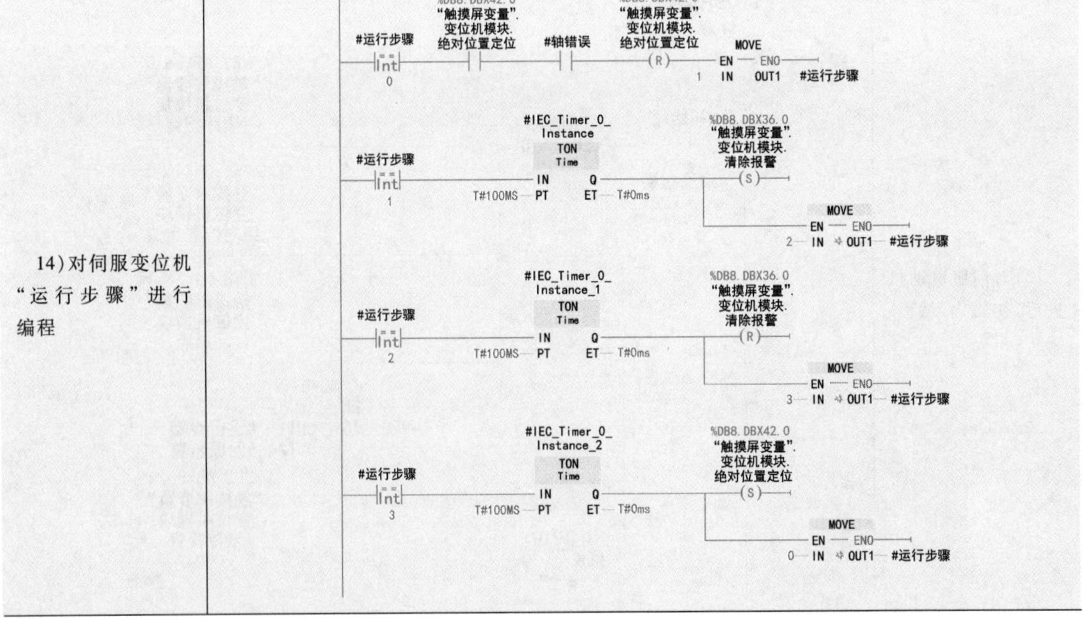

（续）

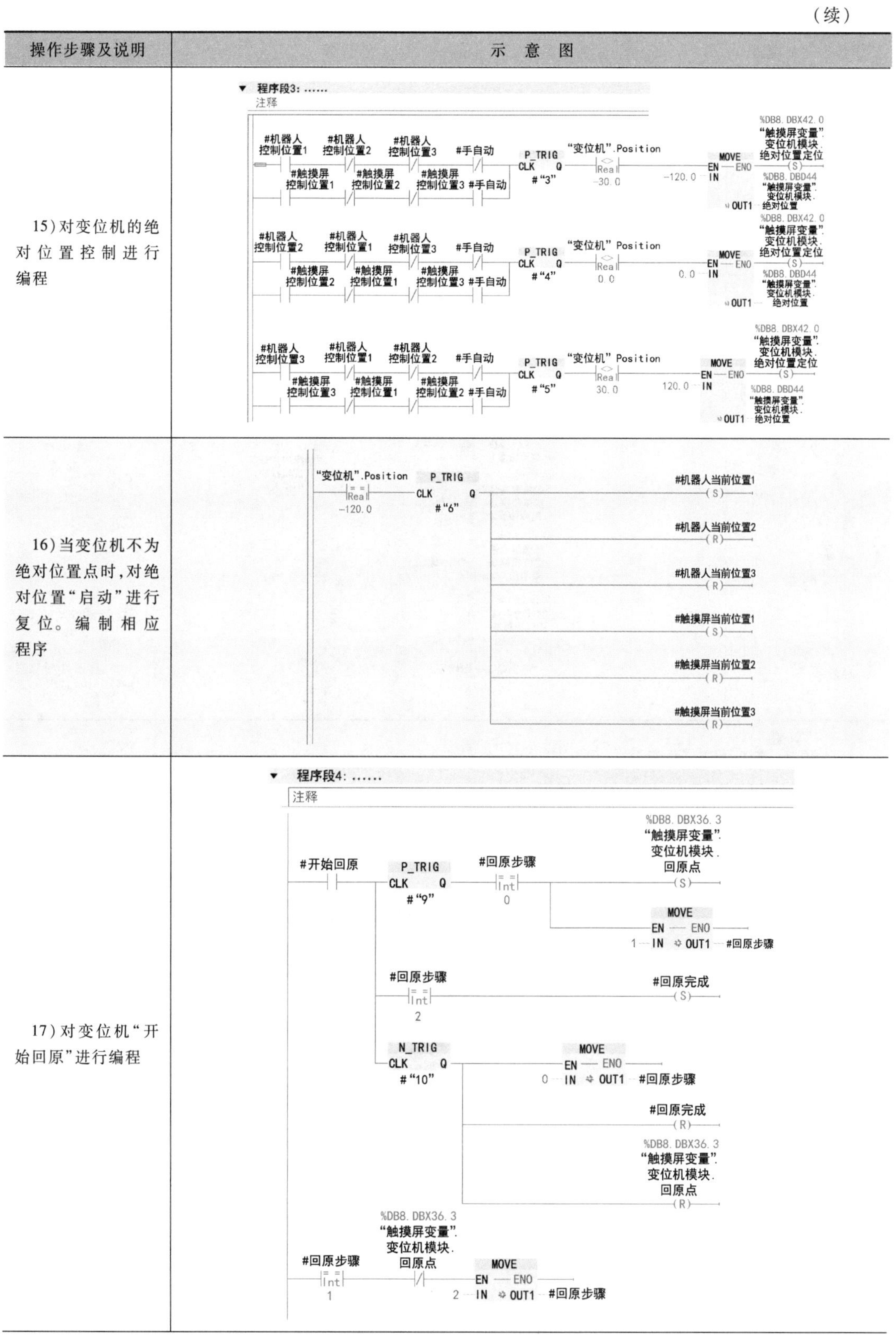

操作步骤及说明	示　意　图
15）对变位机的绝对位置控制进行编程	
16）当变位机不为绝对位置点时，对绝对位置“启动”进行复位。编制相应程序	
17）对变位机“开始回原”进行编程	

（续）

操作步骤及说明	示 意 图
18）在 Main 程序中引用“伺服变位机模块”程序块	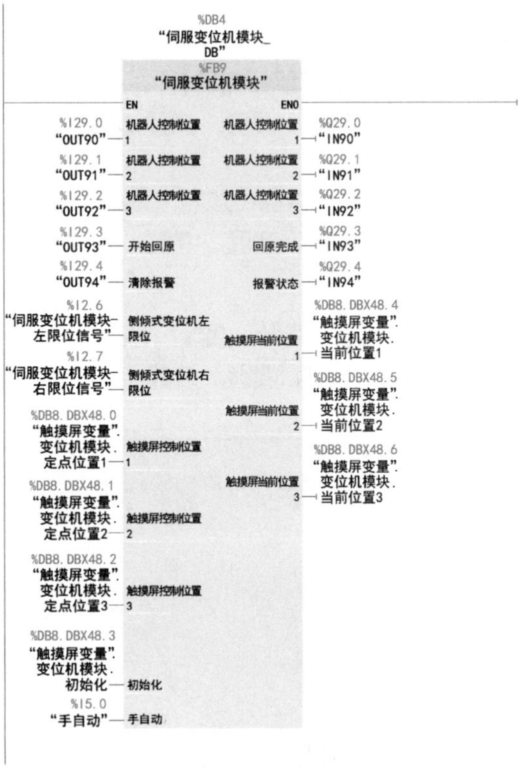 %DB4 “伺服变位机模块_DB” %FB9 “伺服变位机模块” EN　ENO %I29.0 “OUT90”— 机器人控制位置1 ｜ 机器人控制位置1 — %Q29.0 “IN90” %I29.1 “OUT91”— 机器人控制位置2 ｜ 机器人控制位置2 — %Q29.1 “IN91” %I29.2 “OUT92”— 机器人控制位置3 ｜ 机器人控制位置3 — %Q29.2 “IN92” %I29.3 “OUT93”— 开始回原 ｜ 回原完成 — %Q29.3 “IN93” %I29.4 “OUT94”— 清除报警 ｜ 报警状态 — %Q29.4 “IN94” %I2.6 “伺服变位机模块-左限位信号”— 侧倾式变位机左限位 ｜ 触摸屏当前位置1 — %DB8.DBX48.4 “触摸屏变量”.变位机模块.当前位置1 %I2.7 “伺服变位机模块-右限位信号”— 侧倾式变位机右限位 ｜ 触摸屏当前位置2 — %DB8.DBX48.5 “触摸屏变量”.变位机模块.当前位置2 %DB8.DBX48.0 “触摸屏变量”.变位机模块.定点位置1 — 触摸屏控制位置1 ｜ 触摸屏当前位置3 — %DB8.DBX48.6 “触摸屏变量”.变位机模块.当前位置3 %DB8.DBX48.1 “触摸屏变量”.变位机模块.定点位置2 — 触摸屏控制位置2 %DB8.DBX48.2 “触摸屏变量”.变位机模块.定点位置3 — 触摸屏控制位置3 %DB8.DBX48.3 “触摸屏变量”.变位机模块.初始化 — 初始化 %I5.0 “手自动”— 手自动

5. 触摸屏装配启动编程

（1）触摸屏装配启动编程步骤见表 4-15

表 4-15　触摸屏装配启动编程步骤

操作步骤及说明	示 意 图
1）添加新画面。选择“HMI_2[KTP700 Basic PN]”→“画面”→“添加新画面”	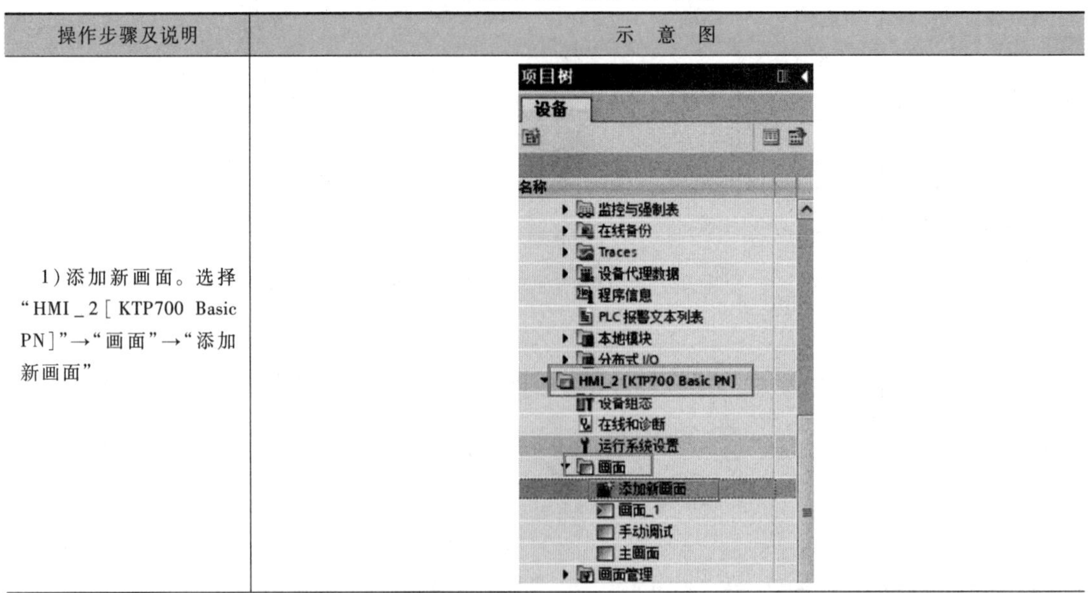

（续）

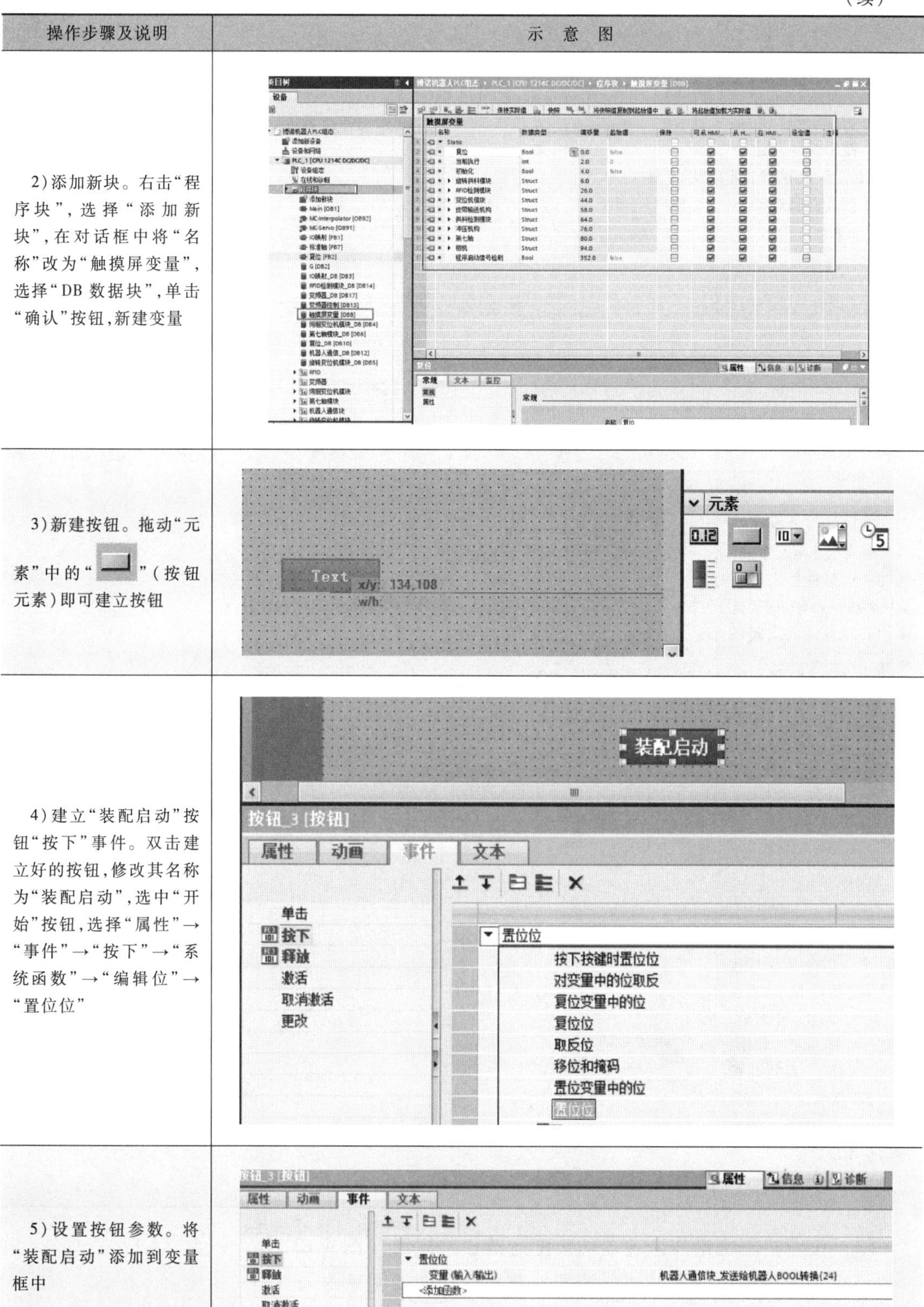

操作步骤及说明	示　意　图
2）添加新块。右击"程序块"，选择"添加新块"，在对话框中将"名称"改为"触摸屏变量"，选择"DB数据块"，单击"确认"按钮，新建变量	
3）新建按钮。拖动"元素"中的"　"（按钮元素）即可建立按钮	
4）建立"装配启动"按钮"按下"事件。双击建立好的按钮，修改其名称为"装配启动"，选中"开始"按钮，选择"属性"→"事件"→"按下"→"系统函数"→"编辑位"→"置位位"	
5）设置按钮参数。将"装配启动"添加到变量框中	

（续）

操作步骤及说明	示 意 图
6）建立“装配启动”按钮“释放”事件。建立“复位位”释放事件，同样关联到“装配启动”，按钮建立完成	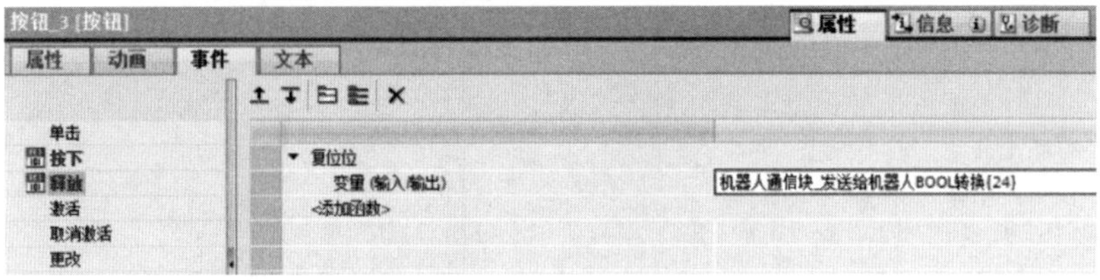
7）引用“机器人通信”模块。建立机器人通信模块和执行程序，用于连接 PLC 和机器人之间的通信	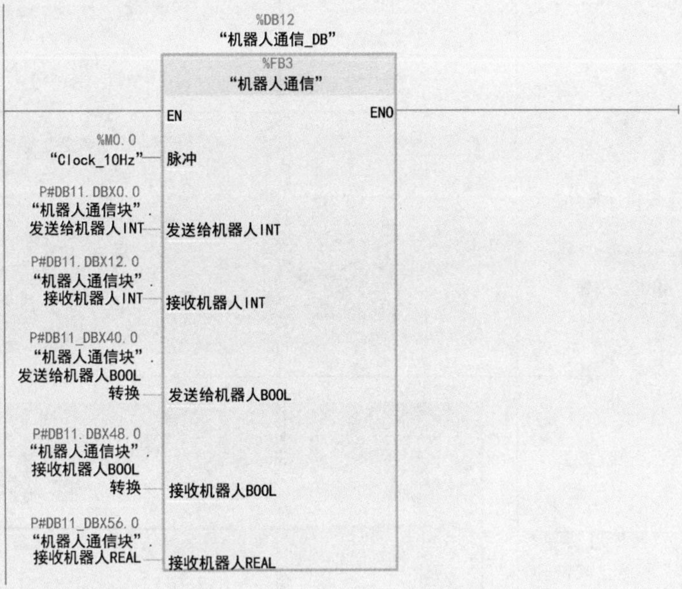
8）建立 PLC 与 HMI 按钮通信。编写程序，当按下“装配启动”按钮后，PLC 给机器人发送数据，机器人执行一系列装配动作，最终将装配、检测完成后的工件放置到对应的仓库位置处	

（2）工业机器人谐波减速器的装配运动轨迹规划（图 4-10）

（3）工业机器人谐波减速器装配外部 I/O 功能说明见附录 B

（4）使用示教器“工具/基坐标管理”功能标定平口夹爪的工具坐标的操作步骤（表 4-16）

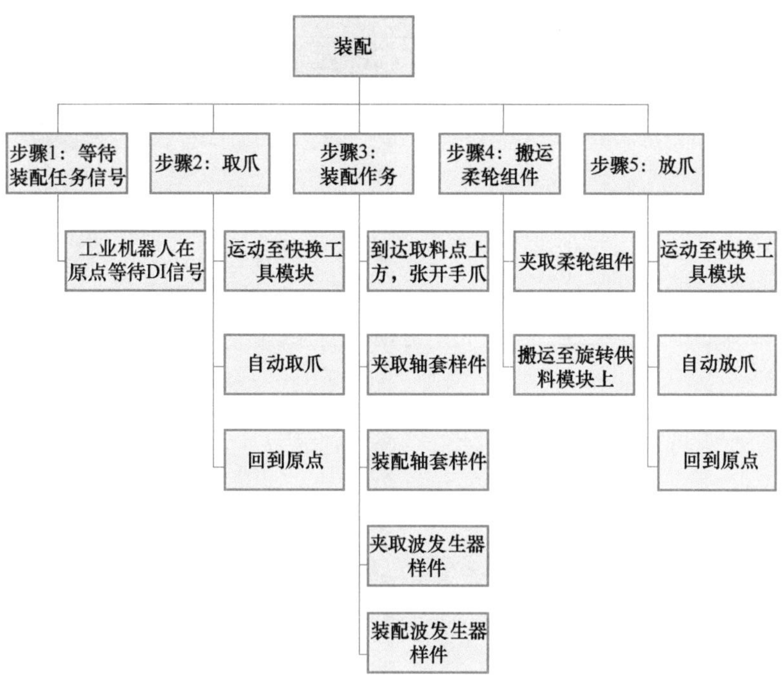

图 4-10　工业机器人谐波减速器的装配运动轨迹规划

表 4-16　标定平口夹爪的工具坐标的操作步骤

操作步骤及说明	示　意　图
1）单击左上角的“[图标]”，再依次单击“投入运行”→“工具/基坐标管理”	

（续）

操作步骤及说明	示 意 图
2）单击右下方的“添加”按钮	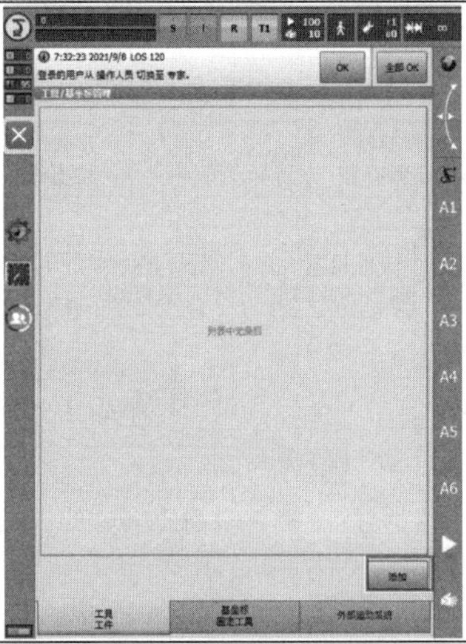
3）设定工具坐标。选择需要标定的工具，单击“转换”中的“测量”→“XYZ 4点法”	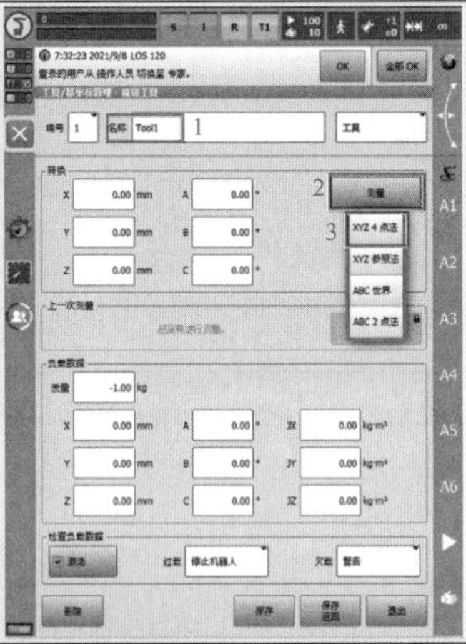
4）标定坐标点。将模拟焊接工具的尖点移动到标定针处，依次单击“测量点 1”→“Touch-up”记录位置	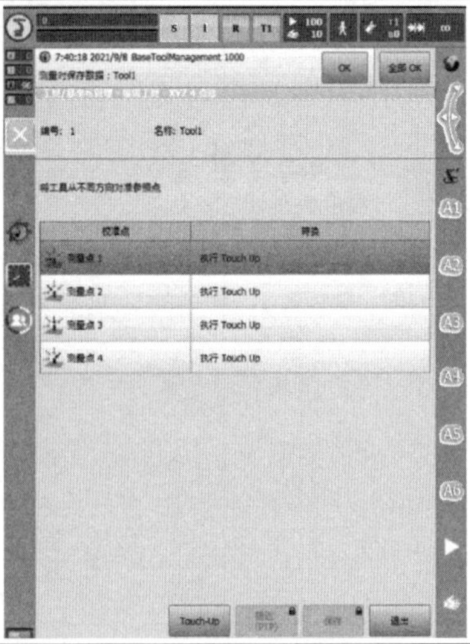

（续）

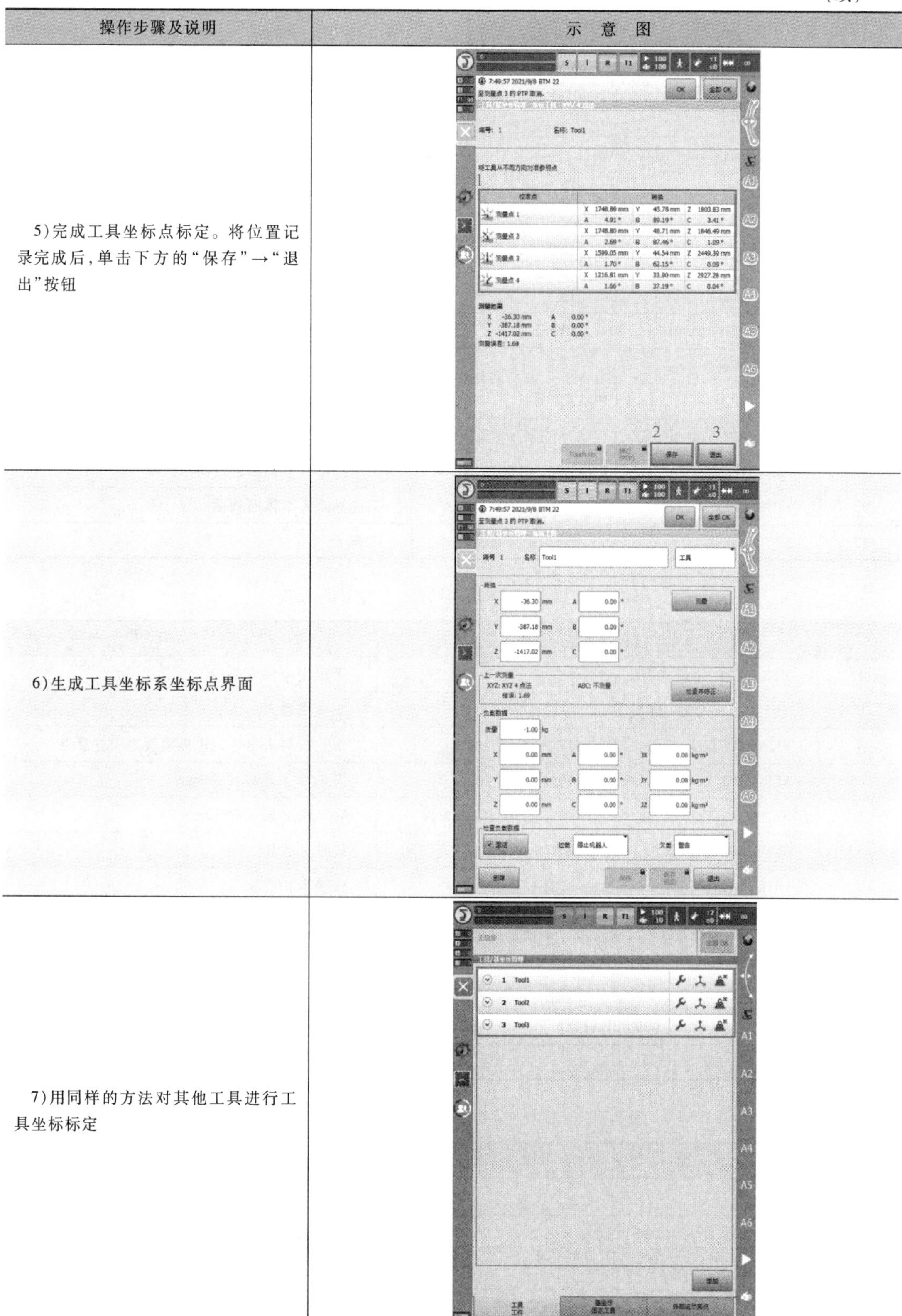

操作步骤及说明	示　意　图
5)完成工具坐标点标定。将位置记录完成后,单击下方的“保存”→“退出”按钮	
6)生成工具坐标系坐标点界面	
7)用同样的方法对其他工具进行工具坐标标定	

（5）工业机器人谐波减速器装配程序的建立（表 4-17~表 4-20）

表 4-17 取平口夹爪子程序（程序名为 outT2）

序号	程　　序	说　　明
1	DFF outT2( )	子程序命名为 outT2
2	SPTP home Vel=100% PDAT1	工业机器人本体从原点开始
3	SLIN t2P0 Vel=0. 5m/s CPDAT1 Tool[0] Base[0]	工业机器人本体与快换模块之间的过渡点
4	OUT 3' gangzhuashousuo' State=TRUE CONT	快换卡扣收缩
5	SLIN t2P1 Vel=0. 5m/s CPDAT2 Tool[0] Base[0]	工业机器人本体移动到过渡点 t2P1 点
6	SLIN t2P2 Vel=0. 5m/s CPDAT3 Tool[0] Base[0]	工业机器人本体移到平口夹爪工具点 t2P2 点
7	OUT 3' gangzhuatanchu' State=FALSE CONT	快换卡扣伸出固定
8	WAIT Time=1 sec	等待 1s
9	SLIN t2P3 Vel=0. 5m/s CPDAT4 Tool[0] Base[0]	夹爪沿 *Z* 轴偏移 12mm
10	SLIN t2P4 Vel=0. 5m/s CPDAT5 Tool[0] Base[0]	夹爪沿 *X* 轴偏移 80mm
11	SLIN t2P0 Vel=0. 5m/s CPDAT6 Tool[0] Base[0]	工业机器人本体回到过渡点
12	SPTP home Vel=100% PDAT2	工业机器人本体回到原点
13	END	结束

表 4-18 放平口夹爪子程序（程序名为 inT2）

序号	程　　序	说　　明
1	DFF inT2( )	子程序命名为 inT2
2	SPTP home Vel=100% PDAT1	工业机器人本体从原点开始
3	SLIN t2P0 Vel=0. 5m/s CPDAT1 Tool[0] Base[0]	工业机器人本体与快换模块之间过渡点
4	SLIN t2P1 Vel=0. 5m/s CPDAT2 Tool[0] Base[0]	夹爪沿 *X* 轴偏移 50mm
5	SLIN t2P2 Vel=0. 5m/s CPDAT3 Tool[0] Base[0]	夹爪沿 *Z* 轴偏移 12mm
6	SLIN t2P3 Vel=0. 5m/s CPDAT4 Tool[0] Base[8]	夹爪存放处
7	OUT 3' gangzhuashousuo' State=TRUE CONT	快换卡扣收缩
8	WAIT Time=1 sec	等待 1s
9	SLIN t2P4 Vel=0. 5m/s CPDAT5 Tool[0] Base[0]	夹爪沿 *Z* 轴偏移 150mm
10	SLIN t2P0 Vel=0. 5m/s CPDAT6 Tool[0] Base[0]	工业机器人本体回到旋转点
11	SPTP home Vel=100% PDAT2	工业机器人本体回到原点
12	END	结束

表 4-19 取柔轮组合子程序（程序名为 TW2）

序号	程　　序	说　　明
1	DFF TW2( )	子程序命名为 TW2
2	SPTP home Vel=100% PDAT1	工业机器人本体从原点开始
3	WHILE $ IN[66]==FALSE	WHILE 循环开始
4	OUT 82' kaishigongliao' State=TRUE	旋转变位机模块开始供料

(续)

序号	程　　序	说　　明
5	WAIT FOR(IN82' gongliaowancheng')	检测物料完成
6	OUT 82' kaishigongliao' State=FALSE	检测到模块停止供料
7	ENDWHILE	结束循环指令
8	OUT 2' jiazhuadakai' State=TRUE	气爪张开
9	SLIN t2P3 Vel=0.5m/s CPDAT1 Tool[2] Base[8]	工业机器人移动到柔轮组合上方
10	SLIN t2P4 Vel=0.5m/s CPDAT2 Tool[2] Base[8]	工业机器人移动至柔轮组合处
11	OUT 2' jiazhuabihe' State=FALSE	气爪闭合
12	WAIT Time=1 sec	等待 1s
13	SLIN t2P3 Vel=0.5m/s CPDAT3 Tool[2] Base[8]	工业机器人直线移动到上方
14	SPTP home Vel=100% PDAT2	工业机器人回到原点
15	SLIN t2P5 Vel=0.5m/s CPDAT4 Tool[2] Base[0]	工业机器人移动到刚轮正上方点处
16	SLIN t2P6 Vel=0.5m/s CPDAT5 Tool[2] Base[8]	工业机器人移动到刚轮处
17	OUT 2' jiazhuazhangkai' State=TRUE	气爪张开
18	WAIT Time=1 sec	等待 1s
19	SLIN t2P5 Vel=0.5m/s CPDAT6 Tool[2] Base[0]	工业机器人移动到刚轮正上方点处
20	SPTP HOME Vel=100% DEFAULT	工业机器人回到原点
21	END	结束

表 4-20　谐波减速器装配视觉子程序

序号	程　　序	说　　明
1	Declaration	声明
2	Initialize	特定文件初始化
3	INI	程序初始化
4	if $ IN[350]THEN	if 判断 350 为真
5	SLIN 2fl vel=0.01m/s CPDAT6 Tool[0]Base[0]	工业机器人移到 2fl 位置
6	ENDIF	结束 if 判断
7	st:	记录抓取法兰抓取基准点
8	SPTP XPhotoPos vel=10%PDAT14 Tool [0] Base[0]	运动到拍照位置
9	Initialize sample data	初始化示例数据
10	CCD Comunication conect	与相机通信建立连接
11	Send Stream	发送数据流
12	OUT110"　State=TRUE	启动相机拍照
13	WAIT FOR $ FLAG[2]	检测到拍照通过
14	GET Frame/Color/Shape	获得位置帧/颜色/类别数据信息
15	SLIN befpick vel=0.01m/s CPDAT1 Tool [0] Base[0]	工业机器人运动到过渡点
16	SLIN pick vel=0.01m/s CPDAT2 Tool [0] Base[0]	工业机器人运动到抓取点

（续）

序号	程　　序	说　　明
17	WAIT Time = 0.5 sec	延时 0.5s
18	OUT 1"　State = TRUE	吸盘起动
19	WAIT Time = 0.5 sec	延时 0.5s
20	SLIN befpick vel = 0.01m/s CPDAT3 Tool [0] Base[0]	返回到过渡点
21	SPTP XPhotoPos vel = 10% PDAT15 Tool [0] Base[0]	返回到拍照位置
22	Channel closed	关闭服务器
23	OUT 110"　State = FALSE	相机拍照关闭

（6）工业机器人谐波减速器装配主程序见表 4-21

表 4-21　谐波减速器装配主程序

序号	程　　序	说　　明
1	outT1()；	工业机器人取弧口夹爪
2	TW1()；	弧口夹爪夹取刚轮出库
3	inT1()；	工业机器人放弧口夹爪至快换模块
4	outT2()；	工业机器人取平口夹爪
5	TW2()；	工业机器人取柔轮组合装配
6	inT2()；	工业机器人放平口夹爪至快换模块
7	outT3()；	工业机器人取吸盘
8	TW3()；	工业机器人取中间法兰装配
9	TW4()；	工业机器人取输出法兰
10	inT3()；	工业机器人放吸盘至快换模块
11	outT1()；	工业机器人取弧口夹爪
12	PW5()；	工业机器人夹取装配体入库
13	inT1()；	工业机器人放弧口夹爪至快换模块

知识拓展

装配机器人是柔性自动化装配系统的核心设备，由机器人操作机、控制器、末端执行器和传感系统组成。其中，机器人操作机的结构类型有水平关节型、直角坐标型、多关节型和圆柱坐标型等；控制器一般采用多 CPU 或多级计算机系统，可实现运动控制和运动编程；末端执行器为适应不同的装配对象而设计成各种手爪和手腕等；传感系统用来获取装配机器人与环境和装配对象之间相互作用的信息。

装配机器人广泛应用在工业生产中的各个领域，主要用于各种电器制造（如电视机、录音机、洗衣机、电冰箱和吸尘器等）、小型电机、汽车及其部件、计算机、玩具、机电产品及其组件的装配等方面。例如在汽车装配行业中，人工装配已基本上被自动化生产线所取代，这样既节约了劳动成本，降低了劳动强度，又提高了装配质量，并且保证了装配安全。随着装配机器人功能的不断发展和完善，以及装配机器人成本的降低，未来它将在更多的领域发挥更加重要的作用。

工业机器人在装配工作中的应用及优势如下。

（1）灵活性强、局限性小　在流水线中利用工业机器人来代替人工完成装配工作，首先提高了装配工作效率，其次由于它取代了人工装配，可以减少采用人工装配时所要支付的薪酬，工业机器人在购买及安装后，仅在检修维护时会用到少数资金。除此之外，工业机器人可以连续进行快速装配工作，不会因长时间工作而产生疲劳感，在工作量大的装配车间，可以在一台工业机器人上安装多个机械爪，使装配速度大幅度提升。在一些较差的工作环境中，完全可以利用工业机器人来取代人工进行装配工作，机器人不会因为环境因素而降低装配速度，也不会因为有过多的防护措施使装配效率下降。

（2）操作性简便　虽然整个装配工作流水线都是由工业机器人来完成，但是其操作并不复杂，只需要专业技术人员按照装配工作要求，为工业机器人设定一系列的工作参数后，便可以进行装配工作。在为工业机器人设定工作参数时，也无须在每台工业机器人上进行设定，完全可以将多台工业机器人通过互联网连接，在计算机上进行统一设定。

（3）应用范围广　工业机器人不仅可以在生产流水线上发挥重要作用，在其他装配工作中同样可以使用工业机器人。例如在快递站点，对货物进行装配时，可以给机器人安装二维码识别设备，通过识别快递物件上的二维码，得到快递发送地址的信息，工业机器人再根据二维码上的信息，将货物分拣到相对应的窗口。又如在港口码头，同样可以利用工业机器人完成集装箱的装配工作。

（4）工业机器人在装配工作中的发展方向　在工业机器人技术的发展中，应该更加注重工业机器人的智能化及自主修复功能的发展。在智能化方面，可以对机器人加装物理传感器及光学传感器，再对工业机器人设定智能思维，使工业机器人在装配工作中能更大地发挥作用。除此之外，现今工业机器人的水平还无法保证其在工作过程中不会发生故障。因此，应针对这一影响装配工作效率的因素进行改进，工业机器人应该拥有自我修复的能力，在工作中，通过工业机器人的检测装置及时发现自身故障，并能自我修复，减少影响装配速度的因素。

近几年来，我国在汽车、电子等行业相继引进了不少配有装配机器人的先进生产线。除此之外，我国一些大专院校和科研单位也相继从国外进口了一些装配机器人，这些设备的引入也在相关领域的研究工作中发挥了重要作用。

装配机器人技术涉及多个科学领域，依赖于很多相关技术。首先是智能化技术，因为智能机器人是未来机器人发展的必然趋势。其次是多机协调技术，制造业更多地体现出多机协调作业的特征，这是由现代生产规模不断扩大决定的，而多台设备共同生产时，相互之间的协调控制就变得非常重要。最后，装配机器人的微型化也是一个重要的研究领域，这依赖于微型传感器、微处理器和微执行机构等电子元件集成技术。

评价反馈

基本素养(20分)				
序号	评估内容	自评	互评	师评
1	纪律(无迟到、早退、旷课)(5分)			
2	安全规范操作(10分)			
3	团结协作能力、沟通能力(5分)			

（续）

理论知识(30分)				
序号	评估内容	自评	互评	师评
1	各种指令的应用(10分)			
2	装配工艺流程(5分)			
3	选择装配机器人的方法(5分)			
4	装配机器人的技术参数(5分)			
5	装配在行业中的应用(5)分			
技能操作(50分)				
序号	评估内容	自评	互评	师评
1	PLC编配编程(20分)			
2	程序示教编写(10分)			
3	程序校验、试运行(10分)			
4	程序自动运行(10分)			
综合评价				

练习与思考题

一、填空题

1. 机器人的装配系统主要包括工业机器人本体、________、________、电源、气泵、________、平口夹爪工具、弧口夹爪工具、吸盘、________、________、________、带传送模块、________和谐波减速器样件。

2. 步进电动机是一种可以将脉冲信号转换为角位移或线位移的________。步进电动机按照构造方式分为________、________和________。

3. 三相异步电动机是________的一种，是靠同时给三相对称定子绕组通入三相对称交流电流而运转的电动机。

4. 装配机器人是柔性自动化装配系统的核心设备，由________、________、________和传感系统组成。

二、简答题

1. 直流伺服电动机的特性是什么?

2. 简述工业机器人在装配工作中的应用特点。

三、编程题

1. 对谐波减速器示教器装配进行编程。

2. 对旋转供料模块、带传送模块进行PLC编程。

项目五 工业机器人离线仿真应用编程

学习目标

1. 能够根据工作任务要求创建、导入和配置模型，完成仿真工作站系统布局。

2. 能够根据工作任务要求配置工具参数并生成对应工具的库文件。

3. 能够根据工作任务要求对绘图、激光雕刻、涂胶和码垛等典型应用进行离线编程和调试。

4. 能够根据工作任务要求配置验证模块，搭建验证环境，对离线程序进行实际验证和调试。

工作任务

一、工作任务的背景

工业机器人编程可分为在线示教编程和离线编程，在线示教编程在实际应用中主要存在以下问题：

1）编程过程烦琐、效率低。

2）精度完全是靠示教者的目测决定，而且对于复杂的路径，难以取得令人满意的效果。

离线编程的优势包含以下几点：

1）可以减少工业机器人停机的时间，当对下一个任务进行编程时，工业机器人可仍在生产线上工作。

2）使编程者远离危险的工作环境，改善了编程环境。

3）离线编程系统使用范围广，可以对各种工业机器人进行编程。

4）便于优化编程。

5）可对复杂任务（关键点、轮廓线、平面和曲面等）进行编程。

6）可直观地观察工业机器人的工作过程，判断包括超程、碰撞、奇异点以及超工作空间等错误。

KUKA. Sim Pro 离线仿真软件可以实现以下功能：

1）自带 CAD 阅读器，可实现布局仿真。

2）能够赋予转台、滑台、传送带等数字模型运动特性，实现动作仿真。

3）可实现碰撞检测。

4）可实现节拍计算，满足多样化工艺要求。

二、所需要的设备

离线编程所需的设备包括 KUKA. Sim Pro3. 1 离线仿真软件和计算机。离线编程验证所需的设备见表 5-1。

表 5-1 离线编程验证所需的设备

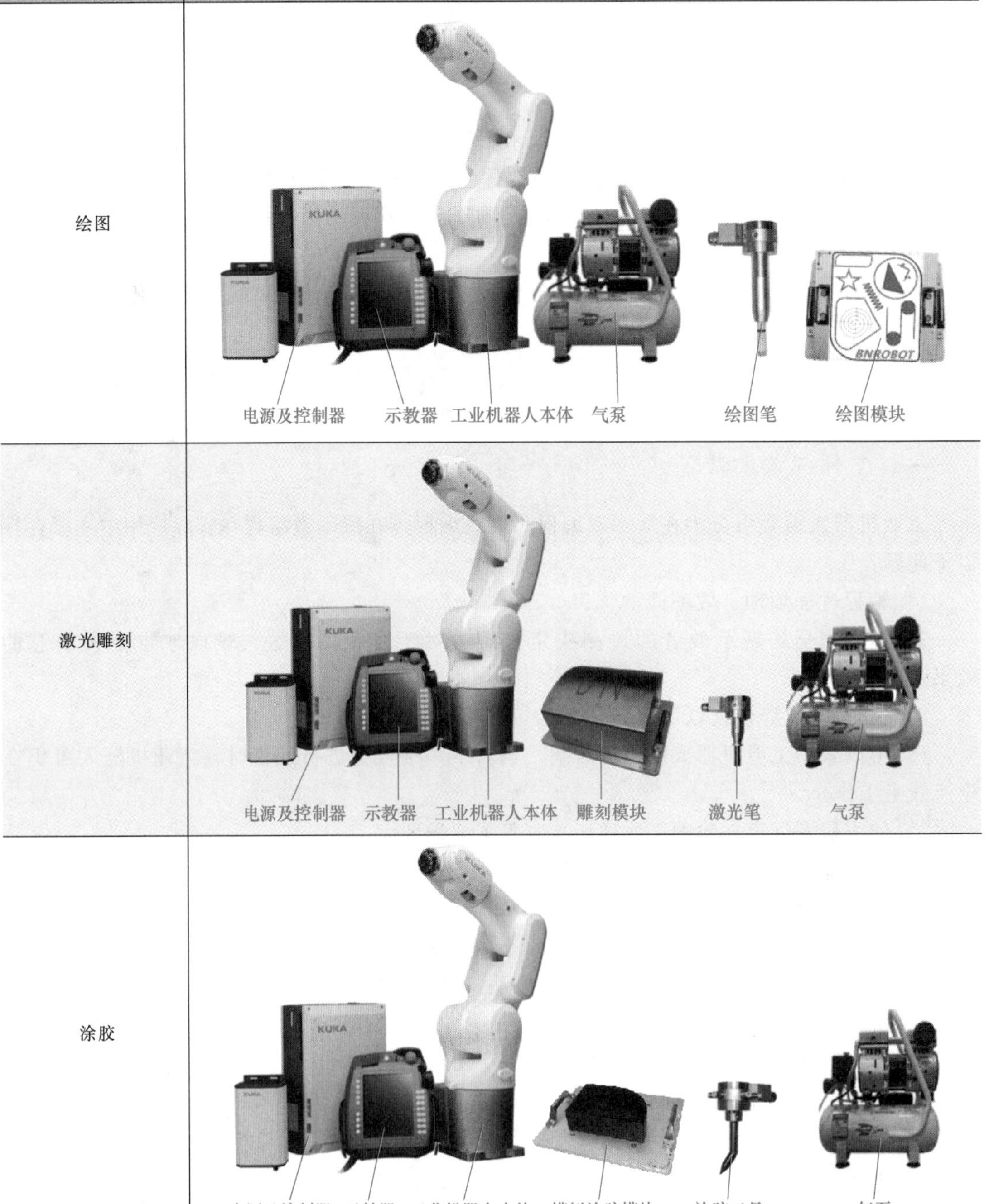

任务名称	所需设备及名称
绘图	电源及控制器 示教器 工业机器人本体 气泵 绘图笔 绘图模块
激光雕刻	电源及控制器 示教器 工业机器人本体 雕刻模块 激光笔 气泵
涂胶	电源及控制器 示教器 工业机器人本体 模拟涂胶模块 涂胶工具 气泵

（续）

任务名称	所需设备及名称
码垛	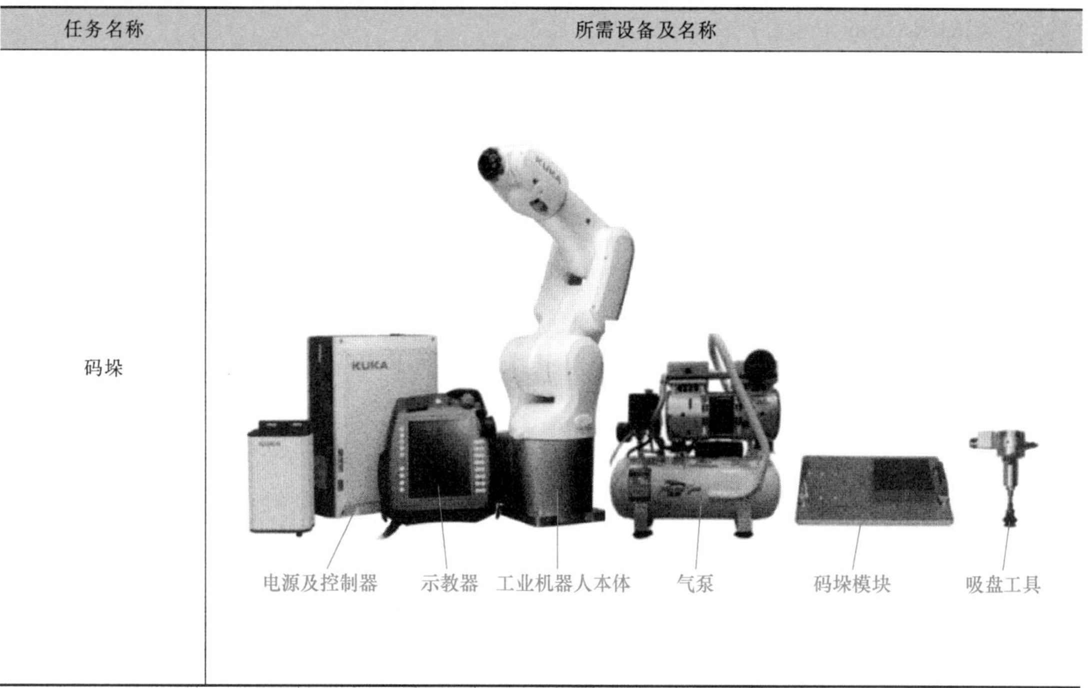

三、任务描述

绘图：首先利用仿真软件在绘图模块上按照给定图案生成轨迹，然后导出至实体平台，进行轨迹验证。

激光雕刻：激光笔与雕刻模块保持固定距离且实时与弧面垂直，沿字样的轨迹进行雕刻。

涂胶：涂胶工具与模拟涂胶模块保持垂直，在指定的轨迹下运动。此任务与绘图相似，只是所用末端工具不同，要求涂胶工具末端始终与模拟涂胶模块所在平面保持垂直。

码垛：使用吸盘工具将左侧四层一列码垛模块以两层两列的方式摆放至右侧。

实践操作

一、知识储备

KUKA. Sim Pro 软件用于 KUKA 机器人的完全离线编程，可以用于分析节拍时间并生成机器人程序，还可以用来实时连接虚拟的 KUKA 机器人控制系统（KUKA. OfficeLite）。KUKA. Sim Pro 也用于布置参数化的组件及定义在 KUKA. Sim Layout 中使用的运动系统。KUKA. OfficeLite 包含在 KUKA. Sim Pro 软件包中。

KUKA. Sim Pro 包含一个附加的应用接口（Net API）。其他开发环境（如 C#）可以通过该附件的接口以不同的方式控制和影响模拟（如启动和控制）。

KUKA. Sim 组件库是一个本地数据库，含有超过 1000 个用于 KUKA. Sim 的典型布局组件（机器人、抓手和栅栏等），会在安装 KUKA. Sim 时一起安装。只要计算机与互联网连接，本地 KUKA 组件（如新的机器人类型）就会自动进行更新。

安装 KUKA. Sim Pro 对硬件的最低要求如下：

1）双核 CPU，至少 8 GB RAM（推荐 16 GB RAM）。

2）至少 1 GB RAM 的显卡（推荐 2 GB RAM）。

3）支持 DirectX 9.0 的计算机。

4）支持的操作系统：WIN 10（Pro、Enterprise、Education）64 Bit

二、任务实施

1. KUKA. Sim Pro3.1 软件简介

（1）基本设置　打开 KUKA. Sim Pro3.1 离线仿真软件，单击“文件”，按照图 5-1 所示的操作步骤进行语言和界面主题的设置。

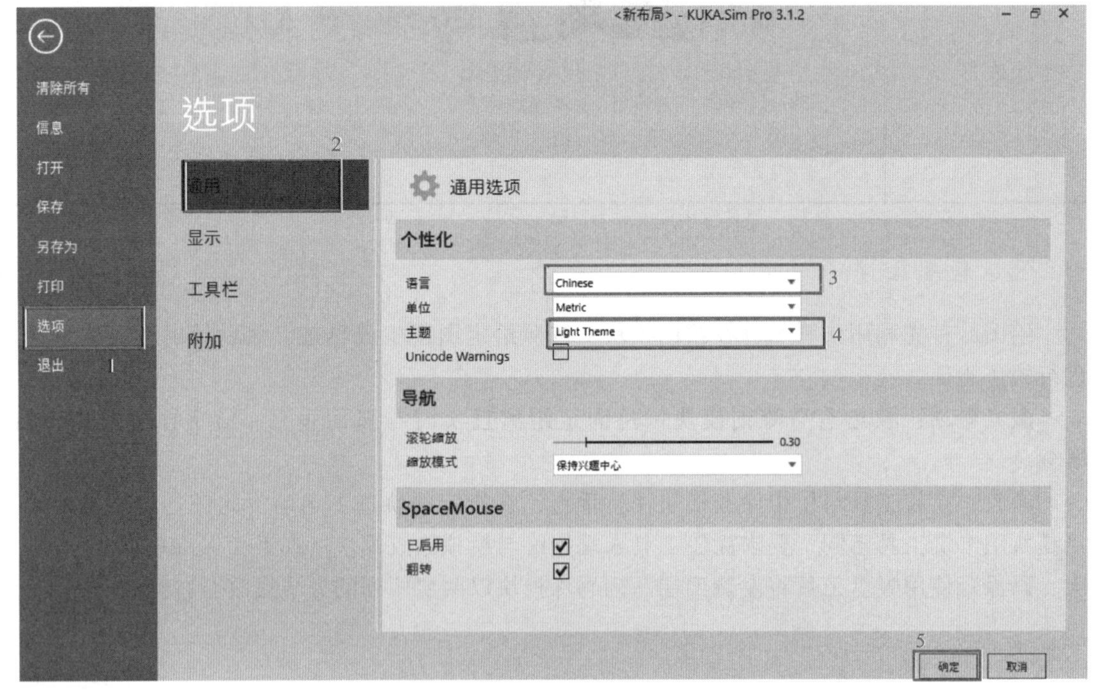

图 5-1　基本设置

（2）自定义快速访问工具栏　打开 KUKA. Sim Pro3.1 离线仿真软件，最上方为自定义快速访问工具栏，如图 5-2 所示。

（3）功能区　在 KUKA. Sim Pro3.1 离线仿真软件中，菜单栏中选项不再是下拉形式，而是全部以小图标的形式显示在功能区（图 5-3），用户编辑起来更加方便快捷。添加机器人或者修改组件属性，如图 5-4 所示。

2. 绘图离线编程及验证

（1）离线编程　绘图离线编程的操作步骤见表 5-2。

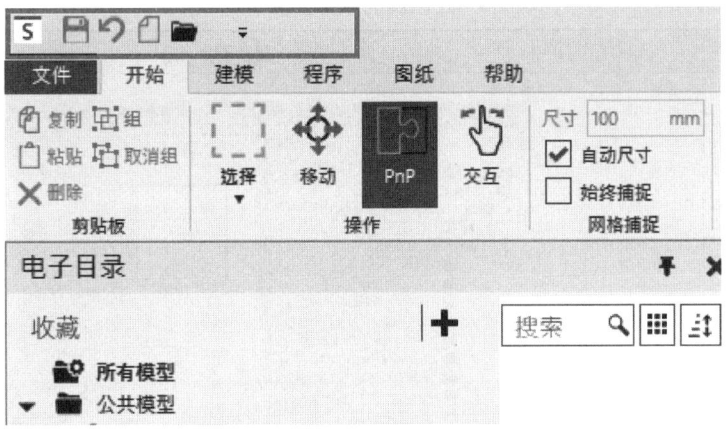

图 5-2 自定义快速访问工具栏

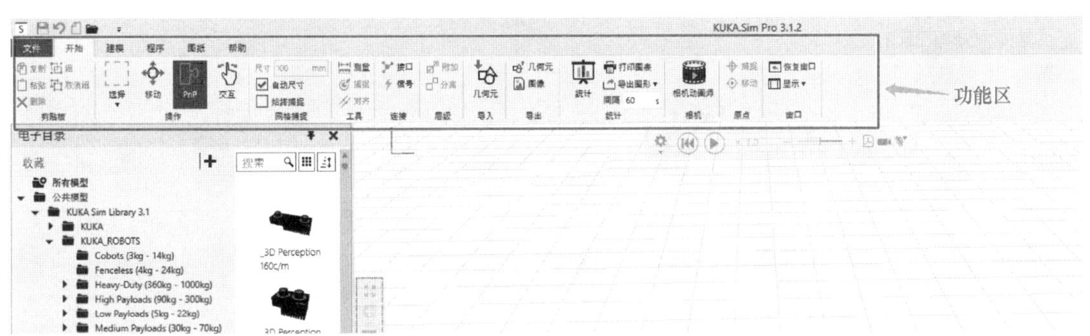

图 5-3 功能区

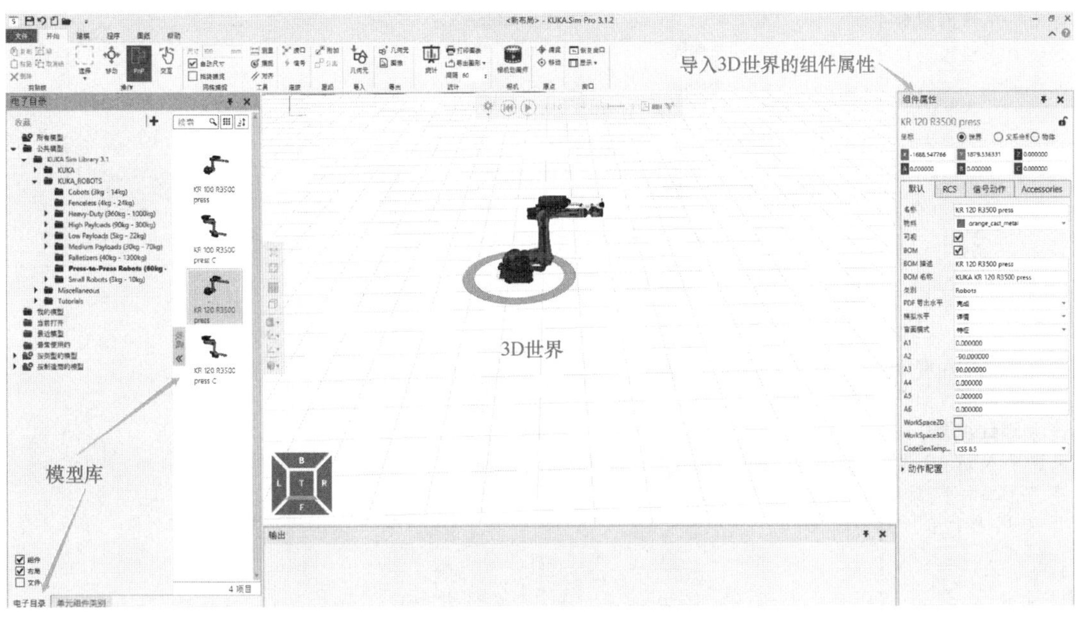

图 5-4 修改组件属性

表 5-2 绘图离线编程的操作步骤

操作步骤及说明	示 意 图
1）导入 KR4 机器人。双击打开 KUKA. Sim Pro 3.1 软件，按照图示（步骤 1～5）依次单击，在右侧框内会出现所选工业机器人“KR 4 R600”，双击该机器人将其导入到右侧 3D 世界中，也可以按住鼠标左键将工业机器人拖动至 3D 世界	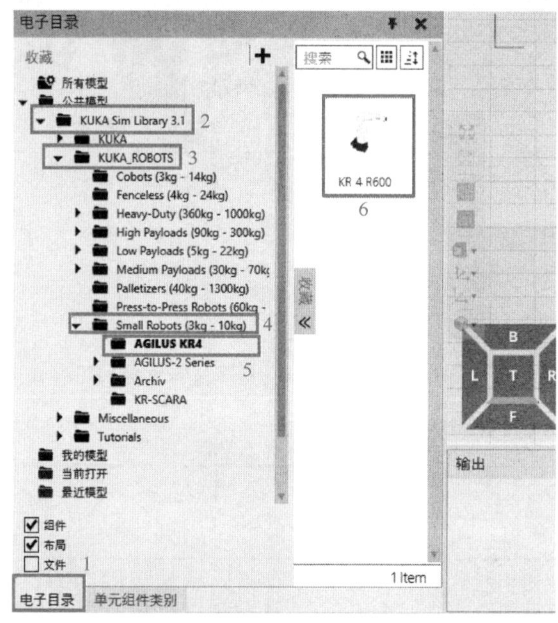
2）导入培训台。单击界面上方“导入”功能框中的“几何元”，在弹出的对话框中找到培训台所在的位置，单击“打开”	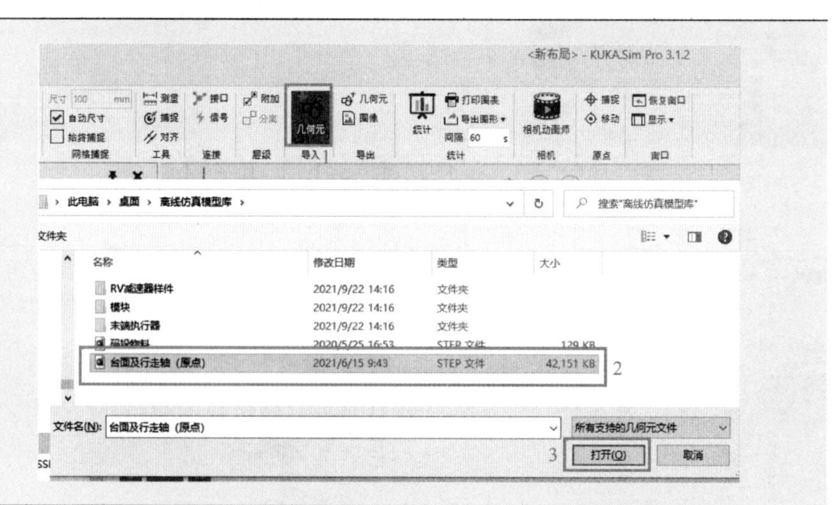
3）完成导入培训台。单击“打开”后，培训台并没有直接被导入到 3D 世界，在界面右下侧弹出选项框，单击“导入”	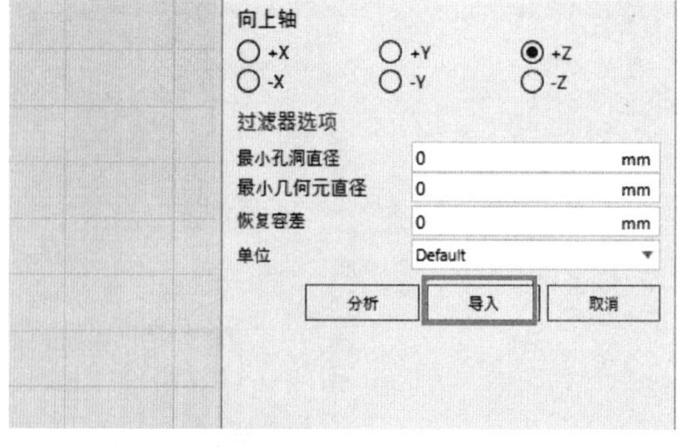

（续）

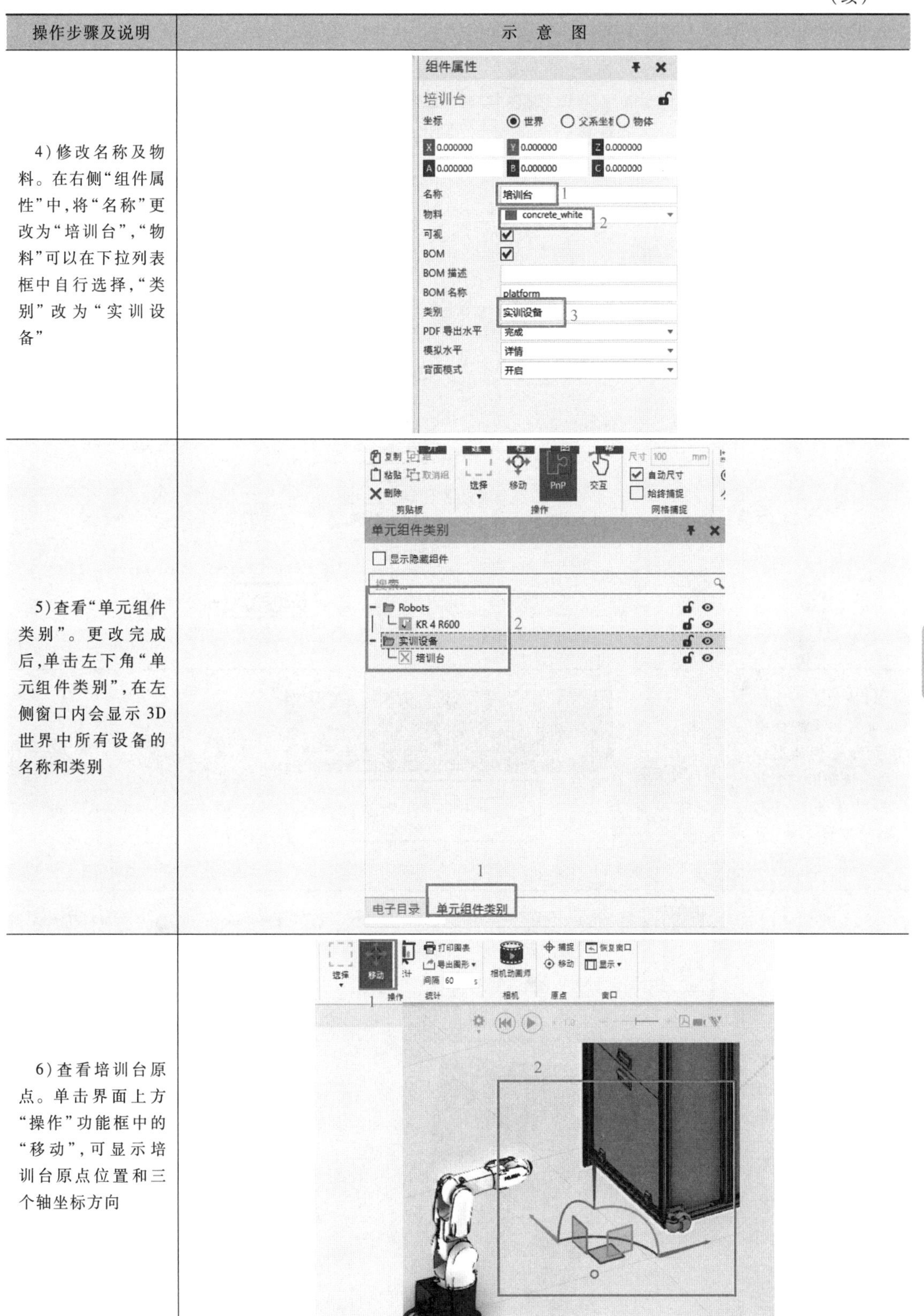

操作步骤及说明	示　意　图
4）修改名称及物料。在右侧“组件属性”中，将“名称”更改为“培训台”，“物料”可以在下拉列表框中自行选择，“类别”改为“实训设备”	
5）查看“单元组件类别”。更改完成后，单击左下角“单元组件类别”，在左侧窗口内会显示3D世界中所有设备的名称和类别	
6）查看培训台原点。单击界面上方“操作”功能框中的“移动”，可显示培训台原点位置和三个轴坐标方向	

（续）

操作步骤及说明	示 意 图
7）更改原点位置及方向。选择原点，按图示顺序依次单击“捕捉”→“3 点-弧中心”，对齐轴为“-z”，捕捉类型为“边和面”	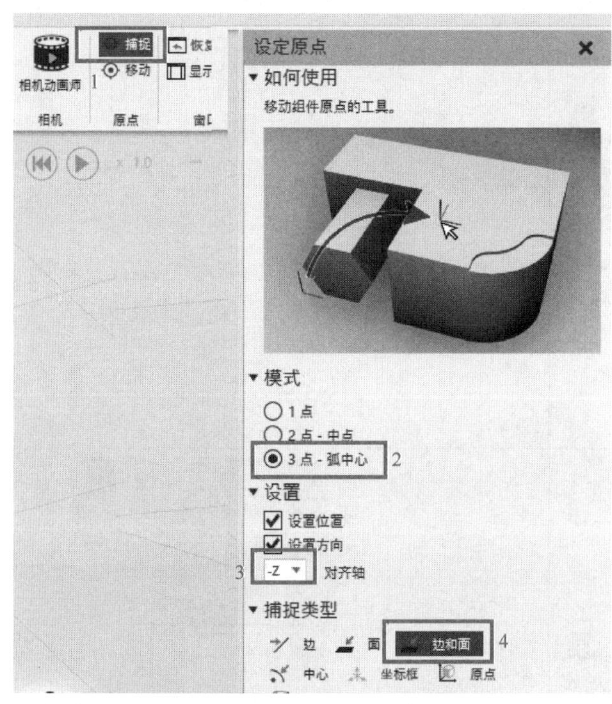
8）捕捉点。选择培训台四个脚撑所在面中心为捕捉目标点，选完第三个点后，原点会自动生成，单击右下角“应用”	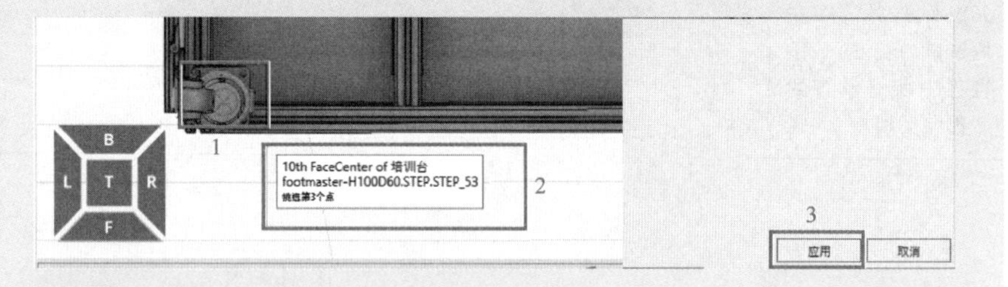
9）调整平台姿态。单击“操作”功能框中的“移动”，在右侧“组件属性”窗口，将 Z 轴数据清零，将 A、B、C 的数据清零	

（续）

操作步骤及说明	示 意 图
10）更改培训台坐标方向。将 X 轴方向改为相反方向，单击“原点”功能框中的“移动”，将“A”改为“180”，单击“应用”	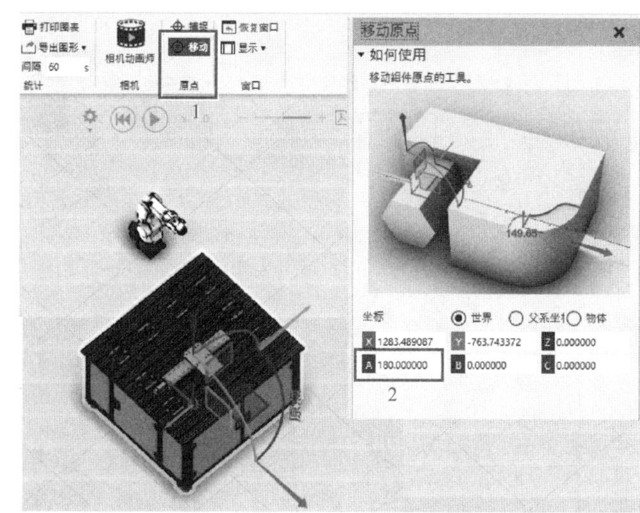
11）将 Z 轴数据清零。在“组件属性”中，“A”表示绕 Z 轴旋转的角度，将其值改为“0”，则培训台所处角度为实际正确位置	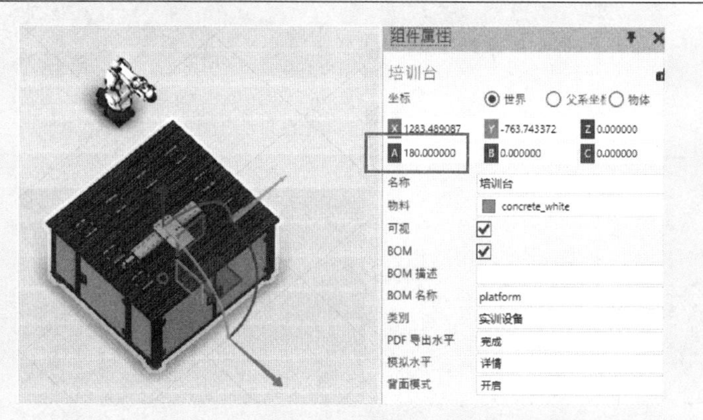
12）将工业机器人安装至平台行走轴台面上。单击工业机器人，然后单击“工具”功能框中的“捕捉”，用“3 点-弧中心”捕捉安装的中心点，其余操作如图所示	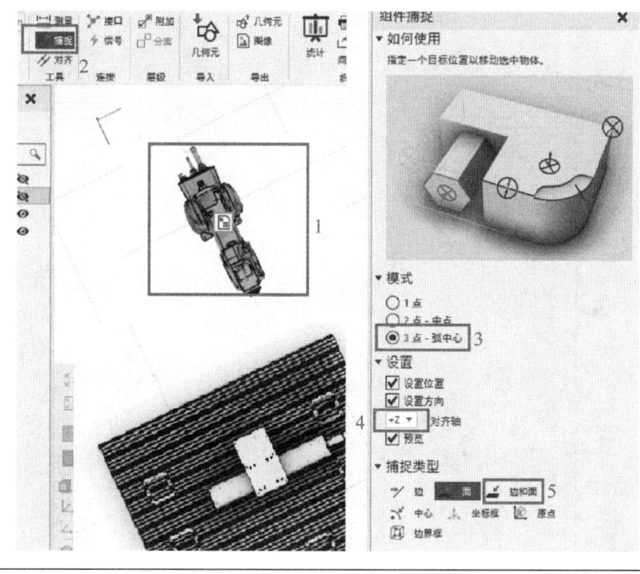

（续）

操作步骤及说明	示 意 图
13）捕捉点。按照上述顺序捕捉到三个孔的中心点，当选完第三个点时工业机器人自动安装到台面上	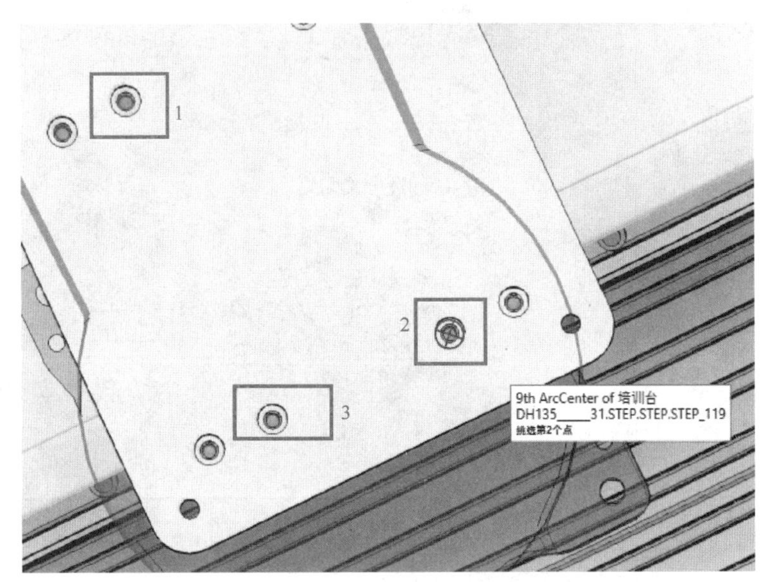
14）将工业机器人附加至培训台。单击选中工业机器人，在层级功能框中选择“附加”按钮，然后将鼠标移至培训台，会出现红色线条框，单击红框。此时机器人便与培训台建立了连接，当移动培训台时，工业机器人也会跟着一起移动	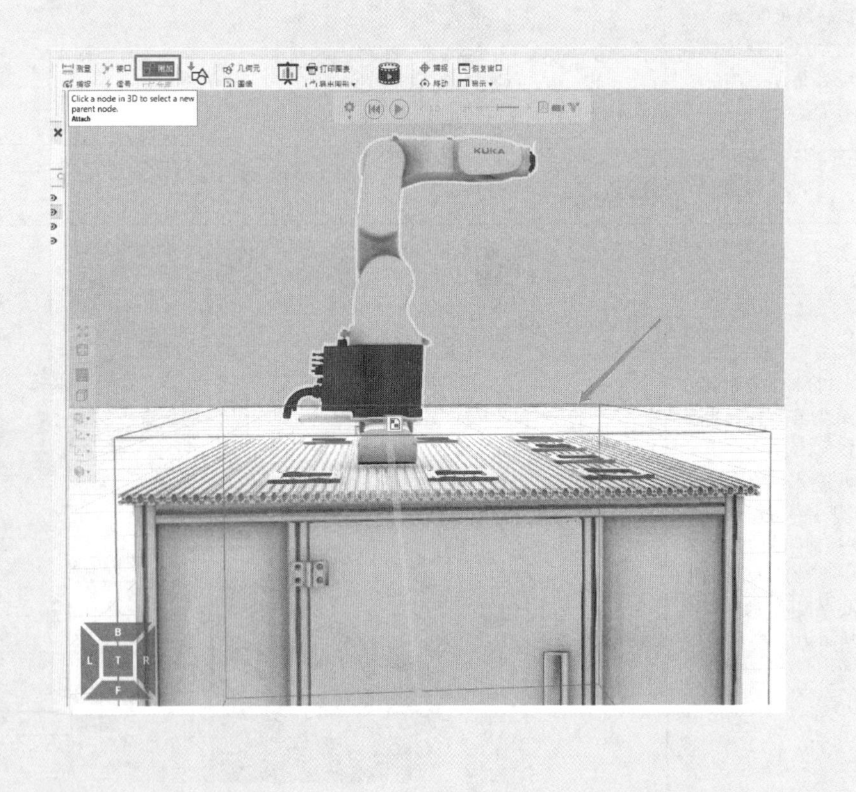

（续）

操作步骤及说明	示 意 图
15）导入绘图笔。导入方法与步骤 2）相同，修改名称、物料和类别	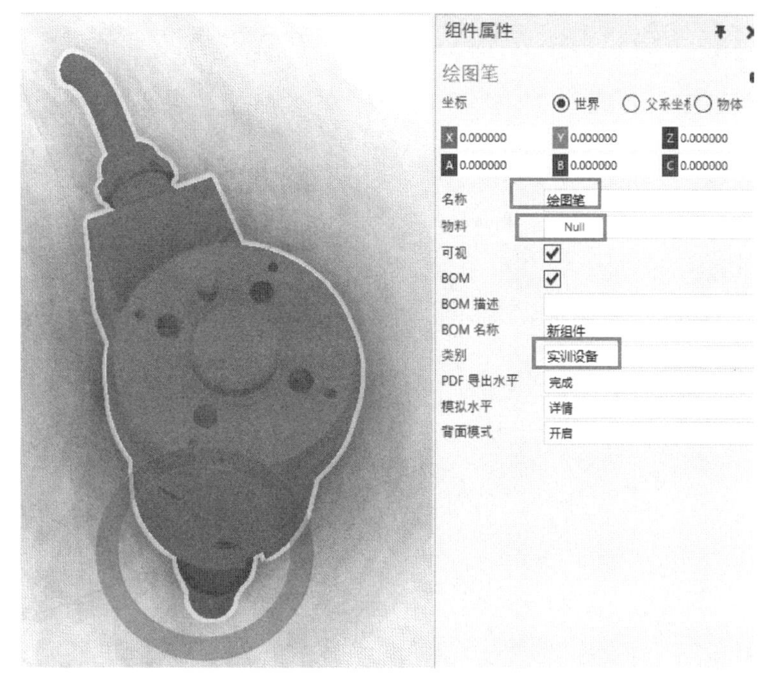
16）更改原点位置。按照图示顺序依次单击选择。注意：此处将原点定位在凸台下面圆环面的中心处	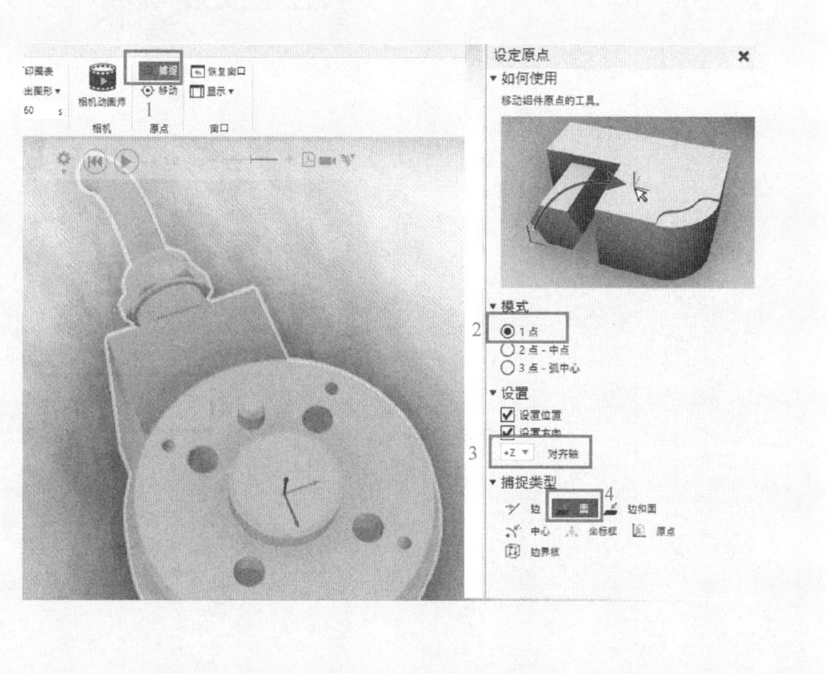

（续）

操作步骤及说明	示 意 图
17）更改 *X* 轴方向。单击“原点”功能框中的“移动”按钮，将“A”的值修改为“-180”，单击“应用”	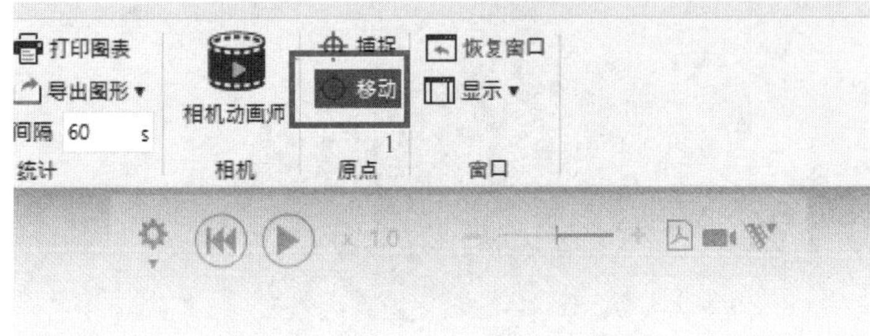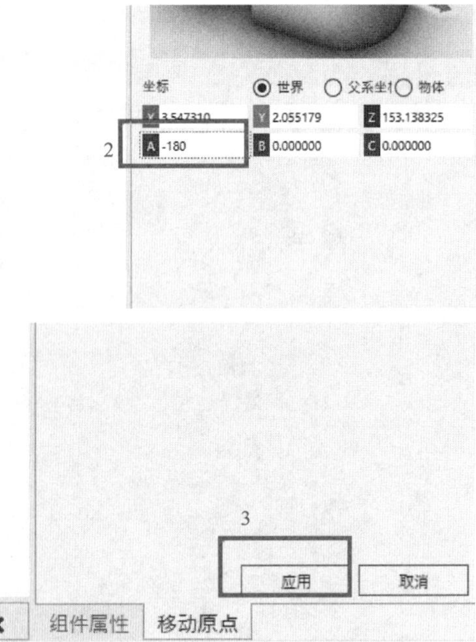

（续）

操作步骤及说明	示　意　图
18）将工具安装至工业机器人法兰盘上。选中绘图笔，在“工具”功能框中选择捕捉，采用一点法捕捉工业机器人法兰盘中心点。然后将工具附加至法兰盘上。注意：红框位置必须为机器人第六轴	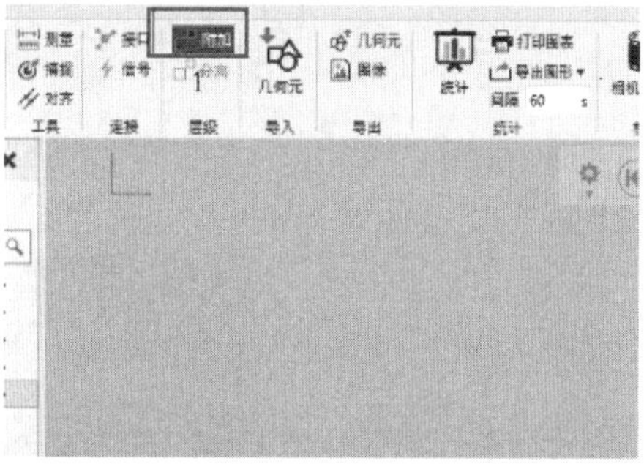 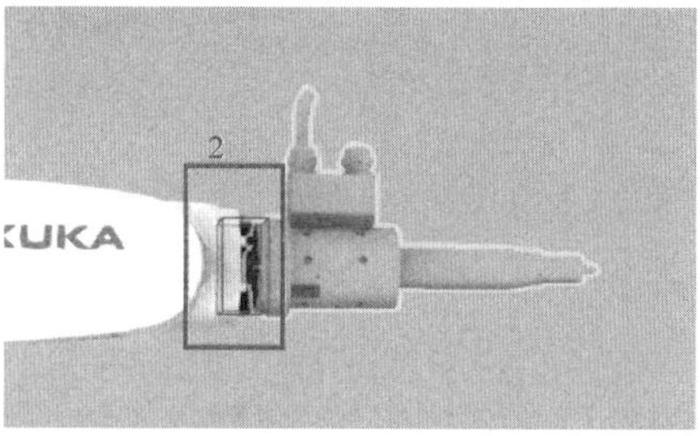
19）导入绘图模块	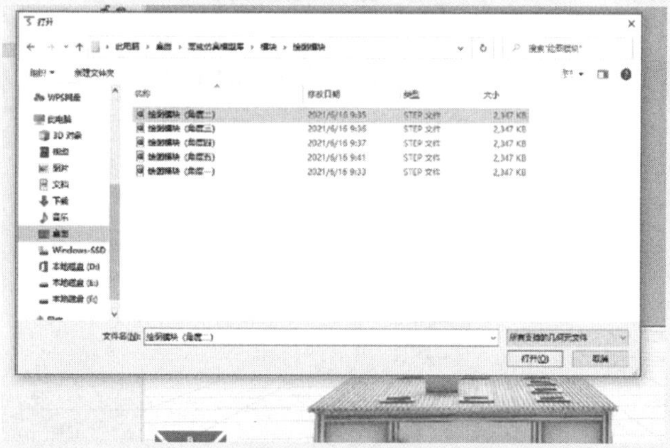
20）修改参数。依次修改绘图模块的名称、物料和类别	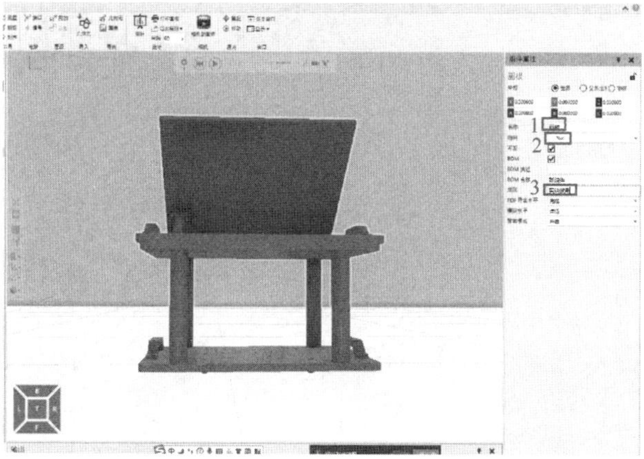

（续）

操作步骤及说明	示意图
21）更改原点位置。用一点法捕捉画板下底面中心点为坐标原点，按图示依次操作	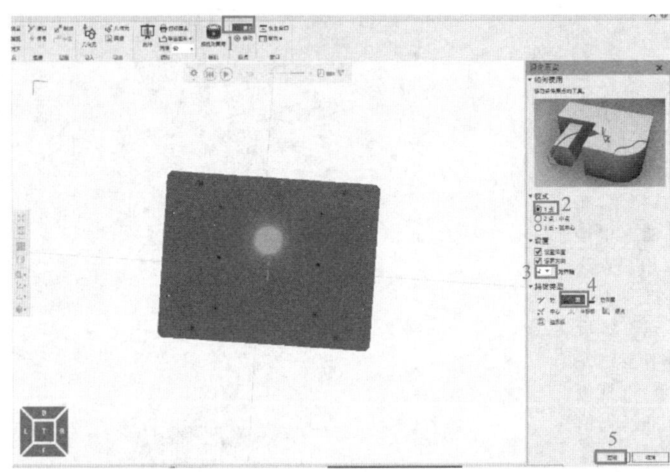
22）更改画板坐标方向。观察画板各轴方向，按 Z 轴逆时针旋转 90°则为正确方向	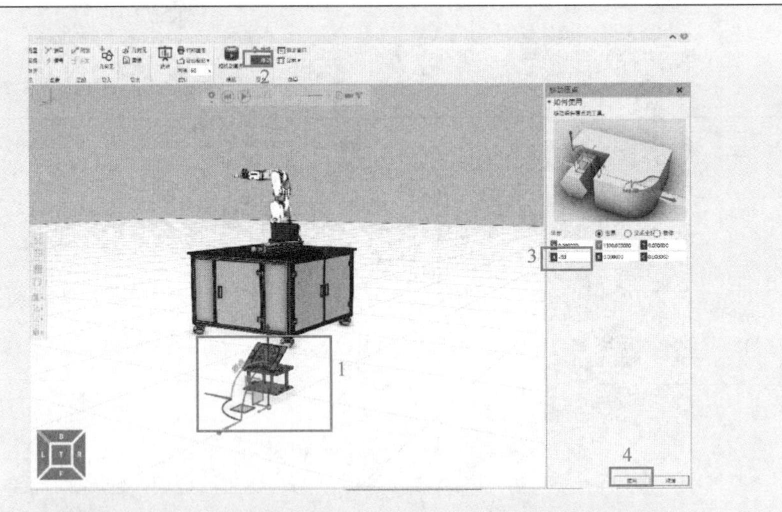
23）将画板附加到平台回字块上。用一点法，对齐轴选“+Z”方向	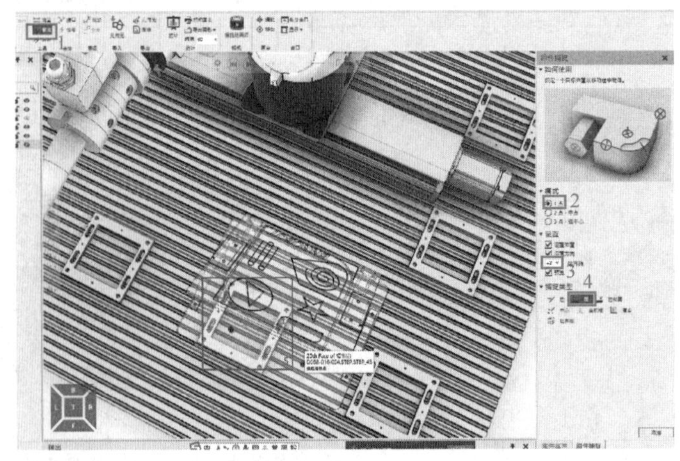

（续）

操作步骤及说明	示　意　图
24)绘图工作站搭建完成	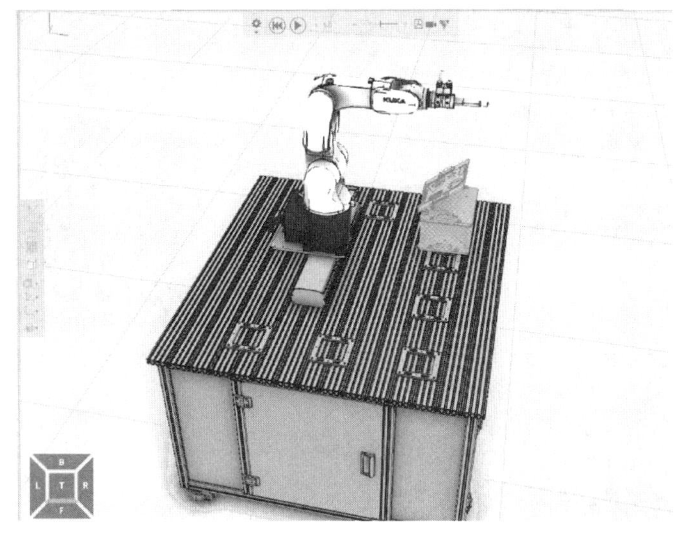
25)创建仿真程序存储目录。按照右图所示顺序更改程序存储位置并命名程序	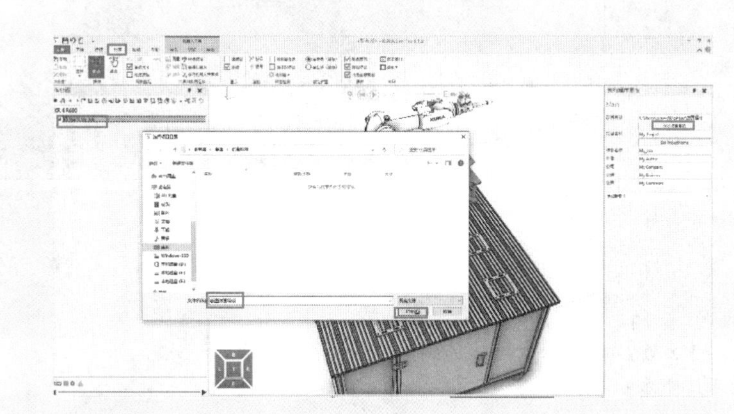
26)更改项目名称和作业名称。绘图名及作业名等信息可以更改,也可用默认值。单击3D世界空白处或者按回车键	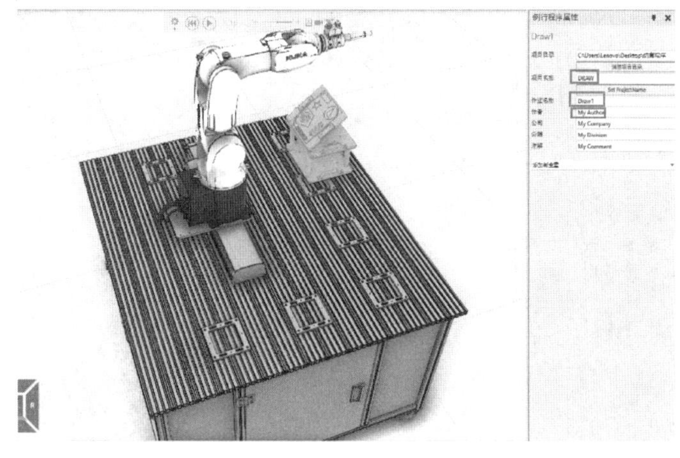

（续）

操作步骤及说明	示 意 图
27）进入点动界面。单击“点动”按钮，选择右侧工具坐标系，并单击“ ”按钮	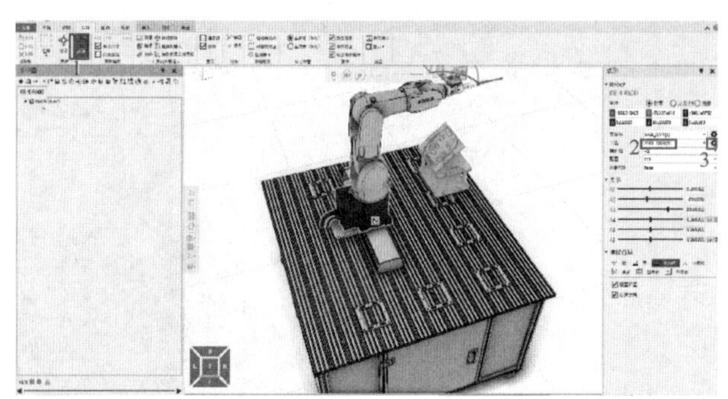
28）标定工具坐标系。按图示顺序选择，第一次选择的目标点肯定不会在笔尖位置。此时需要进一步操作	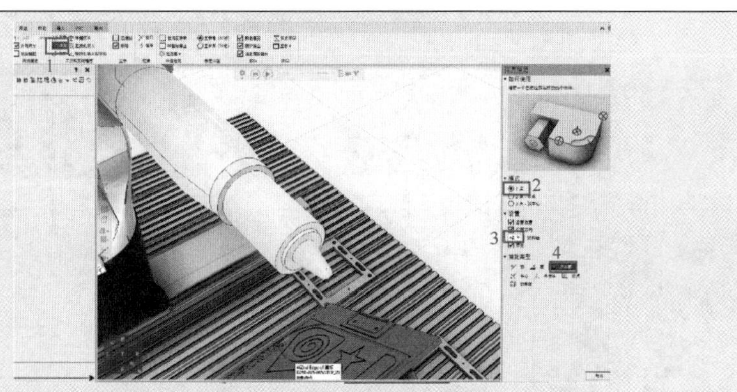
29）移动工具坐标系原点。沿 Z 轴方向移动工具坐标系原点至笔尖位置	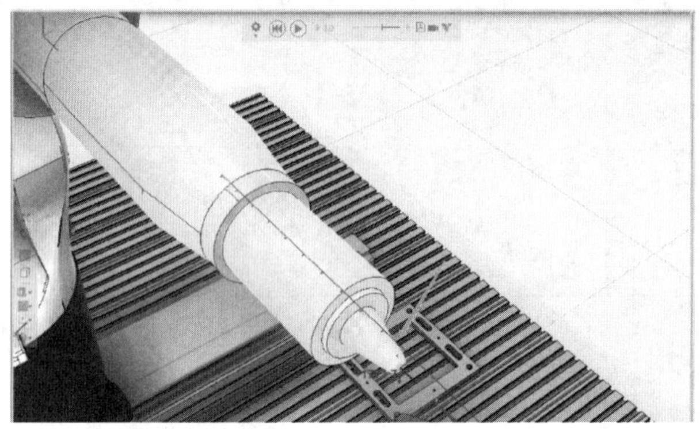
30）创建基坐标系。选择“点动”按钮，选择一个基坐标系，并单击“ ”按钮	

（续）

操作步骤及说明	示 意 图
31）选择基坐标系原点。用一点法选择画板斜面右下角为坐标原点	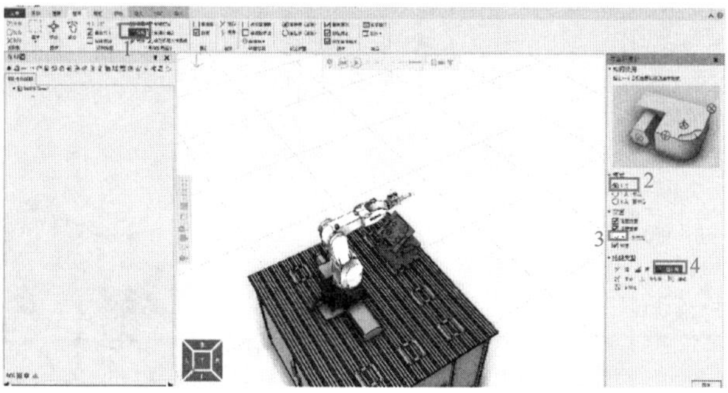
32）更改基坐标轴方向。捕捉到原点后，单击右上角“物体”，则坐标系 X 轴和 Y 轴便保持与斜面平行，Z 轴垂直斜面向上	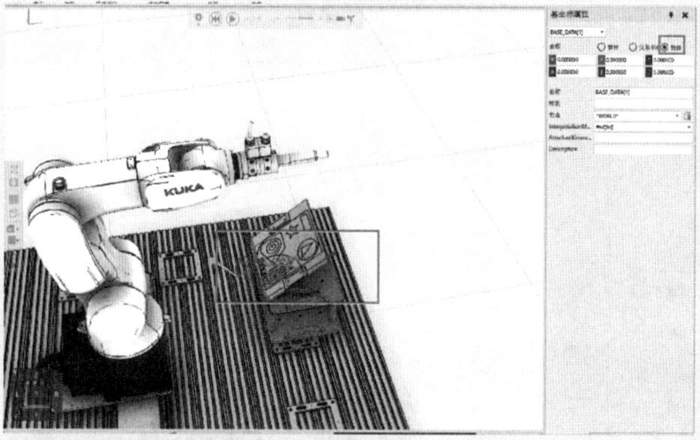
33）调用工具坐标系和基坐标系。在左侧窗格单击设置工具坐标系和工件坐标系图标，在主程序中添加完成	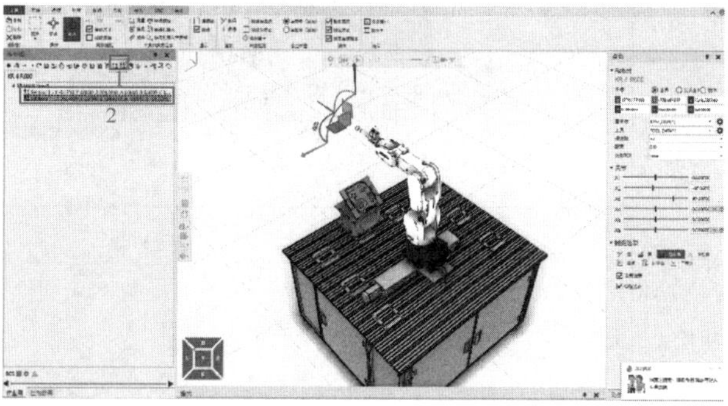
34）添加 HOME 指令。单击“点动”按钮，确保右侧工具坐标和基坐标为刚刚建立的两个坐标系，单击左上角“[icon]”	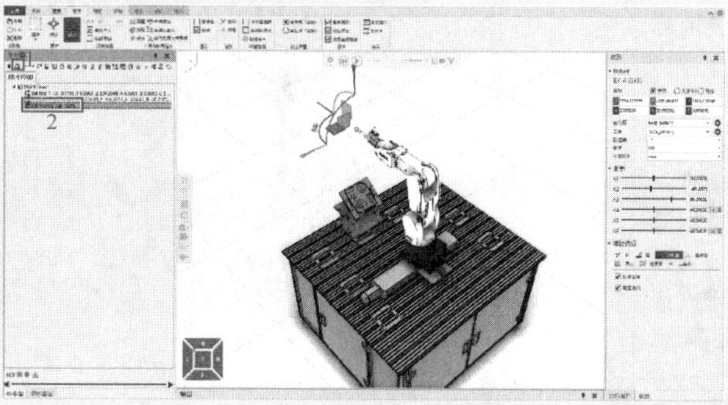

（续）

操作步骤及说明	示 意 图
35）修改 HOME 点位置。将右侧 5 轴转角修改为 90°，右键选中左侧 HOME 指令行，在下拉菜单中选择“修改 HOME”	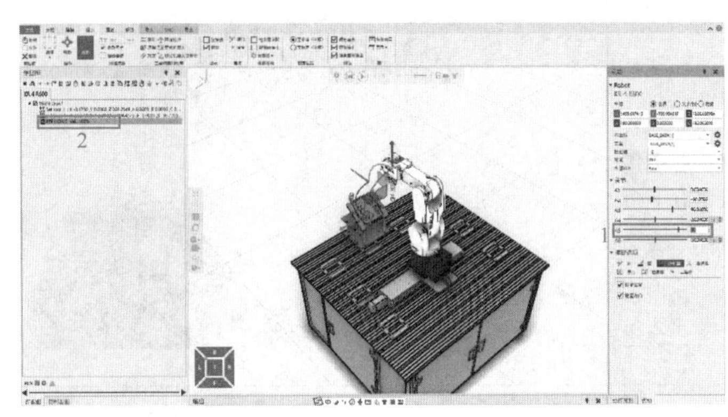
36）修改到达 HOME 点的速度。单击右下角“动作属性”，将速度改为 10%	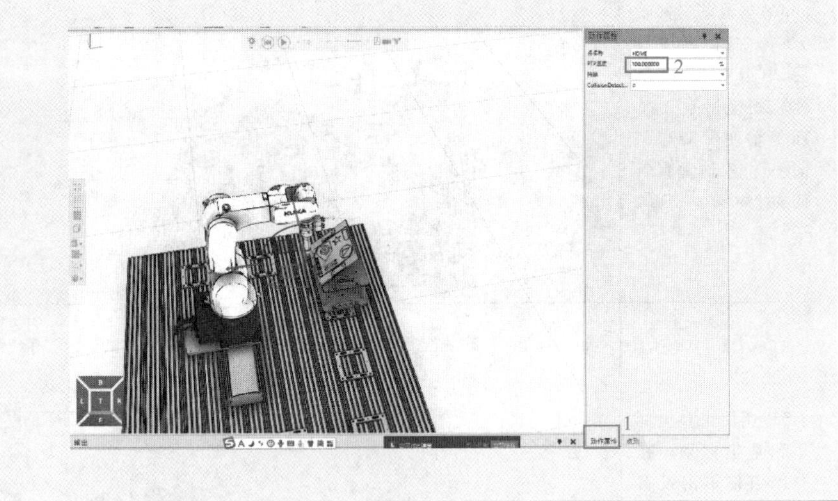
37）捕捉绘图作业进入点。单击“工具和实用程序”功能框中的“捕捉”按钮，右侧选择一点法（注意：接近轴指的是沿着工具坐标系的哪一个轴、哪一个方向去接近目标点）。要求使末端工具与画板所在斜面垂直按照所建工具坐标系方向故接近轴选择“+Z”。按要求在指定位置附近捕捉一点	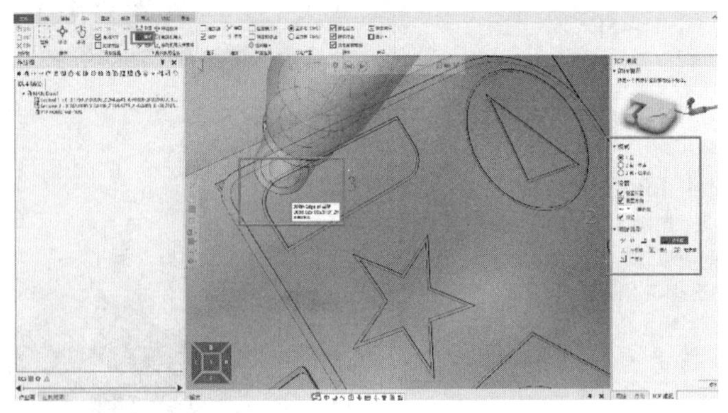

（续）

操作步骤及说明	示　意　图
38）沿 Z 轴方向移动点位置。要求绘图进入点位置在离画板一定距离，且绘图笔与画板保持垂直的位置，所以捕捉到第一个点后使其沿 Z 轴移动一段距离	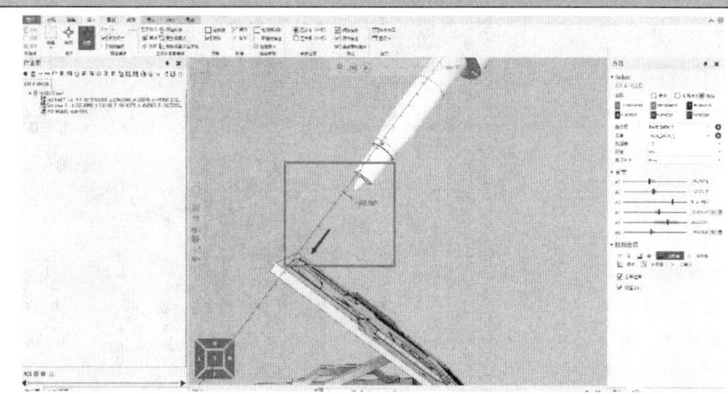
39）添加 PTP 指令。单击左侧窗格上方“　”按钮，即可添加 PTP 运动命令，在右侧窗格中单击“动作属性”，按图示修改参数。用鼠标单击 3D 世界空白处，可以看到在绘图笔末端位置出现“P1”，该点即为绘图作业第一个示教点	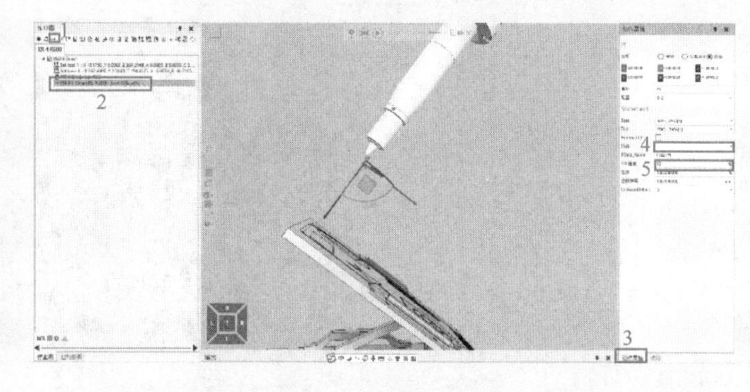
40）捕捉绘图作业开始点，方法同上	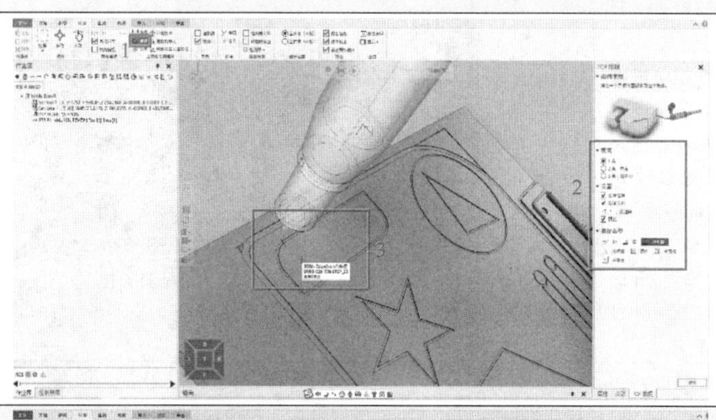
41）添加 LIN 指令。单击左侧窗格中的“　”图标，添加 LIN 指令。单击右侧窗格“动作属性”修改指令参数。将速度改为 0.1m/s 比较合适，防止速度太快出现碰撞	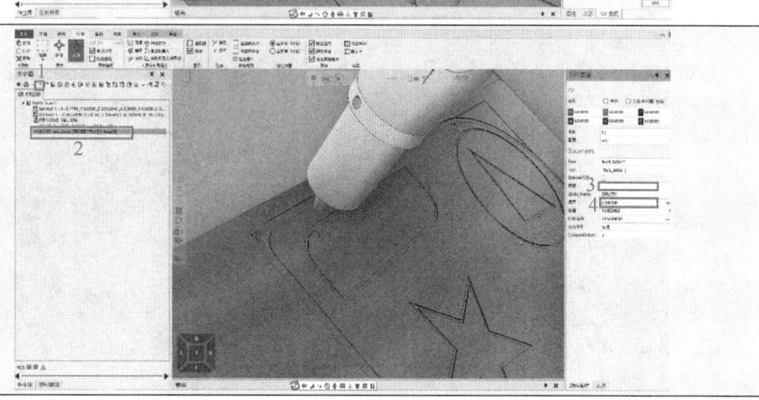

（续）

操作步骤及说明	示 意 图
42）添加 PATH 命令。单击左侧窗格中的“ ”按钮即可插入 PATH 指令。在右侧弹出的窗口中修改名称为“Drawing track”，运动方式修改为“Lin+Circ”，然后单击“选择曲线”按钮	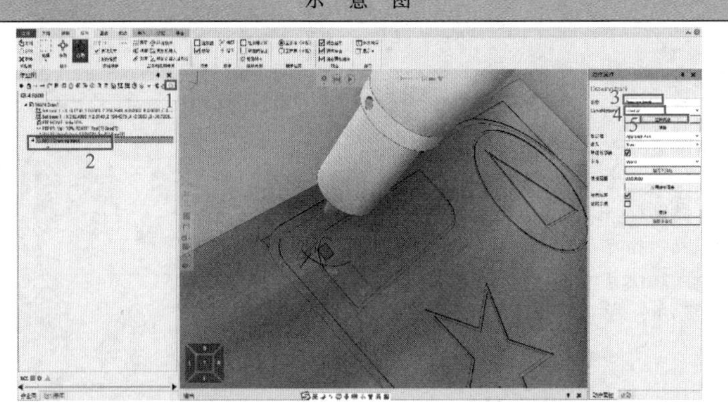
43）插入第一段轨迹。将鼠标定位至需要绘制轨迹位置，系统会自动捕捉轮廓，三角形为进入点，箭头为轨迹结束点。在右侧修改速度为 100mm/s	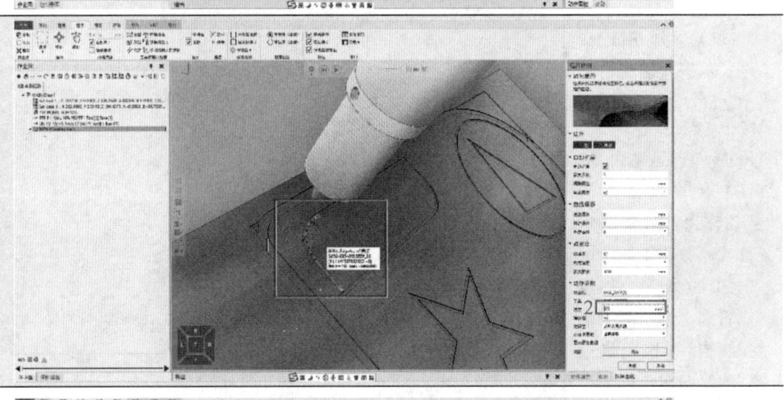
44）插入第二段轨迹。将鼠标定位至需要绘制轨迹的位置，系统会自动捕捉轮廓，三角形为进入点，箭头为轨迹结束点。在右侧修改速度为 100mm/s。完成第二段轨迹的插入。单击右下角的“生成”按钮，即可自动生成轨迹点	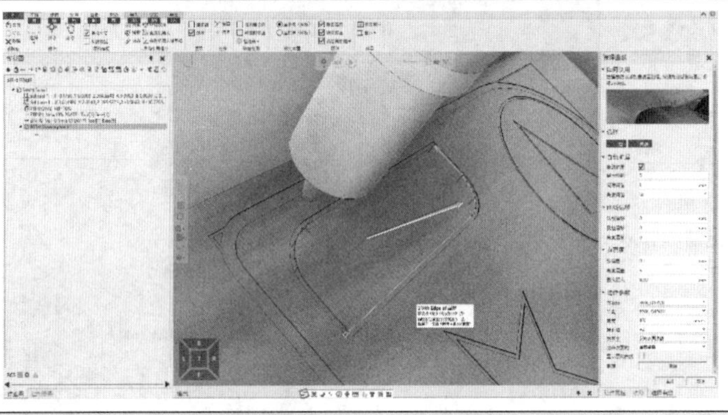
45）插入 LIN 指令。首先单击“捕捉”，在画板上找到目标点“P2”点，单击该点，然后单击左侧窗格中的“ → ”按钮，添加 LIN 指令。单击右侧窗格中的“动作属性”修改指令参数。将速度改为 0.1m/s 比较合适	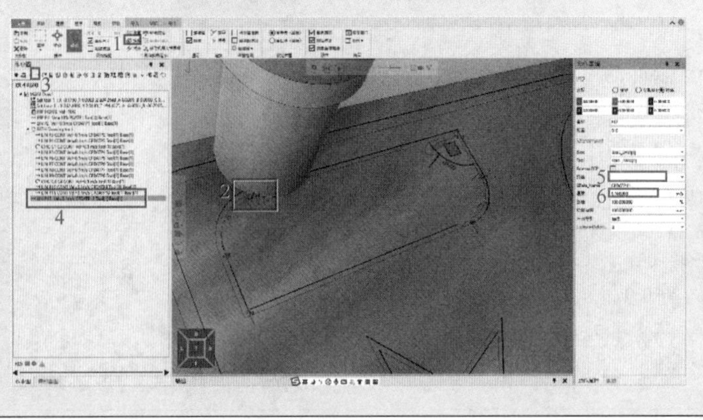

（续）

操作步骤及说明	示　意　图
46）重回过渡点P1点。单击“点动”，沿 Z 轴移动绘图笔至P1点	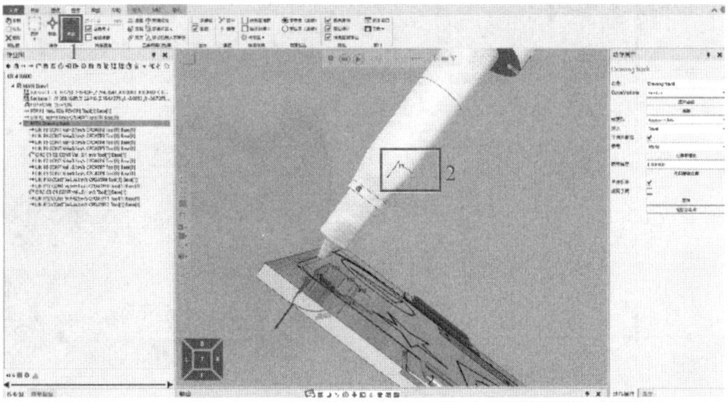
47）添加LIN指令。单击“ → ”按钮，在右侧窗格中修改运动参数	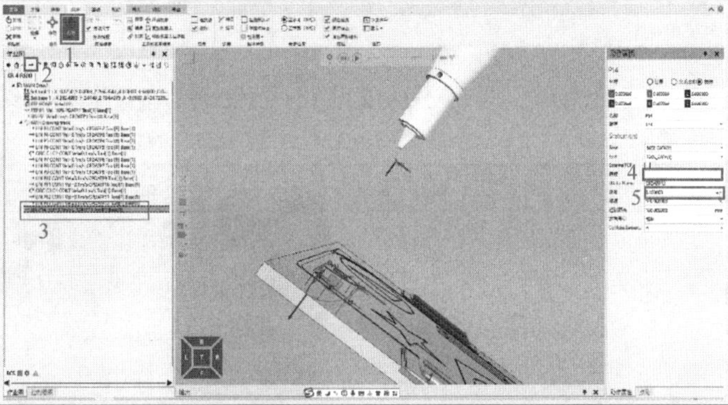
48）添加HOME指令。单击“ ”按钮，在右侧窗格中修改速度为10%	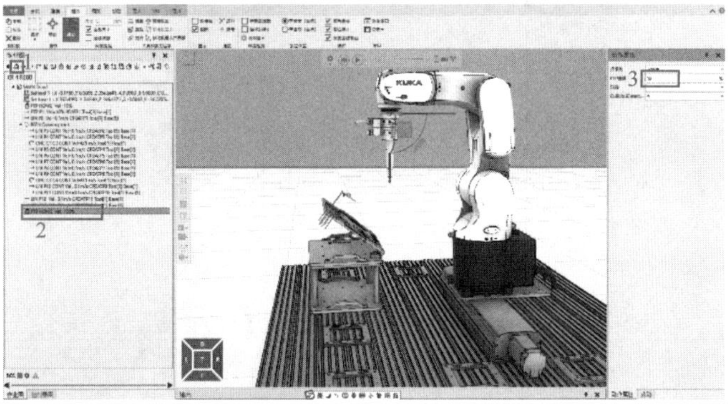
49）录制视频。程序编辑完成后，单击3D世界中的“ ”按钮，在右侧弹出的窗口中选择视频参数，单击“开始录制”按钮，弹出保存路径对话框，按照要求选择文件夹即可。注意：在导出视频前先单击“ ”按钮	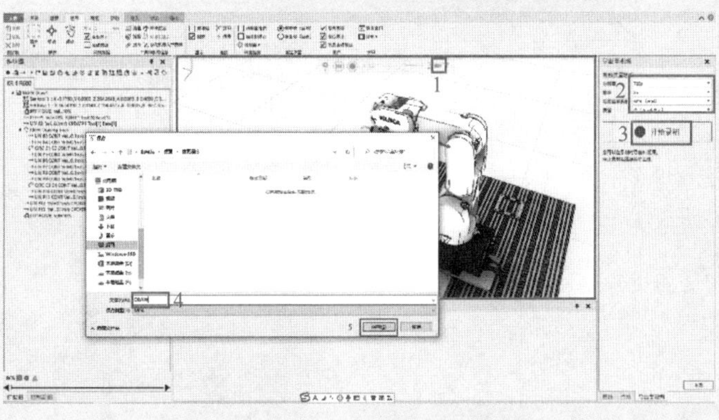

（续）

操作步骤及说明	示 意 图
50）导出程序。单击最上面菜单栏中的“导出”，单击“生成代码”，在3D世界下方会看到默认保存路径为存储视频的位置。可以将其复制至U盘中，再导入示教器进行验证	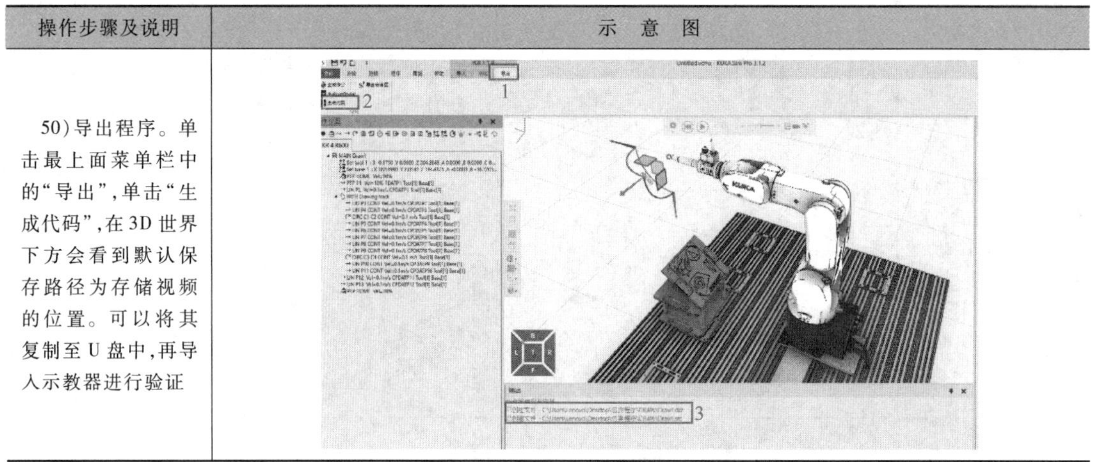

（2）手动安装绘图笔工具 手动安装绘图笔工具的操作步骤见表5-3。

表5-3 手动安装绘图笔工具的操作步骤

操作步骤及说明	示 意 图
1）打开示教器的I/O控制界面	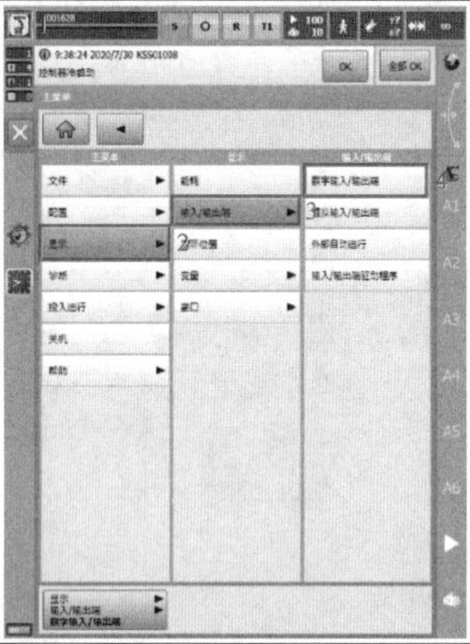
2）选择输出端3，单击“值”，强制赋值数字输出端3使快换末端卡扣收缩	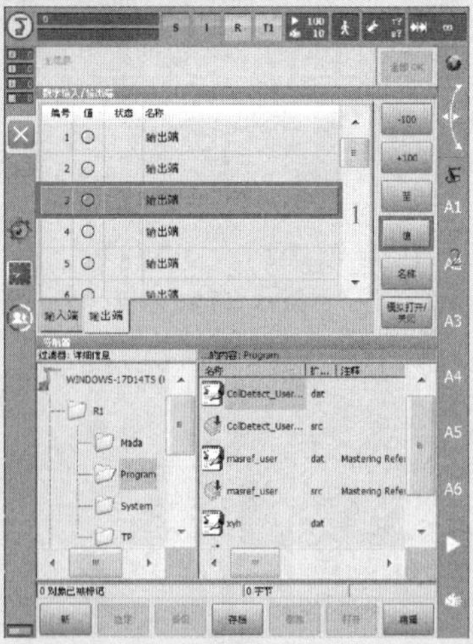

（续）

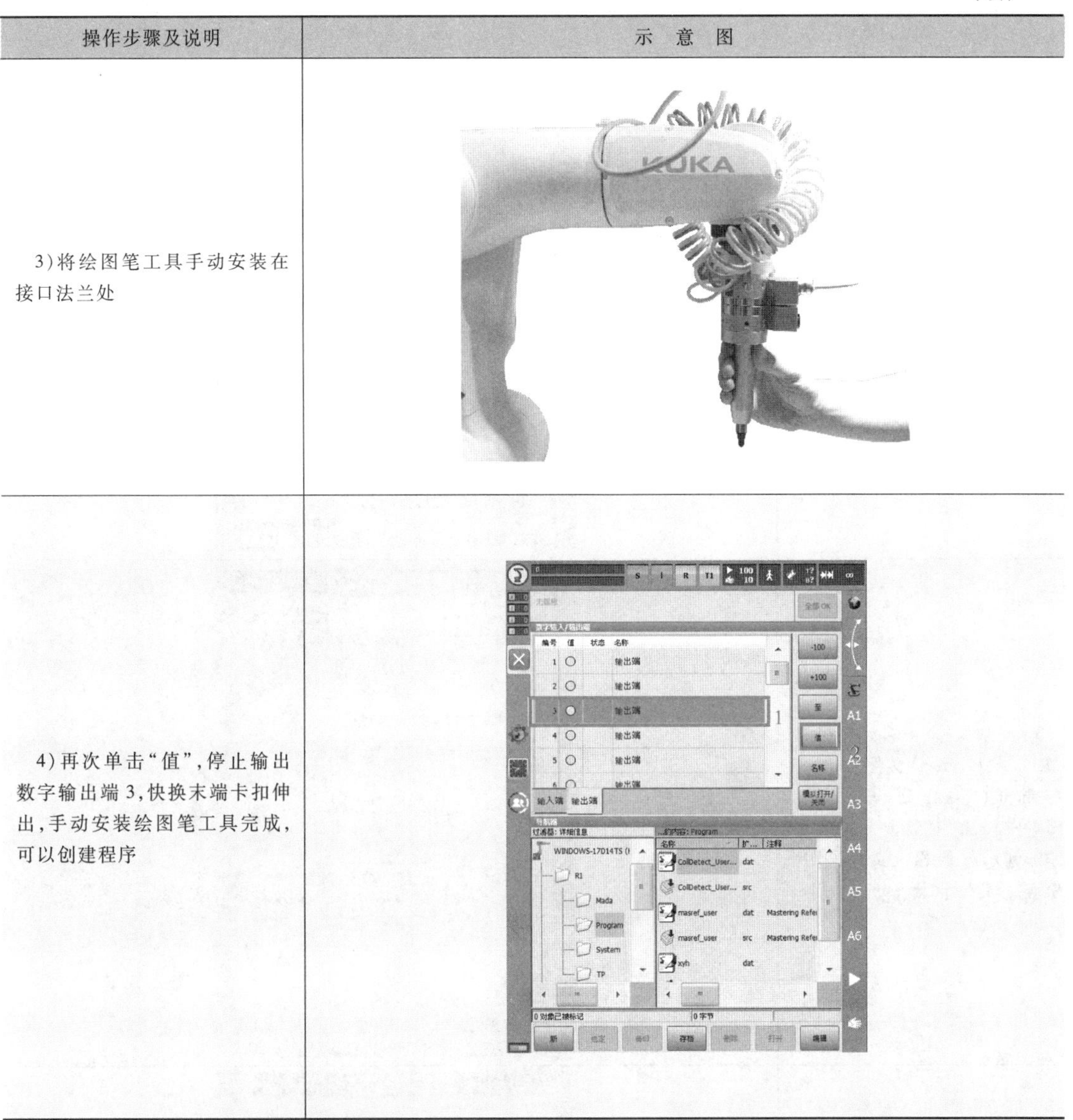

操作步骤及说明	示　意　图
3）将绘图笔工具手动安装在接口法兰处	
4）再次单击“值”，停止输出数字输出端3，快换末端卡扣伸出，手动安装绘图笔工具完成，可以创建程序	

（3）程序验证　绘图程序验证过程中需要使用示教器对导入的程序中工具坐标系（TOOL-DATA［1］）的数据进行适当调整，对基坐标系（BASE-DATA［1］）的数据进行适当调整，具体操作步骤见表5-4。

表5-4　绘图程序验证的操作步骤

操作步骤及说明	示　意　图
1）插入U盘，将U盘插在示教器左上角的USB接口上。打开U盘，找到保存的程序文件	

（续）

操作步骤及说明	示 意 图
2）复制文件。选中程序文件，单击右下角的“编辑”，在弹出菜单中单击“复制”	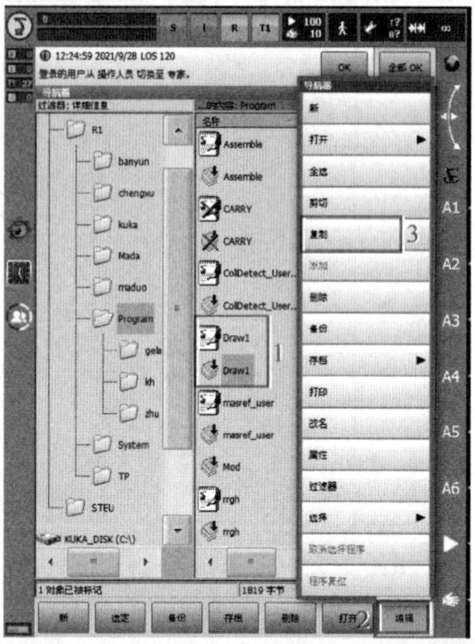
3）添加文件并选定。打开“R1”→“Program”文件夹，单击右侧窗口空白处，单击“编辑”→“添加”便将复制的程序添加到示教器相应文件夹内。单击“选定”	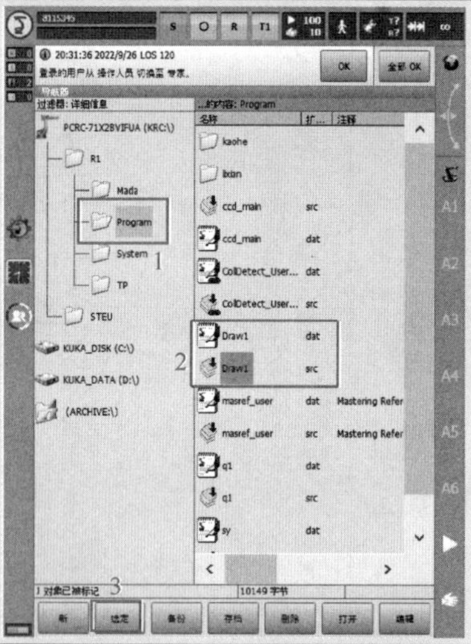
4）进入调试界面。可以看到工具坐标系和基坐标系的位置信息，如果在运行过程中发现与实际位置有偏差，可以更改坐标值。此时选择单步运行，按住使能键，对程序进行调试	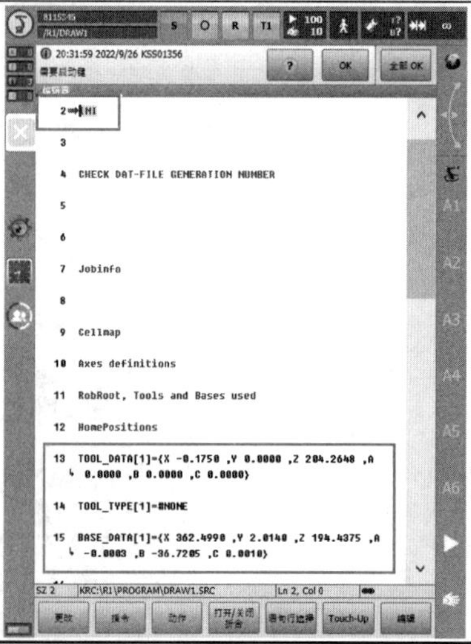

3. 激光雕刻离线编程及验证

（1）离线编程　激光雕刻离线编程的操作步骤见表 5-5，导入并设置机器人和培训台的方法见表 5-2 步骤 1)~14)。

表 5-5　激光雕刻离线编程的操作步骤

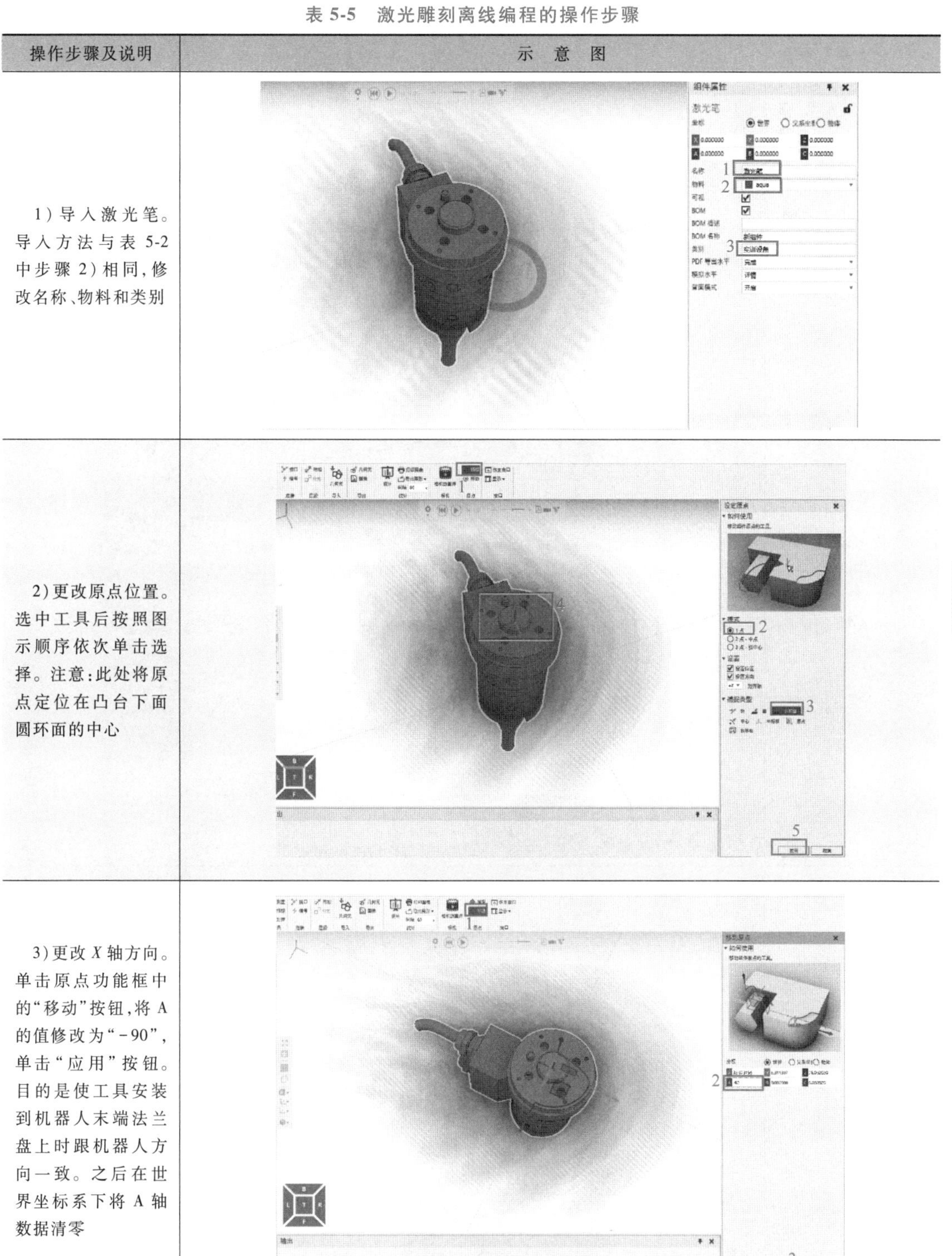

操作步骤及说明	示　意　图
1）导入激光笔。导入方法与表 5-2 中步骤 2）相同，修改名称、物料和类别	
2）更改原点位置。选中工具后按照图示顺序依次单击选择。注意：此处将原点定位在凸台下面圆环面的中心	
3）更改 X 轴方向。单击原点功能框中的“移动”按钮，将 A 的值修改为“-90”，单击“应用”按钮。目的是使工具安装到机器人末端法兰盘上时跟机器人方向一致。之后在世界坐标系下将 A 轴数据清零	

（续）

操作步骤及说明	示 意 图
4）将工具安装至机器人法兰盘上。单击选中激光笔，在工具功能框中选择“捕捉”，采用一点法捕捉机器人法兰盘中心点。然后将工具附加至法兰盘上。注意：红框位置必须为机器人第六轴	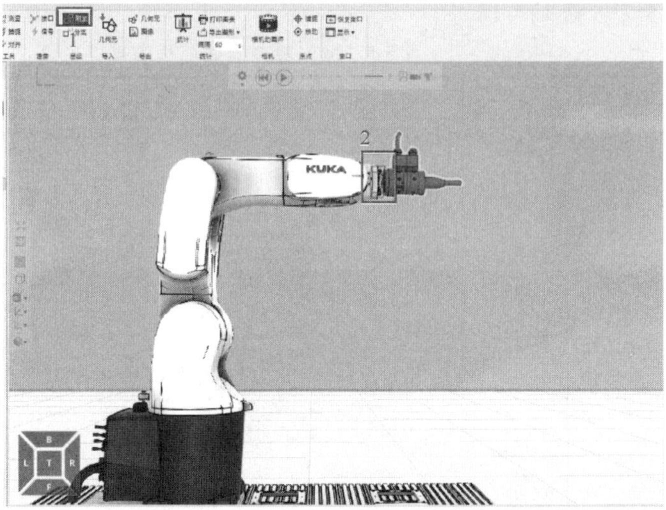
5）导入激光雕刻模块	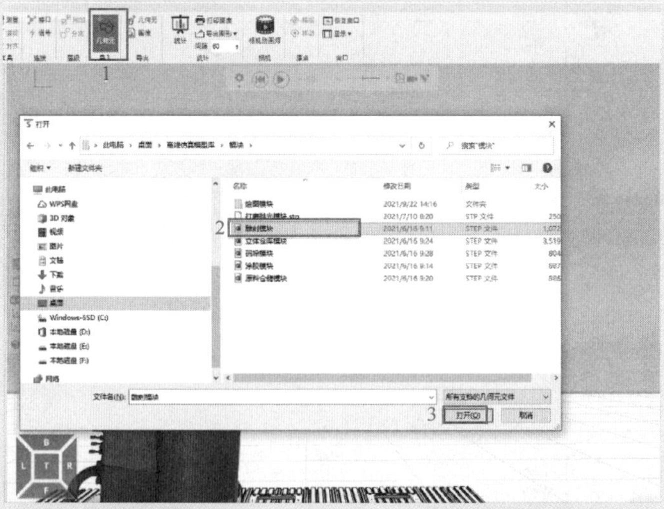
6）修改参数。依次修改雕刻模块名称、物料和类别	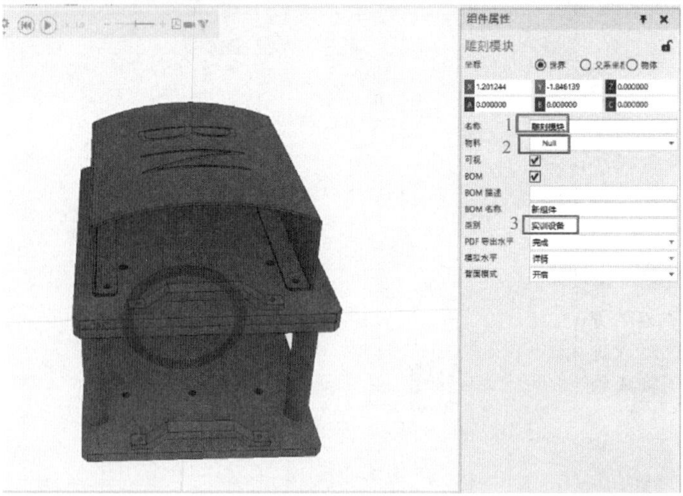

（续）

操作步骤及说明	示　意　图
7）更改原点位置。用“1 点”法捕捉雕刻模块下底面中心点为坐标原点	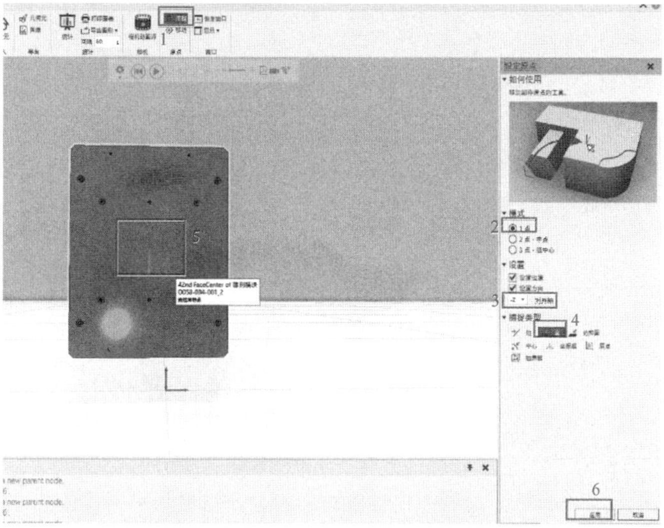
8）更改雕刻模块坐标方向。观察雕刻各轴方向，按 Z 轴顺时针旋转 180°则为正确方向。目的是将雕刻模块安装至实训台时其方向为右图所示方向	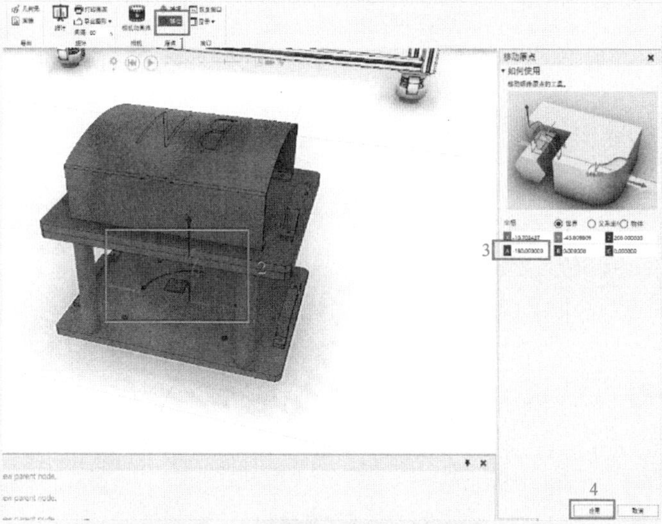
9）将雕刻模块安装到平台回字块上。用“1 点”法，对齐轴选“+Z”方向，并将其附加至实训台	

（续）

操作步骤及说明	示 意 图
10）绘图工作站搭建完成	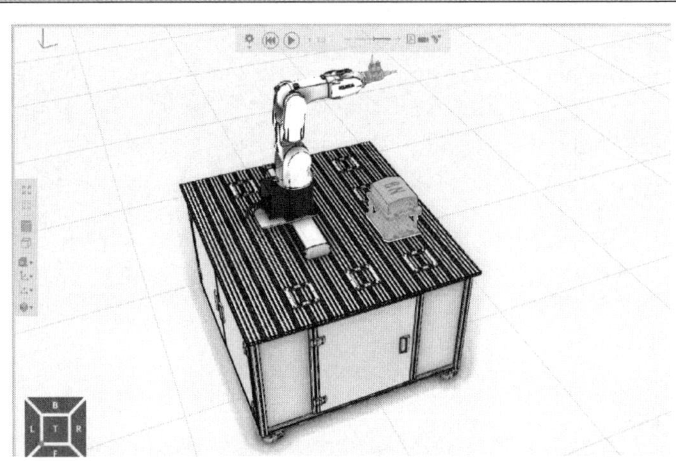
11）创建仿真程序存储目录。按照右图所示顺序更改程序存储位置并命名程序	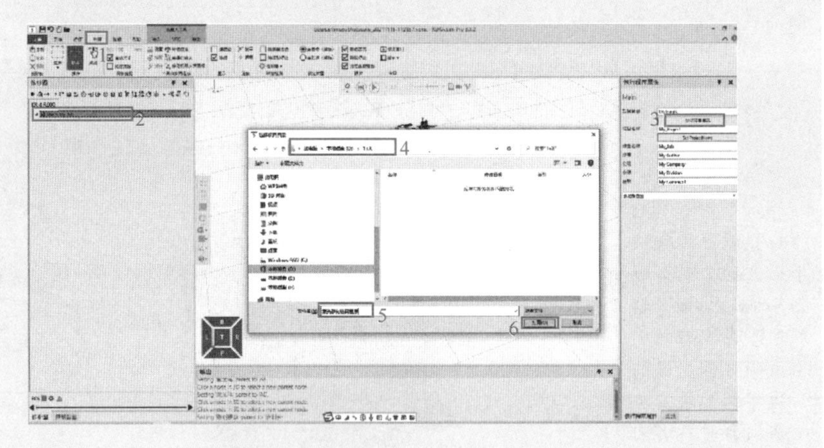
12）更改项目名称和作业名称。绘图名及作业名等信息可以更改，也可用默认值。修改完以后单击3D世界空白处或者按回车键	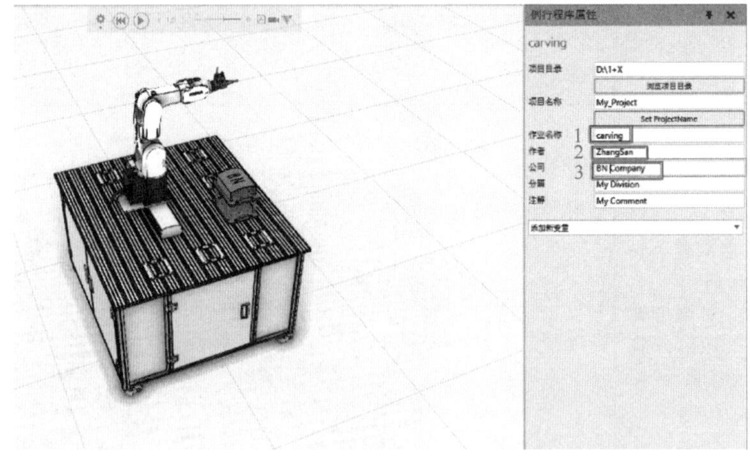

（续）

操作步骤及说明	示　意　图
13）进入点动界面。单击“点动”按钮，选择右侧工具坐标系，并单击“⚙”按钮	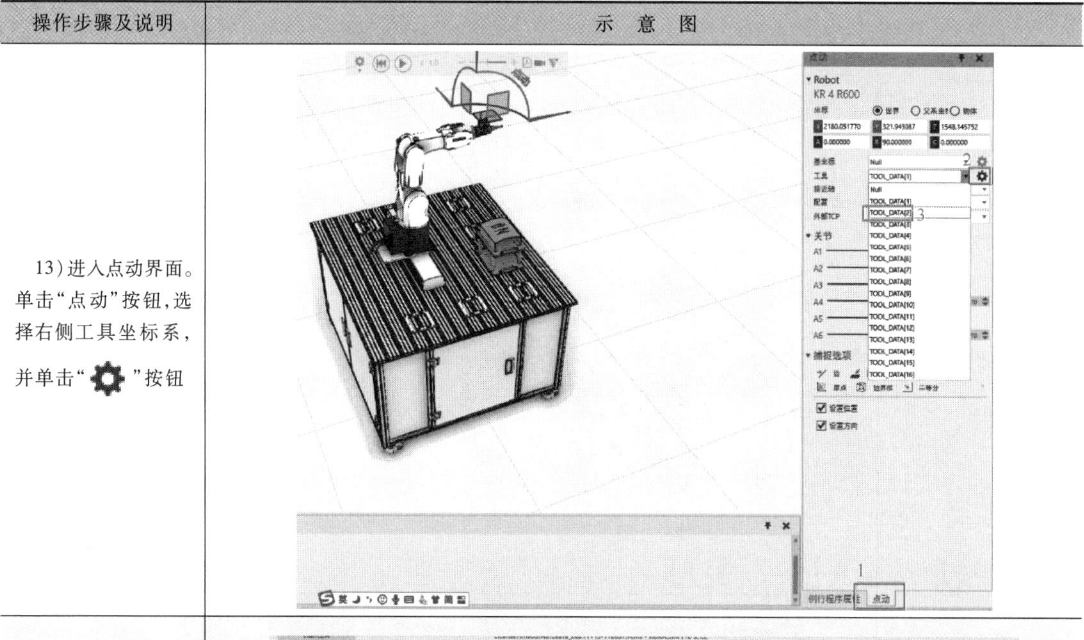
14）标定工具坐标系。按图示顺序选择，标定激光笔工具坐标系的原点位置	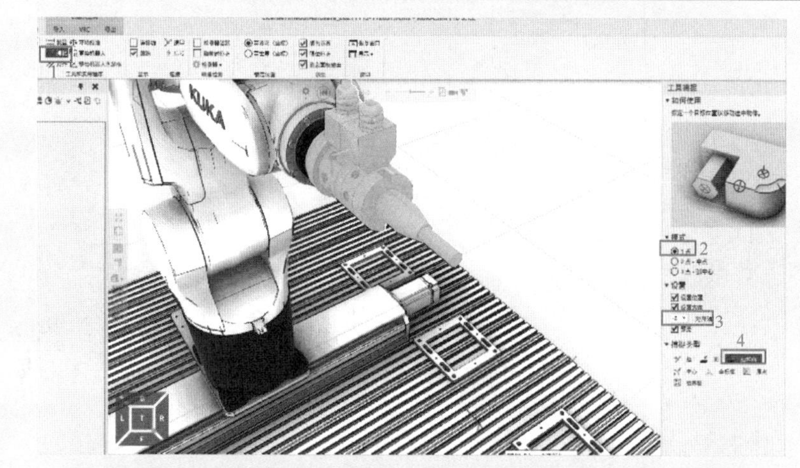
15）移动工具坐标系原点。为了安全，防止激光笔尖触碰到雕刻模块，应沿箭头方向移动工具坐标系原点，使其向外一段距离	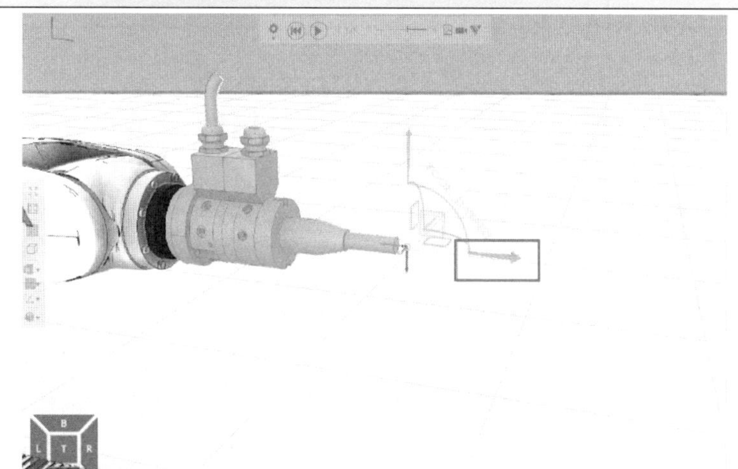

（续）

操作步骤及说明	示意图
16）创建基坐标系。选择“点动”按钮，选择一个基坐标系，并单击“ ”按钮	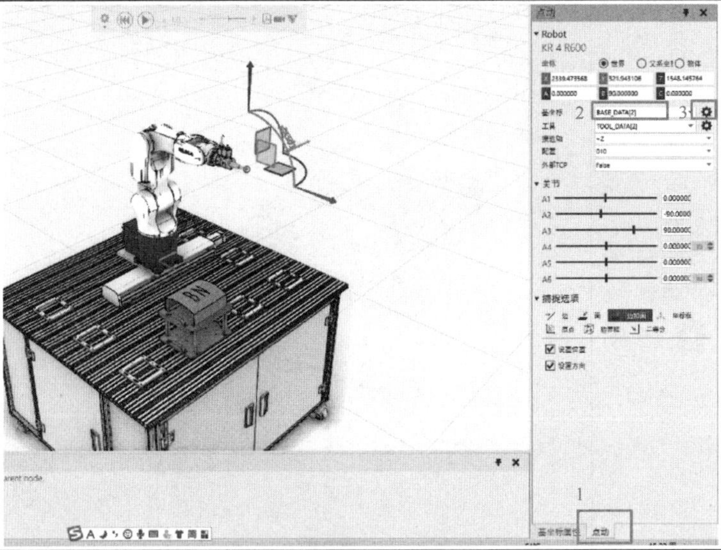
17）选择基坐标系原点。用一点法选择雕刻模块中间平面的一角为坐标原点	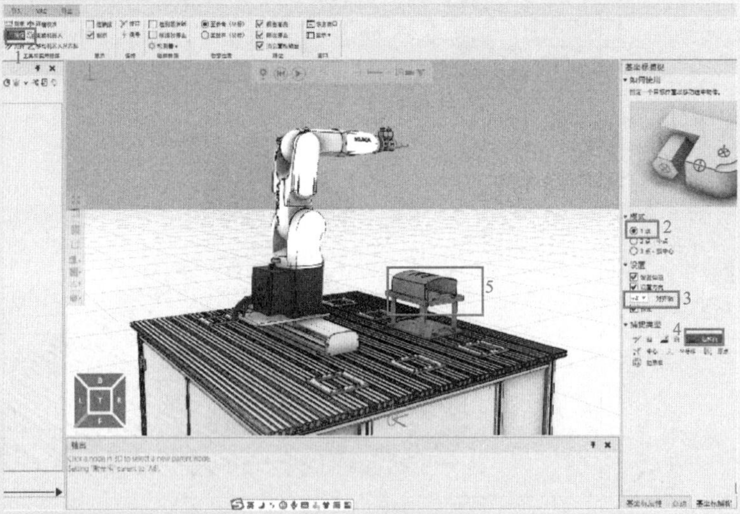
18）调用工具坐标系和基坐标系。在左侧窗格单击设置工具坐标系和工件坐标系图标，在主程序中添加完成	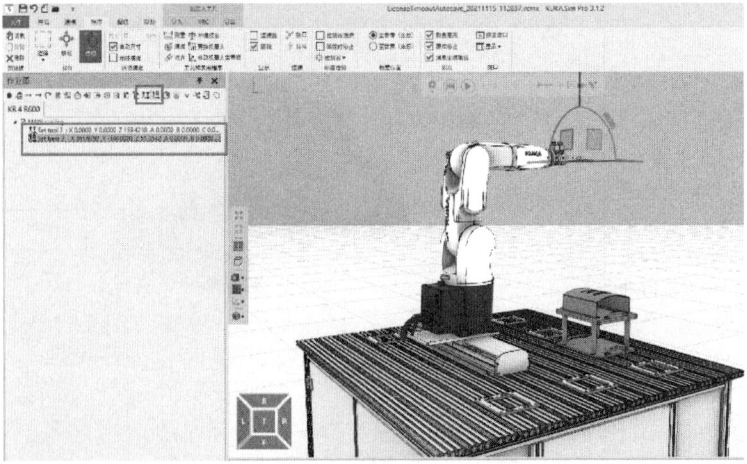

（续）

操作步骤及说明	示意图
19）添加 HOME 指令。单击“点动”按钮，确保右侧工具坐标和基坐标为刚刚建立的两个坐标系，单击左上角“ ”	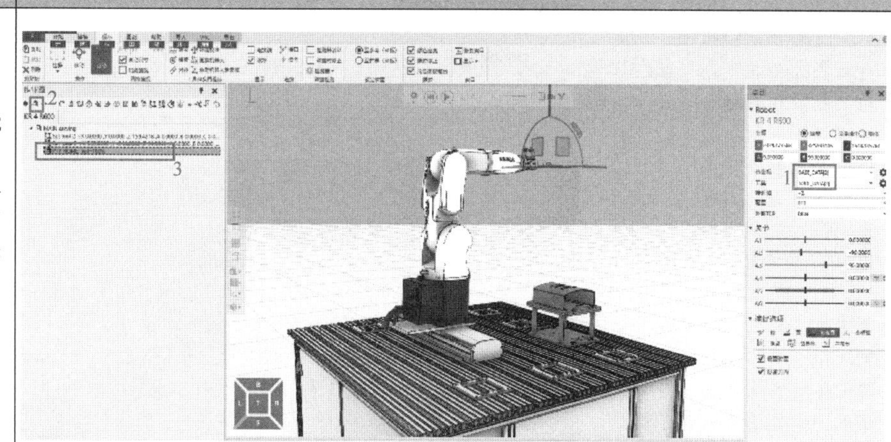
20）修改 HOME 点位置。将右侧 5 轴转角修改为 90°，右键左侧 HOME 指令行，在下拉菜单中选择“修改 HOME”。注意：先改 5 轴转角，再单击“修改 HOME”	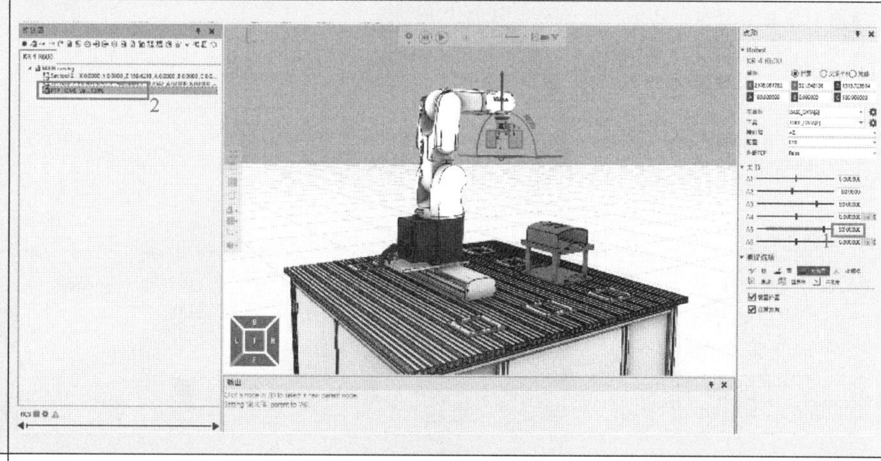
21）修改到达 HOME 点的速度。单击右下角“动作属性”，将速度改为 10%	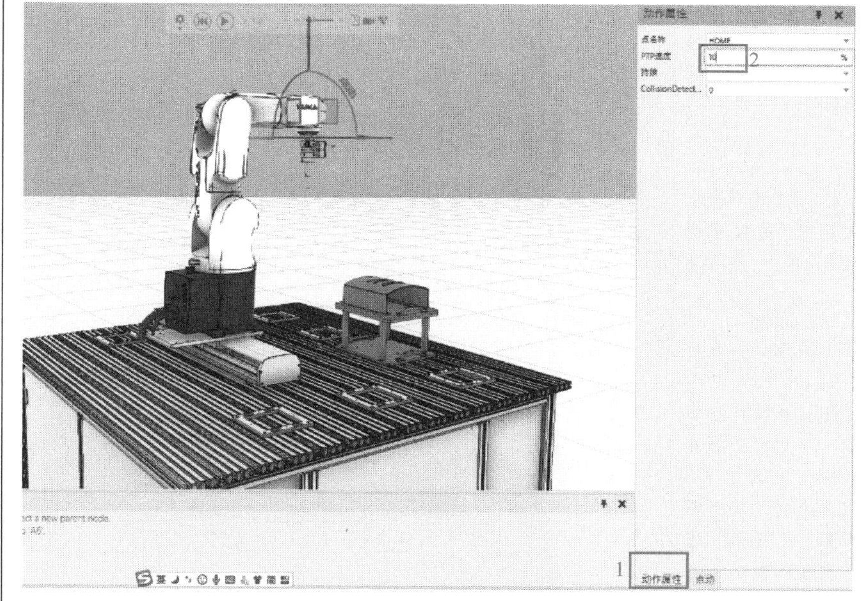

（续）

操作步骤及说明	示 意 图
22）捕捉雕刻中间过渡点。单击“点动”，此时在右侧窗格选择所用的工具坐标系和基坐标系为刚刚建立的坐标系。单击“工具和实用程序”功能框中的“捕捉”按钮，在右侧选择一点法，接近轴选择“+Z”，捕捉雕刻模块字母 B 拐角处一点作为进入点。然后将其沿 Z 轴向上抬起一段距离，将此点定义为过渡点 P1	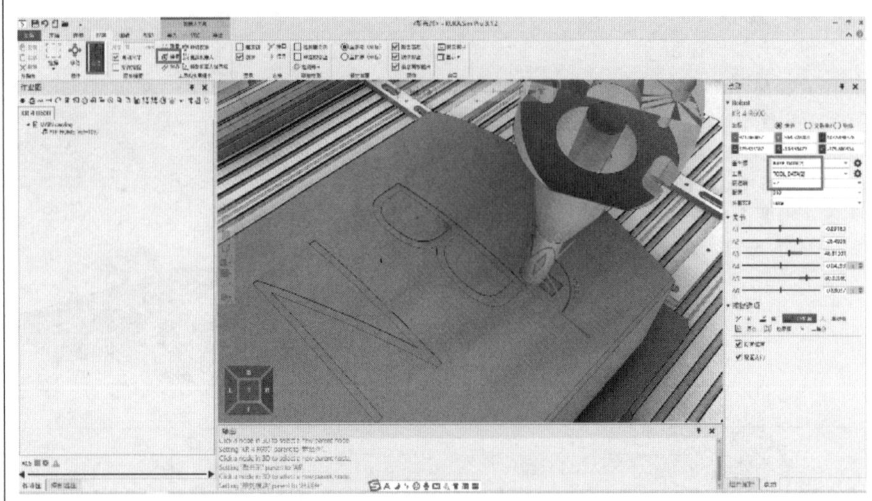
23）修改 P1 点参数。单击左侧窗格上方的“ ”按钮，即可添加 PTP 运动命令，在右侧窗格中单击“动作属性”，按图示修改参数。用鼠标单击 3D 世界空白处，可以看到在绘图笔末端位置出现“P1”，该点即雕刻作业第一个示教点	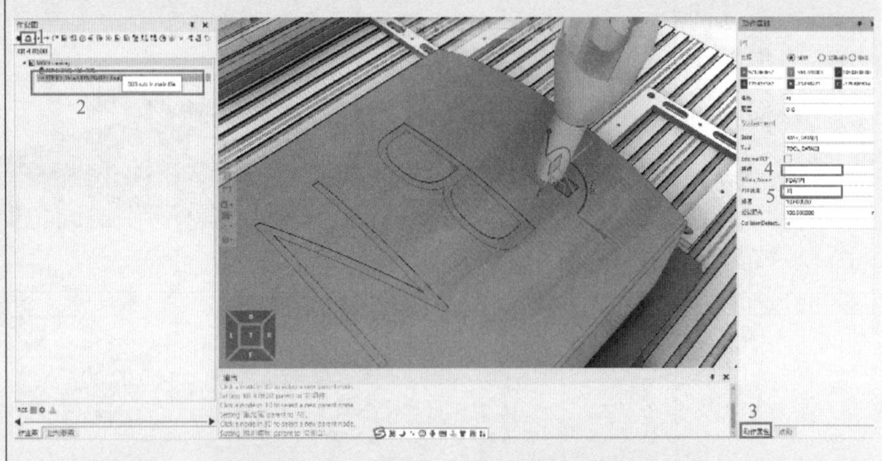
24）捕捉雕刻作业开始点。捕捉开始点方法同上，然后单击“ → ”按钮，添加 LIN 指令。单击右侧窗格中的“动作属性”，修改指令参数。将速度改为 0.1m/s 比较合适，防止速度太快出现碰撞。将“持续”选项改为空白	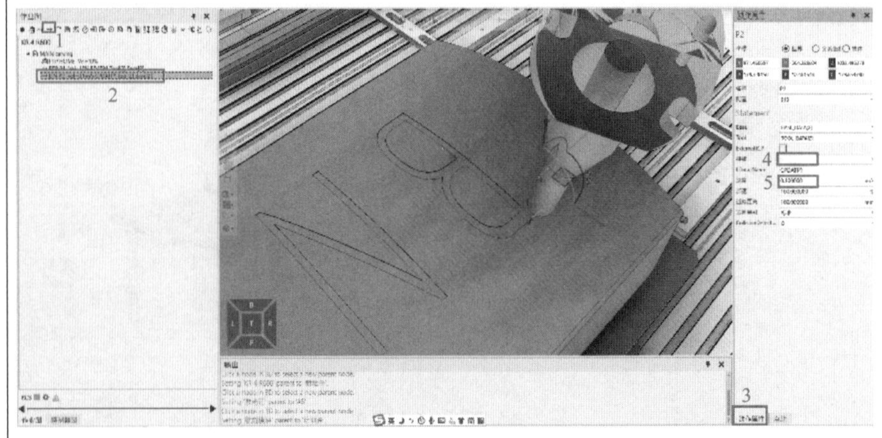

（续）

操作步骤及说明	示 意 图
25)添加 PATH 命令。单击左侧窗格中的“ ”按钮即可插入 PATH 指令。在右侧弹出窗口中修改名称为“1”,运动方式修改为“Lin+Circ”,之后单击“选择曲线”按钮	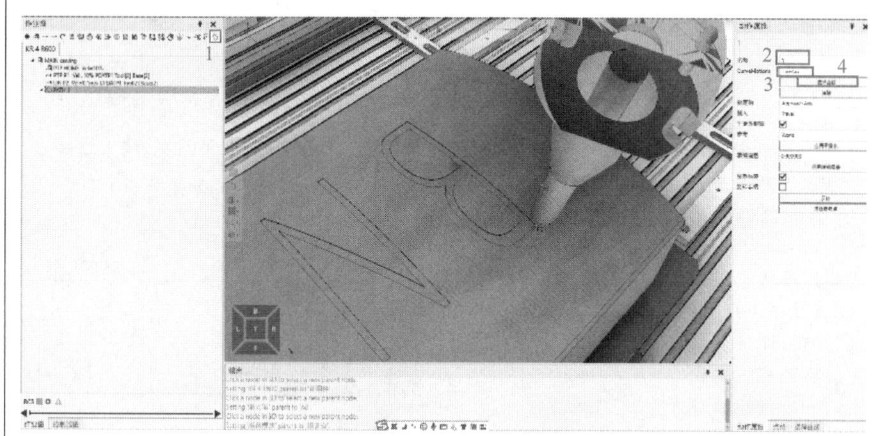
26)插入第一段轨迹。将鼠标定位至需要绘制轨迹的位置,系统会自动捕捉轮廓,三角形为进入点,箭头为轨迹结束点。在右侧修改速度为 100mm/s	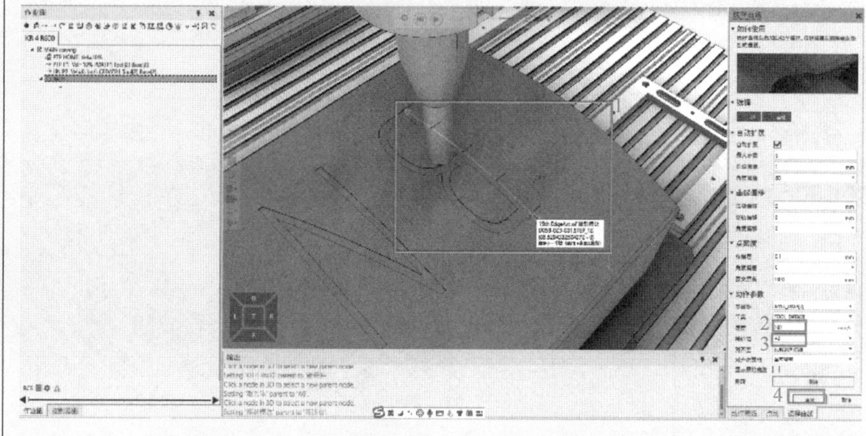
27)插入第二段轨迹。将鼠标定位至需要绘制轨迹的位置,系统会自动捕捉轮廓,三角形为进入点,箭头为轨迹结束点。在右侧修改速度为 100mm/s。完成第二段轨迹的插入。单击右下角“生成”按钮,即可自动生成轨迹点	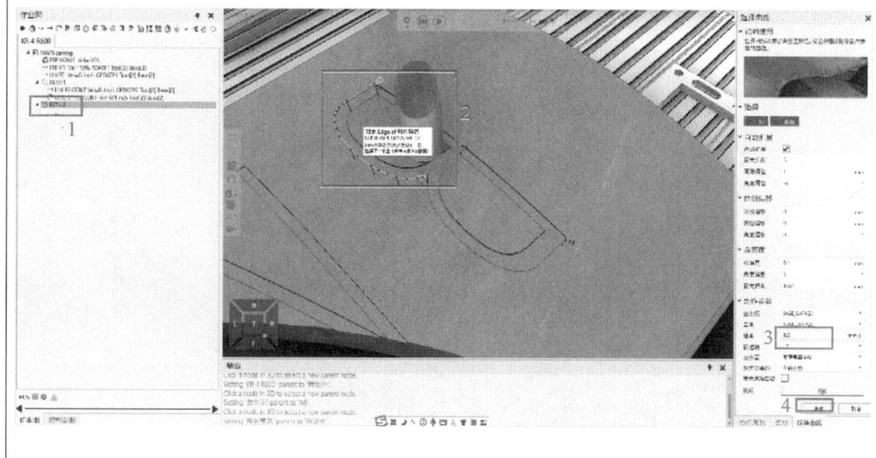

（续）

操作步骤及说明	示 意 图
28）插入第三段轨迹。将鼠标定位至需要绘制轨迹的位置，系统会自动捕捉轮廓，三角形为进入点，箭头为轨迹结束点。在右侧修改速度为 100mm/s。完成第三段轨迹的插入。单击右下角"生成"按钮，即可自动生成轨迹点。生成后的三段轨迹如右图所示	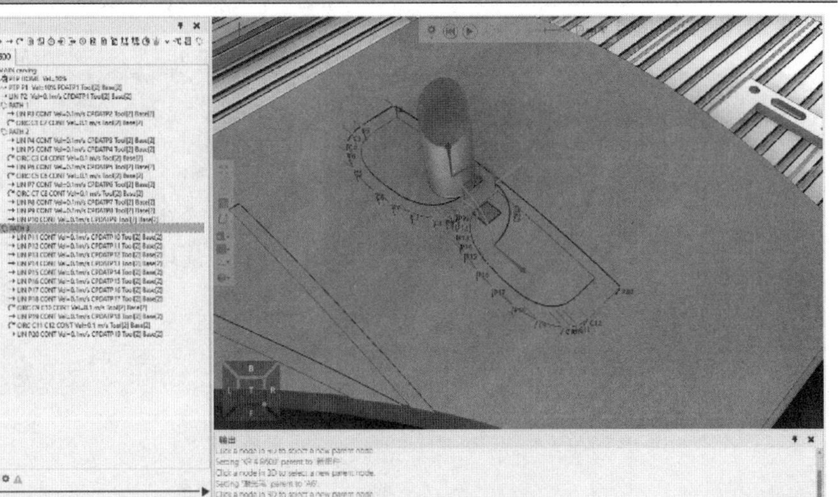
29）插入 OUT 指令。选中 P1 点所在的程序行，然后单击"[按钮图标]"按钮，在右侧对话框修改端口号为"6"，状态设置为"正确"	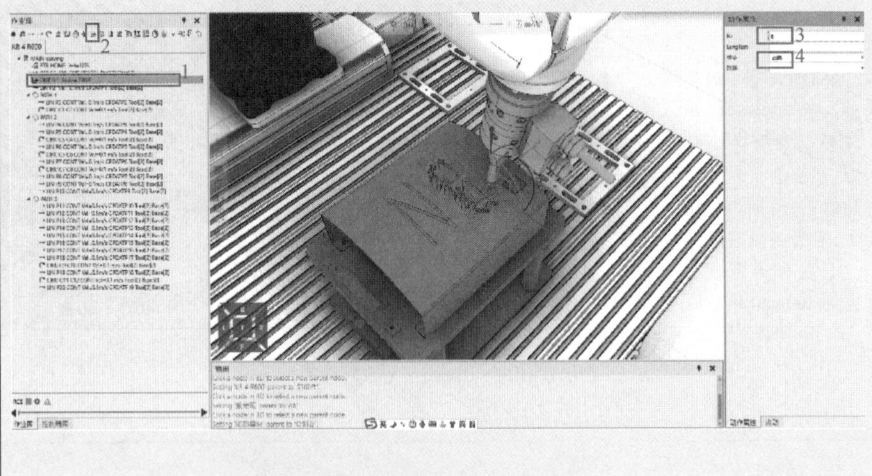
30）将激光笔抬起。用鼠标选中程序行最后一行，沿 Z 轴向上抬起一段距离，此段作为中间过渡点	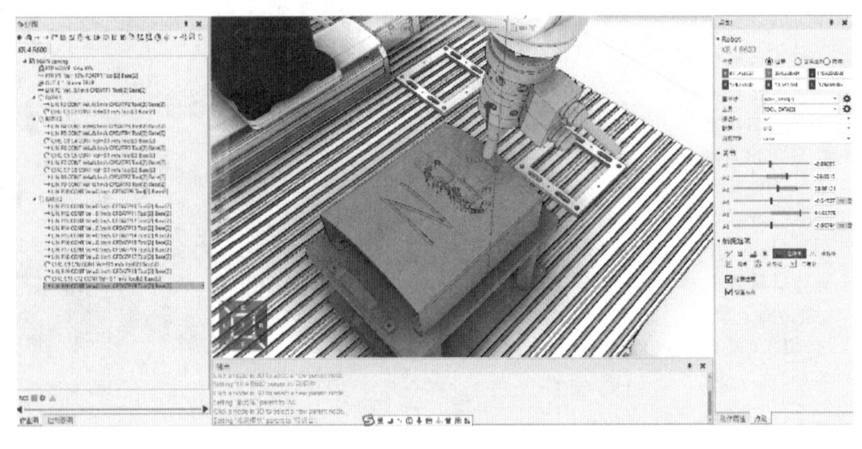

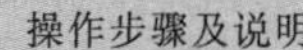

（续）

操作步骤及说明	示　意　图
31）添加 LIN 指令。单击“ → ”按钮，在右侧窗格修改运动参数	
32）添加 OUT 指令。选中 P21 点所在的程序行，然后选择“ ”按钮，在右侧对话框修改端口号为“6”，状态设置为“错误”	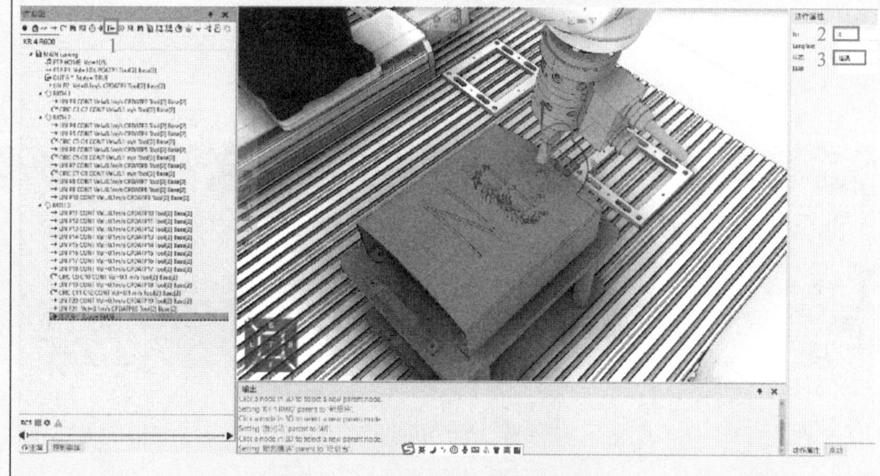
33）插入下一个过渡点。方法同上，这次捕捉点在字母 N 上面一个点，然后向上抬起一段距离	

（续）

操作步骤及说明	示 意 图
34）插入 PTP 运动指令。单击左侧窗格上方的“ ”按钮，即可添加 PTP 运动命令。在右侧窗格中单击“动作属性”，按图示修改参数。用鼠标单击 3D 世界空白处，可以看到在绘图笔末端位置出现“P22”，该点即为过渡点	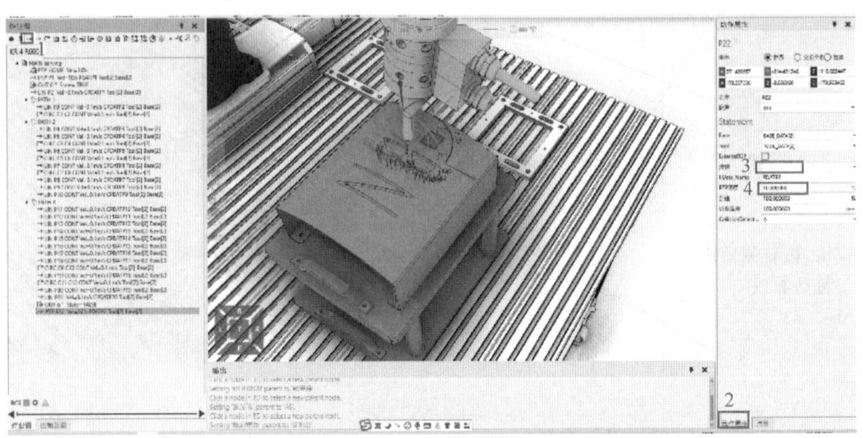
35）插入 OUT 指令。选中 P1 点所在的程序行，然后选择“ ”按钮，在右侧对话框修改端口号为“6”，状态设置为“正确”	
36）添加 PATH 命令。单击左侧窗格“ ”按钮即可插入 PATH 指令。在右侧弹出窗口中修改名称为“1”，运动方式修改为“Lin + Circ”，然后单击“选择曲线”按钮	

（续）

操作步骤及说明	示 意 图
37）添加轨迹点。轨迹点的选择方法同上，可以选择一段一段添加，也可以同时选择多段。注意：选择时，箭头要首尾相接，这样才能保证线条连续。添加完成如右图所示	
38）添加中间过渡点。将鼠标定位在最后一段程序行，在示教区拖动 Z 轴，移动一段距离后，单击“ → ”按钮，添加直线运动命令，修改运动参数，完成过渡点的添加	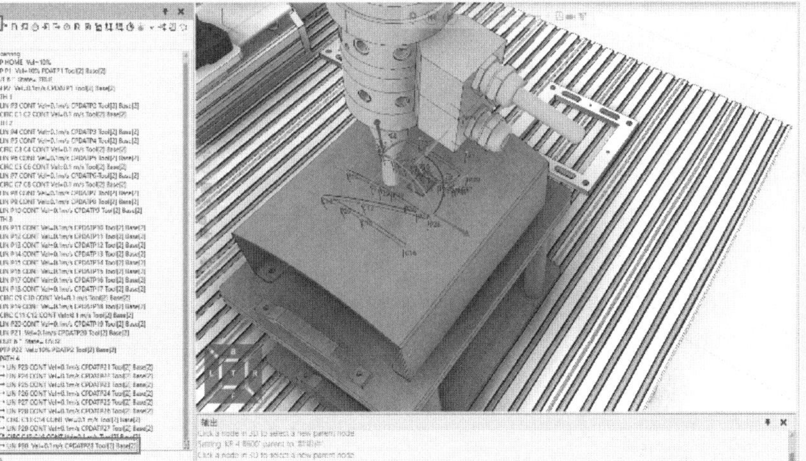
39）插入 OUT 指令。选中最后一条程序行，然后选择“ ”按钮，在右侧对话框中修改端口号为“6”，状态设置为“错误”	

（续）

操作步骤及说明	示 意 图
40）添加 HOME 指令。单击“ ”按钮，在右侧窗格中修改速度为 10%	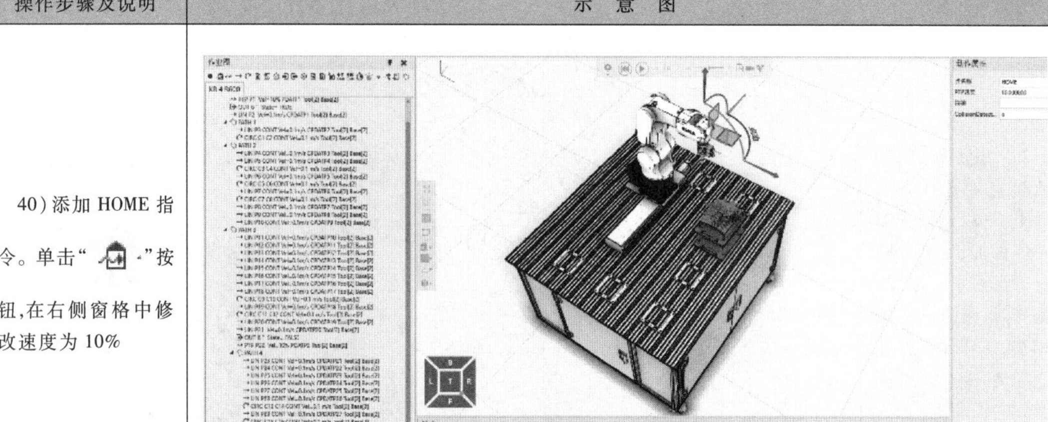
41）录制视频。程序编辑完成后，单击 3D 世界中的“  ”按钮，在右侧弹出的窗口中选择视频参数，单击“开始录制”按钮，弹出“保存”对话框，按照要求选择文件夹即可。注意：在导出视频前先单击“ ”按钮	
42）导出程序。单击菜单栏中的“导出”→“生成代码”，在 3D 世界下方会看到默认保存路径为存储视频的位置。可以将其复制至 U 盘中，再导入示教器进行验证	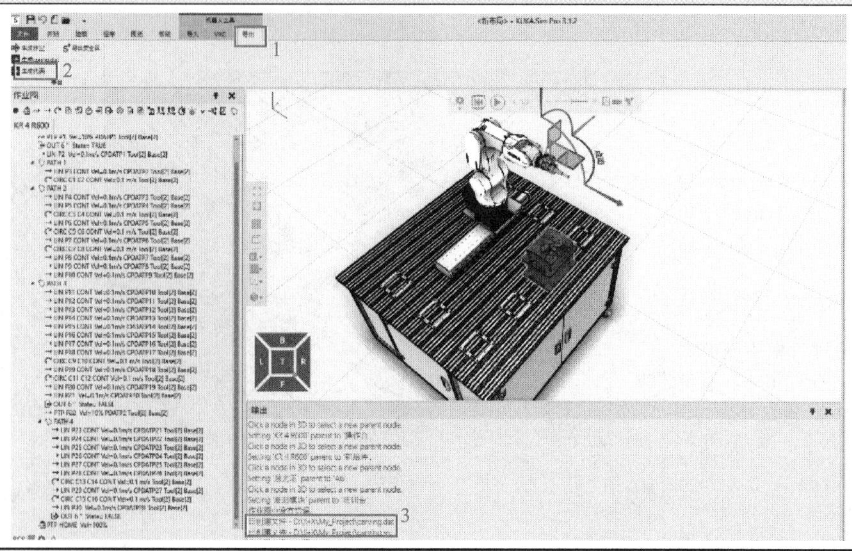

（2）手动安装激光笔工具　手动安装激光笔工具的操作步骤见表 5-6。

表 5-6　手动安装激光笔工具的操作步骤

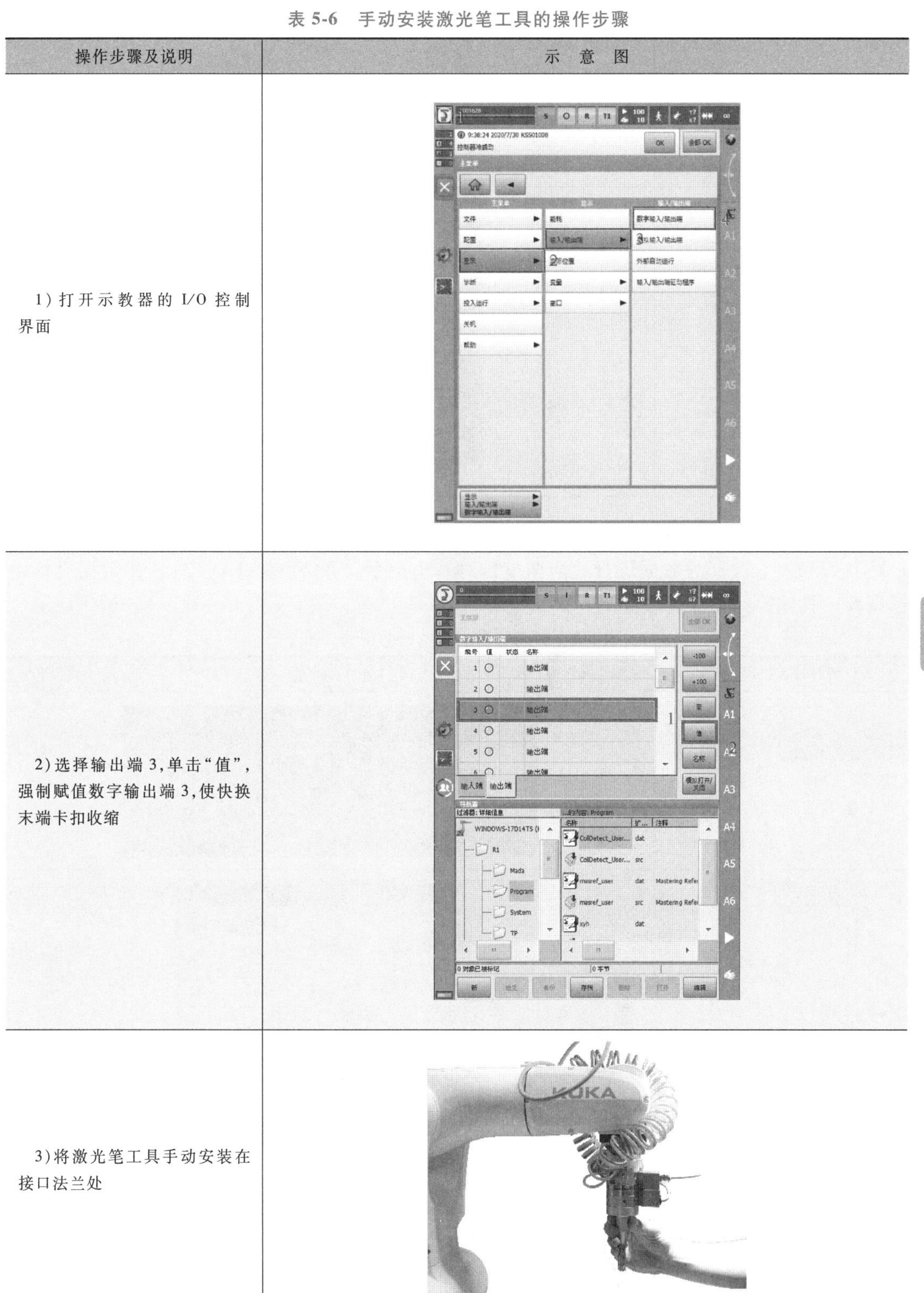

操作步骤及说明	示　意　图
1）打开示教器的 I/O 控制界面	
2）选择输出端 3，单击"值"，强制赋值数字输出端 3，使快换末端卡扣收缩	
3）将激光笔工具手动安装在接口法兰处	

（续）

操作步骤及说明	示 意 图
4）再次单击“值”，停止输出数字输出端 3，快换末端卡扣伸出，手动安装激光笔工具完成，可以进行程序建立	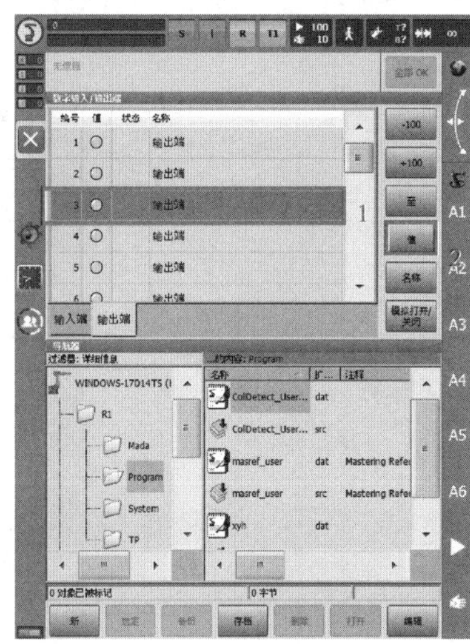

（3）程序验证　激光雕刻程序验证过程中需要使用示教器对导入的程序中工具坐标系（TOOL-DATA［2］）的数据进行适当调整，对基坐标系（BASE-DATA［2］）的数据进行适当调整，具体操作步骤见表 5-7。

表 5-7　激光雕刻程序验证的操作步骤

操作步骤及说明	示 意 图
1）插入 U 盘。将 U 盘插在示教器左上角的 USB 接口上。打开 U 盘，找到保存的程序文件	
2）复制文件。选中程序文件，单击在右下角“编辑”，在弹出的菜单中单击“复制”	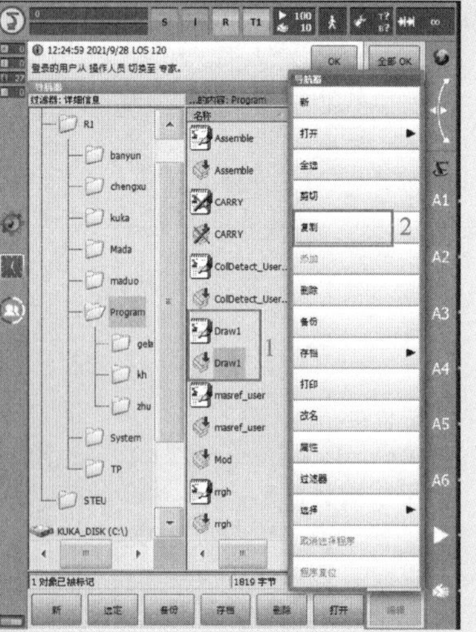

（续）

<table>
<tr><th>操作步骤及说明</th><th>示　意　图</th></tr>
<tr><td>3）添加文件并选定。打开“R1”→“Program”文件夹，单击右侧窗口空白处，单击“编辑”→“添加”，便将复制的程序添加到示教器相应文件夹内。单击“选定”</td><td>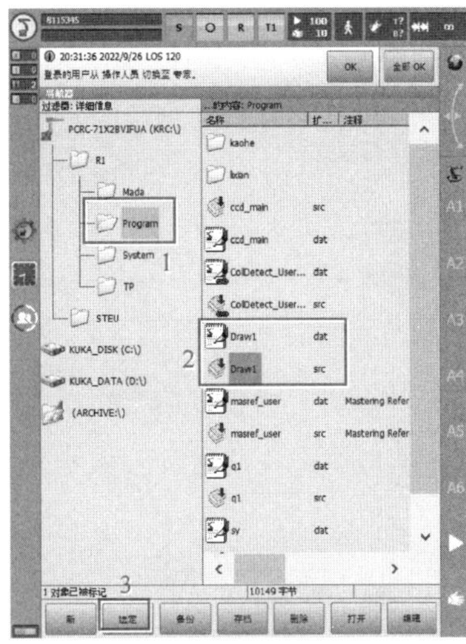
</td></tr>
<tr><td>4）进入调试界面，可以看到工具坐标系和基坐标系的位置信息。如果在运行过程中发现与实际位置有偏差，可以更改坐标值。此时选择单步运行，按住使能键对程序进行调试</td><td>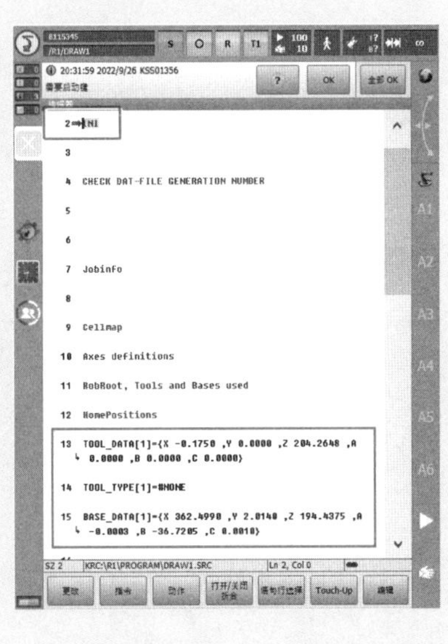
</td></tr>
</table>

以下涂胶和码垛的离线编程及验证将使用 KUKA. Sim4.0 介绍操作步骤。

4. 涂胶离线编程及验证

（1）离线编程　涂胶离线编程的操作步骤见表 5-8。

表 5-8 涂胶离线编程的操作步骤

操作步骤及说明	示 意 图
1）导入机器人。双击打开 KUKA. Sim 4.0 软件，按照图示（1~5）依次单击，在右侧框内会出现所选工业机器人“KR 4 R600”，双击该机器人将其导入到右侧 3D 世界中，也可以按住鼠标左键将工业机器人拖动至 3D 世界	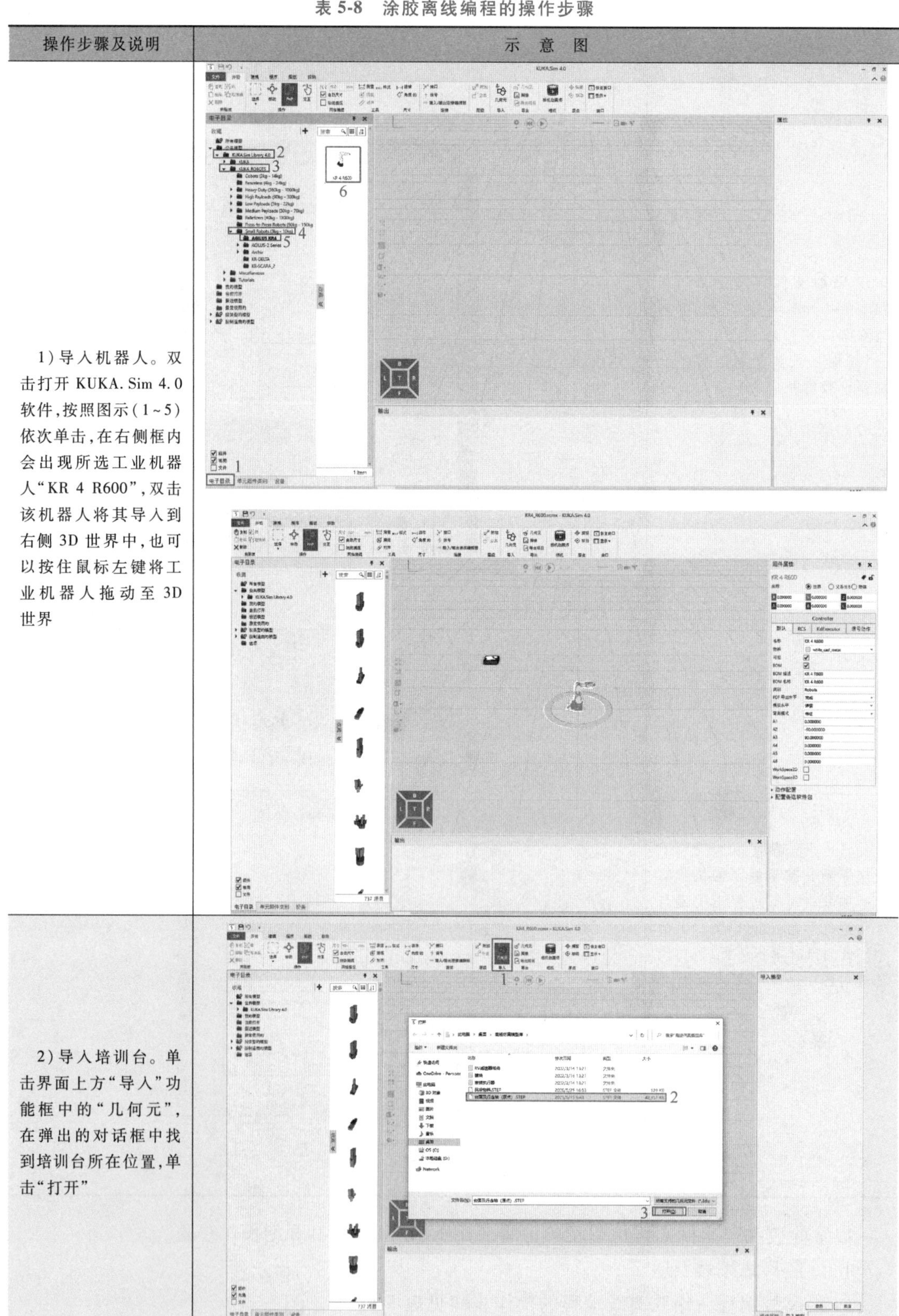
2）导入培训台。单击界面上方“导入”功能框中的“几何元”，在弹出的对话框中找到培训台所在位置，单击“打开”	

（续）

操作步骤及说明	示　意　图
3）单击“打开”后，培训台并没有直接导入到 3D 世界，在右侧弹出选项框中单击“导入”，完成导入	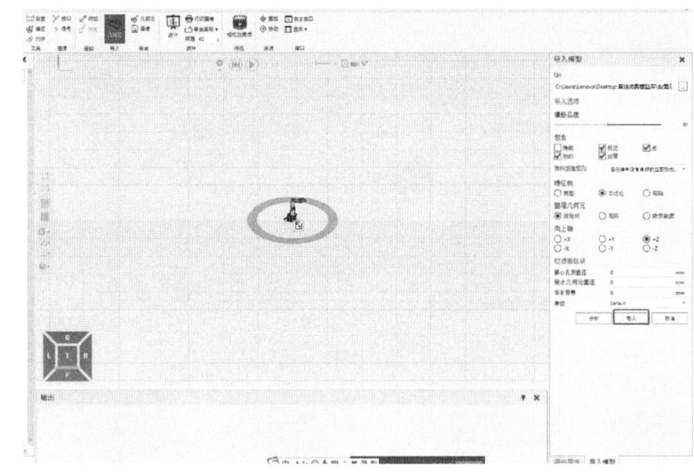
4）修改名称及物料。导入完成后，在右侧“组件属性”中，将“名称”更改为“工作台”，“物料”可以在下拉列表框中自行选择，“类别”改为“实训平台”	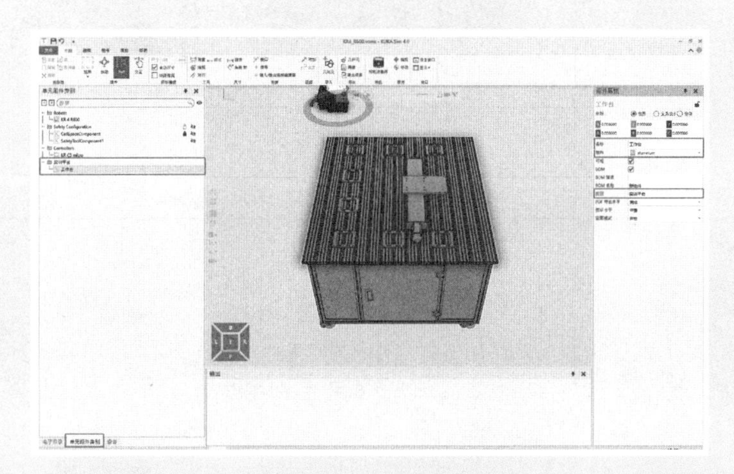
5）查看“单元组件类别”。单击左下角“单元组件类别”后，在左侧窗口内会显示 3D 世界中所有设备的名称和类别	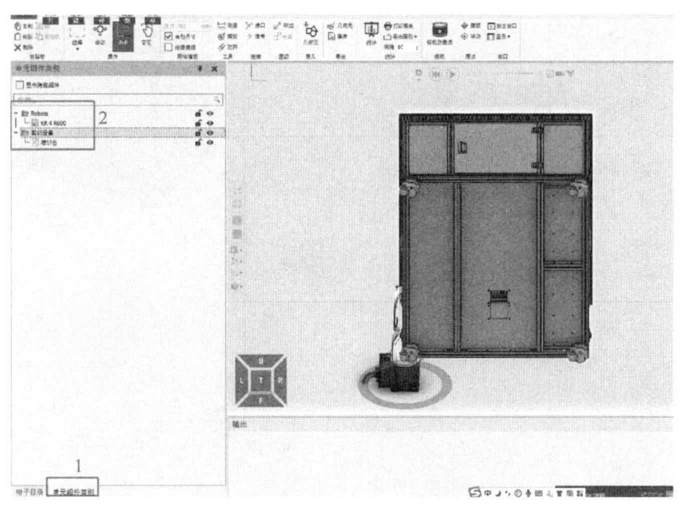

（续）

操作步骤及说明	示 意 图
6）查看工作台原点。单击界面上方“操作”功能框中的“移动”，可显示培训台原点位置和三个轴坐标方向	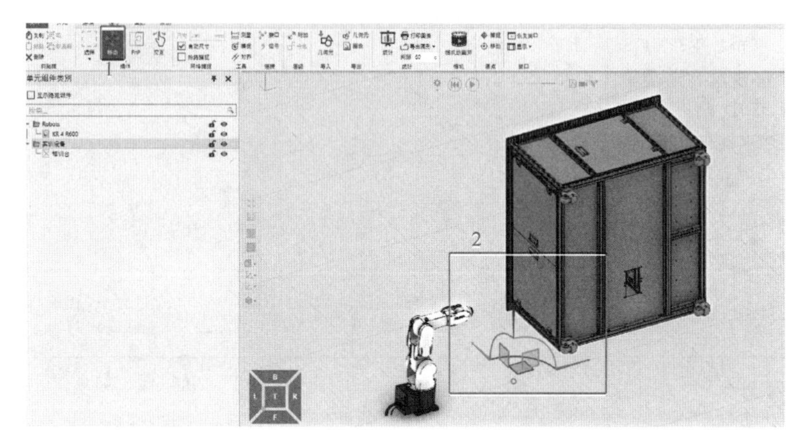
7）重设原点位置。单击“原点”功能框中的“捕捉”，“模式”为“3 点-弧中心”，“对齐轴”为“-Z”，“捕捉类型”为“边和面”	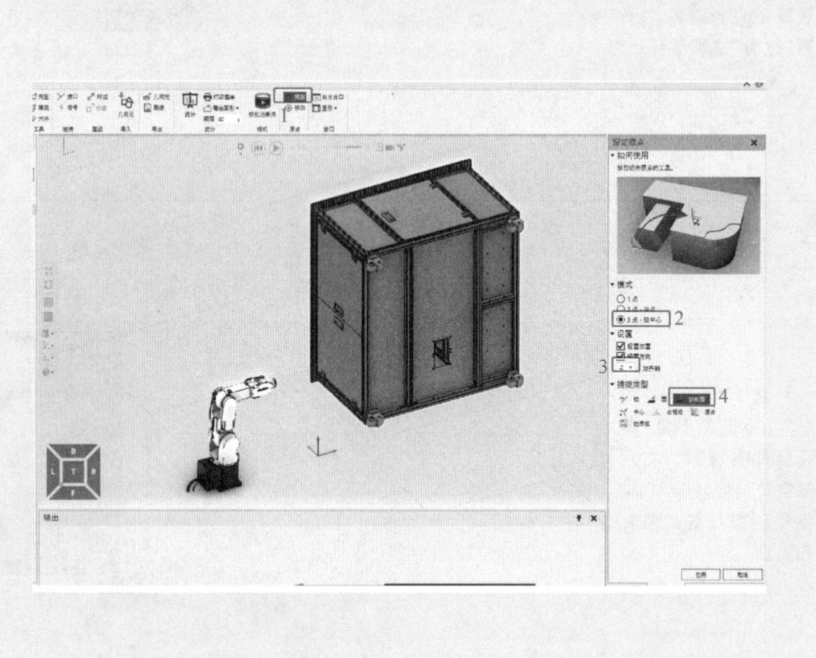

（续）

操作步骤及说明	示　意　图
8）捕捉点。选择工作台四个脚撑所在面中心为捕捉目标点，选完第三个点后原点会自动生成，单击右下角"应用"	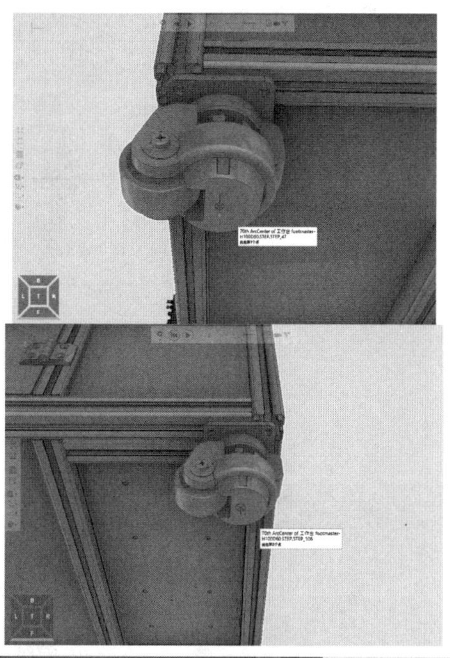 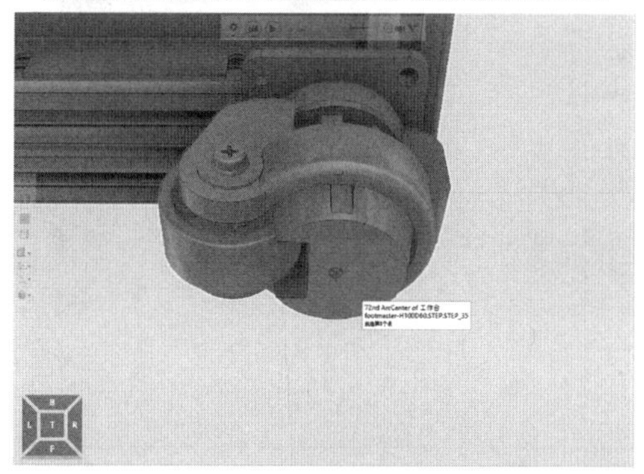 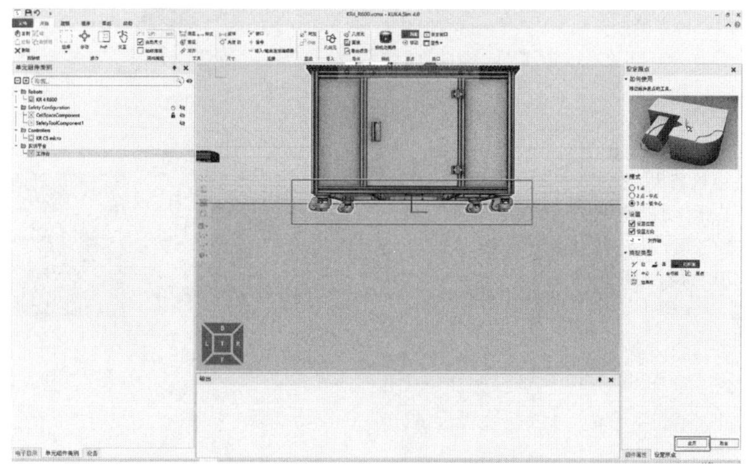

（续）

操作步骤及说明	示 意 图
9）修正原点方向。单击“原点”→“移动”，在右侧将“A”轴设置为 180°，单击“应用”	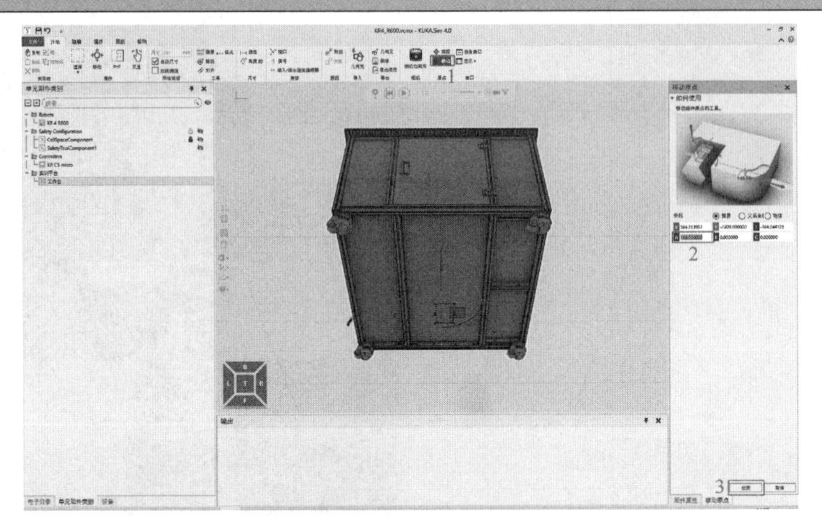
10）将实训平台回正。选中“工作台”模型，在“组件属性”栏将“Z”轴与“A”轴清零，使“工作台”与机器人朝向相同方向	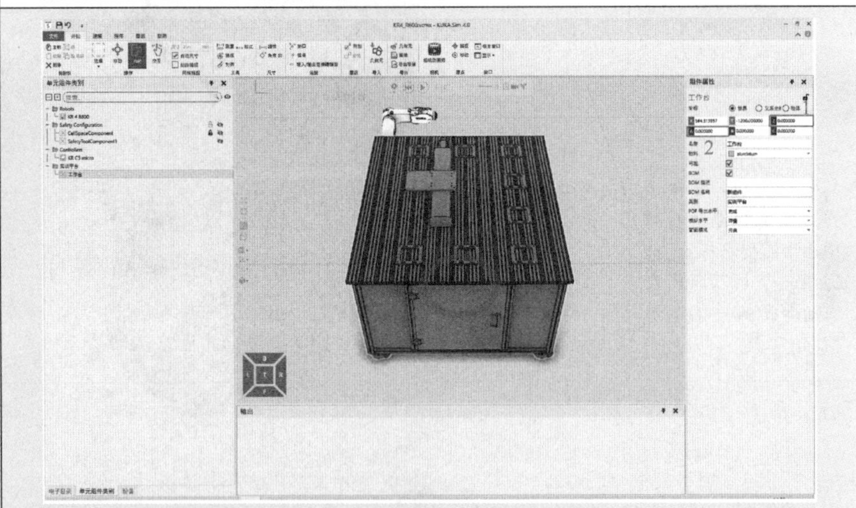
11）将机器人安装至平台行走轴台面上。单击选中机器人，之后单击“工具”功能框中的“捕捉”，用“2 点-中点”来定位机器人的安装位置，其余操作如右图所示	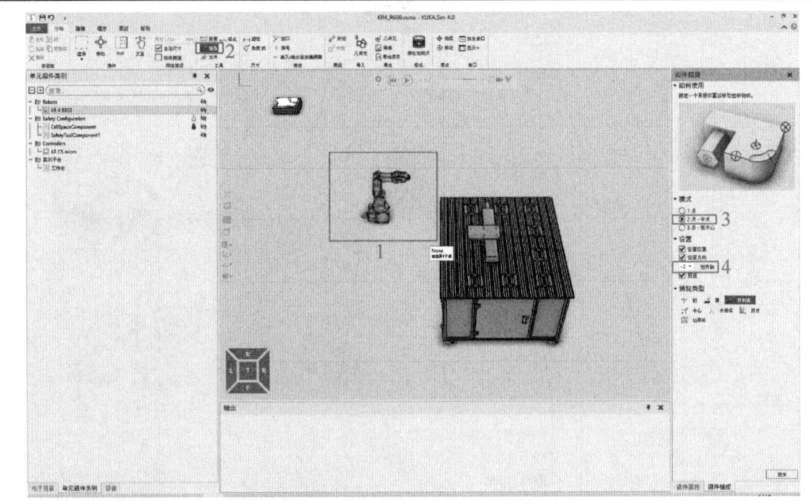

（续）

操作步骤及说明	示　意　图
12）捕捉点。选取安装孔位对角线中心位置，选取完成后机器人将自动移动到安装底板上	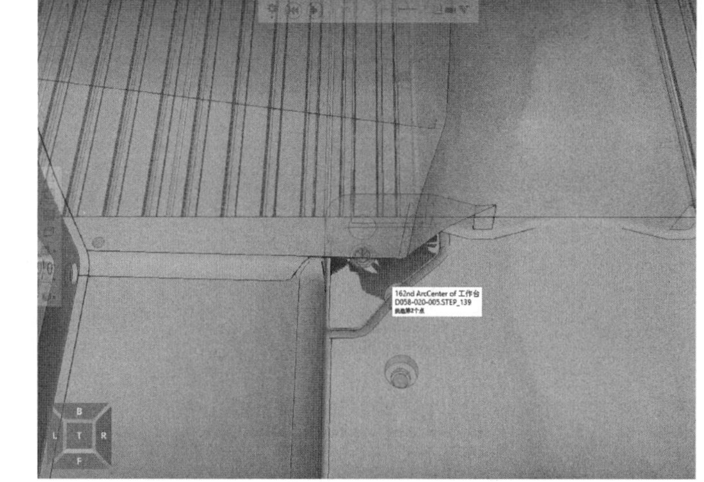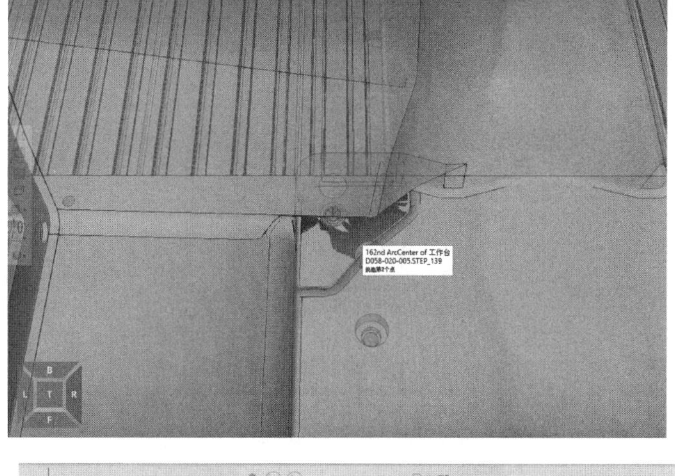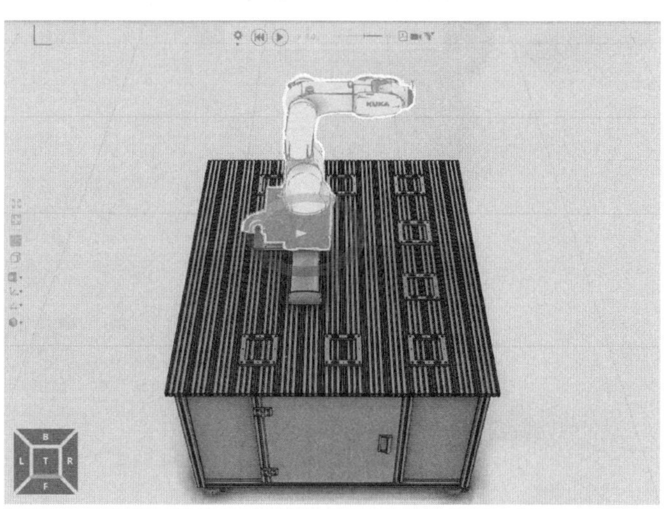

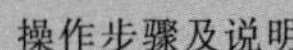

（续）

操作步骤及说明	示意图
13）将机器人附加至工作台。单击选中机器人，在层级功能框中选择“附加”按钮，然后将鼠标移至工作台，会出现红色线条框，单击它，此时机器人便与工作台建立了连接，当移动工作台时，工业机器人也会跟着一起移动	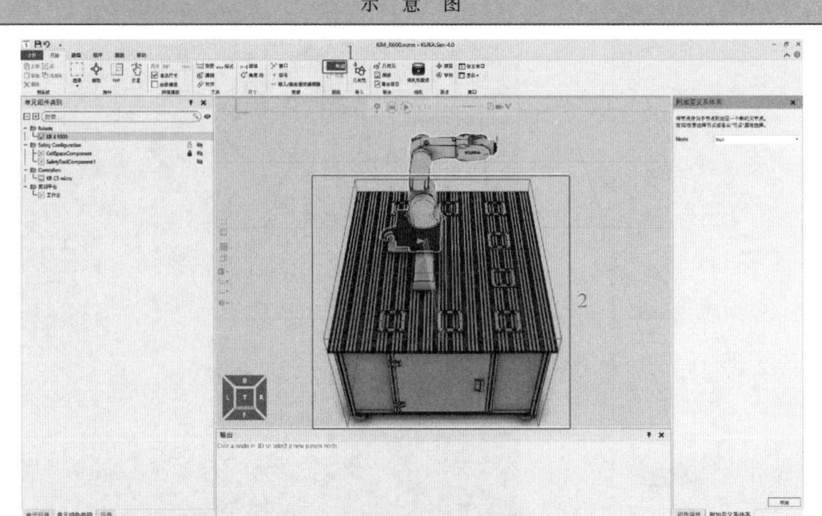
14）将机器人控制柜放入工作台内。单击选中控制柜，以同样的方法将控制柜移动到工作台内，然后移动并调整方向，最后附加到工作台上	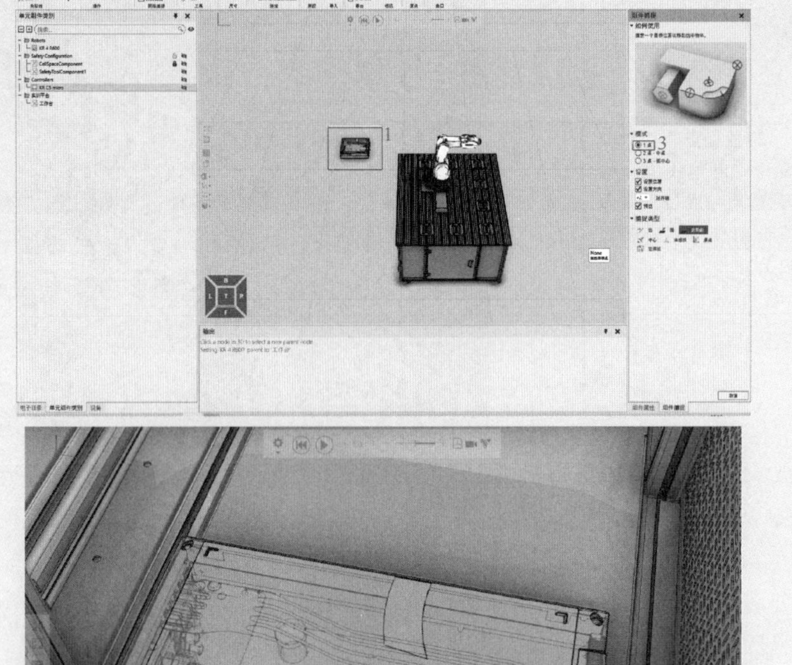

（续）

操作步骤及说明	示　意　图
14）将机器人控制柜放入工作台内。单击选中控制柜，以同样的方法将控制柜移动到工作台内，然后移动并调整方向，最后附加到工作台上	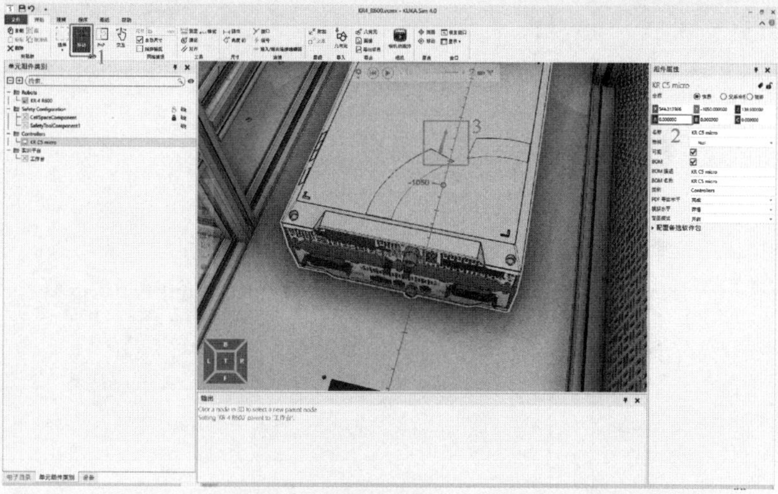 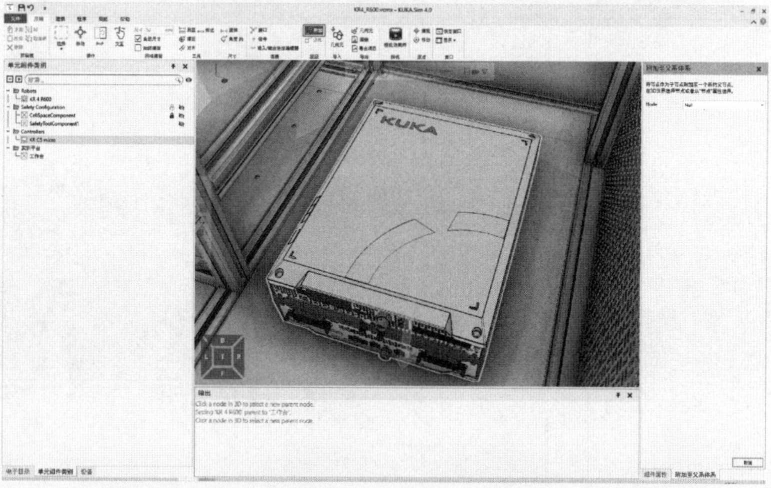
15）导入模拟涂胶工具。导入方法与步骤2）相同。导入完成后修改名称、类别	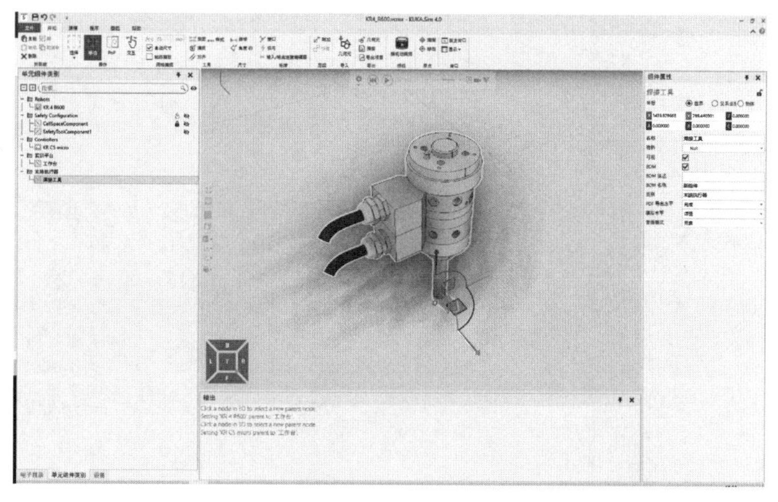

（续）

操作步骤及说明	示意图
16）更改原点位置。选中工具后按照图示顺序依次单击选择	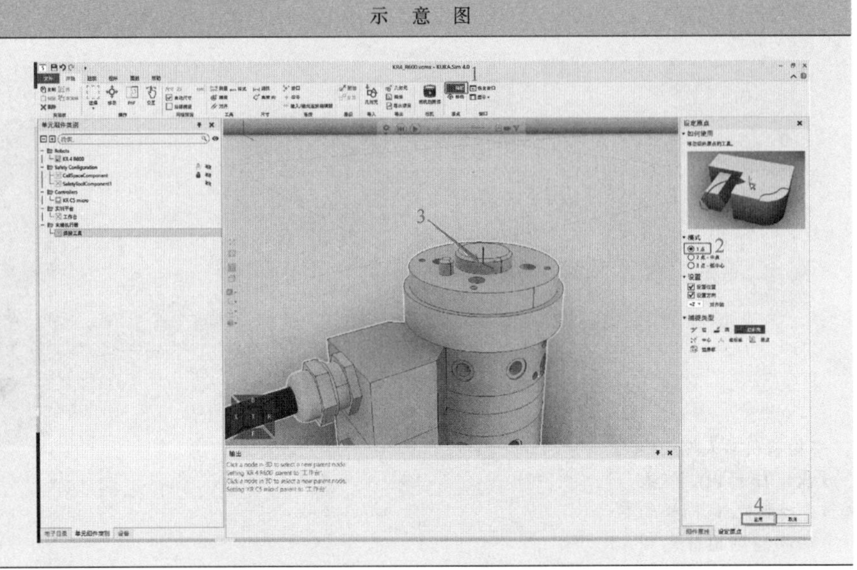
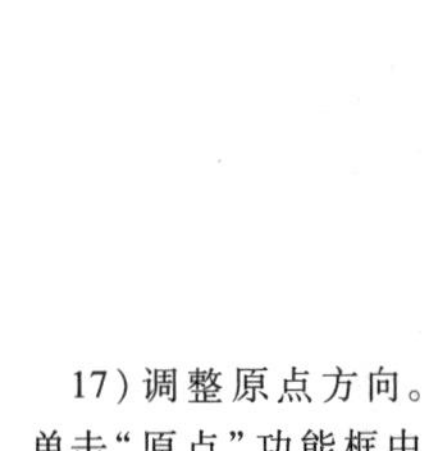17）调整原点方向。单击“原点”功能框中的“移动”，将“A”的值修改为“90”，单击“应用”	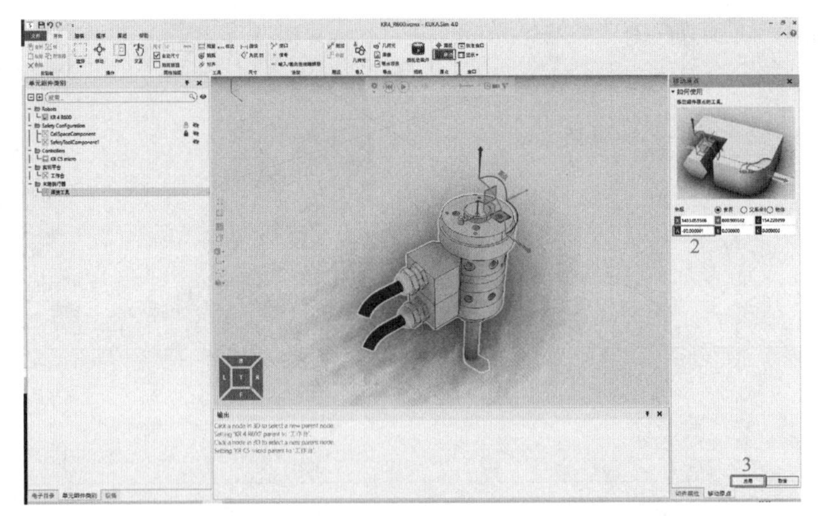
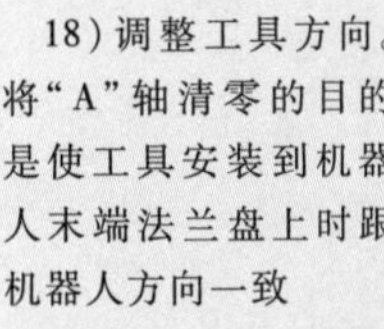18）调整工具方向。将“A”轴清零的目的是使工具安装到机器人末端法兰盘上时跟机器人方向一致	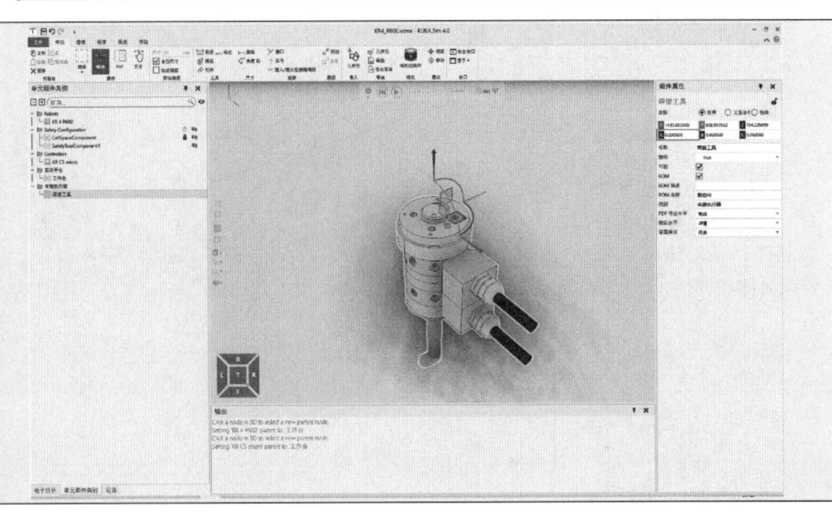

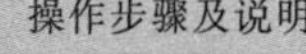

（续）

操作步骤及说明	示　意　图
19）安装涂胶工具。选中涂胶工具，在“工具”功能框中选择“捕捉”，采用一点法捕捉机器人法兰盘中心点	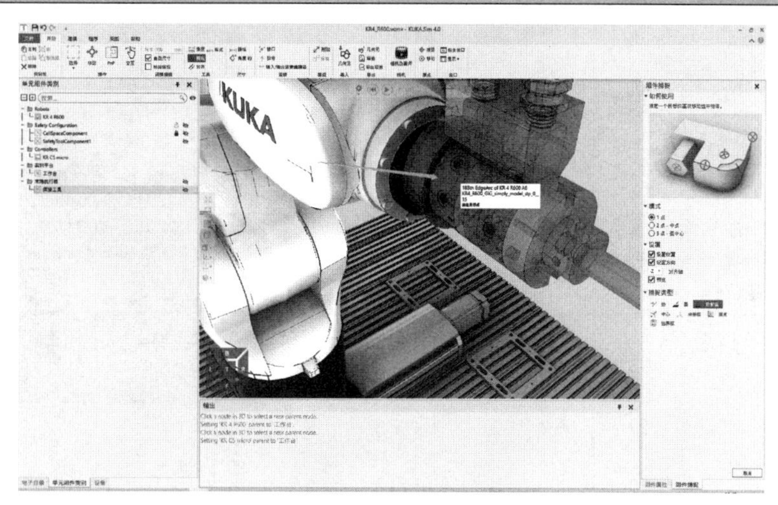
20）将工具附加至机器人法兰盘上。注意：红框位置必须为机器人的第六轴	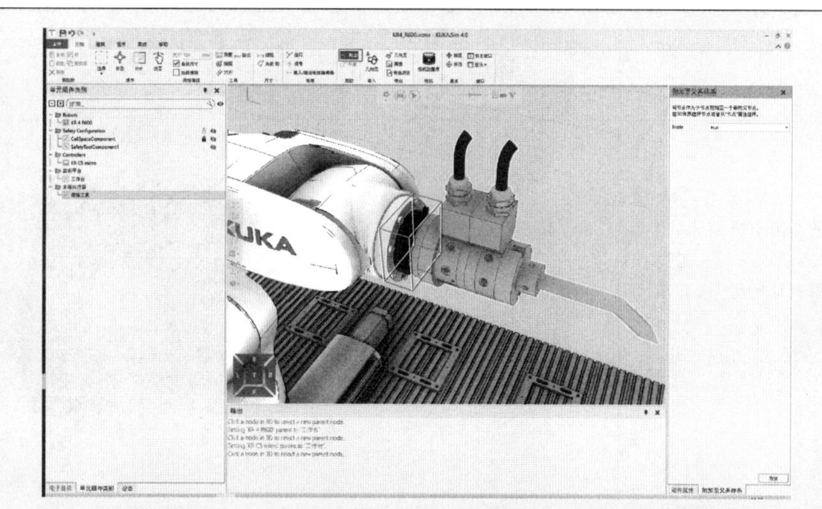
21）导入涂胶模块并设置好原点	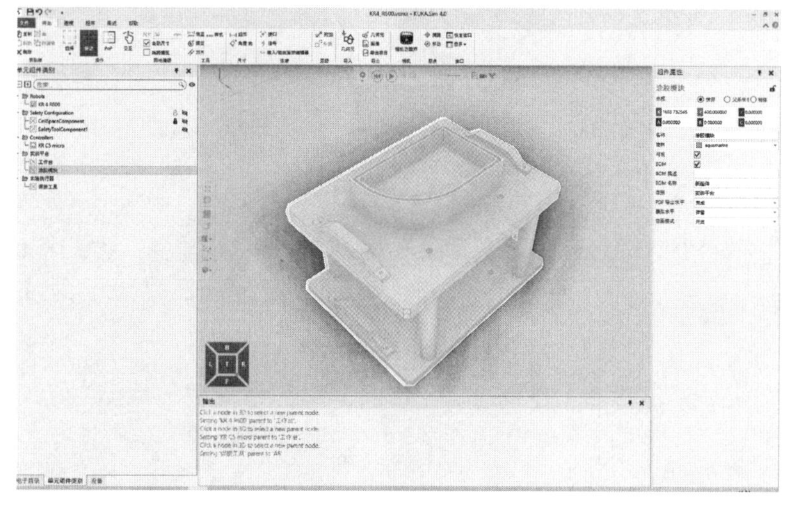

（续）

操作步骤及说明	示　意　图
22）搭建涂胶工作站。将涂胶模块摆放到指定位置	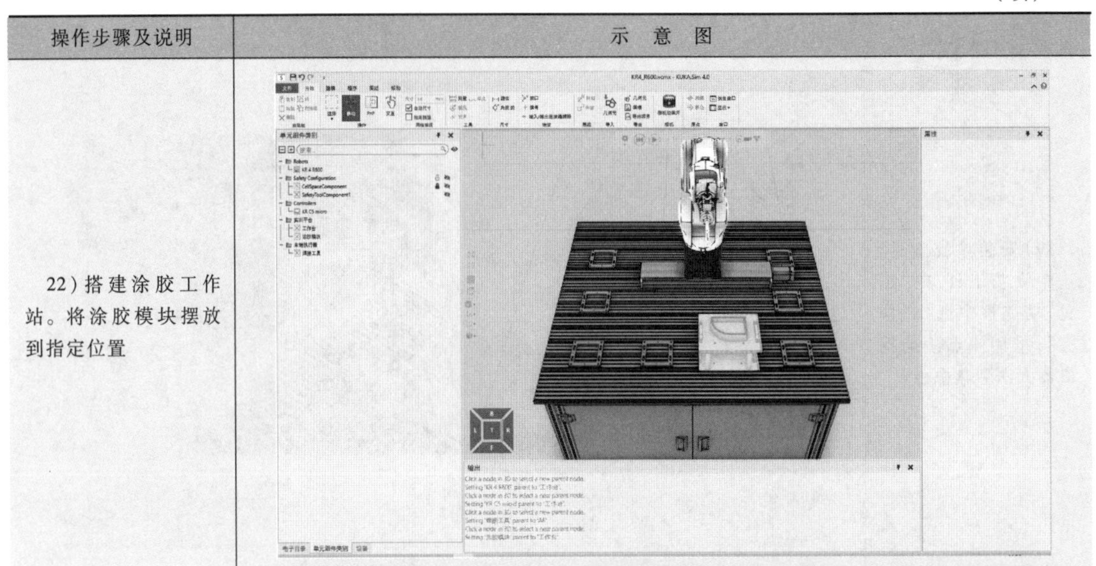
23）设置工具坐标系。选中机器人，单击“点动”按钮，选择右侧工具坐标系，并单击“”按钮	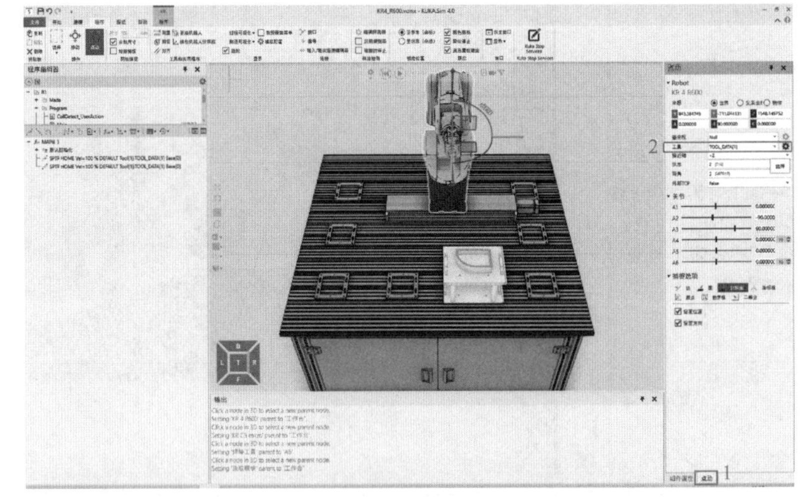
24）确定 TCP 位置。在涂胶工具末端“捕捉”TCP 位置，按图示设置位置和方向	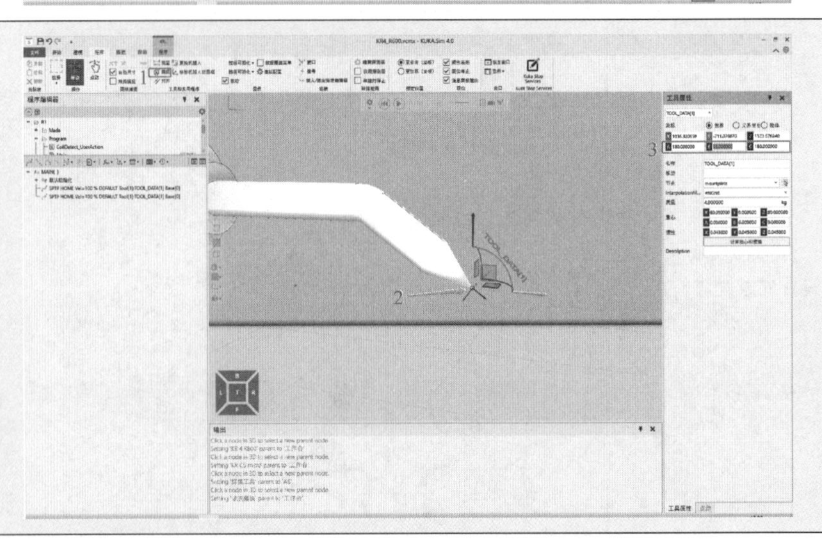

（续）

操作步骤及说明	示　意　图
25）设置基坐标系	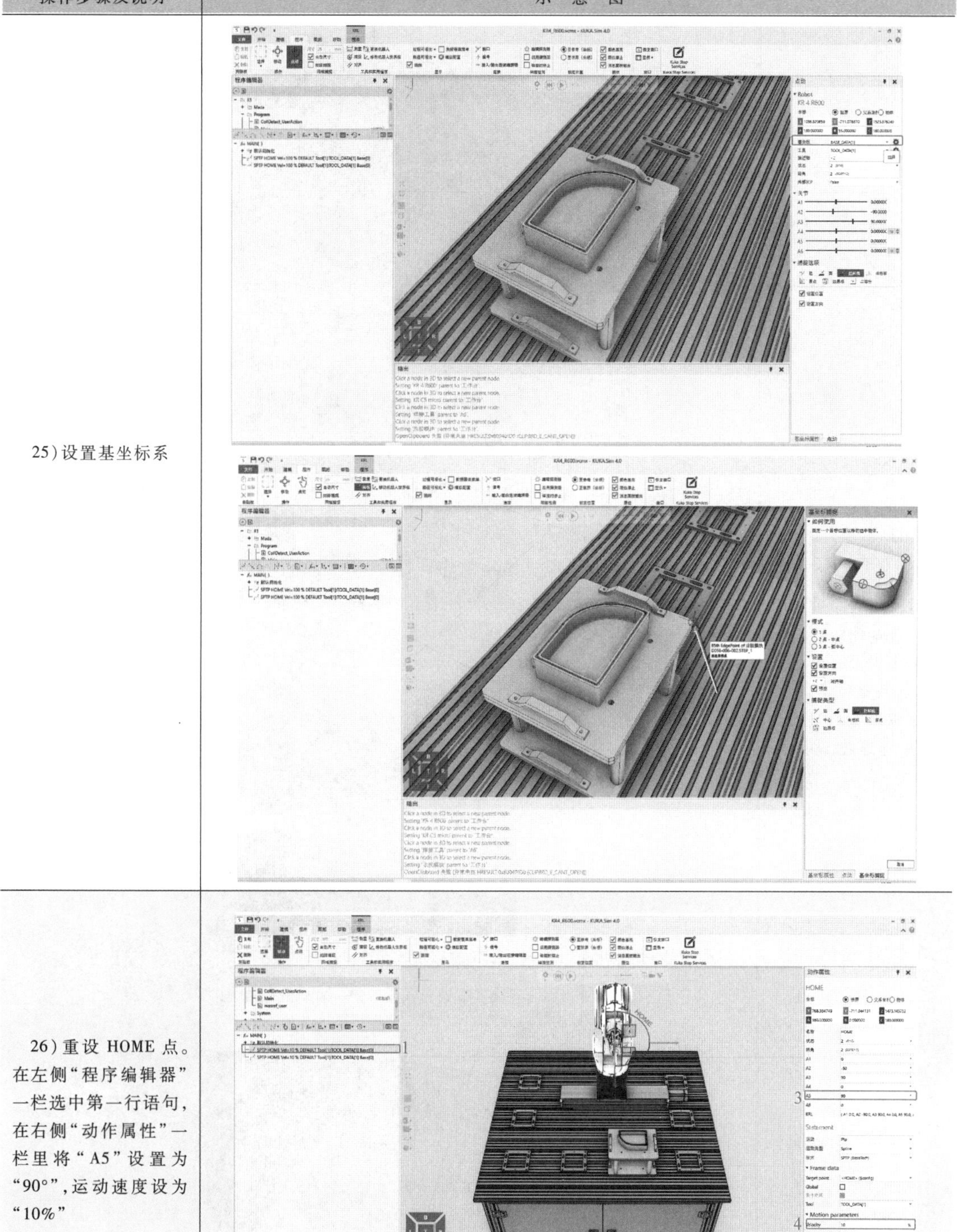
26）重设 HOME 点。在左侧“程序编辑器”一栏选中第一行语句，在右侧“动作属性”一栏里将“A5”设置为“90°”，运动速度设为“10%”	

（续）

操作步骤及说明	示 意 图
27）确定涂胶开始前的过渡点。先捕捉涂胶进入点 P2，再沿 Z 轴向上移动一定高度，添加 SLIN 设为过渡点 P1 并将速度设置为“0.1m/s”	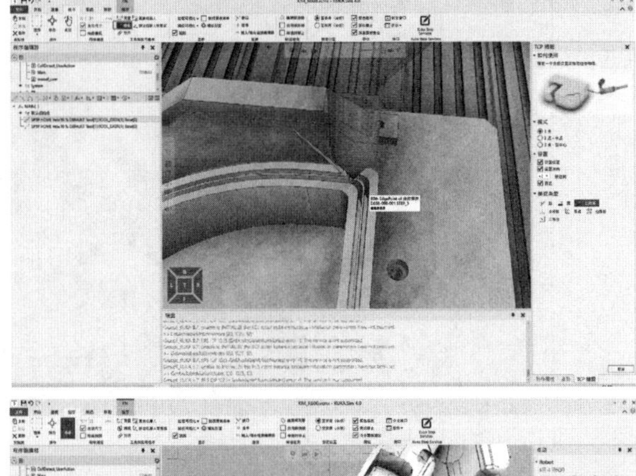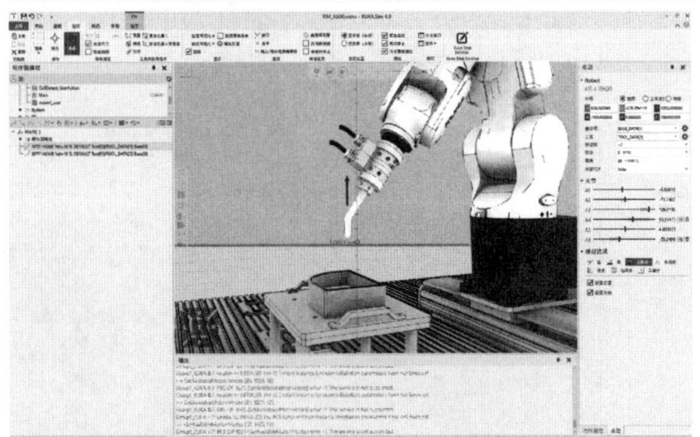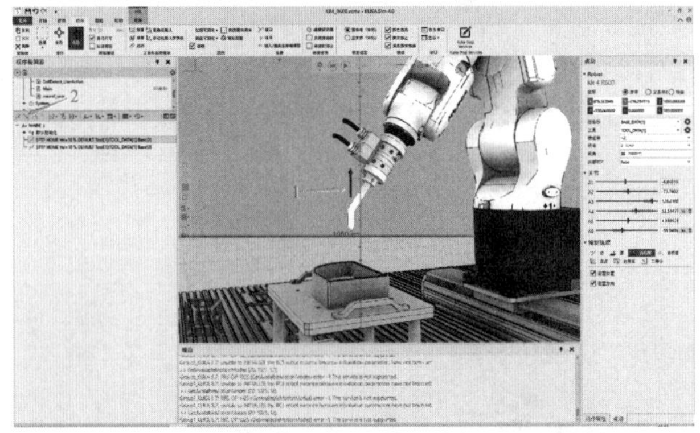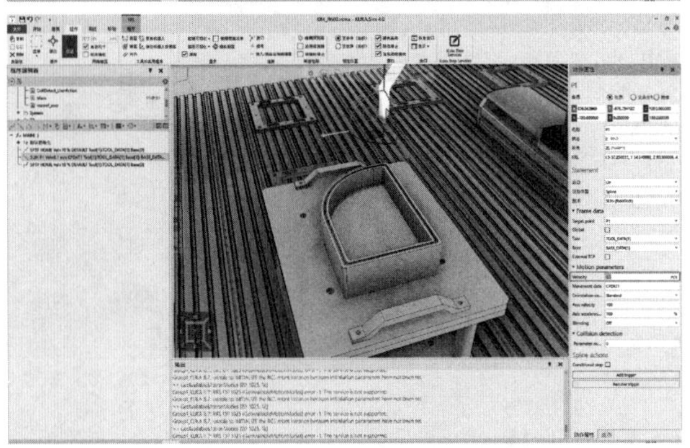

（续）

操作步骤及说明	示　意　图
28）添加圆弧指令。捕捉圆弧终点位置，单击“ ”按钮，添加SCIRC指令，记录下P4点，修改运动速度	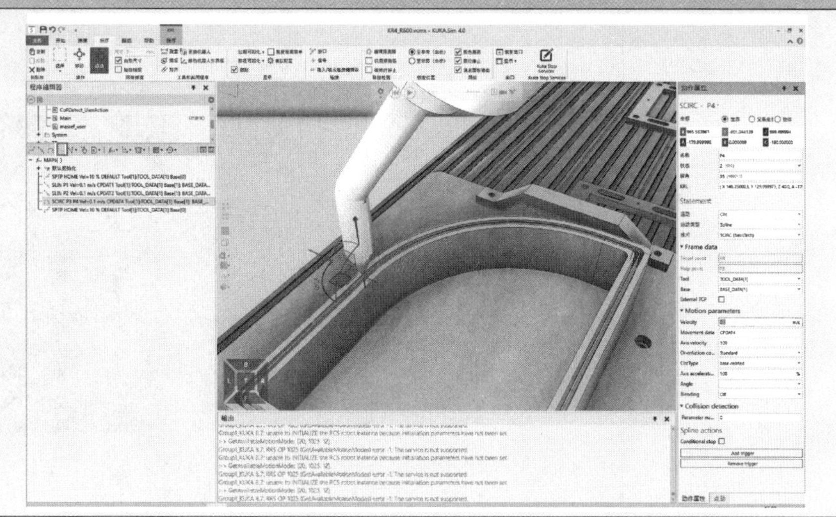
29）记录圆弧轨迹辅助点。在圆弧轨迹上任取一点并捕捉，右键单击当前程序段，选择“记录辅助点”记录辅助点P3	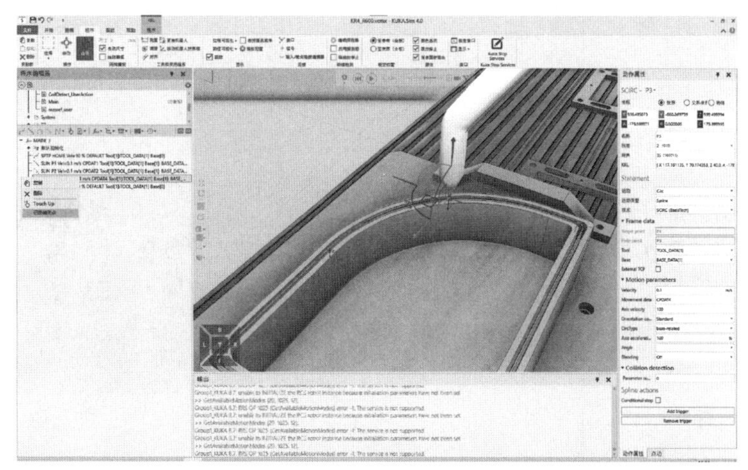
30）添加样条曲线指令。捕捉涂胶轨迹上的拐点位置，单击“ ”按钮，添加SPLINE指令，记录下P5点，修改运行速度	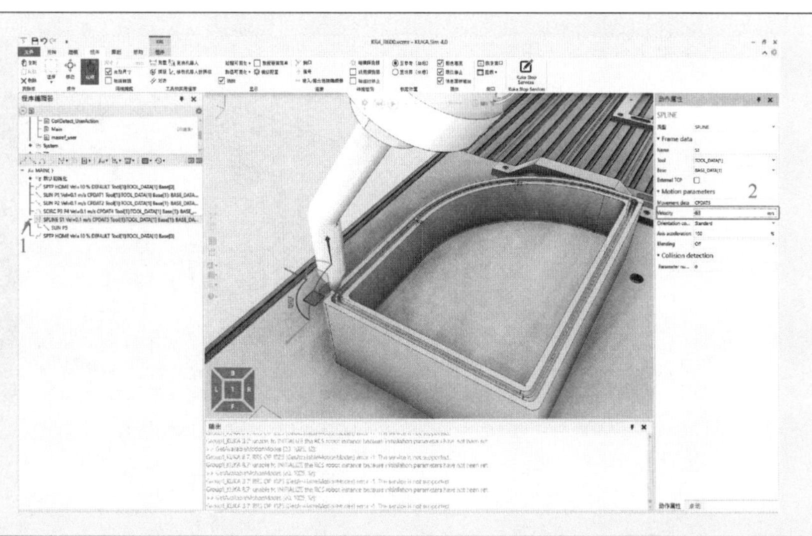

（续）

操作步骤及说明	示 意 图
31）添加小圆弧轨迹。拐角位置可用一小段圆弧指令来完成	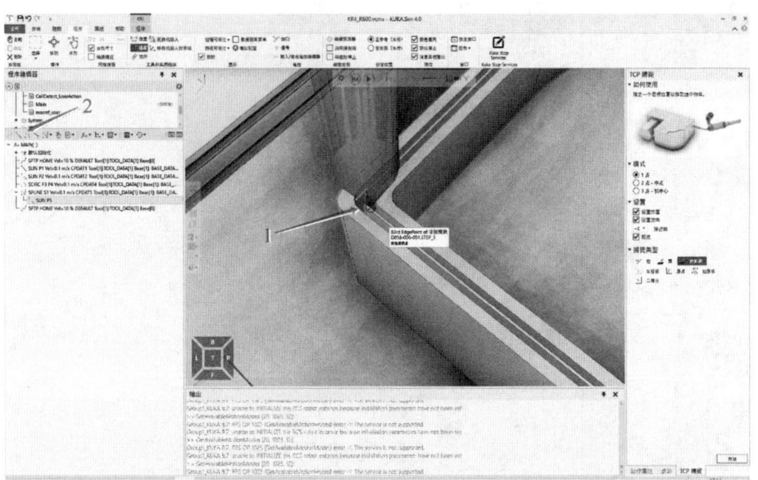 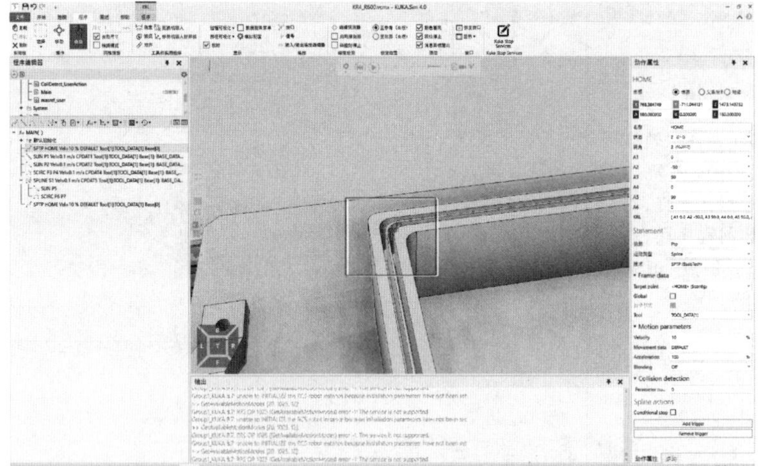 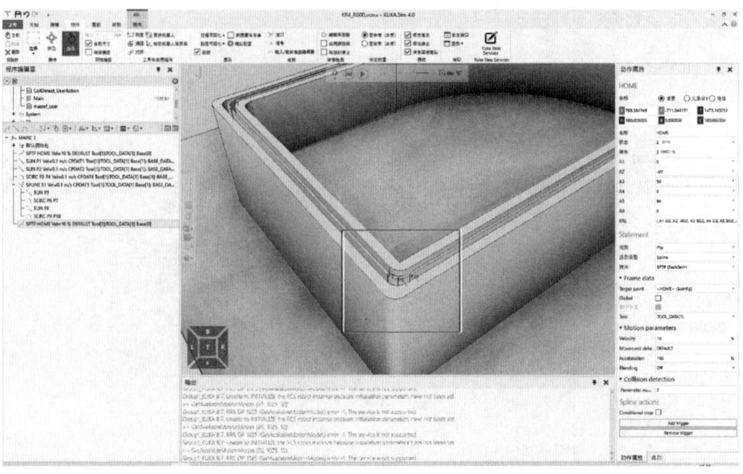

（续）

操作步骤及说明	示　意　图
32）完成涂胶轨迹点示教	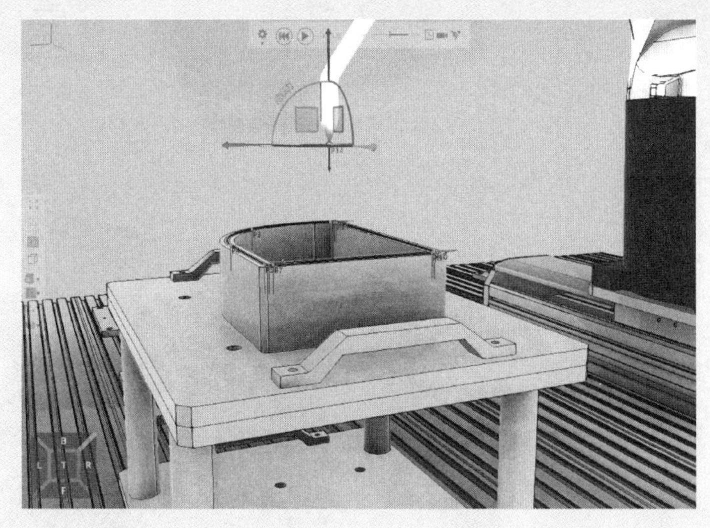
33）模拟运行。单击画面上方的“”按钮，再单击“播放”按钮，在弹出的对话框中选择“确定”，然后单击“播放”进行模拟运行，查看运行效果是否符合要求	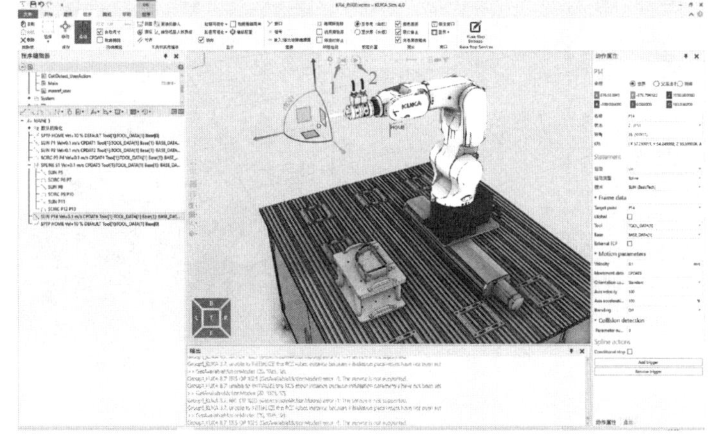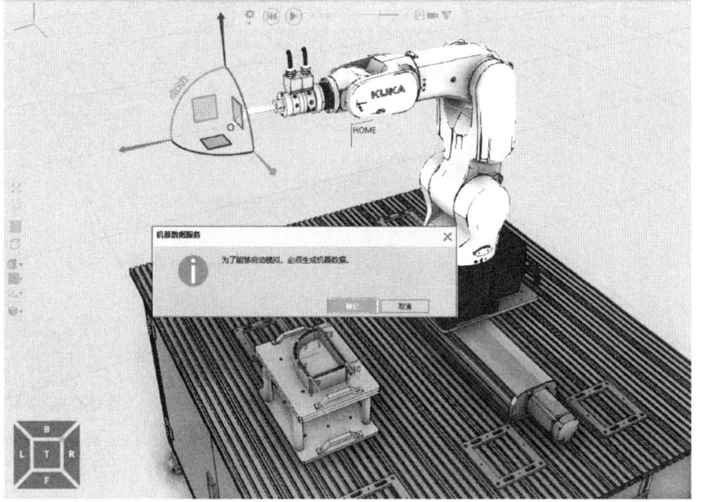

（续）

操作步骤及说明	示 意 图
34）生成运行视频。单击窗口上方的“ ”“导出至视频”，在右侧设置好视频格式，单击“重置”后开始视频录制，选择保存路径即可将视频导出	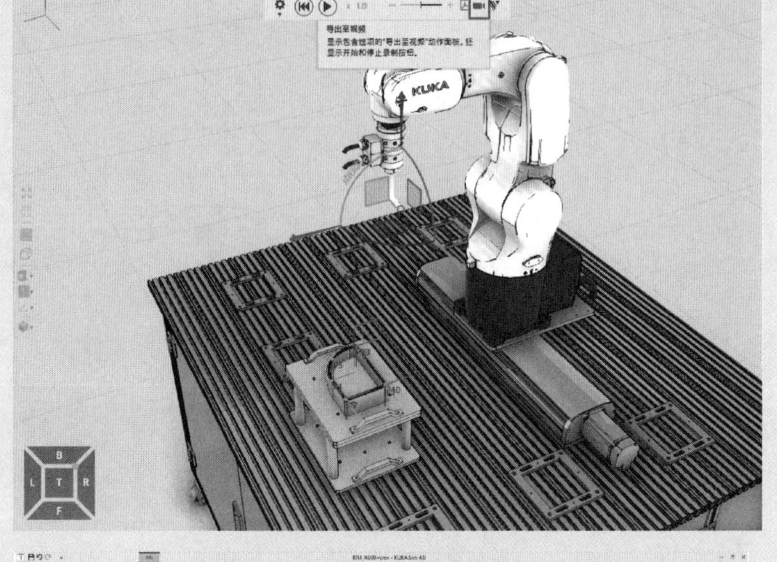 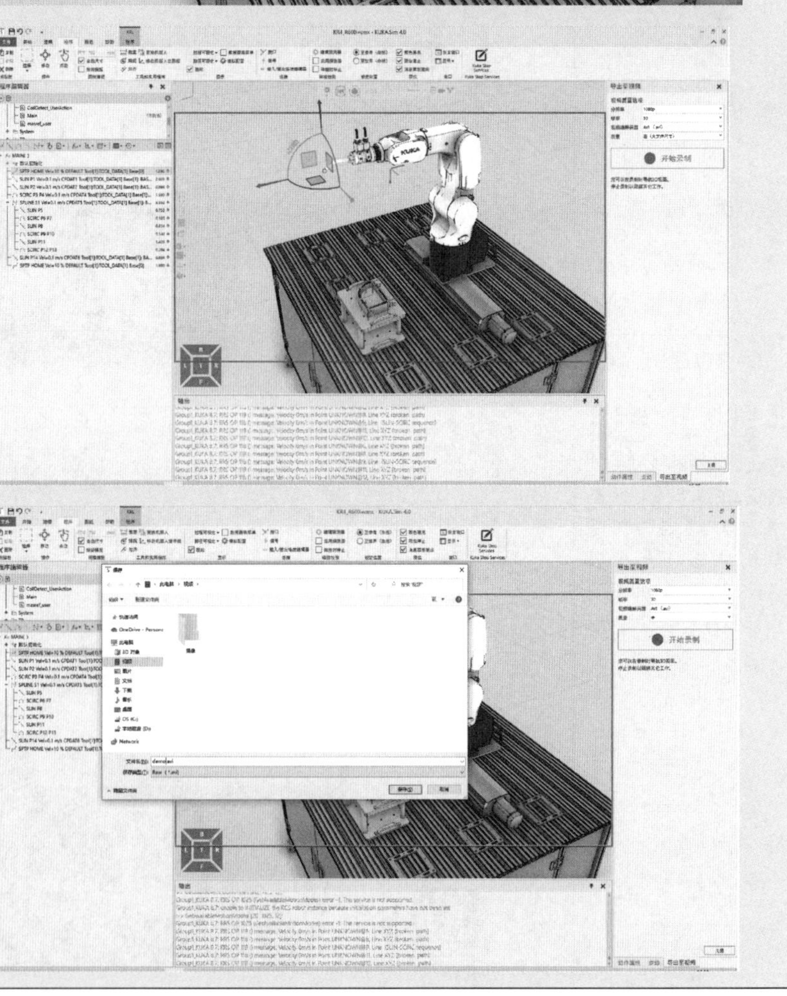

（续）

操作步骤及说明	示 意 图
35）重命名和导出程序。在左侧“程序编辑器”界面右击当前程序，可以选择“重命名”或者“导出 KRL”将程序导出	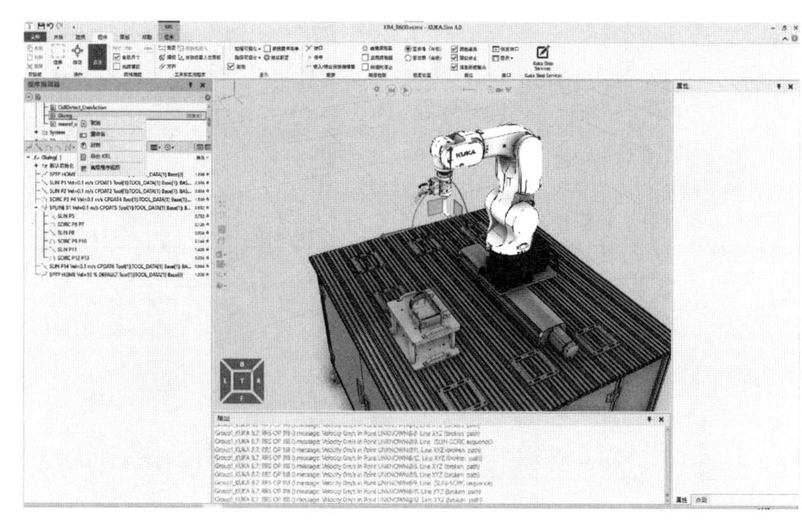

（2）手动安装涂胶工具 手动安装涂胶工具的操作步骤见表 5-9。

表 5-9 手动安装涂胶工具的操作

操作步骤及说明	示 意 图
1）打开示教器的 I/O 控制界面	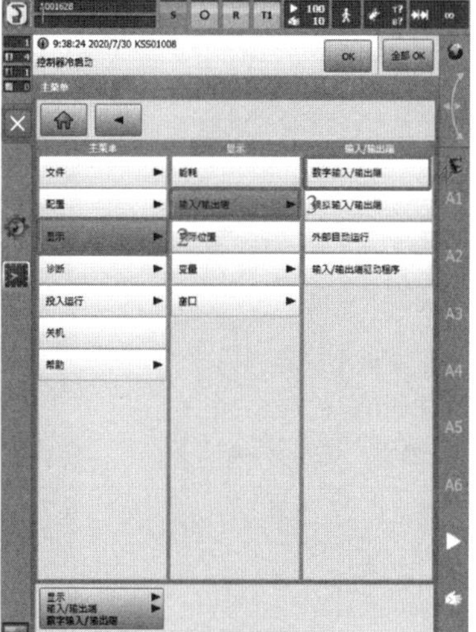

（续）

操作步骤及说明	示　意　图
2）选择输出端 3，单击“值”，强制赋值数字输出端 3，使快换末端卡扣收缩	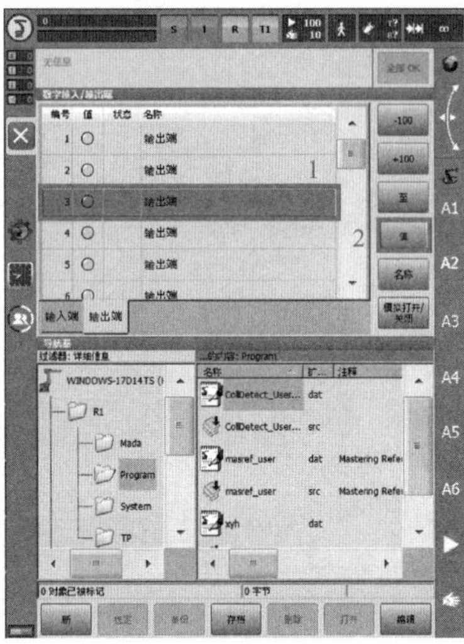
3）将涂胶工具手动安装在接口法兰处	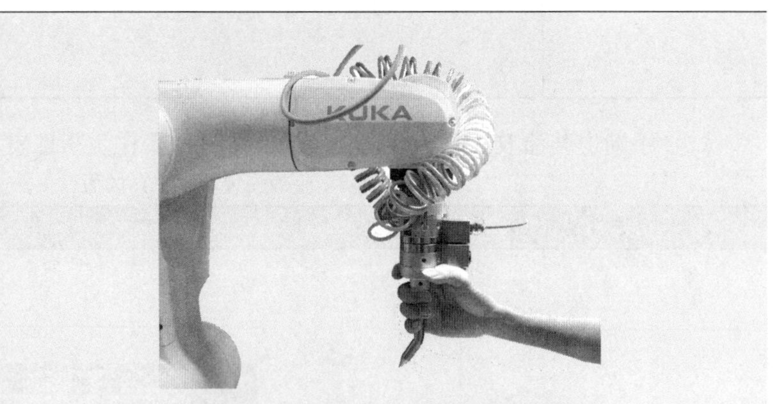
4）再次单击“值”，停止输出数字输出端 3，快换末端卡扣伸出，手动安装涂胶工具完成，可以创建程序	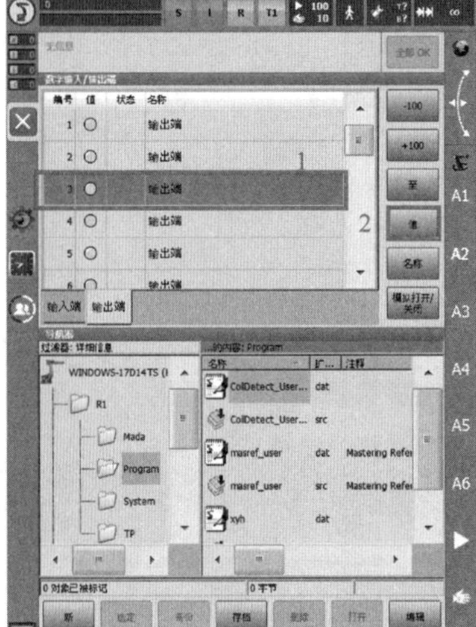

（3）程序验证　涂胶程序验证过程中需要使用示教器对导入的程序中工具坐标系（TOOL-DATA［1］）的数据进行适当调整，对基坐标系（BASE-DATA［1］）的数据进行适当调整，具体操作步骤见表 5-10。

表 5-10　涂胶程序验证的操作步骤

操作步骤及说明	示　意　图
1）插入 U 盘。将 U 盘插在示教器左上角的 USB 接口上。打开 U 盘，找到保存的程序文件	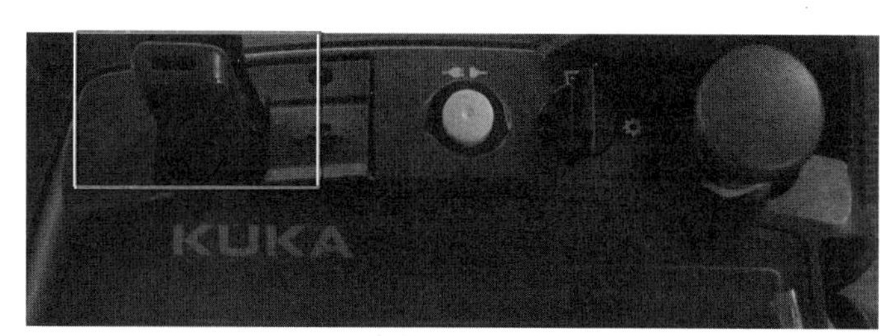
2）复制文件。选中程序文件，单击在右下角“编辑”，在弹出的菜单中单击“复制”	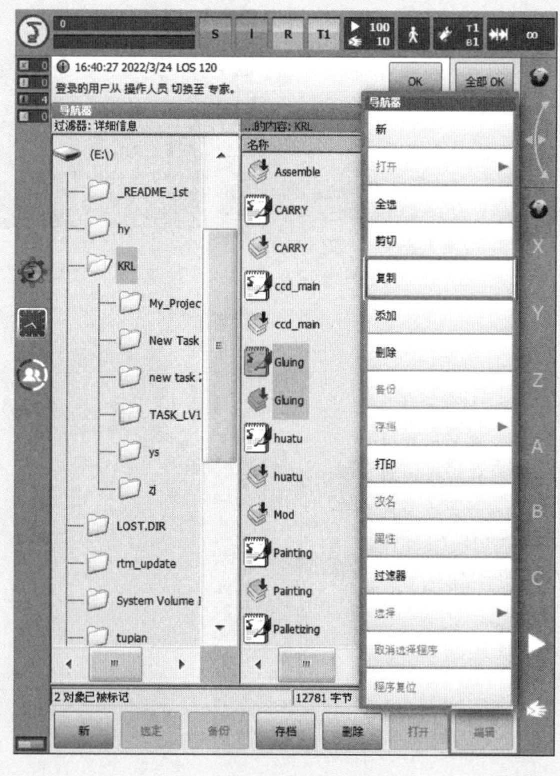

（续）

操作步骤及说明	示 意 图
3）添加文件并选定。打开“R1”→“Program”文件夹，单击右侧窗口空白处，单击“编辑”→“添加”，将复制的程序添加到示教器相应文件夹内。单击“选定”	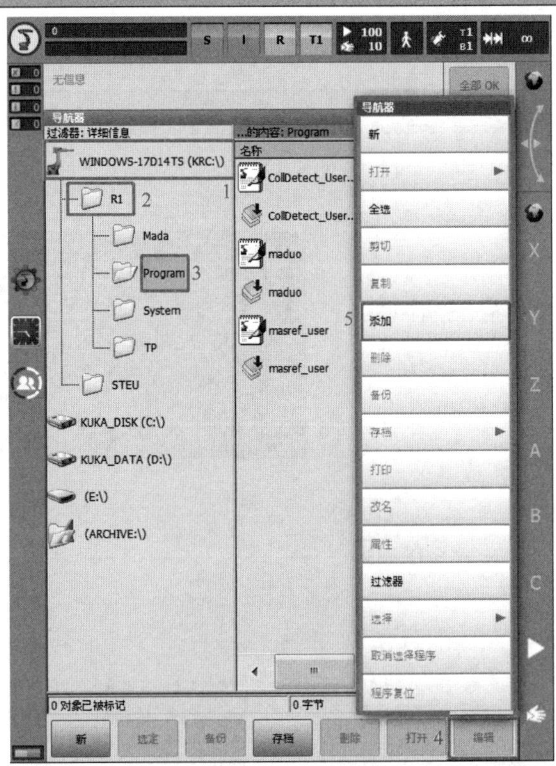
4）进入调试界面，可以看到工具坐标系和基坐标系的位置信息。如果在运行过程中发现与实际位置有偏差，可以更改坐标值。此时选择单步运行，按住使能键对程序进行调试	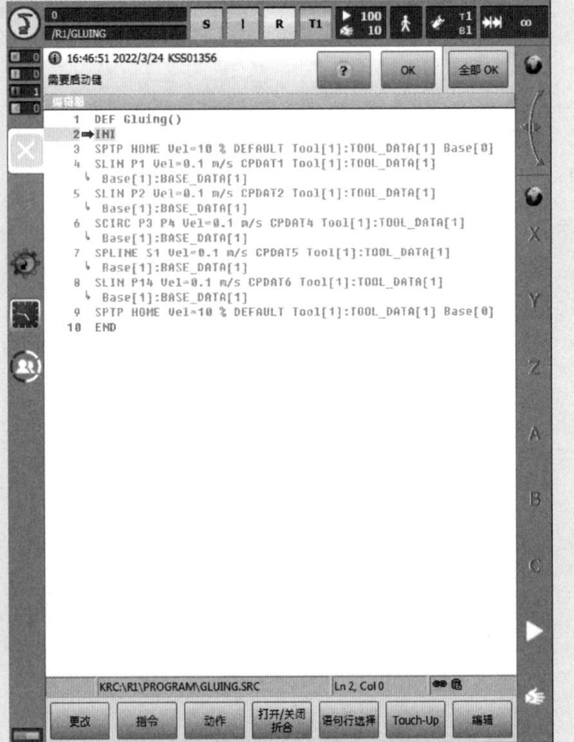

5. 码垛离线编程及验证

（1）离线编程 码垛离线编程的操作步骤见表5-11，导入并设置机器人和培训台的方法见表5-8步骤1)~14)。

表5-11 码垛离线编程的操作步骤

操作步骤及说明	示 意 图
1)导入吸盘工具。导入方法与表5-8步骤2)相同，修改名称、物料和类别。单击空白处，在左侧"单元组件类别"中可以看到更改后的内容	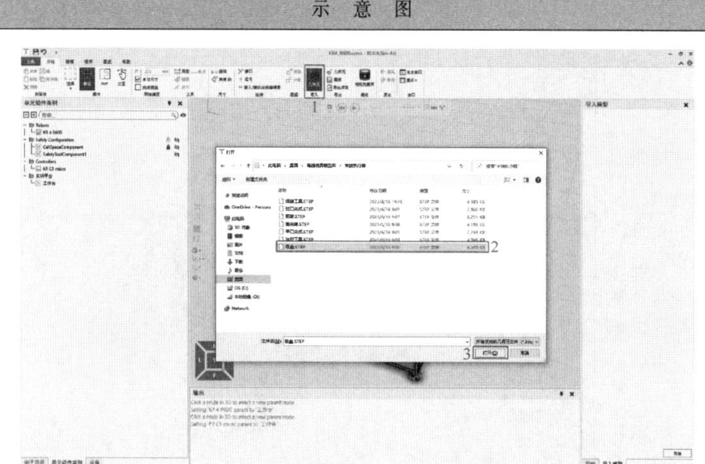 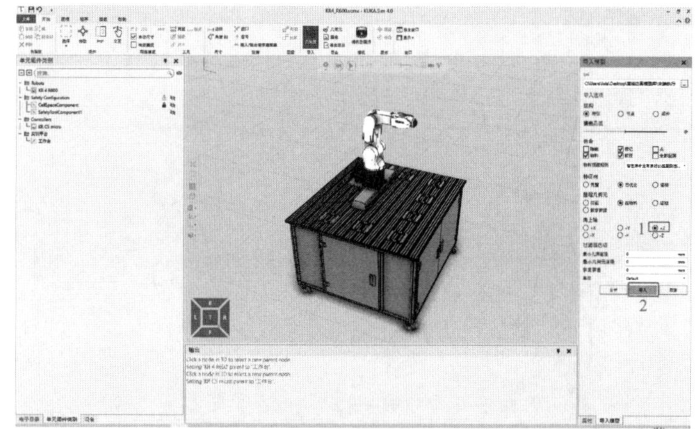 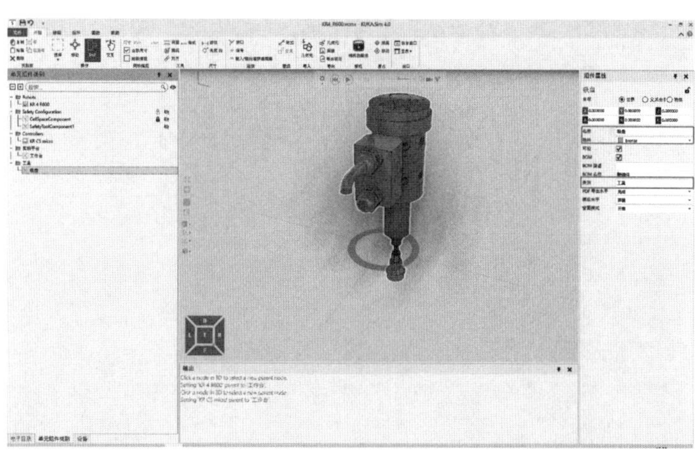

（续）

操作步骤及说明	示 意 图
2）更改原点位置。选中工具后按照图示顺序依次单击选择。注意：此处将原点定位在法兰接触面的圆心	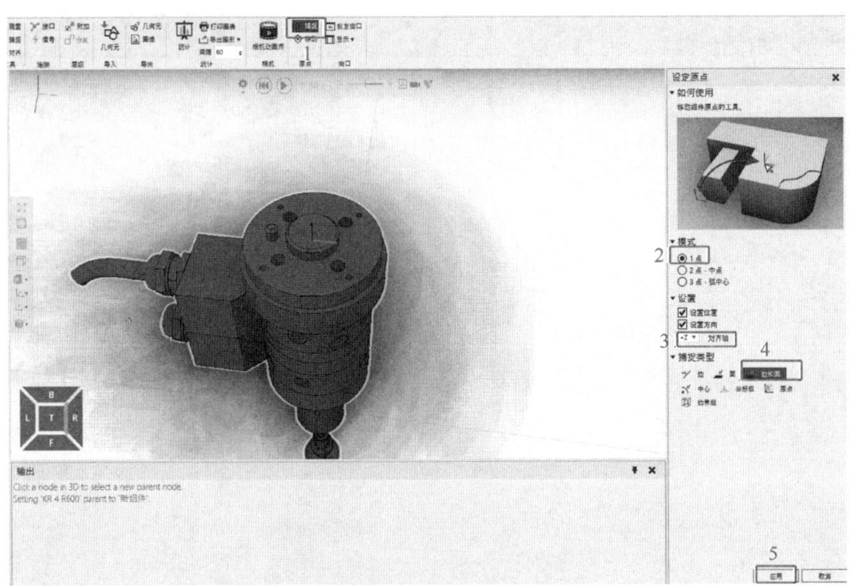
3）更改 X 轴方向。单击“原点”功能框中的“移动”，将“A”的值修改为“-90”，单击“应用”，使工具安装到工业机器人末端法兰盘上时跟机器人方向一致	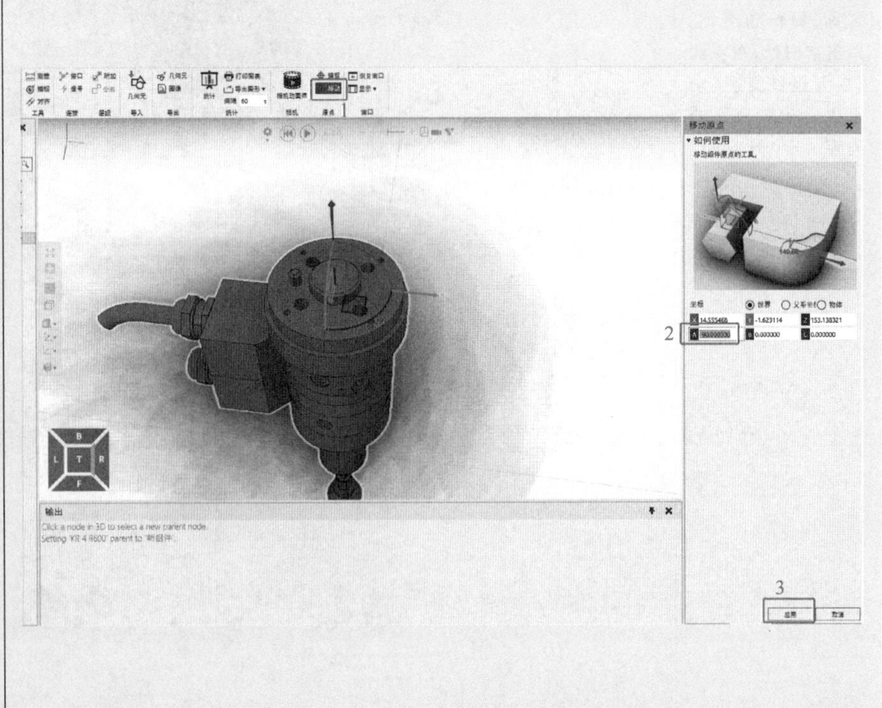

（续）

操作步骤及说明	示　意　图
4）各轴旋转角度归零。单击“A”使其归零，以确保工具的姿态跟世界坐标系一致	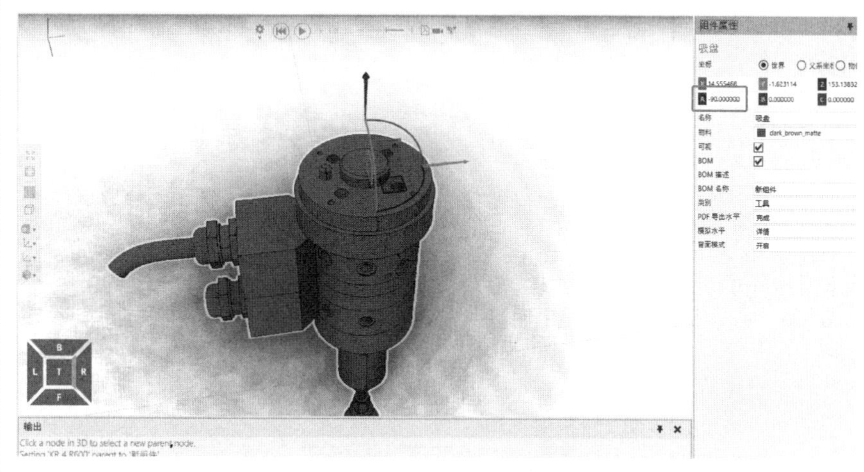
5）将工具安装至机器人法兰盘上。单击吸盘工具，在“工具”功能框中选择“捕捉”，采用一点法捕捉机器人法兰盘中心点，其余操作如右图所示	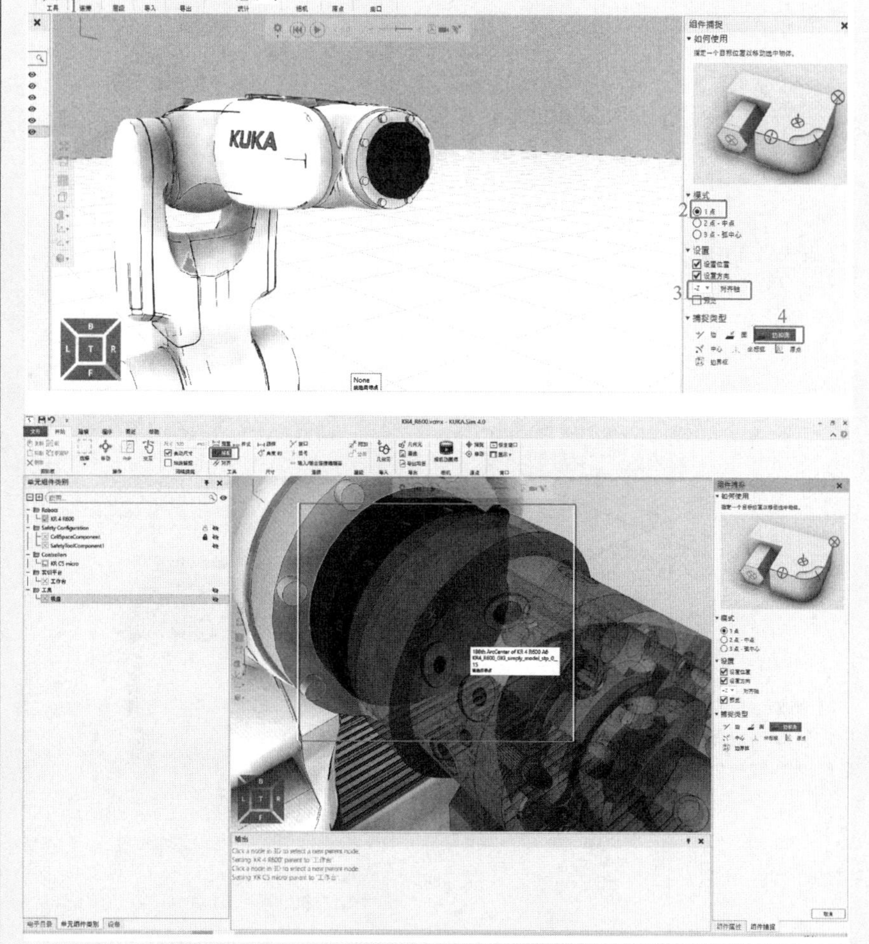

（续）

操作步骤及说明	示 意 图
6）将吸盘工具附加至机器人第六轴法兰盘上。注意：红框位置必须为机器人第六轴	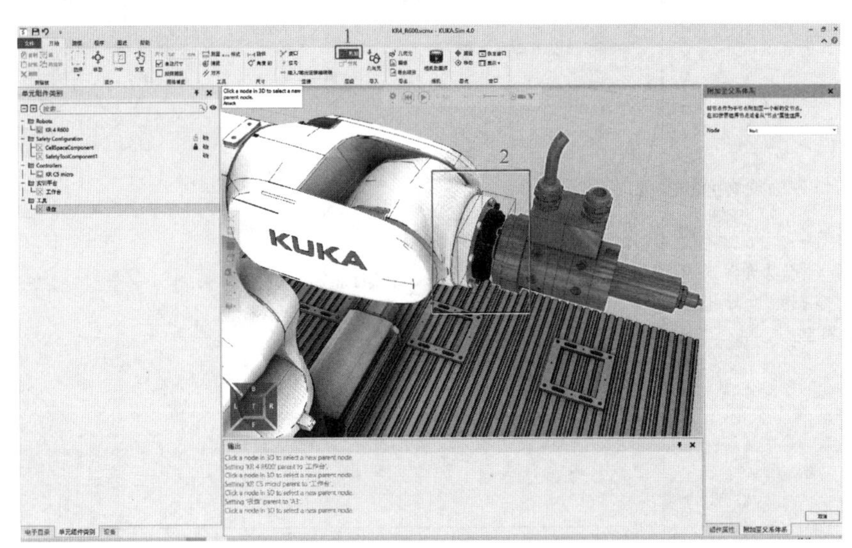
7）导入码垛模块	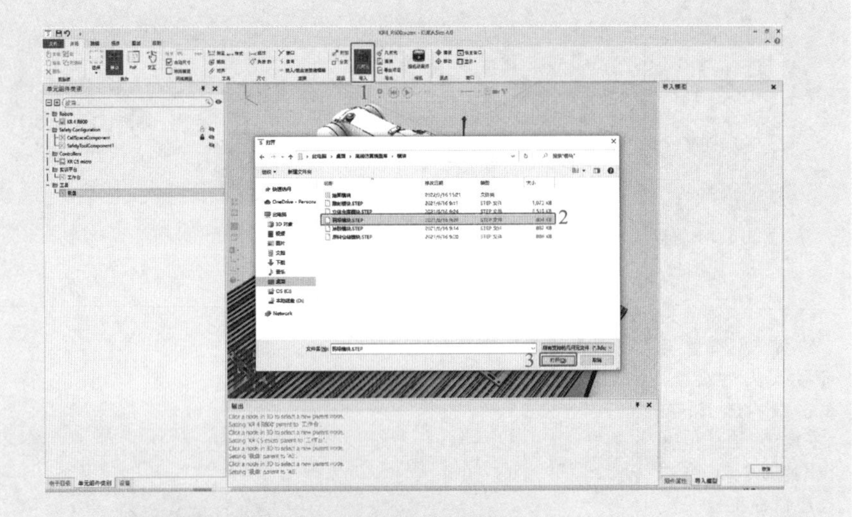
8）修改组件属性。依次修改码垛模块名称、物料和类别	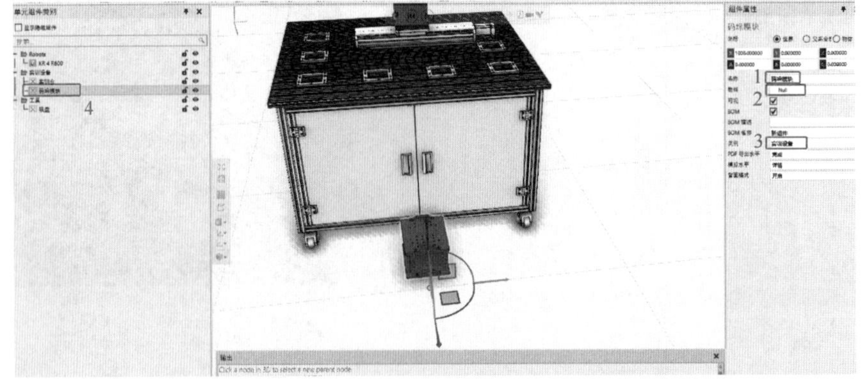

（续）

操作步骤及说明	示意图
9）更改原点位置。用一点法捕捉码垛模块下底面中心点为坐标原点	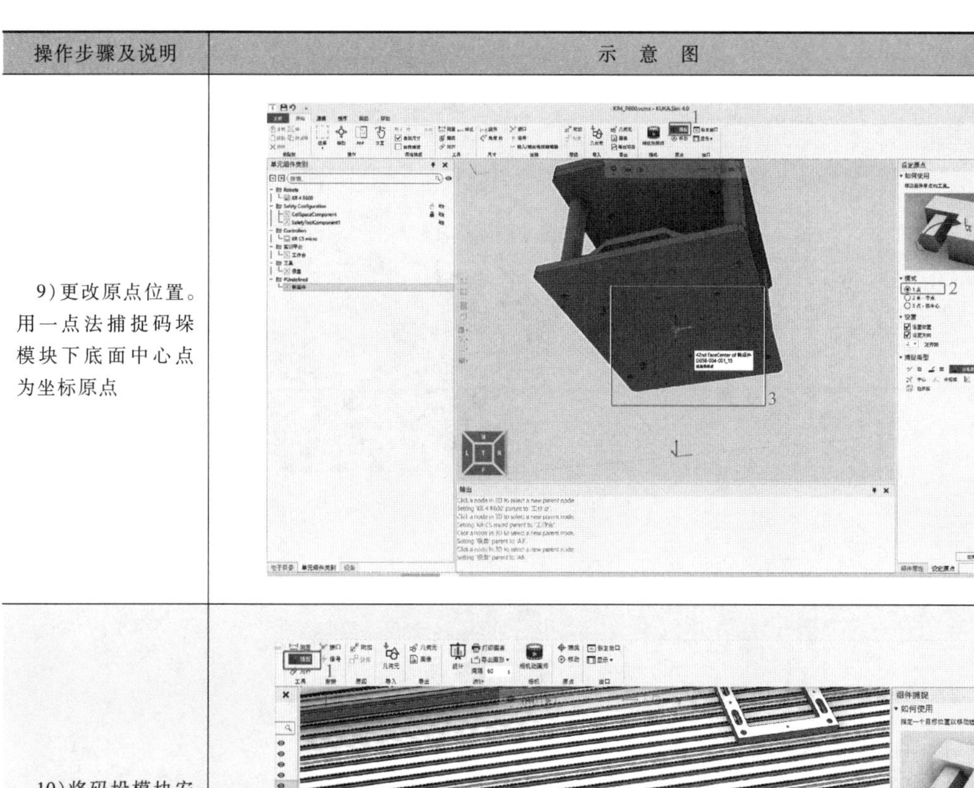
10）将码垛模块安装到平台回字块上。用一点法，对齐轴选“+Z”方向，其余操作如右图所示，并将其附加至工作台	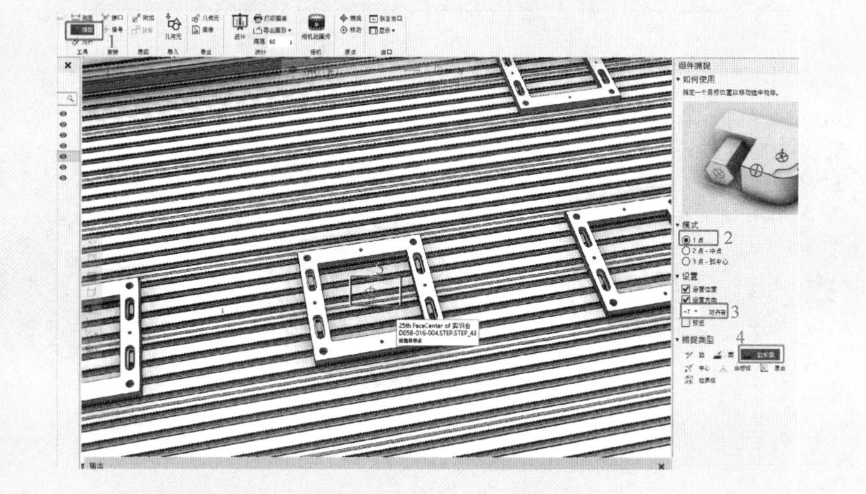
11）导入码垛块	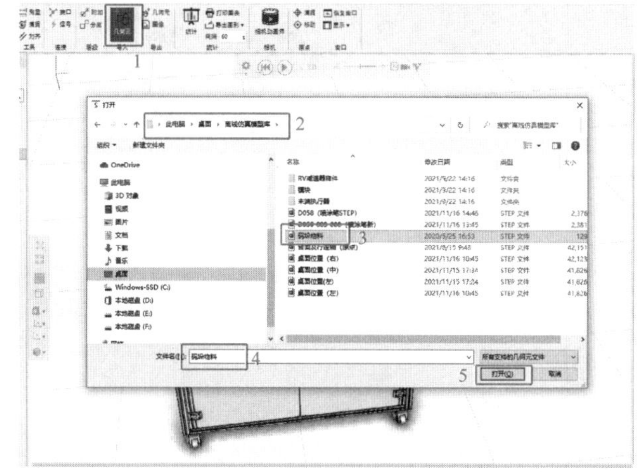

（续）

操作步骤及说明	示　意　图
12）搭建码垛工作站。将导入的模型按照图示方式进行搭建	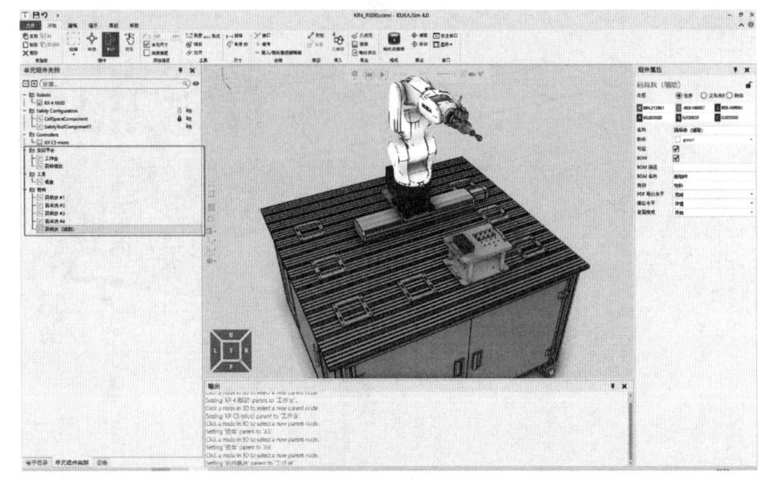
13）设定工具坐标系。选中机器人，选择“程序”，单击“点动”，选择右侧工具坐标系，并单击“⚙”按钮	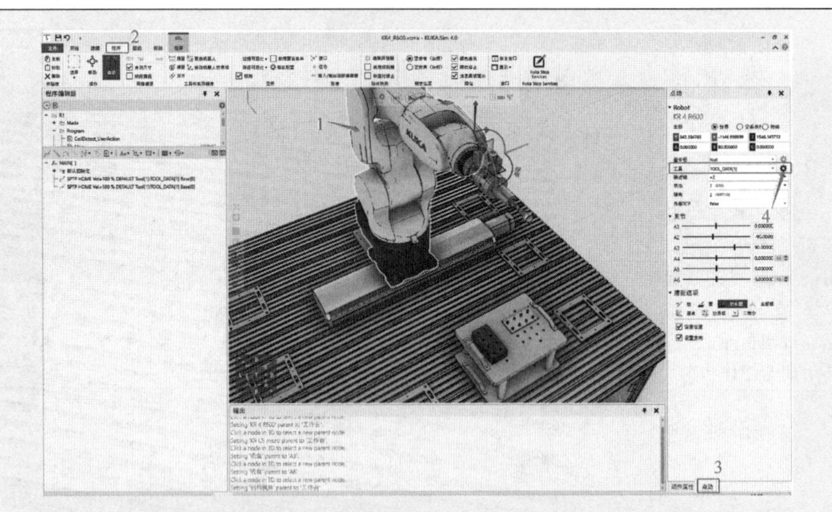
14）定位新 TCP 位置。按图示顺序操作，标定吸盘工具坐标系原点位置。注意：吸盘工具为橡胶材料，建议选取稍靠近内侧的圆心为原点位置，可保证吸附时无缝隙	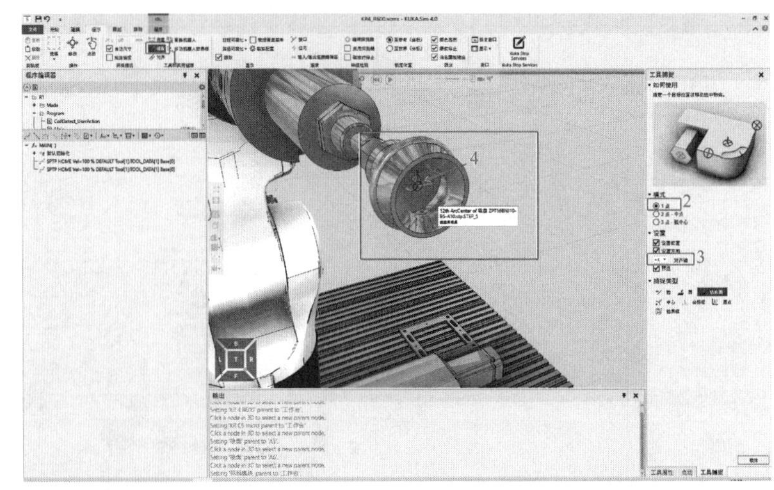

（续）

操作步骤及说明	示　意　图
15）创建基坐标系。选择“点动”，选择一个基坐标系，并单击“ ”按钮	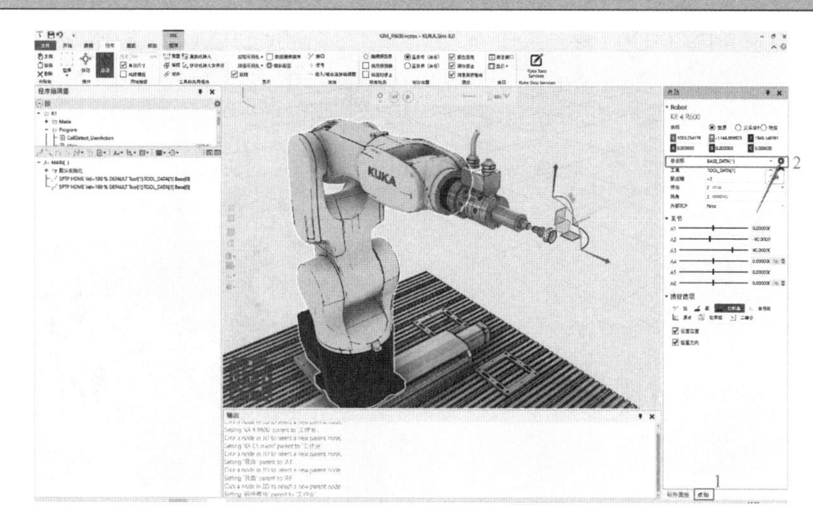
16）选择基坐标系原点。用一点法选择码垛模块平面的一角为基坐标原点，其余操作如右图所示	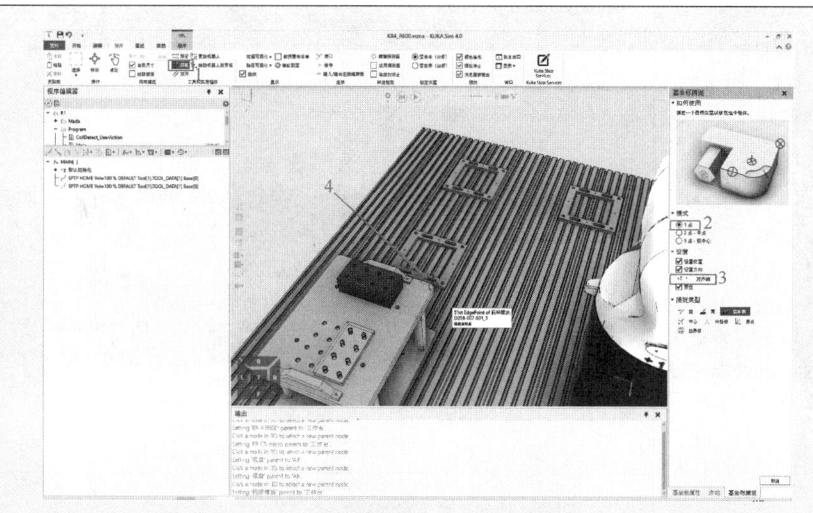
17）配置抓取输出信号。在右侧窗格中单击“组件属性”，设置“信号动作”，依据真实设备，将 $OUT[1]信号设置为置位时抓取、复位时释放（发布），同时修改“检测体积大小”	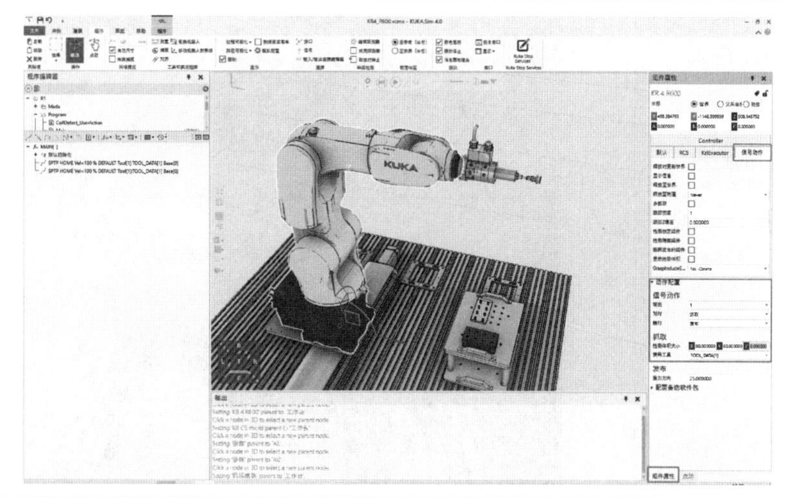

（续）

操作步骤及说明	示意图
18）重设 HOME 点。在左侧“程序编辑器”一栏选中第一行语句，在右侧“动作属性”一栏里将“A5”设置为“90°”，运动速度设为“10%”	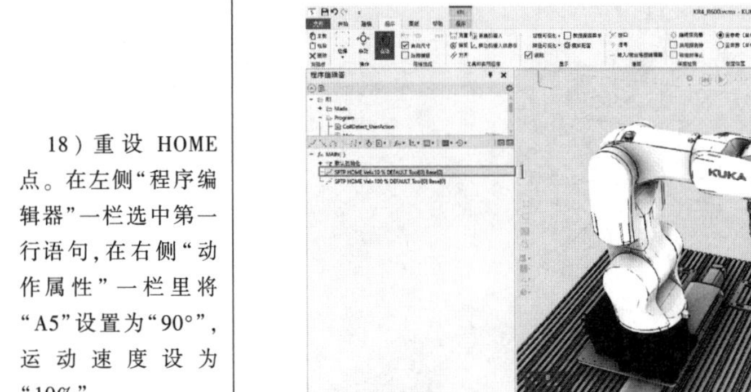
19）捕捉第一个码垛点位置。单击“点动”，此时在右侧窗格中选择之前创建的工具坐标系和基坐标系。单击“工具和实用程序”功能框中的“捕捉”，右侧选择一点法，对齐轴选择“+X”，捕捉码垛块中心点作为进入点	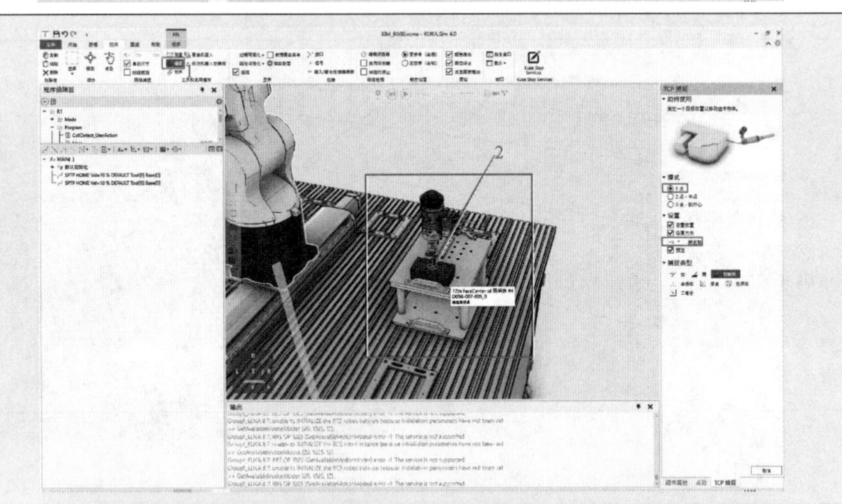
20）添加 P1 点。选中中心点后，将其沿 Z 轴向上抬起一段距离，将此点定义为过渡点 P1	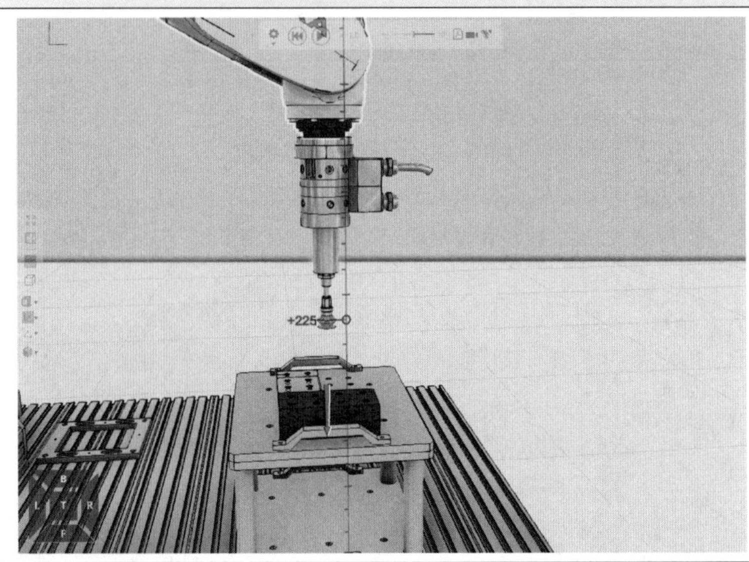

（续）

操作步骤及说明	示意图
21）修改 P1 点参数。单击左侧窗格上方的" "按钮，即可添加 SPTP 运动命令，在右侧窗格中单击"动作属性"，按图示修改参数，可以看到在吸盘末端位置出现"P1"，该点即为码垛作业第一个示教点	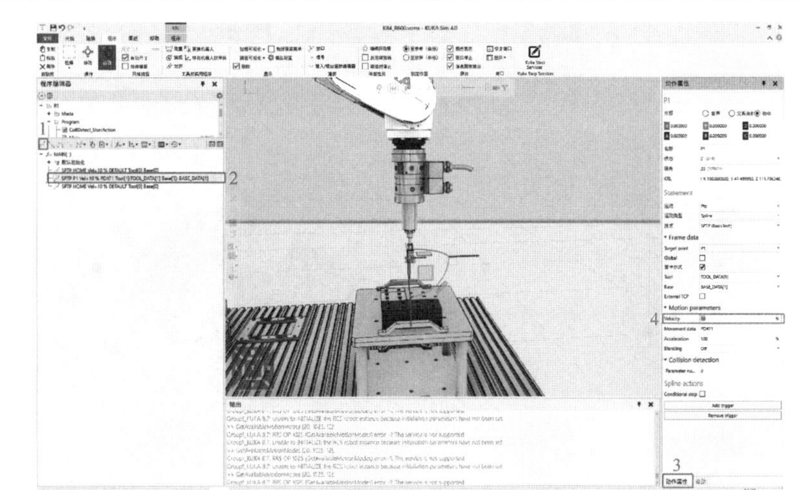
22）捕捉码垛作业开始点 P2 点。捕捉开始点方法同上，然后单击" "按钮，添加 SLIN 指令。单击右侧窗格中的"动作属性"，修改指令参数。将速度改为"0.1m/s"比较合适，防止速度太快出现碰撞	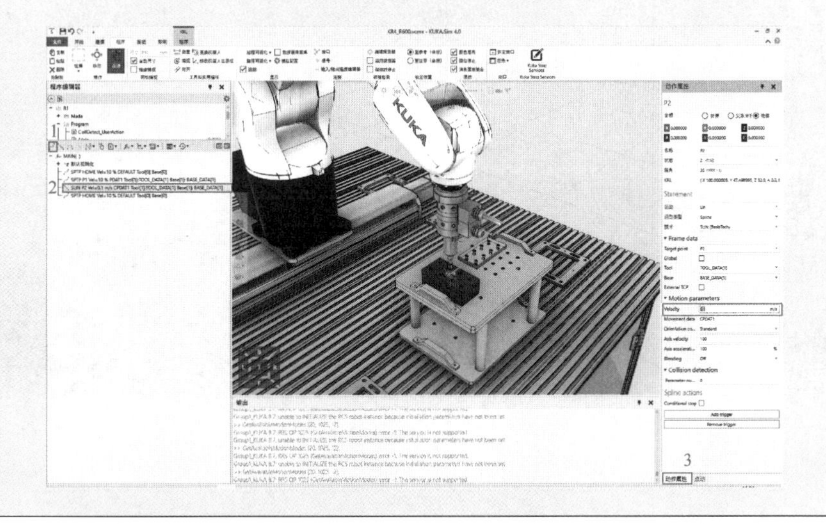
23）添加输出端信号。单击左侧窗格中" "图标，在弹出的菜单中选择"输入/输出端"→"设定输出端"	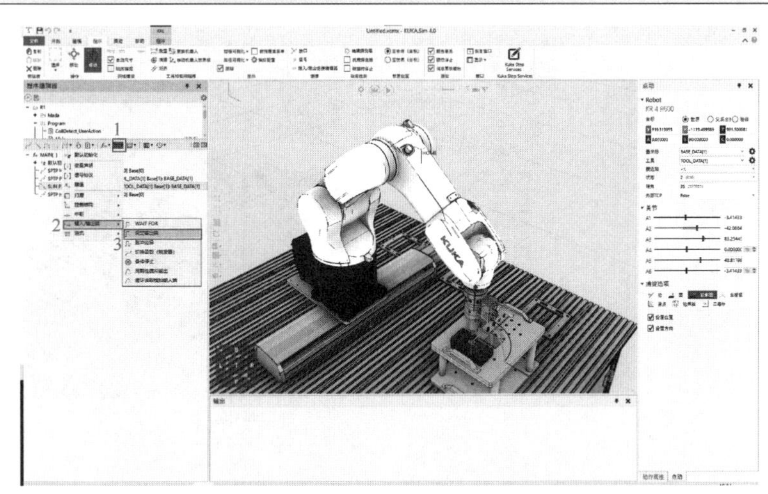

（续）

操作步骤及说明	示 意 图
24）设定输出端。将“Value”设置为“TRUE”，用于抓取物体	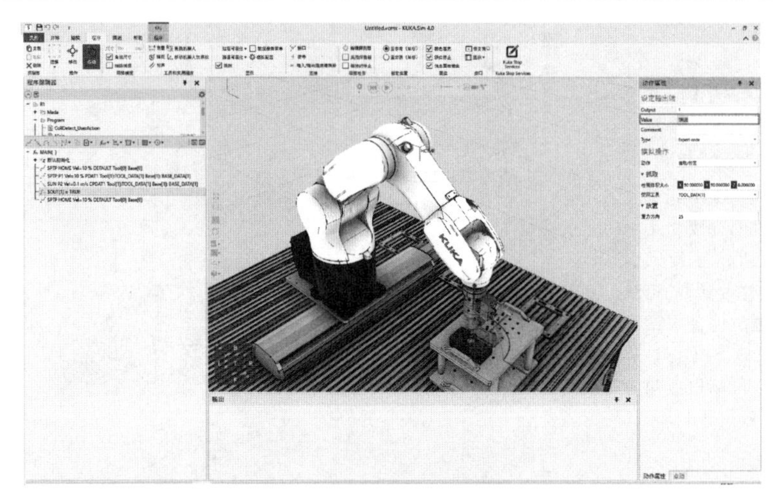
25）添加P3点。单击“捕捉”按钮，按右侧选择参数，定位到P1点，然后单击“↘”按钮，添加直线运动命令	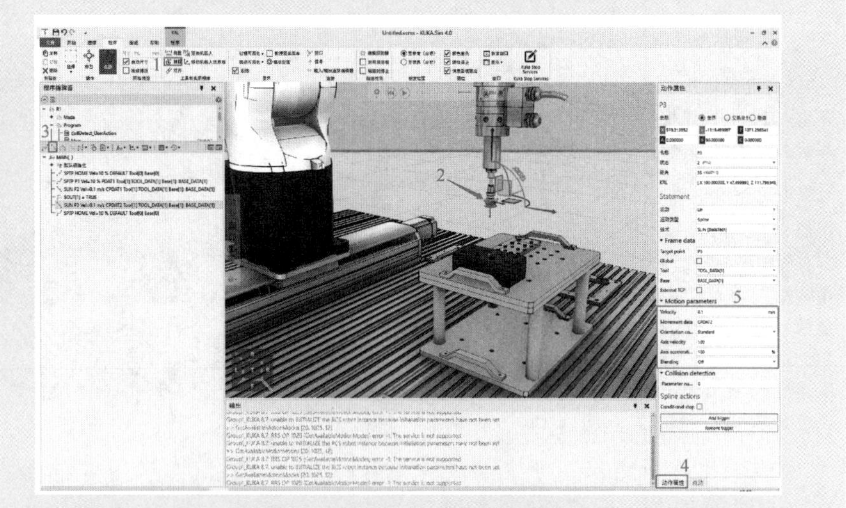
26）捕捉放置点。选择左上角捕捉，在辅助码垛块上捕捉放置点	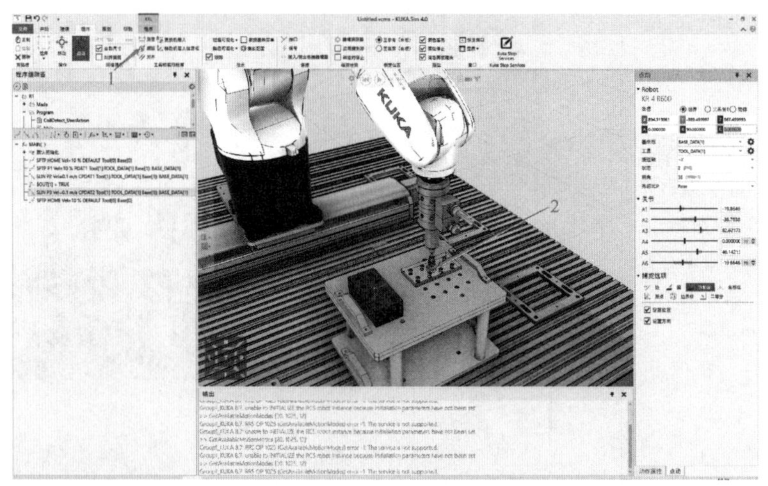

（续）

操作步骤及说明	示意图
27）设置过渡点。将 Z 轴沿正方向移动，将 C 轴旋转 90°，添加 SPTP 指令，记录当前位置为 P4	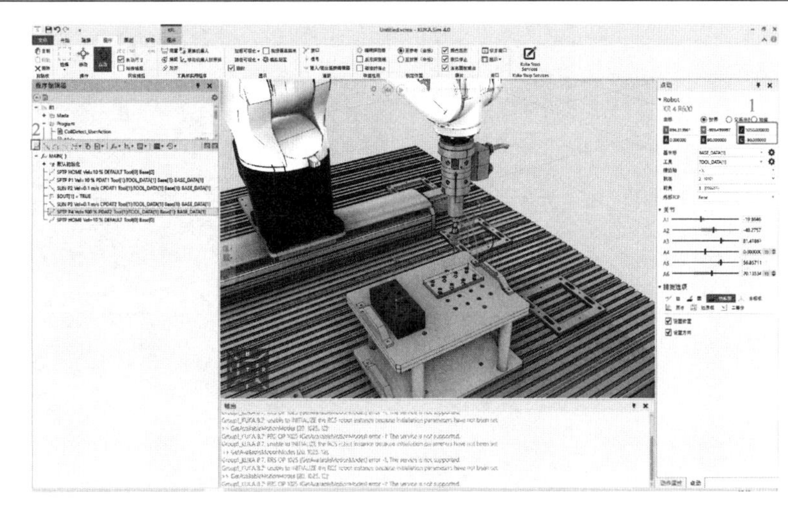
28）设置 P4 点。选择右下角“动作属性”，设置速度为“10%”	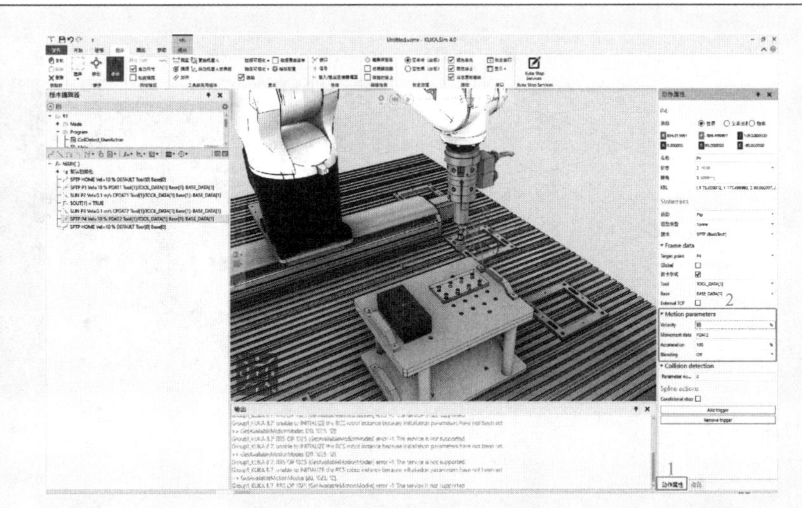
29）添加 P5 点。在辅助码垛块上捕捉放置点并添加 SLIN 指令	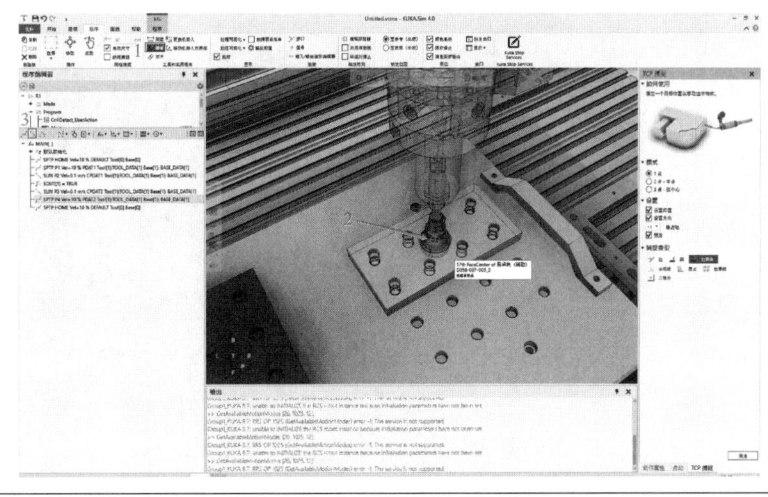

（续）

操作步骤及说明	示 意 图
30）添加放置指令。添加 $OUT[1] 输出指令，将“Value”改为“FALSE”，表示吸盘放下	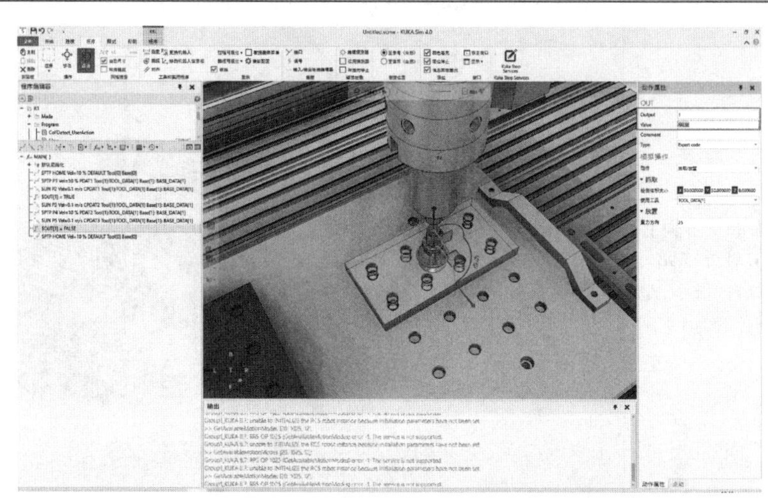
31）插入延时指令。单击左侧窗格中的“ ▼ ”按钮，选择“WAIT SEC”，“Time”（时间）设置为“1.0s”	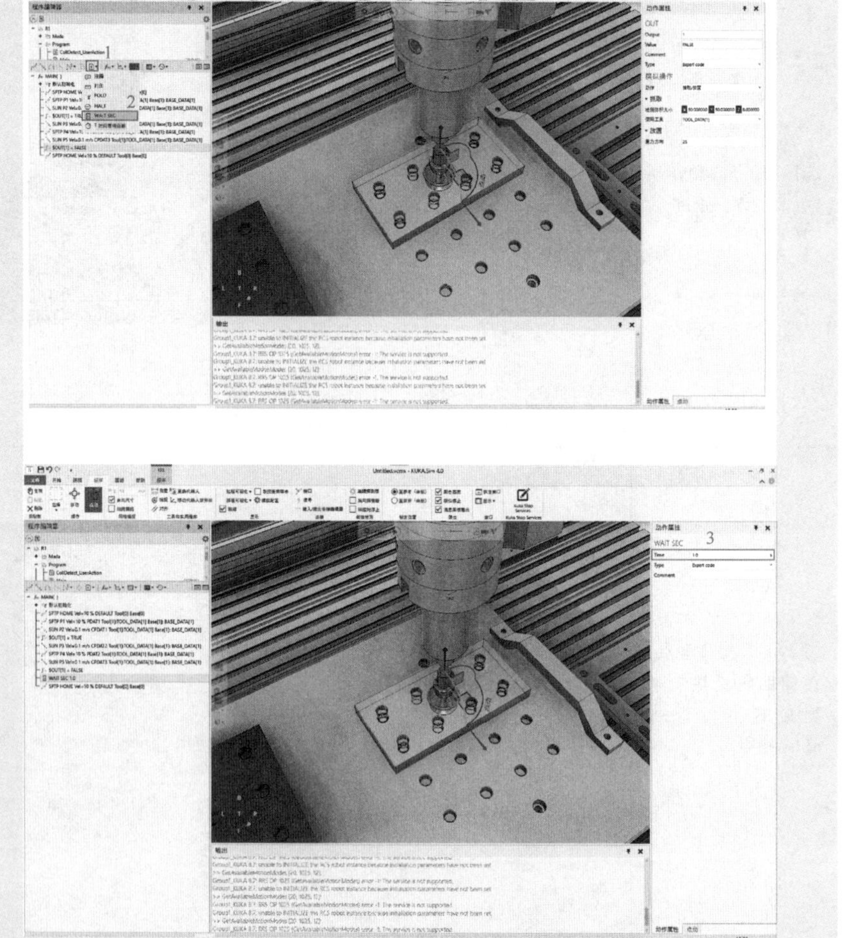

（续）

操作步骤及说明	示意图
32）添加 P6 点。捕捉 P4 点位置，记录为 P6 点，添加 SLIN 直线运动	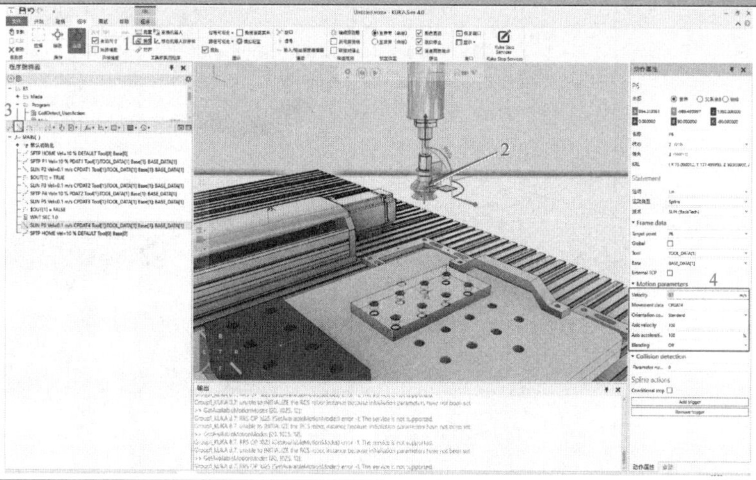
33）试运行。可先模拟运行一遍程序，检验运行效果，然后重复上述步骤，将所有码垛块按照要求搬运至正确位置	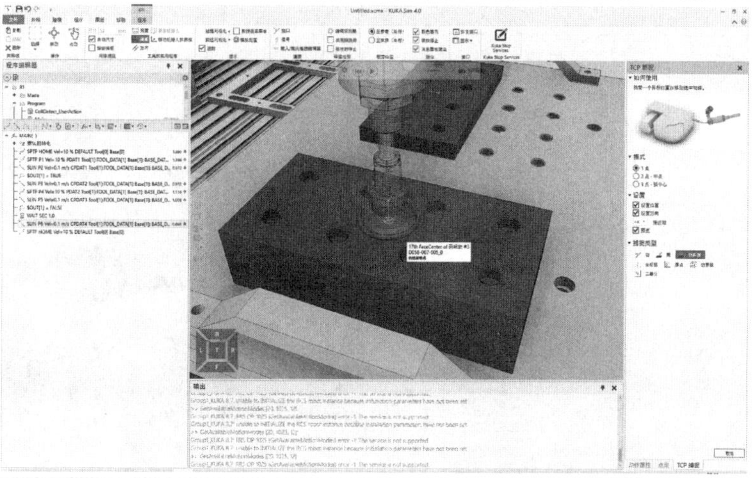
34）目标成果。最终效果如右图所示	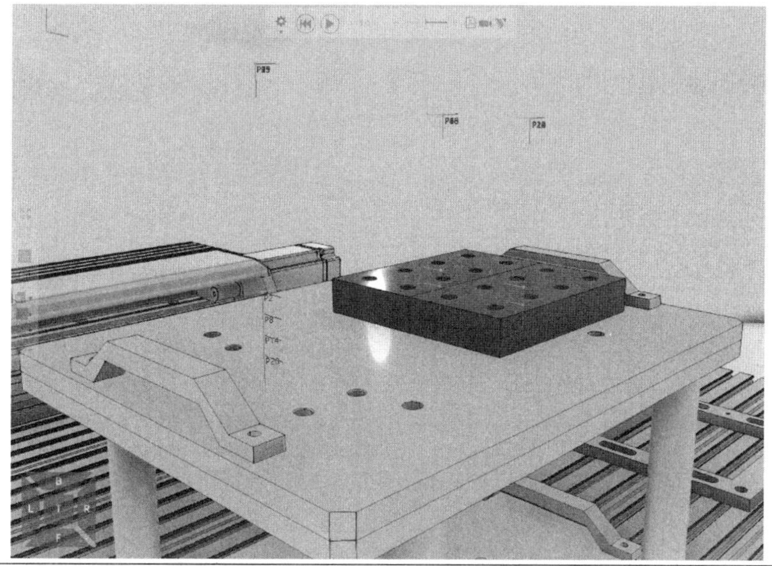

（续）

操作步骤及说明	示 意 图
35）程序重命名。选中“程序编辑器”中的“MAIN（）”，在“例行程序属性”中修改程序名称 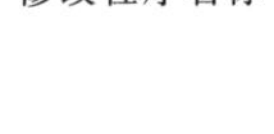	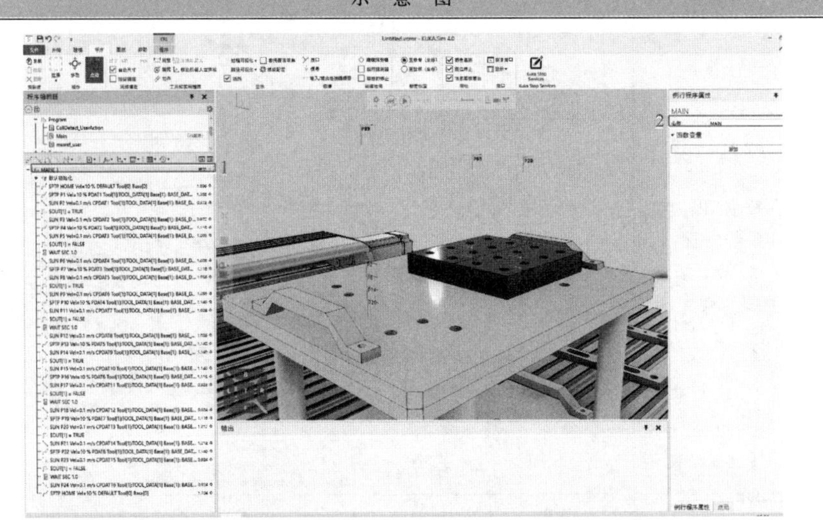
36）程序导出。在“程序”一栏选择“导出 KRL”，然后存放在选择的路径下	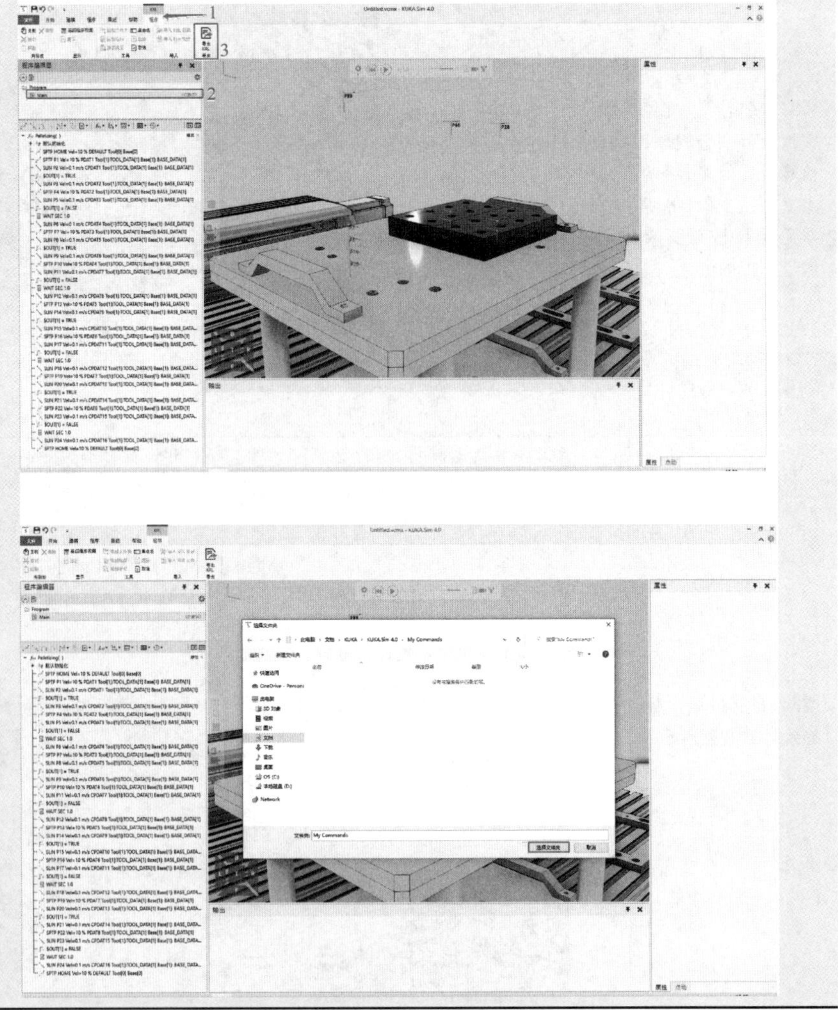

(2) 手动安装吸盘工具 手动安装吸盘工具的操作步骤见表 5-12。

表 5-12 手动安装吸盘工具的操作步骤

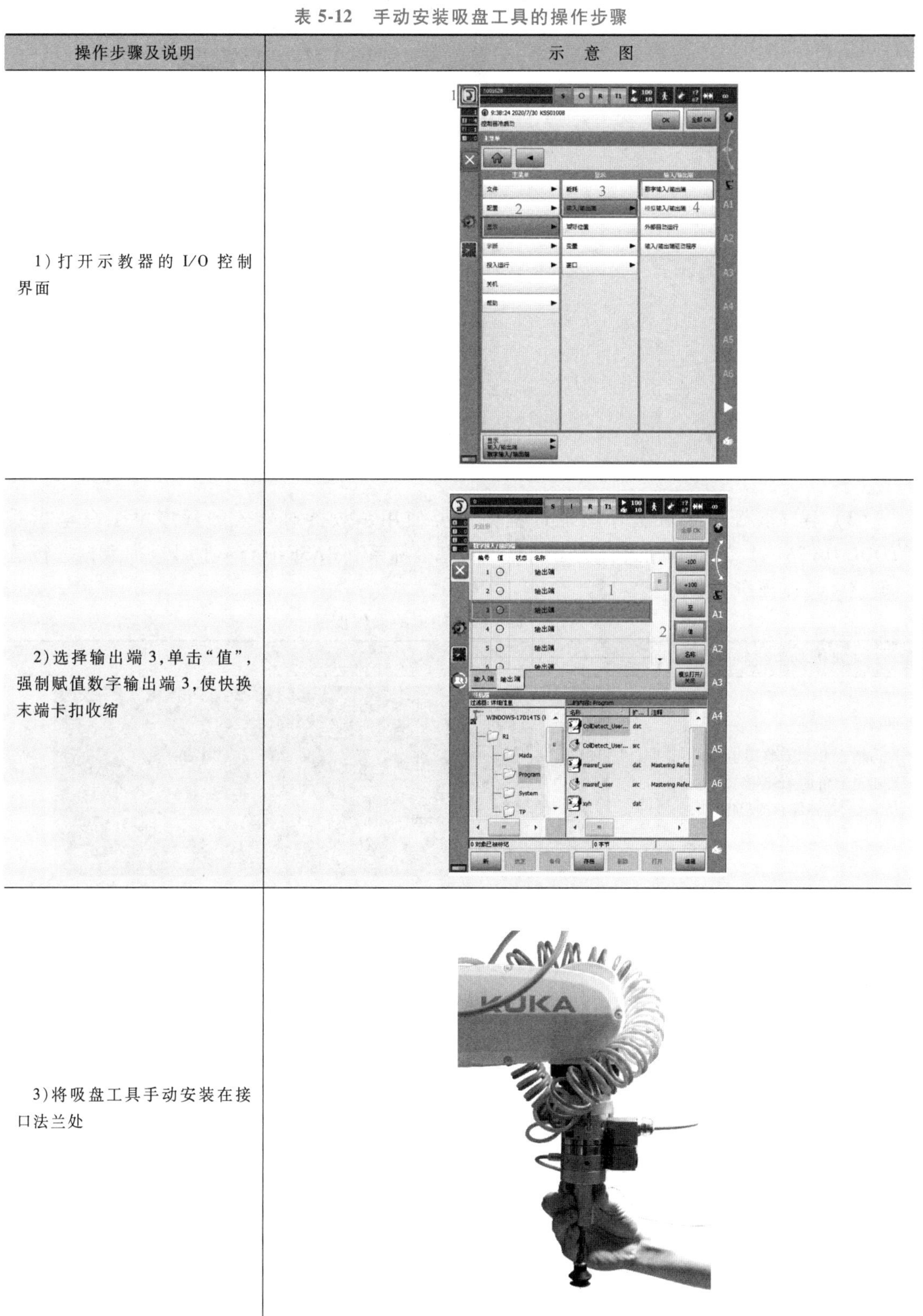

操作步骤及说明	示 意 图
1) 打开示教器的 I/O 控制界面	
2) 选择输出端 3,单击“值”,强制赋值数字输出端 3,使快换末端卡扣收缩	
3) 将吸盘工具手动安装在接口法兰处	

（续）

操作步骤及说明	示　意　图
4）再次单击“值”，停止输出数字输出端3，快换末端卡扣伸出，手动安装吸盘工具完成，可以创建程序	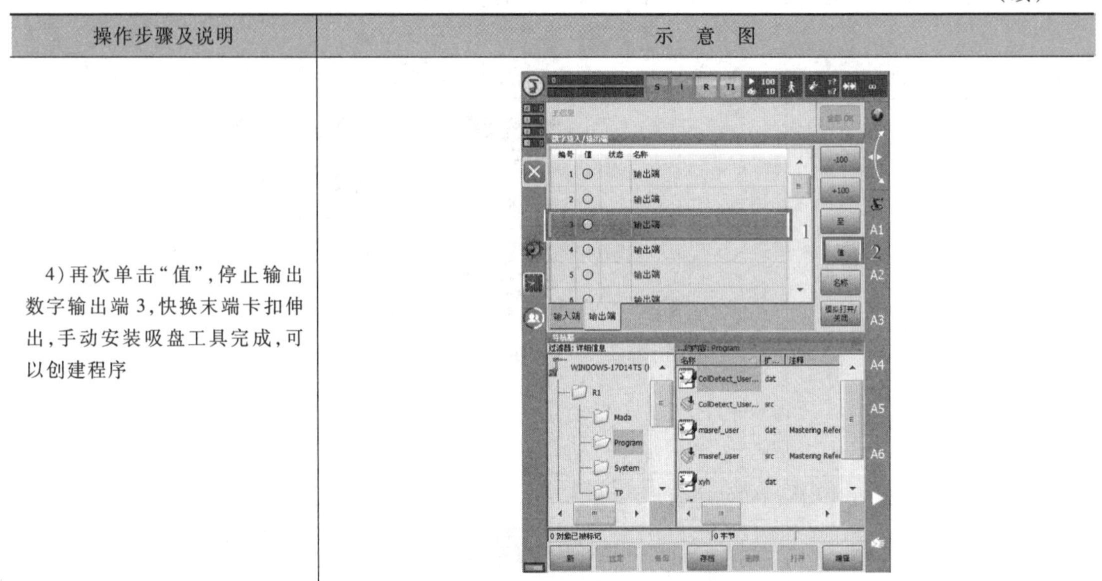

（3）程序验证　码垛程序验证过程中需要使用示教器对导入的程序中工具坐标系（TOOL-DATA［1］）的数据进行适当调整，对基坐标系（BASE-DATA［1］）的数据进行适当调整，具体操作步骤见表5-13。

表5-13　码垛程序验证的操作步骤

操作步骤及说明	示　意　图
1）插入U盘。将U盘插在示教器左上角的USB接口上。打开U盘，找到保存的程序文件	
2）复制文件。选中程序文件，单击在右下角的“编辑”在弹出的菜单中单击“复制”	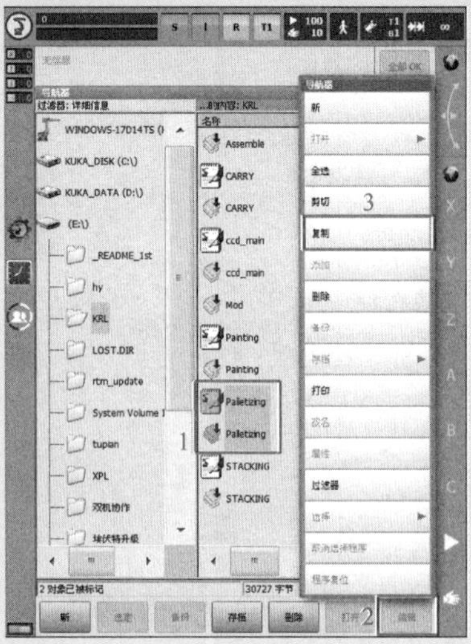

（续）

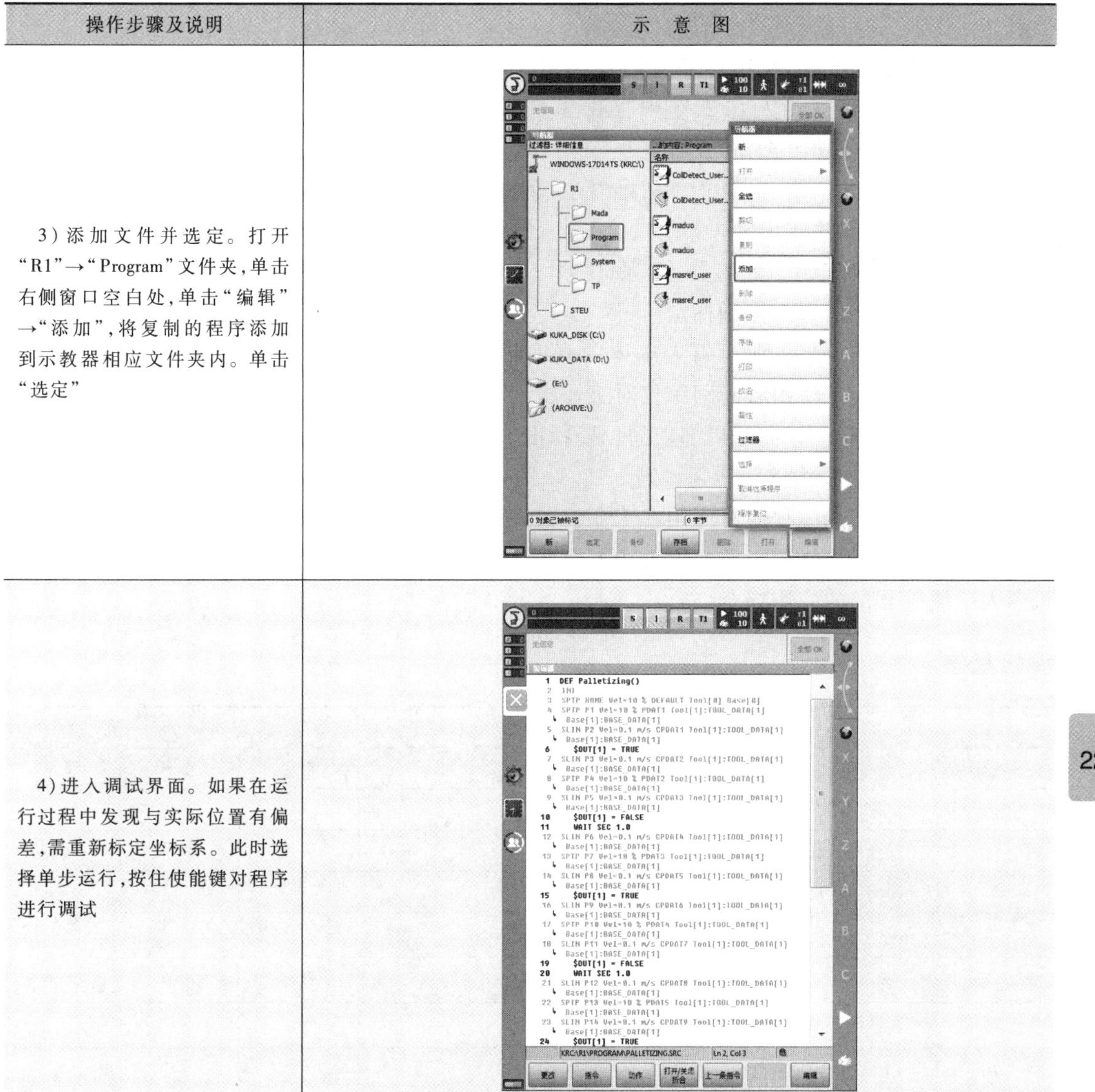

操作步骤及说明	示　意　图
3）添加文件并选定。打开“R1”→“Program”文件夹，单击右侧窗口空白处，单击“编辑”→“添加”，将复制的程序添加到示教器相应文件夹内。单击“选定”	
4）进入调试界面。如果在运行过程中发现与实际位置有偏差，需重新标定坐标系。此时选择单步运行，按住使能键对程序进行调试	

知识拓展

工业机器人离线编程是指操作者先在编程软件里构建整个工业机器人工作应用场景的三维虚拟环境，根据加工工艺相关需求进行一系列操作，自动生成工业机器人的运动轨迹，即控制指令，然后在软件中仿真与调整轨迹，最后生成执行程序传输给工业机器人。

1. 离线编程误差来源与消除办法

（1）误差来源一　TCP 测量误差。

消除办法：将在真实工业机器人工作站中标定得到的 TCP 位姿信息填写入离线程序中，离线编程软件通常具备根据用户填写的 TCP 值修改虚拟工具位置的能力，并且可以更新工业机器人轨迹。

（2）误差来源二 零件几何与定位误差，一方面是模型的误差，另一方面是零件定位误差。

消除办法：对于实际零件和三维模型差异过大的情况，一种思路是通过在线动态补偿的手段实现工业机器人在工作中根据零件的变形情况不断调整实际轨迹。例如，焊接过程中的焊缝跟随，激光切割过程中的浮动跟随等。另一种思路是获取真实的三维模型，例如，通过三维扫描仪、三维视觉等对零件做扫描重建，再利用重建模型在离线编程软件中计算轨迹。

（3）误差来源三 工业机器人装配误差（DH 参数与设计不符）引起的绝对空间位姿误差，需要对工业机器人本体做标定。

消除办法：测量出工业机器人本体的真实尺寸，更新工业机器人各关节零点或 DH 参数。常见的方案有：使用激光跟踪仪对工业机器人本体做标定；利用某些品牌工业机器人控制器中的 20 点标定法，标定局部空间位姿精度。

2. 工业机器人离线编程应用领域

工业机器人离线编程通常应用在工业机器人切削、工业机器人机械加工、工业机器人去毛刺、工业机器人焊接、工业机器人抛光/打磨、工业机器人点胶、工业机器人修边及工业机器人喷漆等复杂的应用场合。

评价反馈

基本素养(20 分)				
序号	评估内容	自评	互评	师评
1	纪律(无迟到、早退、旷课)(5 分)			
2	安全规范操作(10 分)			
3	团结协作能力、沟通能力(5 分)			
理论知识(30 分)				
序号	评估内容	自评	互评	师评
1	离线编程软件的优势(10 分)			
2	KUKA 离线编程软件的功能(5 分)			
3	软件的功能应用(5 分)			
4	离线编程的应用设备(5 分)			
5	离线编程的操作步骤(5 分)			
技能操作(50 分)				
序号	评估内容	自评	互评	师评
1	绘图离线编程及验证(10 分)			
2	激光雕刻离线编程及验证(10 分)			
3	涂胶离线编程及验证(10 分)			
4	码垛离线编程及验证(20 分)			
综合评价				

练习与思考题

一、填空题

1. 工业机器人编程可分为________和________。

2. KUKA 离线编程软件包含剪贴板区、________、________、________、导入区、导出区和统计区等主要功能区。

3. KUKA 离线编程软件中组件属性通常包含名称、________、________、BOM、BOM 描述、________和类别等。

4. KUKA 离线编程软件对导入的模型可进行边、圆、________、________、原点、________和二等分方式进行目标捕捉。

5. 离线编程误差来源包含________、________、________。

二、简答题

1. KUKA. Sim Pro 离线仿真软件可以实现哪些应用功能?

2. 如何消除离线编程的 TCP 测量误差?

三、编程题

选择绘图模块中的圆形轨迹进行离线编程验证。

高 级 篇

项目六 工业机器人创新平台虚拟调试

学习目标

1. 熟悉 IRobotSIM（博智）智能制造生产线仿真软件的模型导入方法。
2. 掌握 IRobotSIM（博智）智能制造生产线仿真软件的模型布局方法。
3. 掌握 IRobotSIM（博智）智能制造生产线仿真软件的脚本编写方法。

工作任务

一、工作任务的背景

随着互联网技术的快速发展，工业生产的方式也发生了极大变化，传统制造行业开始向智能制造转变。为了确保加工程序的正确性，规避加工中途因程序问题而引起的误切和停机等问题，在对工业机器人编程后，需要对其进行验证。博诺机器人联合多家科研单位，历时 5 年研发了拥有自主知识产权的产线分析与规划软件——IRobotSIM（博智），可以在虚拟环境中对工业机器人和制造过程进行有效仿真，真实地模拟生产线的运动和节拍，实现智能制造生产线的分析与规划。IRobotSIM 具有丰富的 3D 设备库，支持模型导入与定制、物理及传感器仿真，工业机器人离线编程，便捷的拖拽操作，具有大场景的优秀仿真效果、强大的应用程序接口（API）和数字孪生开发功能等，从而减少在实际生产过程中的异常情况，降低生产成本，提高生产质量。IRobotSIM 模拟生产线如图 6-1 所示。

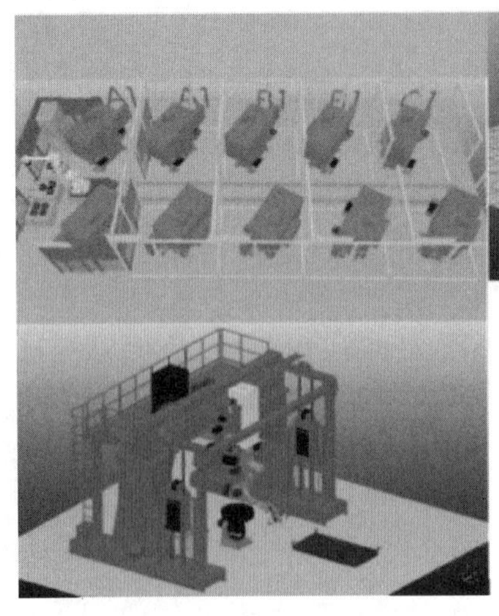

图 6-1 IRobotSIM 模拟生产线

二、所需要的设备

虚拟调试所需的设备为 IRobotSIM（博智）智能制造生产线仿真软件。软件更新升级可联系本书主编，联系邮箱：37003739@ qq. com。

三、任务描述

1. 完成 IRobotSIM（博智）智能制造生产线仿真软件模型的导入。
2. 完成 IRobotSIM（博智）智能制造生产线仿真软件模型位置的摆放。
3. 完成 IRobotSIM（博智）智能制造生产线仿真软件脚本的创建。
4. 完成 IRobotSIM（博智）智能制造生产线仿真软件脚本的编写。

实践操作

一、知识储备

IRobotSIM 是专业的虚拟仿真编程平台，具有多种功能特性与应用编程接口，可以用于二次定制开发、轨迹规划、三维可视化与渲染、碰撞检测、信号交互协同控制、机器人运动学分析及离散事件处理等规划类计算机辅助工程（CAE）分析功能。

IRobotSIM 主要有以下几个特性：

1）IRobotSIM 使用集成开发环境，分布式控制体系结构。每个模型可以通过嵌入式脚本、插件和远程客户端应用编程进行接口控制。

2）IRobotSIM 支持 C/C++、Lua、Python、Matlab 和 Octave 等编程语言。

3）IRobotSIM 中有 Bullet、Open Dynamics Engine（ODE）、Vortex 和 Newton 四个物理引擎。其中 Bullet 引擎包括 Bullet2. 78 和 Bullet2. 83 两个版本。

4）IRobotSIM 包括运动逆解、碰撞检测、距离计算、运动规划、路径规划和几何约束六大模块。

5）IRobotSIM 支持 Windows 7 或 Windows 10 平台安装。将安装包放在一个英文路径下，双击安装程序进行安装，根据提示进行安装即可。注意：安装过程可自定义安装目录，一旦开始安装后，默认是不能取消的。

二、任务实施

1. IRobotSIM 的主界面

启动 IRobotSIM 后，软件的主界面如图 6-2 所示。

（1）应用栏　应用栏显示了软件的名称 IRobotSIM（博智）。

（2）菜单栏　菜单栏显示了对象的常用操作。文件列表框用于场景的创建和保存。支持 obj、dxf、stl、stp、step 和 iges 等网格文件的导入，也可以直接加载 hcm 格式的场景，也支持对单独的形状进行导出。编辑列表框可以对已选择的对象进行复制、粘贴和删除等操作。设置列表框包括仿真设置和系统设置，还可用于编辑模型和场景、控制仿真过程，包括场景的新建、打开和保存、对象的平移与旋转、撤销与重做、示教平移与旋转。

（3）工具栏　工具栏主要包括工具栏 1、工具栏 2 和工具栏 3，如图 6-3 所示。

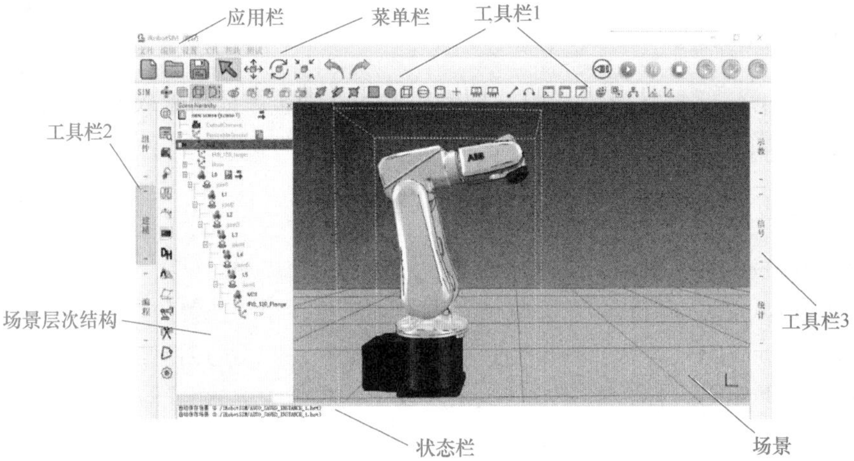

应用栏 菜单栏 工具栏1

工具栏2

场景层次结构 工具栏3

状态栏 场景

图 6-2 IRobotSIM 主界面

1）工具栏 1 包括页面选择、场景选择、对象的合并与分解，关节、实体、坐标点、传感器、路径、线程脚本等的添加。

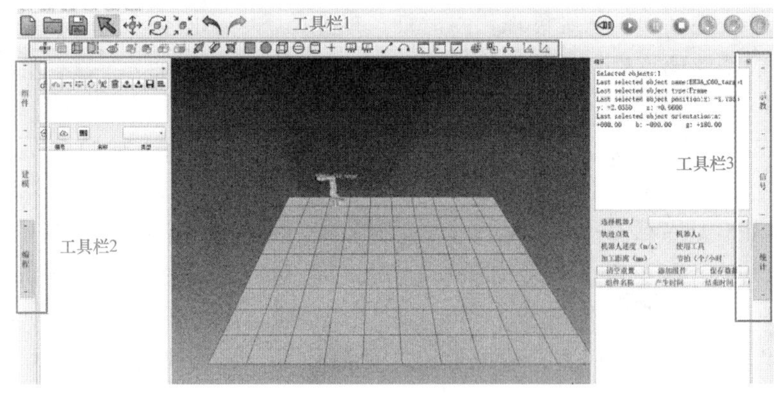

图 6-3 工具栏

2）工具栏 2 主要分为组件、建模及编程三大功能模块。

组件中有各种模型，可将模型拖到场景中进行设备调用。

单击侧边栏的建模按钮，打开场景层次和相应的功能模块。scene1 和 scene2 是两个不同的场景，在 scene1 中，双击图标右边的名字，可以对名字进行更改，双击名字左边的图标，可以对相应的组件进行参数设置。用鼠标左键选中某个对象，进行拖动，可以改变场景的层次结构，也可以通过复制（<Ctrl+C>）某个对象，在当前场景或者其他场景下（确保在同一个场景层次下）粘贴（<Ctrl+V>）对象。若要一次复制多个对象，可先选中一个对象，按住<Shift>键，用鼠标左键拖动选择多个对象，然后进行复制、粘贴。图 6-4 中 scene1 后面是主脚本，对应的还有子脚本。

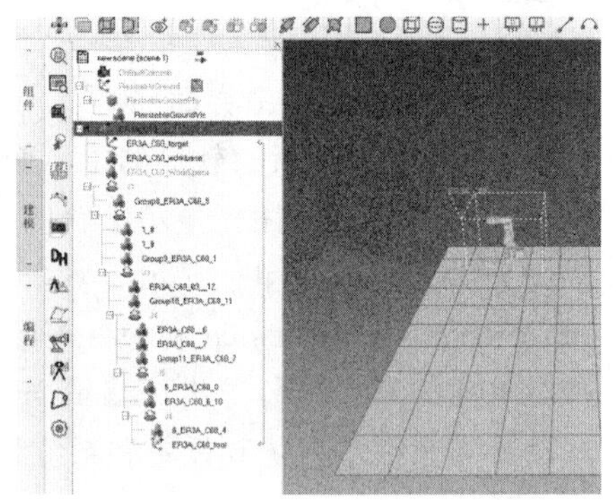

图 6-4 场景层次栏

单击编程按钮，弹出如图 6-5 所示的对话框，主要是建立机器人路径点，并仿真运行，还可以进行后置输出。

3）工具栏 3 主要包括一组手动示教功能（主要针对串联机器人）。在场景层次结构下，勾选机器人模型最上面的父对象，设置模型为组件，可以打开右边栏的机器人选项，如图 6-6 所示。通过调节每个关节的大小，可以改变机器人的位置。Tx、Ty、Tz、Rx、Ry、Rz 对应目标点（target）的位置和方向，通过改变目标点的位姿（位置和方向），机器人模型也会做出相应改变。

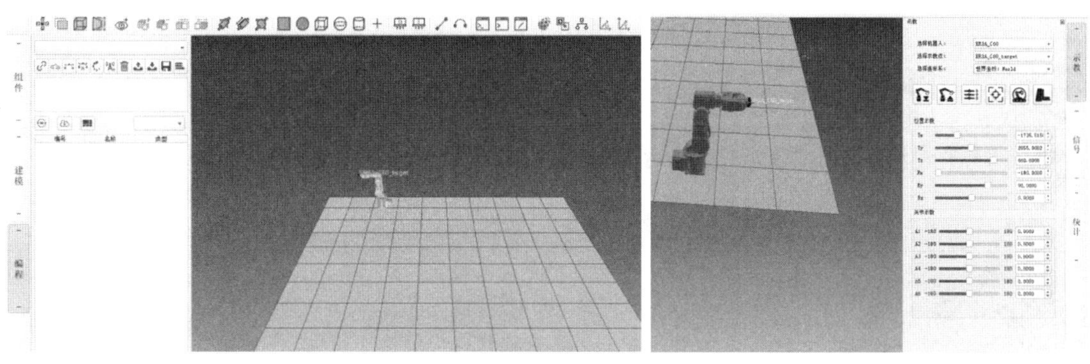

图 6-5　编程对话框　　　　图 6-6　机器人示教

（4）场景层次结构　场景层次结构指在建立仿真模型的时候是以树结构进行保存设置的，每个对象的空间状态通常都受上一级的某个对象影响。

（5）状态栏　状态栏显示仿真场景建立的过程、模型的加载、保存和报警等情况。

（6）场景　场景是进行仿真模型搭建的区域。

2. 导入模型

在 IRobotSIM 中，导入模型的操作步骤见表 6-1。

表 6-1　导入模型的操作步骤

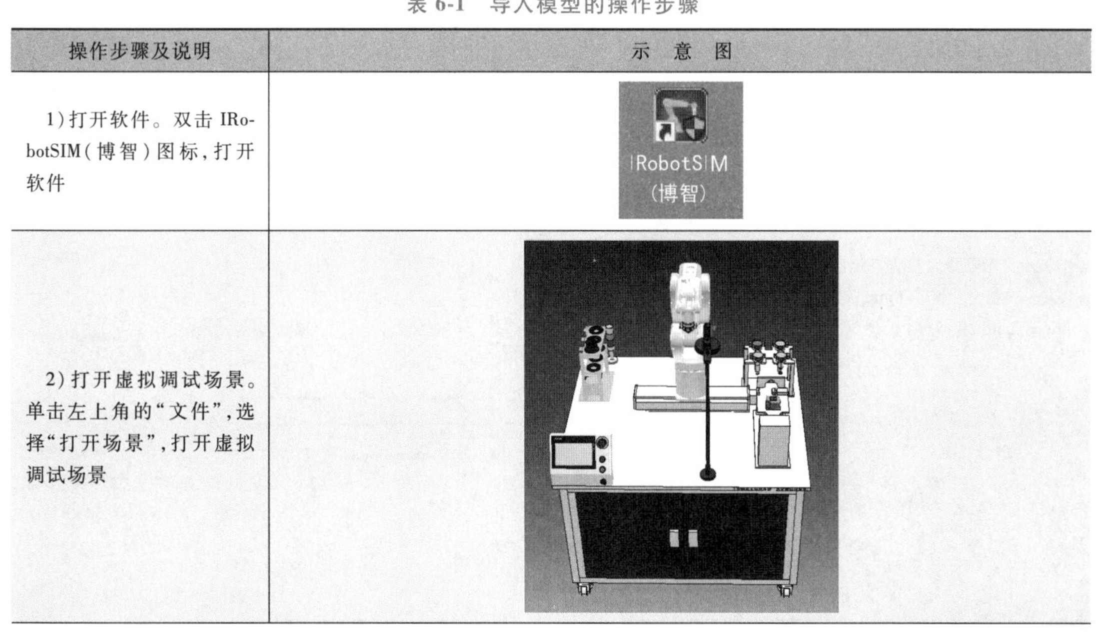

操作步骤及说明	示意图
1）打开软件。双击 IRobotSIM（博智）图标，打开软件	IRobotSIM (博智)
2）打开虚拟调试场景。单击左上角的“文件”，选择“打开场景”，打开虚拟调试场景	

（续）

操作步骤及说明	示 意 图
3）导入井式输送供料模型。单击“文件”，选择“加载模型”，将井式输送供料模型导入	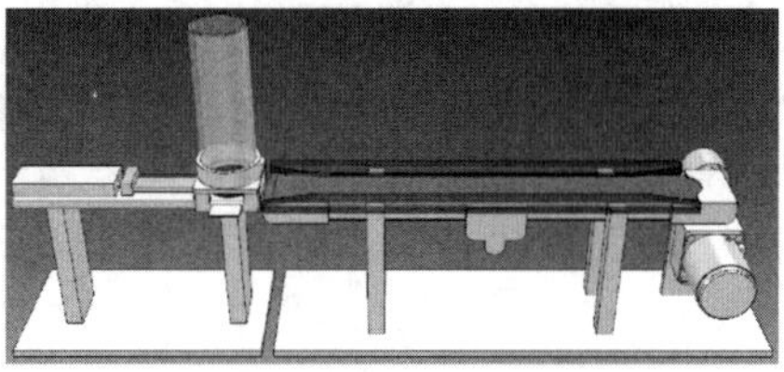
4）导入旋转供料模型。单击“文件”，选择“加载模型”，将旋转供料模型导入	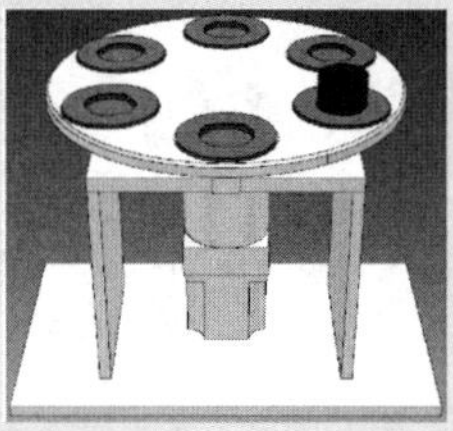
5）建模。在模型导入至场景后，单击软件左侧工具栏 2 中的“建模”	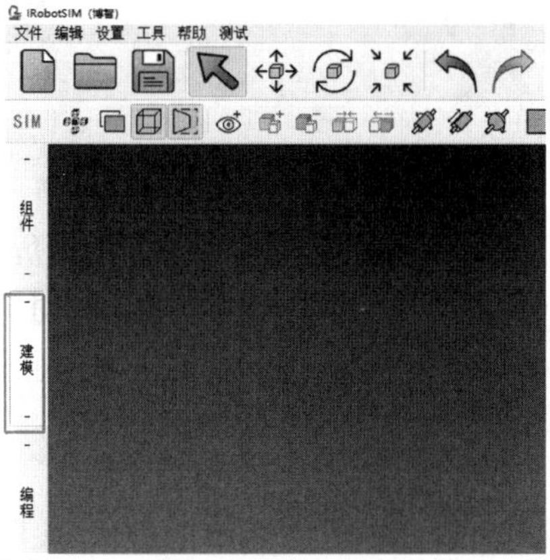
6）选中模型。打开“建模”工具栏后，单击“pjingshigongliao”模型	

（续）

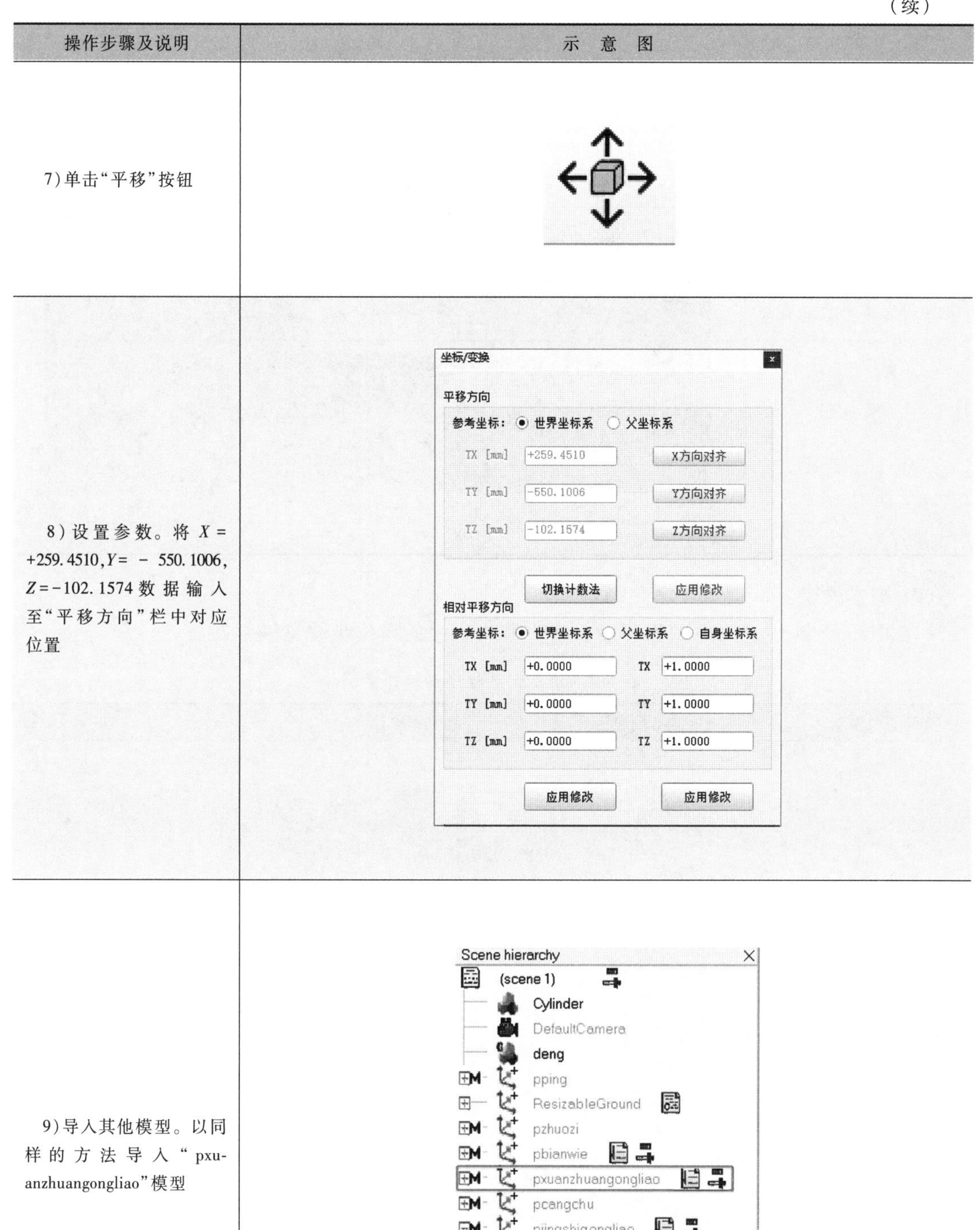

操作步骤及说明	示意图
7）单击“平移”按钮	
8）设置参数。将 $X=+259.4510$，$Y=-550.1006$，$Z=-102.1574$ 数据输入至“平移方向”栏中对应位置	
9）导入其他模型。以同样的方法导入“pxuanzhuangongliao”模型	

（续）

操作步骤及说明	示 意 图
10）场景搭建完成。搭建好的完整平台如右图所示	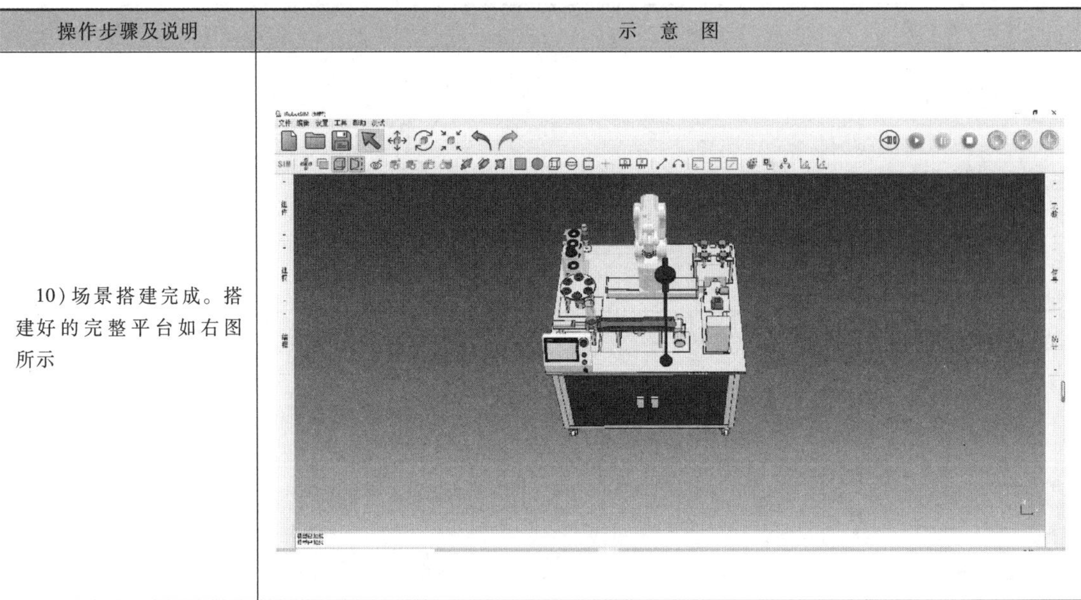

3. 脚本的建立

在 IRobotSIM 中进行模型操作时，建立脚本程序的操作步骤见表 6-2。

表 6-2 建立脚本程序的操作步骤

操作步骤及说明	示 意 图
1）选中模型。单击“Robot_ER3B_C10”模型	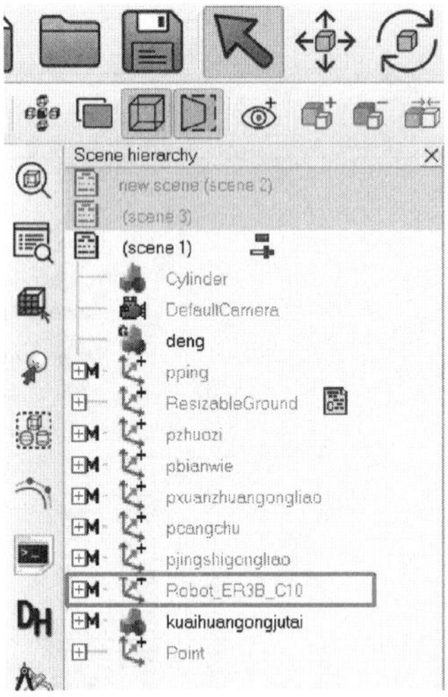
2）建立线程脚本。单击“线程脚本”按钮，建立线程脚本	

（续）

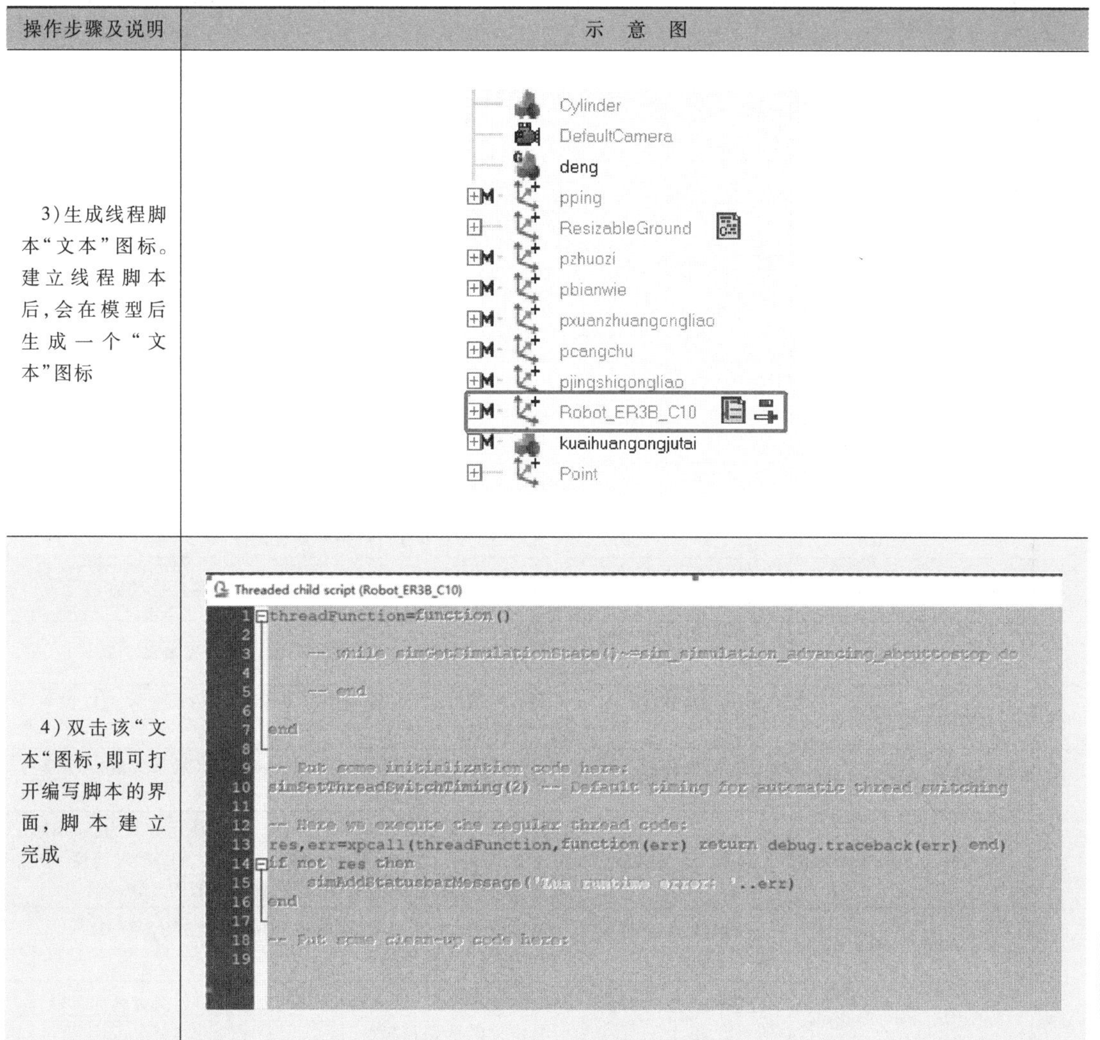

操作步骤及说明	示 意 图
3)生成线程脚本"文本"图标。建立线程脚本后,会在模型后生成一个"文本"图标	
4)双击该"文本"图标,即可打开编写脚本的界面,脚本建立完成	

4. 脚本的编写

IRobotSIM 中脚本的指令介绍见表 6-3。

表 6-3 脚本的指令介绍

序号	代码	含义	使用方法
1	simGetObjectHandle	建立模型句柄	关联脚本与场景中的模型,只有在脚本中建立该语句,才能利用脚本操控场景中的模型、点和关节等。具体使用方法为:场景变量= simGetObjectHandle(‘模型/点/关节名称’)
2	simSetObjectPosition	设置物体位置	具体使用方法为:simSetObjectPosition(场景变量,-1,{X * 0.001,Y * 0.001,Z * 0.001}) 其中"场景变量"中第一个数字为参考坐标系信息;"-1"为世界坐标系,后文也用"-1"在代码中指代世界坐标系;"X""Y""Z"为位置信息,在脚本中与外部场景中的单位需要转换,故乘 0.001

（续）

序号	代码	含义	使用方法
3	simSetObjectParent	设置对象的父对象	设置场景中物体的从属关系，使用该语句可让某个物体/点/关节从属于某个物体/点/关节。具体使用方法为：simSetObjectParent(物体/点/关节，从属于物体/点/关节/-1，true)
4	simMoveToJointPositions	使关节移动	具体使用方法为：simMoveToJointPositions(关节名称，移动距离*0.001，移动速度(0~1) 在多个关节需要同时移动时，可以变为：simMoveToJointPositions({关节名称，关节名称}，{移动距离*0.001，移动距离*0.001}移动速度(0~1))
5	simWait	等待	设置等待时间，具体使用方法为：simWait(等待时间)
6	simAuxiliaryConsoleOpen	设置文本框	设置文本框相关信息，具体使用方法为：simAuxiliaryConsoleOpen('文本框名称'，显示行数，1) 其中，"1"表示控制台窗口将在仿真结束时自动关闭(当从仿真脚本调用时)
7	simAuxiliaryConsolePrint	打印到文本框	将文本写入文本框，具体使用方法为：simAuxiliaryConsolePrint(设置文本框，string.format("\n 文本")) 其中，设置文本框可以用变量替代
8	simGetObjectPosition	获取物体/点/关节坐标	具体使用方法为：simGetObjectPosition(场景变量，-1)
9	simGetObjectQuaternion	获取物体/点/四元数	具体使用方法为：simGetObjectQuaternion (场景变量，-1)
10	simSetObjectPosition	设置物体/点/关节坐标	具体使用方法为：simSetObjectPosition(场景变量，-1，参考物体/点/关节的坐标信息)
11	simSetObjectQuaternion	设置物体/点/四元数	具体使用方法为：simSetObjectQuaternion(场景变量，-1，参考物体/点/四元数信息)
12	simRMLMoveToPosition	移动至指定位置	使物体/点/关节移动至指定位置，具体使用方法为：simRMLMoveToPositio(目标点，机器人名称，-1，nil，nil，最大速度，最大加速度，最大冲击，获取到的位置，获取到的四元数，nil)
13	simGetPositionOnPath	获取路径绝对插值点位置	具体使用方法为：simGetPositionOnPath(路径名称，0) 其中，"0"为路径起点
14	simGetOrientationOnPath	获取路径绝对插值点方向	具体使用方法为：simGetOrientationOnPath (路径名称，0) 其中，"0"为路径起点
15	simMoveToPosition	移动到目标位置	具体使用方法为：simMoveToPosition(移动的物体，-1，路径绝对插值点位置，获取路径绝对插值点方向，1，1)
16	simFollowPath	沿路径移动	具体使用方法为：simFollowPath(移动的物体，路径，3，1，0.1) 其中，"3"为修改位置和方向；"1"为路径结尾；"0.1"为移动速度
17	simSetIntegerSignal	设置整形信号	具体使用方法为：simSetIntegerSignal("信号名"，信号值)
18	simWaitForSignal	等待信号	具体使用方法为：simWaitForSignal ("信号名"，信号值)
19	simClearIntegerSignal	清除整形信号	具体使用方法为：simClearIntegerSignal("信名")
20	simSetThreadSwitchTiming	线程转换时间	指定由系统自动执行的线程中断或切换延迟(抢占式线程)。默认情况下，此值为2ms
21	xpcall	错误处理函数	Lua提供了xpcall函数，xpcall接收第二个参数——一个错误处理函数，当错误发生时，Lua会在调用栈展开(unwind)前调用错误处理函数，于是就可以在这个函数中使用debug库来获取关于错误的额外信息
22	simAddStatusbarMessage	向状态栏添加消息	具体使用方法为：simAddStatusbarMessage ("信息")

注：在操作旋转关节时，需将"*0.001"替换为"*math.pi/180"。

1）脚本代码（表6-3）中的8~11可以封装至一个函数中，从而实现坐标的变换，具体应用如下：

```
setTargetPosAnt=function(thisObject,targetObject)
  local P=simGetObjectPosition(targetObject,-1)
  local A=simGetObjectQuaternion(targetObject,-1)
  simSetObjectPosition(thisObject,-1,P)
  simSetObjectQuaternion(thisObject,-1,A)
end
```

2）脚本代码（表6-3）中的5、8、9、12可封装至一个函数中，从而实现机器人模型的运动，具体应用如下：

```
moveToplace=function(objectHandle,waitTime)
local targetP=simGetObjectPosition(objectHandle,targetBase)
local targetO=simGetObjectQuaternion(objectHandle,targetBase)
  simRMLMoveToPosition(target,targetBase,-1,nil,nil,maxVel,maxAccel,maxJerk,targetP,targetO,nil)
simWait(waitTime)
end
```

3）脚本代码（表6-3）中的13~16可封装至一个函数中，从而实现物体沿路径移动，具体应用为：

```
p=simGetPositionOnPath(Path,0)
  o=simGetOrientationOnPath(Path,0)
  simMoveToPosition(pwuliao3_1,-1,p,o,1,1)
  simFollowPath(pwuliao3_1,Path,3,0,1,0.1)
```

针对本项目中所介绍的脚本语句的具体示例见附录A。

知识拓展

一、数字孪生技术

数字孪生是充分利用物理模型、传感器更新、运行历史记录等，集成多学科、多物理量、多尺度和多概率的仿真过程，以完成虚拟空间中的映射，从而反映相应实体设备的整个生命周期过程。因此，在灵活的单元制造中，可以利用数字孪生技术，通过实体生产线和虚拟生产线的双向真实映射与实时交互，实现实体生产线、虚拟生产线、智能服务系统的全要素、全流程、全业务数据的集成和融合，在孪生数据的驱动下，实现生产线的生产布局、生产计划、生产调度等的迭代运行，达到单元式生产线最优的一种运行

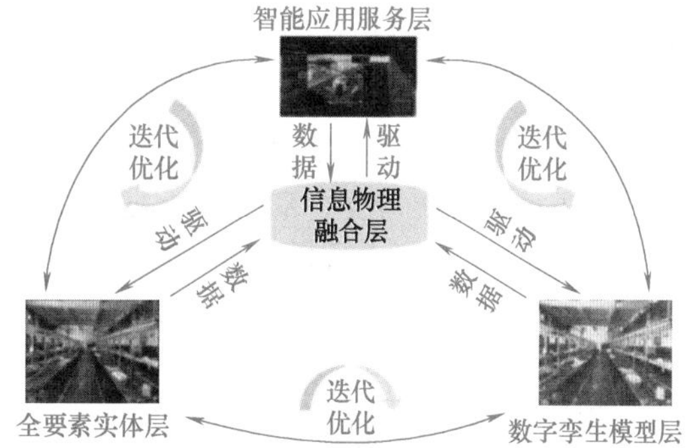

图6-7　数字孪生模型结构

模式。图 6-7 所示为数字孪生模型结构，包括全要素实体层、信息物理融合层、数字孪生模型层和智能应用服务层。

（1）全要素实体层　全要素实体层是单元式生产线数字孪生模型结构的现实物理层，主要是指生产线、人、机器和对象等物理生产线实体，以及相联系的客观存在的实体集合。该层作为数字孪生体系的基础层，为数字孪生模型中的各层提供数据信息，主要负责接收智能应用服务层下达的生产任务，并按照虚拟生产线仿真优化后的生产指令进行生产。

（2）信息物理融合层　信息物理融合层（CPS）是单元式生产线模型的载体，是实体层和模型层之间的桥梁，可实现虚拟实体与物理实体之间的交互映射和实时反馈，负责为实体层生产线和服务层的运行提供数据支持。CPS 贯穿柔性生产线的全生命周期各阶段，实现物理对象的状态感知和控制功能。

（3）数字孪生模型层　数字孪生模型层是指全要素实体层在虚拟空间中的数字化镜像，是实现单元式生产线规划设计、生产调度、物流配送和故障预测等功能最核心的部分。该层基于数据驱动的模型实现仿真、分析和优化，并对生产过程实时监测、预测与调控等。

（4）智能应用服务层　智能应用服务层从产品的设计、制造、质检、回收进行全生命周期管理把控，实现生产线生产布局管理、生产调度优化、生产物流精准配送、装备智能控制、产品质量分析与追溯、故障预测与健康管理，在满足一定约束的前提下，不断提升生产率和灵活性，以达到生产线生产和管控最优。

二、Lua 语言介绍

本项目中的脚本采用 Lua 语言进行编写。Lua 语言是一种轻量小巧的脚本语言，用标准 C 语言编写并以源代码形式开放，其设计目的是为了嵌入应用程序中，从而为应用程序提供灵活的扩展和定制功能。

1. Lua 语言的特性

（1）轻量级　用标准 C 语言编写并以源代码形式开放，编译后的大小仅一百余 KB，可以很方便地嵌入其他程序里。

（2）可扩展　Lua 语言提供了非常易于使用的扩展接口和机制：由宿主语言（通常是 C 或 C++）提供的功能，Lua 语言也可以使用。

（3）其他特性

1）支持面向过程（procedure-oriented）编程和函数式编程（functional programming）。

2）自动内存管理；只提供了一种通用类型的表（table），可以实现数组、哈希表、集合及对象。

3）语言内置模式匹配；闭包（closure）；函数也可以看作一个值；提供多线程（协同进程，并非操作系统所支持的线程）支持。

4）通过闭包和 table 可以很方便地支持面向对象编程所需要的一些关键机制，比如数据抽象、虚函数、继承和重载等。

2. Lua 语言的应用场景

Lua 语言主要用于游戏开发、独立应用脚本、Web 应用脚本、扩展和数据库插件（如 MySQL Proxy、MySQL WorkBench），以及安全系统（入侵检测系统）。

评价反馈

基本素养（30 分）				
序号	评估内容	自评	互评	师评
1	纪律（无迟到、早退、旷课）（10 分）			
2	安全规范操作（10 分）			
3	团结协作能力、沟通能力（10 分）			
理论知识（30 分）				
序号	评估内容	自评	互评	师评
1	了解 IRobotSIM 软件的功能（10 分）			
2	了解 IRobotSIM 软件脚本的结构（10 分）			
3	了解 Lua 语言（10 分）			
技能操作（40 分）				
序号	评估内容	自评	互评	师评
1	掌握 IRobotSIM 软件模型导入与布局的方法（10 分）			
2	了解 IRobotSIM 软件脚本的建立方法（10 分）			
3	了解 IRobotSIM 软件脚本的编写方法（20 分）			
综合评价				

练习与思考题

一、填空题

1. IRobotSIM 支持 C/C++、________、________、________和________编程语言。
2. IRobotSIM 中有________、________、________和________四个物理引擎。
3. IRobotSIM 包括________、________、________、________、________和________六大模块。
4. 数字孪生模型结构包括全要素实体层、________、________和智能应用服务层。

二、简答题

1. IRobotSIM 中的工具栏有哪些功能？
2. 数字孪生的概念是什么？
3. Lua 语言的主要特性包括哪些？

项目七 工业机器人双机协作应用编程

学习目标

1. 了解并掌握外部轴的使用方法。
2. 学会使用 S7-PLC 通信，并在两台工业机器人之间建立通信程序。
3. 了解工业机器人多机协作的意义、现状及存在的难点。
4. 通过 PLC 编程、示教编程及视觉编程控制两台工业机器人协同完成装配任务。

工作任务

一、工作任务的背景

随着人类大规模制造应用需求的陡增，尤其是面向智能制造中出现的小批量、多品种、个性化生产要求的增多，应对这种复杂的柔性化生产趋势，单个工业机器人作业功能已略显单一，生产需要更加数字化、网络化、智能化，因此，工业机器人多机协作的理论和应用发展成为必然，在工业上更多地体现在智能工厂对分布式人工智能的典型应用上。例如，工业机器人多机协作在汽车装配领域的应用，如图 7-1 所示。本项目以两台工业机器人协作装配减速器为例，介绍工业机器人双机协作应用编程方法。

图 7-1　工业机器人多机协作在汽车装配领域的应用

二、所需要的设备

工业机器人双机协作应用编程所需的主要设备为工业机器人应用领域一体化教学创新平

台（BNRT-IRAP-KR4），它包括 KUKA-KR4 工业机器人本体、控制器、示教器、气泵、旋转供料模块、立体仓储模块、原料仓储模块、伺服变位机模块、快换工具模块、视觉检测模块、弧口夹爪和平口夹爪工具，如图 7-2 所示。搭建完成的双机协作平台如图 7-3 所示。

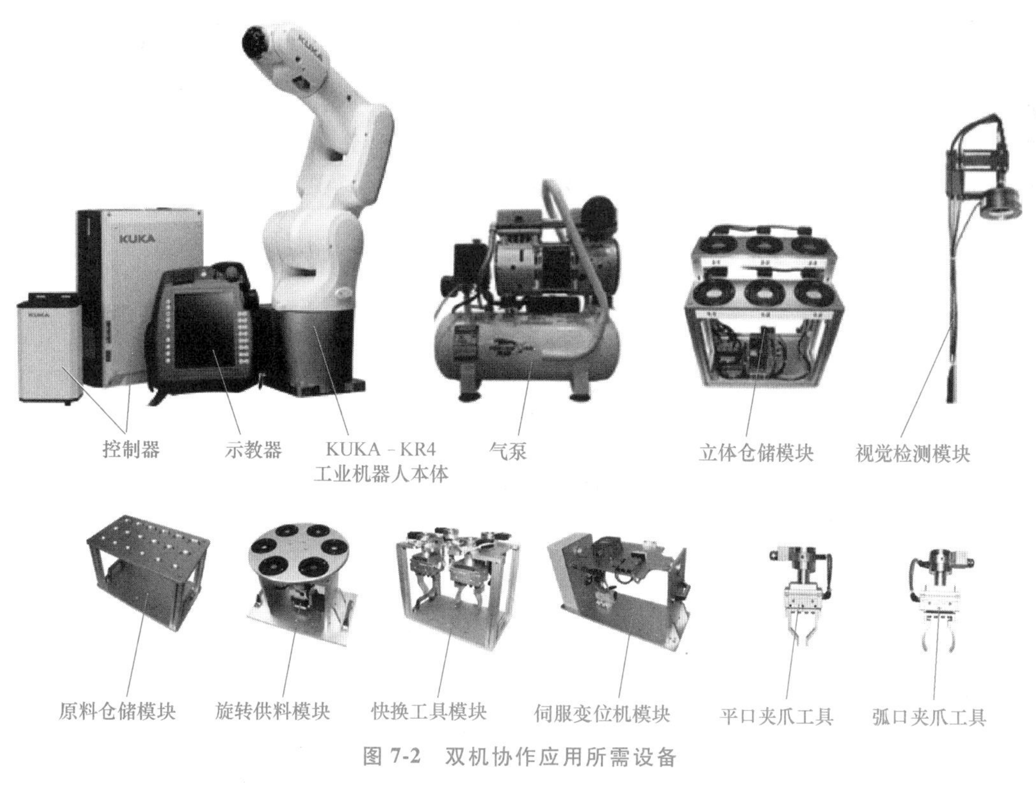

图 7-2　双机协作应用所需设备

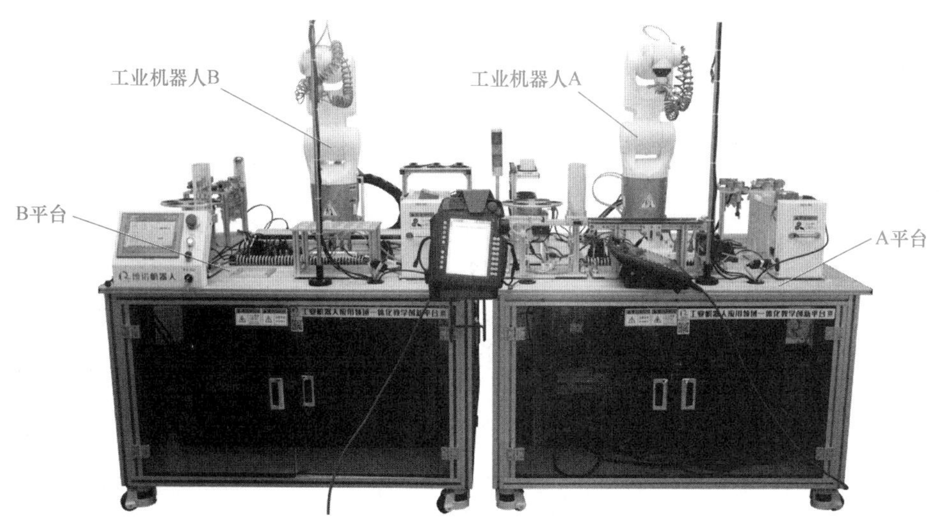

图 7-3　搭建完成的双机协作平台

三、任务描述

这里以谐波减速器的部分装配为典型案例，两台工业机器人同时作业，首先各自抓取工具，然后由工业机器人 B 抓取柔轮组件，并将其放置到 A 平台旋转供料模块的指定位置，同时工业机器人 A 将刚轮从立体仓储模块中取出，在 RFID 模块上写入数据以后放置到伺服变位机上。柔轮组件经过旋转供料模块移动至指定位置后，工业机器人 A 将柔轮组件抓取并装配在刚轮上。完成装配后，工业机器人 A 抓取装配完的谐波减速器，移动至 RFID 模块上方并读取数据，读取完成后将其放置到立体仓储模块的指定位置。最后工业机器人放回弧口夹爪，回到原位，任务完成。谐波减速器装配示意图如图 7-4 所示。

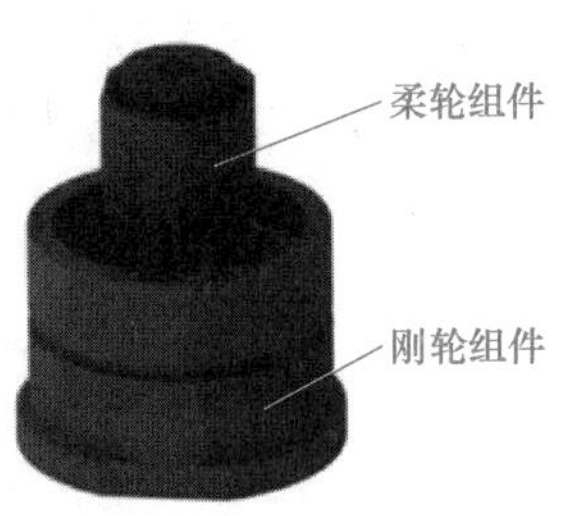

图 7-4 谐波减速器装配示意图

实践操作

一、知识储备

1. 外部轴

外部轴也称工业机器人第七轴或行走轴，是工业机器人本体轴之外的轴。工业机器人可以通过定制的安装板安装在外部轴上。

由于安装在固定基座上的工业机器人有其使用的局限性——不能移动，对于工作空间较大的场合，需要多次或者多台工业机器人进行作业，增加了使用成本，因此需要增加外部轴进行功能扩展。

工业机器人外部轴能让工业机器人在指定的路线上进行移动，扩大工业机器人的作业半径，扩展工业机器人的使用范围，提高工业机器人的使用效率。工业机器人外部轴与工业机器人本体相配合，使工件变位或移位，降低生产使用成本；实现同一工业机器人管理多个工位，提高效率。

工业机器人外部轴主要应用于焊接、铸造、机械加工、智能仓储、汽车和航天等行业领域，是一个国家工业自动化水平的重要标志。

常见的工业机器人外部轴有以下几种类型。

（1）工业机器人行走轴　将关节机器人安装于滑轨上，并通过外部轴功能控制滑动来实现关节机器人的长距离移动，可以实现大范围、多工位工作。例如，机床行业中使用一台关节机器人对多台机床进行上下料，以及焊接行业中的大范围焊接。工业机器人行走轴在焊接行业中与焊接机器人协同工作的应用场景如图 7-5 所示。

图 7-5 工业机器人行走轴与焊接机器人协同工作的应用场景

（2）翻转台变位机　与滑轨相比，翻转台变位机独立于机器人本体，通过外部轴的功能控制翻转台变位机翻转到特定的角度，更加利于机器人对工件的某一个面进行加工。翻转台变位机（图 7-6）。主要应用于焊接、切割、喷涂和热处理等场合。例如，在喷涂行业中，通过翻转台变位机翻转 180°，可实现对工件上下表面的喷涂。

翻转台变位机按照自由度划分可分为单回转式和双回转式变位机。

1）单回转式变位机只能绕一个轴旋转，该旋转轴的位置和方向固定不变。

2）双回转式变位机有两个旋转轴，回转轴的位置和轴向随着翻转轴的转动而发生变化。

2. 机器人通信

机器人双机协作通信的操作步骤见表 7-1。

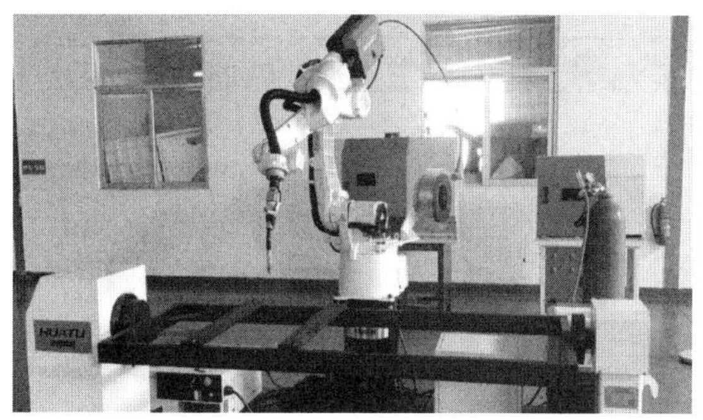

图 7-6　翻转台变位机

表 7-1　机器人双机协作通信的操作步骤

操作步骤及说明	示　意　图
1) 双击"设备和网络"，连接方式选择"S7 连接"	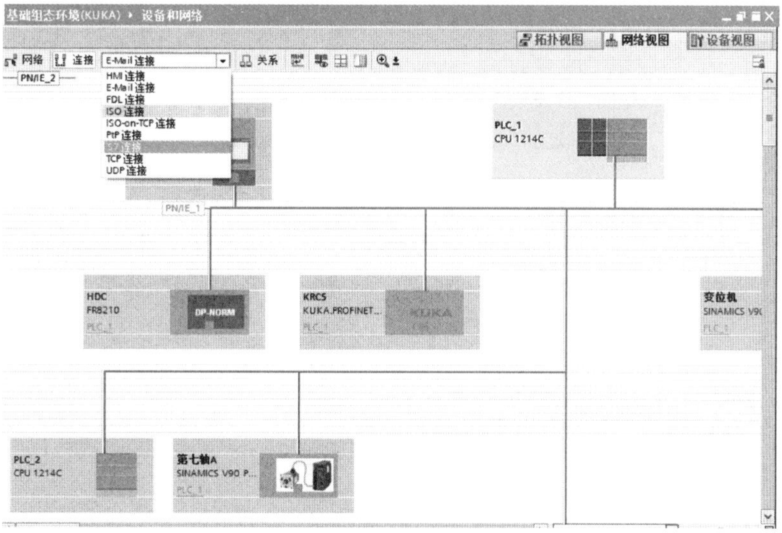
2) 右击 PLC_2 的 CPU，在弹出的菜单中选择"添加新连接"	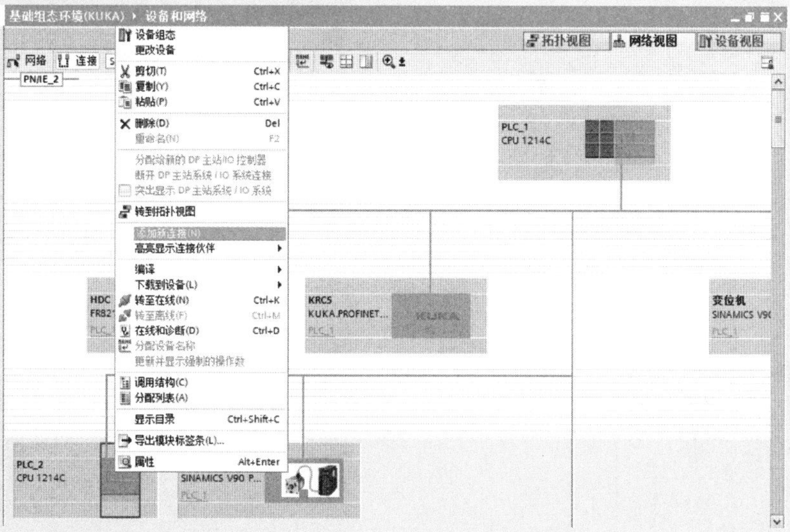

（续）

操作步骤及说明	示 意 图
3）单击“PLC_1”	添加新连接 请为下列设备选择连接伙伴：PLC_2: 类型：S7 连接 未指定 PLC_1 [CPU 1214C DC/DC/DC] 本地接口 PLC_2 伙伴接口 PLC_2, PROFINET 接口_... PLC_1, PRO... 本地 ID（十六进制）：102 主动建立连接 单向 信息 添加 关闭
4）单击下方的“添加”，PLC_1 和 PLC_2 的“S7 连接”建立完成	添加新连接 请为下列设备选择连接伙伴：PLC_2: 类型：S7 连接 未指定 PLC_1 [CPU 1214C DC/DC/DC] 本地接口 PLC_2 伙伴接口 PLC_2, PROFINET 接口_... PLC_1, PRO... 本地 ID（十六进制）：102 主动建立连接 单向 信息 添加 关闭
5）机器人 A 和机器人 B 接收 HMI 发送的“任务 3 启动”信号	%DB11.DBB0 “s7通信数据”. 读取[0] == Byte 1 #任务3启动

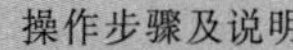

（续）

操作步骤及说明	示 意 图
6)通过 S7 通信,机器人 B 接收机器人 A 发送的数据。添加“GET”指令,其功能为:从远程 CPU 读取数据。参数 REQ,控制参数 request,在上升沿时激活数据交换功能。参数 ID 用于指定与伙伴 CPU 连接的寻址参数。参数 ADDR_1 指向伙伴 CPU 上待读取区域的指针。参数 RD_1,指向本地 CPU 上用于输入已读数据的区域的指针	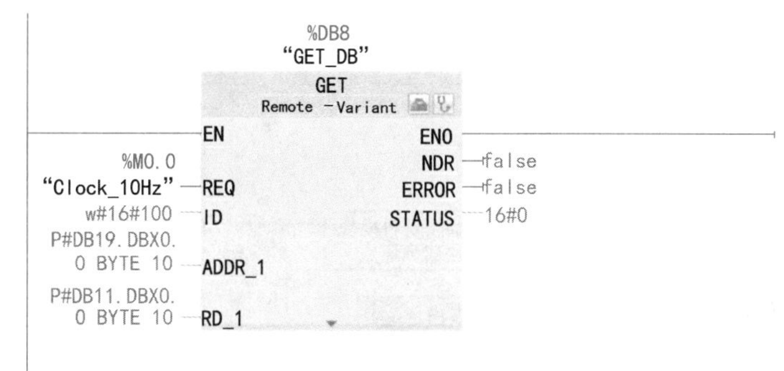
7)通过 S7 通信,机器人 B 接收机器人 A 写入的数据。添加“PUT”指令。参数 REQ 控制参数 request,在上升沿时激活数据交换功能。参数 ID,用于指定与伙伴 CPU 连接的寻址参数。参数 ADDR_1,指向伙伴 CPU 上用于写入数据的区域的指针。参数 SD_1 指向本地 CPU 上包含要发送数据的区域的指针	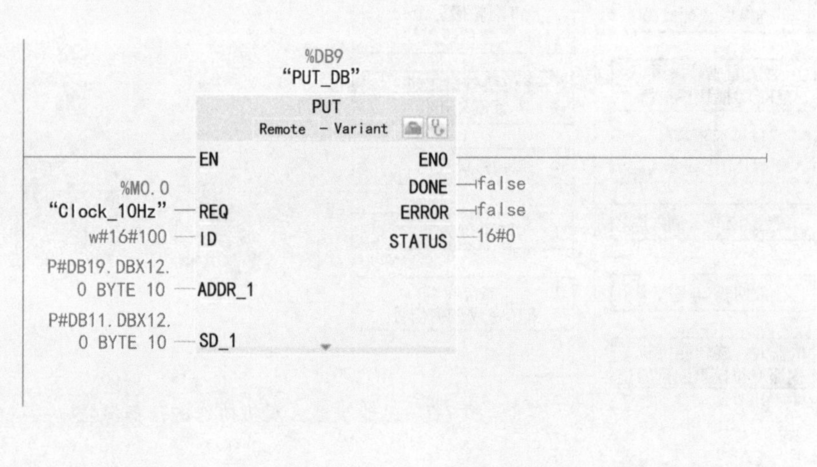
8)机器人 B 任务完成,发送数据给机器人 A	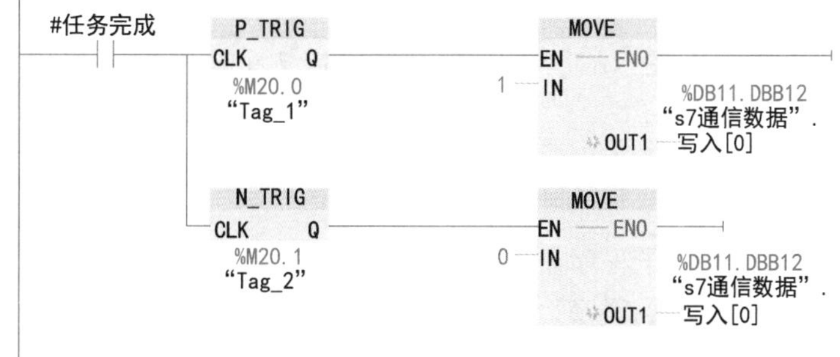

二、任务实施

1. 任务流程

工业机器人双机协作的任务流程如图 7-7 所示。

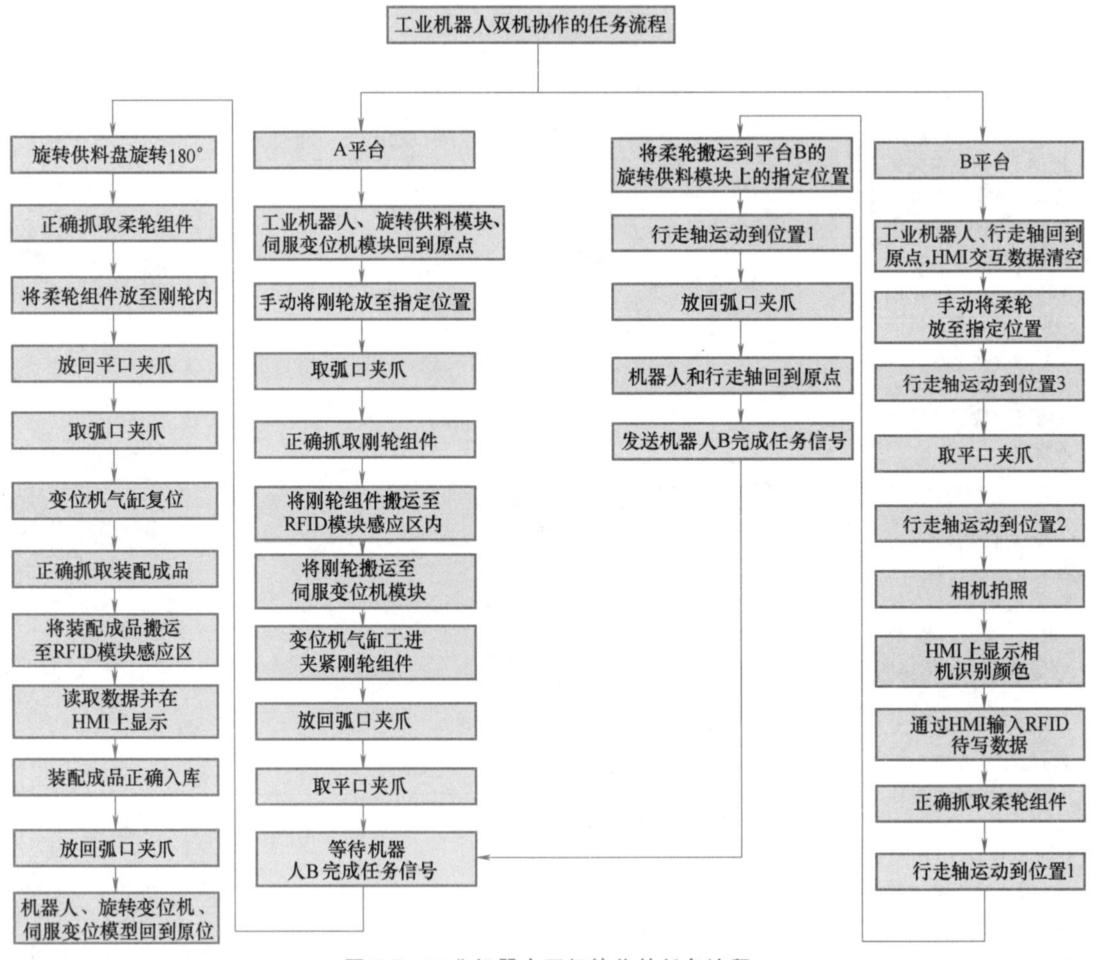

图 7-7 工业机器人双机协作的任务流程

2. 编程准备

相机颜色识别程序如图 7-8 所示，HMI 编程界面如图 7-9 所示，I/O 对照表见附录 B。

3. 示教编程

（1）A 平台程序 A 平台所有程序包括 7 个已有的子程序和 1 个需要自行编写的主程序。

1）取弧口夹爪子程序，见表 7-2。

2）放弧口夹爪子程序，见表 7-3。

3）取平口夹爪子程序，见表 7-4。

4）放平口夹爪子程序，见表 7-5。

5）刚轮放入伺服变位机子程序，见表 7-6。

6）柔轮放入刚轮子程序，见表 7-7。

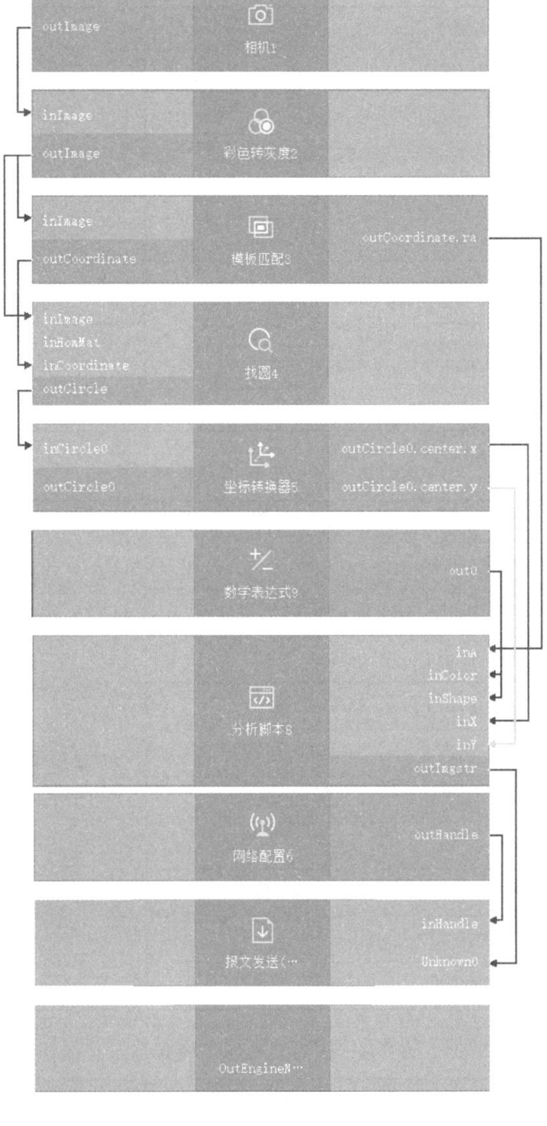

图 7-8　相机颜色识别程序

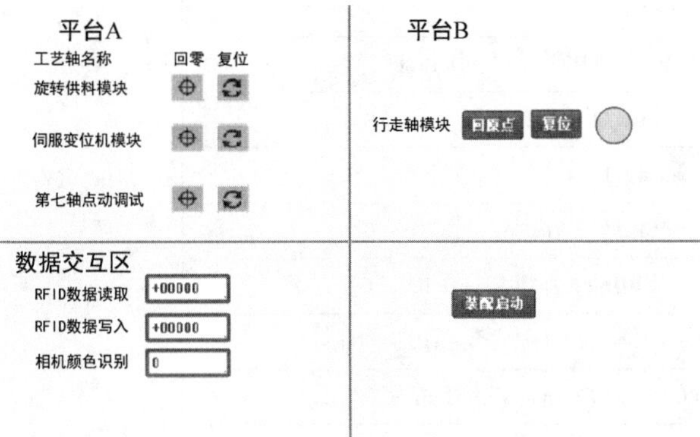

图 7-9　HMI 编程界面

表 7-2 取弧口夹爪子程序

序号	程序	程序说明
1	SPTP HOME Vel=100% DEFAULT	在快换模块上取弧口夹爪，子程序名称为"qhk1"
2	OUT 3 'kuaihuan' State=True	
3	SPTP P1 Vel=100% PDAT1 Tool[1]:gj1 Base[0]	
4	SLIN P2 Vel=2m/s CPDAT2 Tool[1]:gj1 Base[0]	
5	OUT 3 'kuaihuan' State=False	
6	SLIN P3 Vel=2m/s CPDAT1 Tool[1]:gj1 Base[0]	
7	SLIN P4 Vel=2m/s CPDAT3 Tool[1]:gj1 Base[0]	
8	SLIN P5 Vel=2m/s CPDAT4 Tool[1]:gj1 Base[0]	
9	SPTP HOME Vel=100% DEFAUL	

表 7-3 放弧口夹爪子程序

序号	程序	程序说明
1	SPTP HOME Vel=100% DEFAULT	在快换模块上放弧口夹爪，子程序名称为"fhk1"
2	SPTP P6 Vel=180% PDAT2 Tool[1]:gj1 Base[8]	
3	SLIN P7 Vel=2m/s CPDAT6 Tool[1]:gj1 Base[0]	
4	SLIN P8 Vel=2m/s CPDAT7 Tool[1]:gj1 Base[0]	
5	SLIN P9 Vel=2m/s CPDAT8 Tool[1]:gj1 Base[0]	
6	OUT 2'''State=False	
7	OUT 1''State=False	
8	OUT 3 'kuaihuan' State=True	
9	SLIN P10 Vel=2m/s CPDAT9 Tool[1]:gj1 Base[9]	
10	SPTP HOME Vel=100% DEFAULT	

表 7-4 取平口夹爪子程序

序号	程序	程序说明
1	SPTP HOME Vel=100% DEFAUL	在快换模块上取平口夹爪，子程序名称为"qpk1"
2	OUT 3 'kuaihuan' State=True	
3	SPTP P11 Vel=100% PDAT1 Tool[1]:gj1 Base[0]	
4	SLIN P12 Vel=2m/s CPDAT1 Tool[1]:gj1 Base[8]	
5	OUT 3 'kuaihuan' State=False	
6	SLIN XS1 Vel=2m/s CPDAT2 Tool[1]:gj1 Base[0]	
7	SLIN Xw8 Vel=2m/s CPDAT3 Tool[1]:gj1 Base[0]	
8	SLIN XS15 Vel=2m/s CPDAT4 Tool[1]:gj1 Base[0]	
9	SPTPXS16 Vel=100% PDAT2 Tool[1]:gj1 Base[0]	
10	SPTP HOME Vel=100% DEFAULT	

表 7-5　放平口夹爪子程序

序号	程序	程序说明
1	SPTP HOME Vel=180% DEFAULT	在快换模块上放平口夹爪，子程序名称为“fpk1”
2	OUT1 ''' State=False	
3	OUT2 ''' State=False	
4	SPTP fp1 Vel=100% PDAT2 Tool[1]:gj1 Base[0]	
5	SLIN fp2 Vel=2m/s CPDAT6 Tool[1]:gj1 Base[8]	
6	SLIN fp3 Vel=2m/s CPDAT7 Tool[1]:gj1 Base[8]	
7	SLIN fp4 Vel=2m/s CPDAT8 Tool[1]:gj1 Base[8]	
8	OUT 3 'kuaihuan' State=True	
9	SLIN fp5 Vel=2m/s CPDAT9 Tool[1]:gj1 Base[8]	
10	SPTP HOME Vel=180% DEFAULT	

表 7-6　刚轮放入伺服变位机子程序

序号	程序	程序说明
1	SPTP HOME Vel=100% DEFAULT	将刚轮放入伺服变位机，子程序名称为“fg1”
2	OUT2''' State=False	
3	OUT1''' State=False	
4	WAIT Time=1.0sec	
5	OUT 2''' State=True	
6	SPTP fg1 Vel=100% PDAT1 Tool[1]: gj1 Base[0]	
7	SLIN fg2 Vel=2m/s CPDAT1 Tool[1]: gj1 Base[0]	
8	OUT2' State=False	
9	OUT1'' State=True	
10	PULSE 108'' '' State=True Time=0.1 sec	
11	SLIN fg3Vel=2m/s CPDAT2 Tool[1]: gj1 Base[0]	
12	SPTP fg4 Vel=100 % PDAT2 Tool[1]: gj1 Base[0]	
13	SLIN fg5 Vel=2m/s CPDAT3 Tool[1]: gj1 Base[0]	
14	SLIN fg6 Vel=2m/s CPDAT4 Tool[1]: gj1 Base[0]	
15	WAIT Time=1.0sec	
16	PULSE 107'' State=True Time=1.0sec	
17	SLIN fg7 Vel=2m/s CPDAT5 Tool[1]: gj1 Base[0]	
18	SLIN fg8 Vel=2m/s CPDAT6 Tool[1]: gj1 Base[0]	
19	OUT 1''' State=False	
20	OUT 2''' State=True	
21	SLIN fg9 Vel=2m/s CPDAT7 Tool[1]: gj1 Base[0]	
22	OUT 51'' State=Truel	
23	SPTP HOME Vel=100% DEFAULT	

表 7-7　柔轮放入刚轮子程序

序号	程序	程序说明
1	SPTP HOME Vel=100% DEFAULT	将柔轮放入刚轮，子程序名称为“fr1”
2	OUT 1''State=False	

（续）

序号	程序	程序说明
3	OUT 2"State=False	将柔轮放入刚轮，子程序名称为“fr1”
4	OUT 2"State=True	
5	SPTP fr1 Vel=100% PDAT1 Tool[1]:gj1 Base[0]	
6	SLIN fr2 Vel=2m/s CPDAT1 Tool[1]:gj1 Base[0]	
7	OUT 2"State=False	
8	OUT 1"State=True	
9	SLIN fr3 Vel=2m/s CPDAT2 Tool[1]:gj1 Base[0]	
10	SPTP fr4 Vel=100% PDAT2 Tool[1]:gj1 Base[0]	
11	SPTP fr5 Vel=100% PDAT3 Tool[1]:gj1 Base[0]	
12	SLIN fr6 Vel=2m/s CPDAT3 Tool[1]:gj1 Base[0]	
13	OUT 1"State=False	
14	OUT 2"State=True	
15	SLIN fr7 Vel=2m/s CPDAT4 Tool[1]:gj1 Base[0]	
16	SPTP HOME Vel=100% DEFAULT	

7）刚轮放入立体库子程序，见表 7-8。

表 7-8 刚轮放入立体库子程序

序号	程序	程序说明
1	SPTP HOME Vel=100% DEFAULT	将刚轮放入立体库，子程序名称为“fg2”
2	SPTP fg21 Vel=100% PDAT1 Tool[1]: gj1 Base[0]	
3	SLIN fg22 Vel=2m/s CPDAT1 Tool[1]: gj1 Base[0]	
4	OUT 51"State=False	
5	WAIT Time=2. 0 sec	
6	OUT 1" State=True	
7	SLIN Fg23 Vel=2m/s CPDAT2 Tool[1]: gj1 Base[0]	
8	SPTP fg24 Vel=100%PDAT4 Tool[1]:gj1 Base[0]	
9	PULSE 106"State=True Time=0. 1 sec	
10	WAIT Time=2. 0 sec	
11	SPTP fg25 Vel=100% PDAT3 Tool[1]:gj1 Base[0]	
12	SLIN fg26 Vel=2m/s CPDAT3 Tool[1]:gj1 Base[0]	
13	OUT 1"State=False	
14	OUT 2"State=True	
15	SLIN fg27 Vel=2m/s CPDAT4 Tool[1]:gj1 Base[0]	
16	OUT 2"State=False	
17	SPTP HOME Vel=100 % DEFAULT	

8）A 平台需要自行编写的主程序，见表 7-9。

表 7-9 A 平台需要自行编写的主程序

序号	程序	程序说明
1	SPTP HOME Vel=100% DEFAULT	机器人 A 回原点
2	WAIT FOR(IN 111")	等待任务启动信号
3	qhk1()	调用子程序"qhk1",取弧口夹爪
4	fg1()	调用子程序"fg1",将刚轮放到伺服变位机上
5	fhk1()	调用子程序"fhk1",放弧口夹爪
6	qpk1()	调用子程序"qpk1",取平口夹爪
7	WAIT FOR(IN 112")	等待机器人 B 任务完成信号
8	PULSE 84" State=True Time=0.1 sec	旋转变位机清除报警
9	WHILE NOT($IN[66])	当物料检测到位信号为假时,一直保持循环
10	OUT 82" State=True	旋转变位机开始供料
11	WAIT FOR(IN82")	等待旋转变位机供料完成信号
12	OUT 82'''State=False	关闭旋转变位机供料信号
13	ENDWHILE	结束循环
14	fr1()	调用子程序"fr1",将柔轮放入刚轮内部
15	fpk1()	调用子程序"fpk1",放平口夹爪
16	qhk1()	调用子程序"qhk1",取弧口夹爪
17	fg2()	调用子程序"fg2",将刚轮放入立体仓库
18	fhk1()	调用子程序"fhk1",放弧口夹爪
19	SPTP HOME Vel=100% DEFAULT	机器人 A 回原点

(2) A 平台机器人关键位置

1) 弧口夹爪抓取位置如图 7-10 所示。

2) 平口夹爪抓取位置如图 7-11 所示。

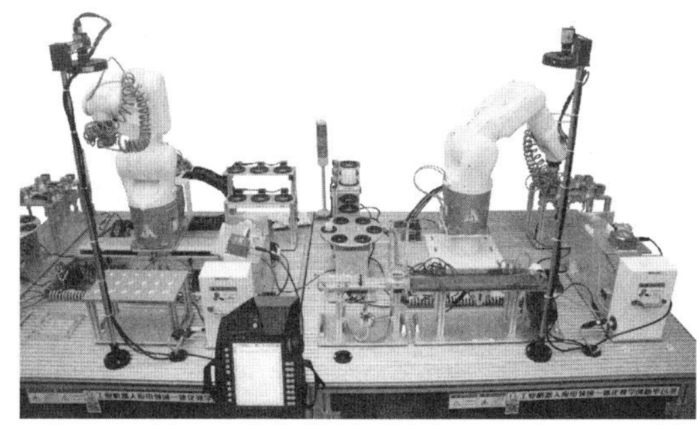

图 7-10 弧口夹爪抓取位置

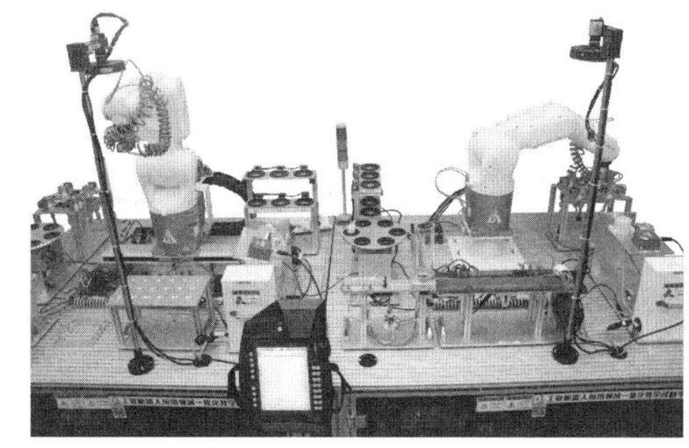

图 7-11 平口夹爪抓取位置

3) 刚轮抓取位置如图 7-12 所示。

4) RFID 将数据写入刚轮位置如图 7-13 所示。

5) 刚轮放置位置如图 7-14 所示。

6) 旋转供料模块运送物料到位的位置如图 7-15 所示。

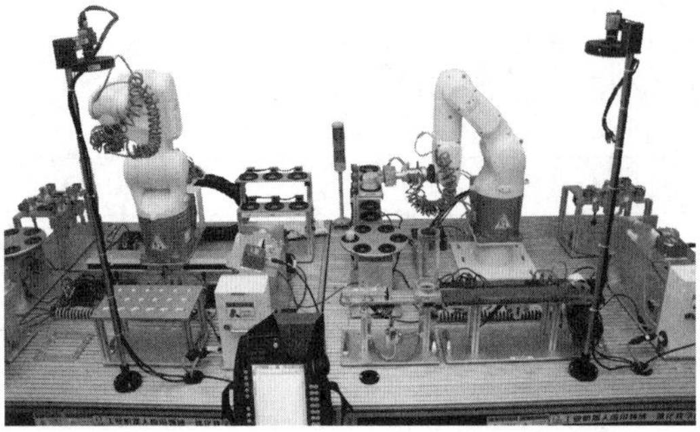

图 7-12 刚轮抓取位置

图 7-13 RFID 将数据写入刚轮位置

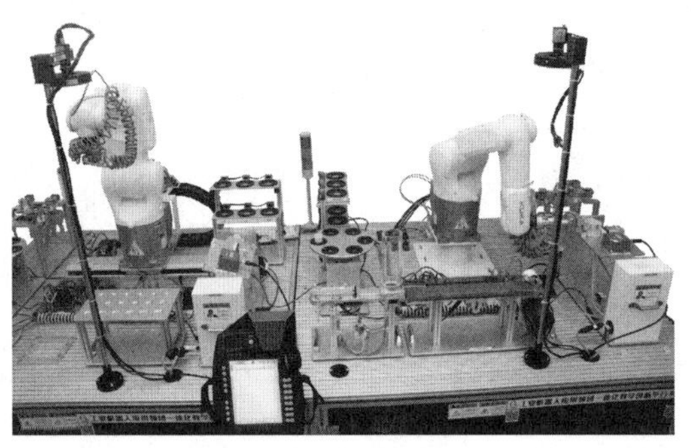

图 7-14 刚轮放置位置

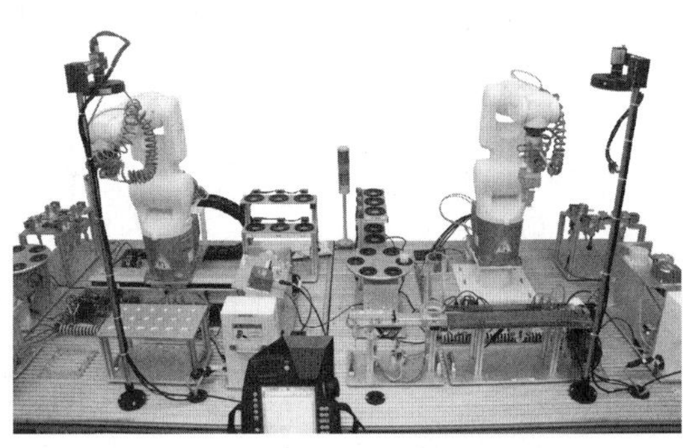

图 7-15 旋转供料模块运送物料到位的位置

7）柔轮抓取位置如图 7-16 所示。

8）柔轮放置如图 7-17 所示。

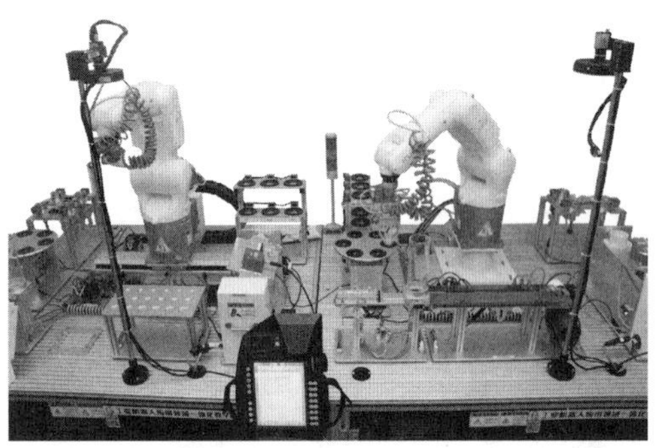

图 7-16 柔轮抓取位置

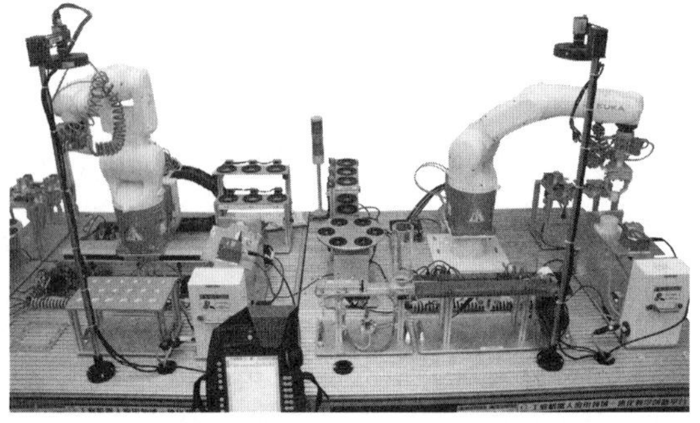

图 7-17 柔轮放置位置

（3）B 平台程序 B 平台所有程序包括 4 个已有的子程序和 1 个需要自行编写的主序。

1）取平口夹爪子程序，见表 7-10。

表 7-10 取平口夹爪子程序

序号	程序	程序说明
1	SPTP HOME Vel=100% DEFAULT	取平口夹爪子程序，程序的名称为“qpk1”
2	OUT 3" " State=True	
3	SPTP qpk1 Vel=100 % PDAT1 Tool[1] Base[8]	

（续）

序号	程序	程序说明
4	SPTP qpk2 Vel=100% PDAT2 Tool[1] Base[0]	取平口夹爪子程序，程序的名称为“qpk1”
5	SLIN qpk3 Vel=2m/s CPDAT1 Tool[1] Base[0]	
6	OUT 3"" State=False	
7	SLIN qpk4 Vel=2m/s CPDAT2 Tool[1] Base[0]	
8	SLIN qpk5 Vel=2m/s CPDAT3 Tool[1] Base[0]	
9	SLIN qpk6 Vel=2m/s CPDAT4 Tool[1] Base[0]	
10	SPTP qpk7 Vel=100% PDAT3 Tool[1] Base[0]	
11	SPTP HOME Vel=100% DEFAULT	

2）放平口夹爪子程序，见表7-11。

表7-11　放平口夹爪子程序

序号	程序	程序说明
1	SPTP HOME Vel=100% DEFAULT	放平口夹爪子程序，程序的名称为“fpk1”
2	SPTP fpk1 Vel=100% PDAT4 Tool[1] Base[0]	
3	SLIN fpk2 Vel=2m/s CPDAT5 Tool[1]Base[0]	
4	SLIN fpk3 Vel=2m/s CPDAT6 Tool[1]Base[0]	
5	SLIN fpk4 Vel=2m/s CPDAT7 Tool[1]Base[0]	
6	OUT3"State=True	
7	SLIN fpk5 Vel=2m/s CPDAT9 Tool[1]Base[0]	
8	SPTP HOME Vel=100% DEFAULT	

3）取柔轮程序，见表7-12。

表7-12　取柔轮程序

序号	程序	程序说明
1	SPTP HOME Vel=100% DEFAULT	取柔轮子程序，程序的名称为“qrl1”
2	PULSE 2" State=True Time=0.1 sec	
3	SPTP qrl1 Vel=100% PDAT1 Tool[1] Base	
4	SLIN qrl2 Vel=2m/s CPDAT1 Tool[1] Base[0]	
5	PUT1" State=True	
6	PULSE 1" State=False Time=0.1 sec	
7	SLIN qrl3 Vel=2m/s CPDAT2 Tool[1] Base[0]	
8	SPTP HOME Vel=100% DEFAULT	

4）放置柔轮程序，见表7-13。

表7-13　放置柔轮程序

序号	程序	程序说明
1	OUT 53" State=True	第七轴到位置1
2	WAIT FOR(IN50")	等待第七轴到位置1的到位信号

（续）

序号	程序	程序说明
3	OUT 53" State=False	停止发送第七轴到位置 1 的信号
4	SPTP bm1 Vel=100% PDAT1 Tool[1] Base[0]	将柔轮放置到伺服变位机指定位置
5	SPTP bm2 Vel=100% PDAT2 Tool[1] Base[0]	关闭夹爪闭合信号
6	OUT2" State=False	关闭夹爪张开信号
7	OUT1" State=False	关闭夹爪闭合信号
8	OUT2" State=True	夹爪张开
9	SLIN bm3 Vel=2m/s CPDAT1 Tool[1] Base[0]	调整机械臂的位置
10	SPTP bm4 Vel=100% PDAT3 Tool[1] Base[0]	
11	SPTP bm5 Vel=100% PDAT4 Tool[1] Base[0]	

5）B 平台需要自行编写的主程序，见表 7-14。

（4）B 平台机器人关键位置

1）第七轴到达位置 3，平口夹爪抓取点位置如图 7-18 所示。

2）第七轴到达位置 2，平口夹爪抓取柔轮位置如图 7-19 所示。

3）第七轴到达位置 1，柔轮放置位置如图 7-20 所示。

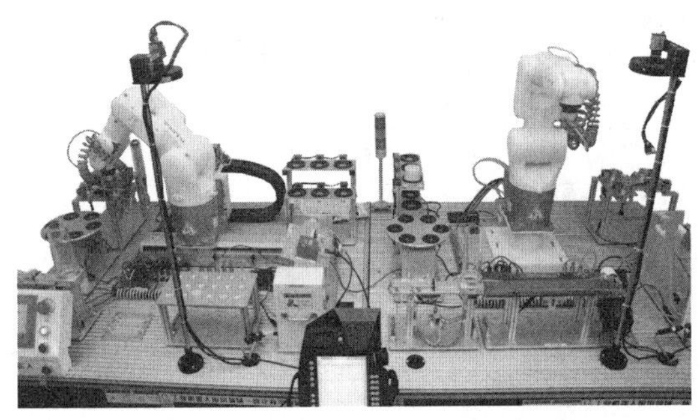

图 7-18 第七轴到达位置 3，平口夹爪抓取点位置

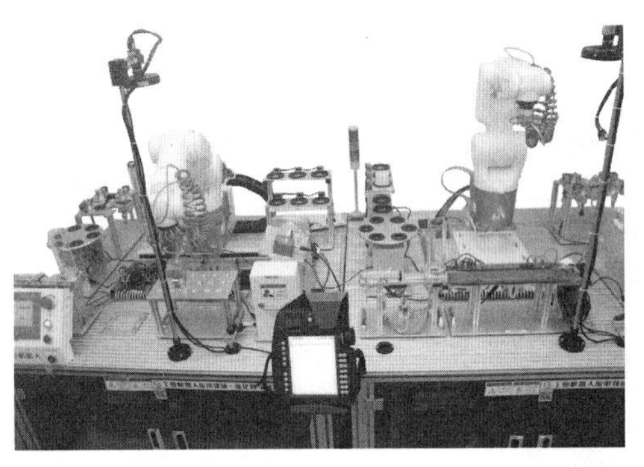

图 7-19 第七轴到达位置 2，平口夹爪抓取柔轮位置

图 7-20 第七轴到达位置 1，柔轮放置位置

表 7-14 B 平台需要自行编写的主程序

序号	程序	程序说明
1	SPTP HOME Vel=100 % DEFAULT	机器人 B 回原点
2	OUT 58" State=False	关闭任务完成信号
3	WAIT FOR(IN58 ")	等待 HMI 发送任务启动信号
4	OUT 50" State=True	第七轴清除报警
5	WAIT Time=1.0 sec	等待 1s

(续)

序号	程序	程序说明
6	OUT 50" State=False	第七轴清除报警关闭
7	OUT 51" State=True	第七轴回原点
8	WAIT FOR(IN51")	等待第七轴回原点到位信号
9	OUT 51" State=False	停止发送第七轴回原点信号
10	OUT 55" State= True	第七轴模块到位置 3
11	WAIT FOR(IN52")	等待第七轴到位置 3 的到位信号
12	OUT 55" State=False	停止发送第七轴到位置 3 的信号
13	qpk1()	调用子程序"qpk1",取平口夹爪
14	OUT 54" State=True	第七轴模块到位置 2
15	WAIT FOR(IN51')	等待第七轴到位置 2 的到位信号
16	OUT 54" State=False	停止发送第七轴到位置 2 的信号
17	PULSE 59" State=True Time=0. 1 sec	相机拍照
18	qrl1()	调用子程序"qrl1",取柔轮
19	OUT 53" State=True	第七轴到绝对位置 1
20	WAIT FOR(IN50")	等待第七轴到位置 1 的到位信号
21	OUT 53" State=False	停止发送第七轴到位置 1 的信号
22	SPTP bm1 Vel=100% PDAT1 Tool[1] Base[0]	将柔轮放置到伺服变位机指定位置
23	SPTP bm2 Vel=100% PDAT2 Tool[1] Base[0]	
24	OUT2" State=False	关闭夹爪张开信号
25	OUT1" State=False	关闭夹爪闭合信号
26	OUT2" State=True	夹爪张开
27	SLIN bm3 Vel=2m/s CPDAT1 Tool[1] Base[0]	调整机械臂的位置
28	SPTP bm4 Vel=100% PDAT3 Tool[1] Base[0]	
29	SPTP bm5 Vel=100% PDAT4 Tool[1] Base[0]	
30	OUT2" State=False	关闭夹爪张开信号
31	OUT 55" State=True	第七轴模块到位置 3
32	WAIT FOR(IN52")	等待第七轴模块到位置 3 的到位信号
33	OUT 55" State=False	关闭第七轴到位置 3 的信号
34	OUT 58" State=True	向机器人 A 发送任务完成信号
35	fpk1()	调用子程序"fpk1",放平口夹爪
36	OUT 51" State=True	第七轴模块回原点
37	WAIT FOR(IN51')	等待第七轴到位置 2 的到位信号
38	OUT 51" State=False	关闭第七轴到位置 2 的信号
39	SPTP HOME Vel=100% DEFAULT	机器人 B 回原点

4. 程序调试与运行

(1) 程序调试的目的　检查程序的位置点是否正确，检查程序的逻辑控制是否完善，检查子程序的输入参数是否合理。

(2) 调试与运行程序的方法

1) 加载程序。编程完成后，保存的程序必须加载到内存中才能运行，选择“main1”程序，单击示教器下方的“选定”按钮，完成程序的加载，如图 7-21 所示。

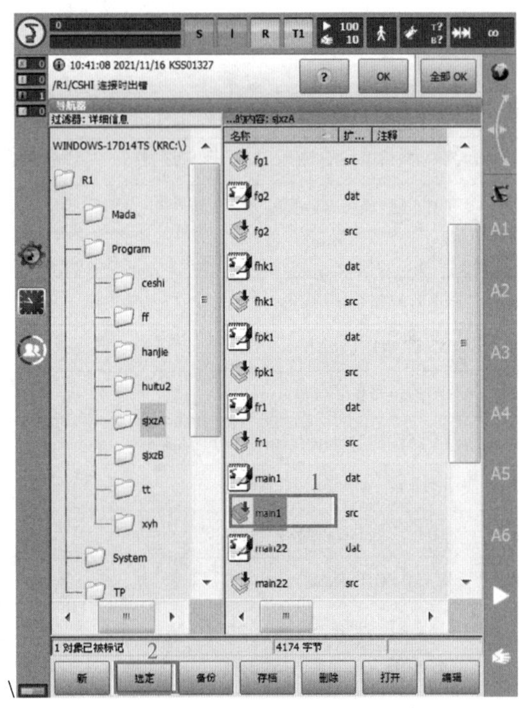

图 7-21　加载程序

2) 试运行程序。程序加载后，程序执行的蓝色指示箭头位于初始行。使示教器白色“确认开关”保持在“中间档”，然后按住示教器左侧绿色三角形“正向运行键”，状态栏运行键“R”和程序内部运行状态文字说明为“绿色”，则表示程序开始试运行，蓝色指示箭头依次下移。

当蓝色指示箭头移至第 4 行 PTP 命令行时，弹出“BCO”提示信息，单击“OK”或“全部 OK”按钮，继续试运行程序，如图 7-22 所示。

3) 自动运行程序。经过试运行确保程序无误后，方可进行自动运行程序。自动运行程序操作步骤如下：

① 机器人 A 和机器人 B 分别加载程序。

② 手动操作机器人 A 和机器人 B 程序，直至程序弹出“BCO”提示信息。

图 7-22　“BCO”提示信息

③ 利用连接管理器切换运行方式。将连接管理器转动到“锁紧”位置，弹出运行模式，选择“AUT”（自动运行）模式，再将连接管理器转动到“开锁”位置，此时示教器顶端的状态显示编辑栏“T1”改为“AUT”。

④ 为安全起见，降低机器人自动运行速度。在第一次运行程序时，建议将程序调节量设定为 10%。

⑤ 单击示教器左侧蓝色三角形“正向运行键”，再单击 HMI 上的“装配启动”，程序自动运行，机器人自动完成任务。

知识拓展

多机器人协作的发展现状与趋势

多机器人的应用遍及工业制造等许多领域，多机器人的应用需求也在逐渐提升。目前，在工业制造、仓储物流、侦查监控、环境监测和应急救灾等领域都有多机器人的身影。

多机器人是面向科学前沿的代表技术，同时也是一门多学科知识交叉的学科，涵盖了例如人工智能博弈论和运筹学等。多机器人体系涉及的前沿技术非常多，相互结合也较为紧密，又与复杂系统和信息理论、控制理论等学科密切相关。例如，在应用和载体开发方面，工业机器人、移动机器人、水下微纳机器人等都有多机器人应用发展的空间。需求往往是带动发展变化的第一推动力，在应用方面也诞生了一些典型的案例，例如，智能物流、精准农业、海洋群体探测和无人作战等，这些技术应用也推动了多机器人技术的发展。

多机器人的研究更多还是面向科学前沿，例如，当下成果凸显的海洋、军事和国防等领域的一些典型应用，民用化大多还在普及阶段；在工业上，更多体现在智能工厂对分布式人工智能的典型应用上，如物流行业生产线中的仓储物流分配调度优化。

目前来看，在一些具体应用上，由多个机器人完成的效率很高，大量的工业机器人、移动机器人企业也开始提出和研究多机器人协作技术。例如，针对大型复杂构件的加工，往往需要用多机器人协作，提升加工效率和精度，因为多机器人在大型构件加工制造中，能有效涵盖更大的加工范围，如在增材制造中，多机器人协作能更精准、高效地完成工作任务，减少消耗；又如在装配应用中，用多个机器人完成装配、加工都能起到效率提升的作用。多机器人在工业加工领域有很好的应用价值，也有更多的拓展空间。

在物流行业中，多机器人协作已经成为常态。在这种大型、复杂、动态的开放物流仓储系统中，多机器人能发挥重要的作用，几家头部快递企业都开始采取 SLAM 百台集群调度控制系统方案，加快了商品流通速度，这在未来也有非常多的拓展空间，当然前提是能搭建更加互联、互通的智能物联网络和庞大的智能制造云端数据库。多物流机器人协同工作如图 7-23 所示。

图 7-23　多物流机器人协同工作

工业生产等领域的多机器人组织架构、融合和智能化应用才刚刚起步，智能工厂目前仍然存在许多不可控因素，多机器人的应用还需要解决在复杂环境中对工程应用的不确定性问题，但在未来，随着 AI 的加入，在更智能的分配调度系统中，多机器人在工业上的应用将逐渐增多。

多机器人协作具备几个典型特点，使其展现出更多发展潜力，即资源分布式、信息分布式、时间分布式、功能分布式和空间分布式特点。这些特点使多机器人能利用空间的信息优势执行工作，以提高工作效率。

相对于单机器人而言，多机器人能通过资源的互补对单个机器人的能力进行提升，将其有限扩大到多个任务，分布到不同的机器人当中。同时，多机器人也可以增强机器人的灵活性，特别是在资源的分配、调度和优化方面，能起到更加广泛的作用。未来，成熟的智能工厂需要多机器人，以适应复杂的人工智能调度。多机器人协作在汽车领域的应用如图 7-24 所示。

图 7-24 多机器人协作在汽车领域的应用

人工智能的发展就得益于分布式多机器人的研发推动。随着人类社会的不断进化，许多创造发明往往是从自然界中得到的启发，人类能把各种复杂生物界的多智能体、生物运动都抽象成数学模型，建立起复杂的环境感知和多智能体的网络架构，然后建立起智能任务功能，从而把复杂的生物界的群体映射到机器人中，变成各种应用当中的机器人，即通过自然界的启发，多机器人模态本质上也是一种自然模态的延伸，例如蜂群、蚁群等协同智能，这种对于自然界生物智能的协同模仿推动了多机器人协作及相关技术的发展。

目前，研究多机器人核心在于解决推动认知科学的发展和通信速率的异构信息融合两个问题，因为无论多么复杂的多机器人，也需要有关键技术。单个机器人实现多机器人协作的最核心点是：必须具备感知能力、执行和分解任务的能力、局部规划能力、学习能力以及通信能力。因此多机器人还应具有两个方面的关键技术：协同感知和协同规划。

在协同感知方面，核心问题是解决异构大数据源的信息融合，即能够使不同传感器装载不同的信息，不同的感知能进行有机分布式融合并得到融合信息，融合信息可为下一步动作、地图创建和多机器协作做准备，从而解决不同传感器协同感知的问题。

在协同规划方面，物流行业已将其应用得非常好。协同规划就是如何完成多个机器人的规划。在大型物流仓储中，除了物流机器人以外，往往还要与其他机器人协同，如何把多种机器人进行有机协同、有机组合，从而有机、自主、高效、高精度地完成工作，才是协同规划的难点。移动机器人与搬运机器人协同作业如图 7-25 所示。协同控制要解决的多目标优化调度问题，也就是把一个复杂的任务进行时间、空间、任务分配规划，再进行路径规划和轨迹规划，提供分布式协同，这也是多机器人要解决的关键问题。

图 7-25 移动机器人与搬运机器人协同作业

评价反馈

基本素养(30分)				
序号	评估内容	自评	互评	师评
1	纪律(无迟到、早退、旷课)(10分)			
2	安全规范操作(10分)			
3	团结协作能力、沟通能力(10分)			
理论知识(30分)				
序号	评估内容	自评	互评	师评
1	工业机器人外部轴介绍(10分)			
2	双机协作的工艺流程(10分)			
3	多机协作的概念和发展趋势(10分)			
技能操作(40分)				
序号	评估内容	自评	互评	师评
1	示教编程(20分)			
2	程序校验、试运行(10分)			
3	程序自动运行(10分)			
综合评价				

练习与思考题

一、填空题

1. 常见的工业机器人外部轴有________和________。

2. 单回转式变位机________旋转，该旋转轴的位置和方向________。

3. 双回转式变位机有________个旋转轴，回转轴的位置和轴向随着翻转轴的转动而________。

二、简答题

1. 多机器人协作具备的典型特点有哪些？

2. 工业机器人外部轴的别名是什么？其作用是什么？

三、编程题

B平台机器人将柔轮移动至A平台旋转供料模块，A平台机器人将刚轮放至RFID写入数据后放至伺服变位机上，将柔轮装入刚轮后再控制中间法兰从井式供料模块中推出，由带传送模块运送至取料点，再将中间法兰装入刚轮，读取RFID数值后送至立体仓库指定位置。

项目八 工业机器人实训平台二次开发

学习目标

1. 熟悉软件程序与硬件的通信。
2. 掌握 C#基本控件的使用方法。
3. 掌握 C#代码编写的基础知识。
4. 掌握 Modbus 的使用方法。

工作任务

一、工作任务的背景

随着全球工业化进程的不断推进，工业机器人已经在越来越多的行业发挥着举足轻重的作用。为了适应不断发展的工业需求，工业机器人需要不断创新，不断完善，一些科研院所对工业机器人的应用，有更多的创新，对工业机器人二次开发功能要求也就更具多样性。

二、所需要的设备

工业机器人实训平台二次开发所需要的设备为一台安装有 Visio Studio 2019 的计算机。

三、任务描述

1. 完成开发软件与工业机器人通信的界面设计。
2. 实现开发软件中工业机器人连接与断开功能。
3. 实现开发软件中数据的写入功能。
4. 实现开发软件中接口地址对应值的读取功能。
5. 实现开发软件中读取工业机器人各个关节数据的功能。

实践操作

一、知识储备

C#（C Sharp，最初称为 COOL）是由 C 和 C++衍生出来的一种安全稳定、应用简单的面向对象的编程语言。C#综合了 VB 简单的可视化操作和 C++的高运行效率，以其强大的操作能力、简捷的语法风格、创新的语言特性和便捷的面向组件编程成为 Microsoft. NET 开发的首选语言。程序员可以通过 C#快速地编写各种基于 Microsoft. NET 的应用程序。

二、任务实施

1. 界面设计

（1）控件与软件主界面　控件主要用来进行界面的设计，常用的控件有 Button（按钮）控件、ComboBox（下拉框）控件、Label（标签）控件、TextBox（文本框）控件和 PictureBox（图片）控件，所有的控件都在主界面的工具箱中。如果主界面没有“工具箱”标签，可以单击菜单栏中的“视图”→“工具箱”将工具箱调出，“属性”标签同理。软件工作界面如图 8-1 所示。

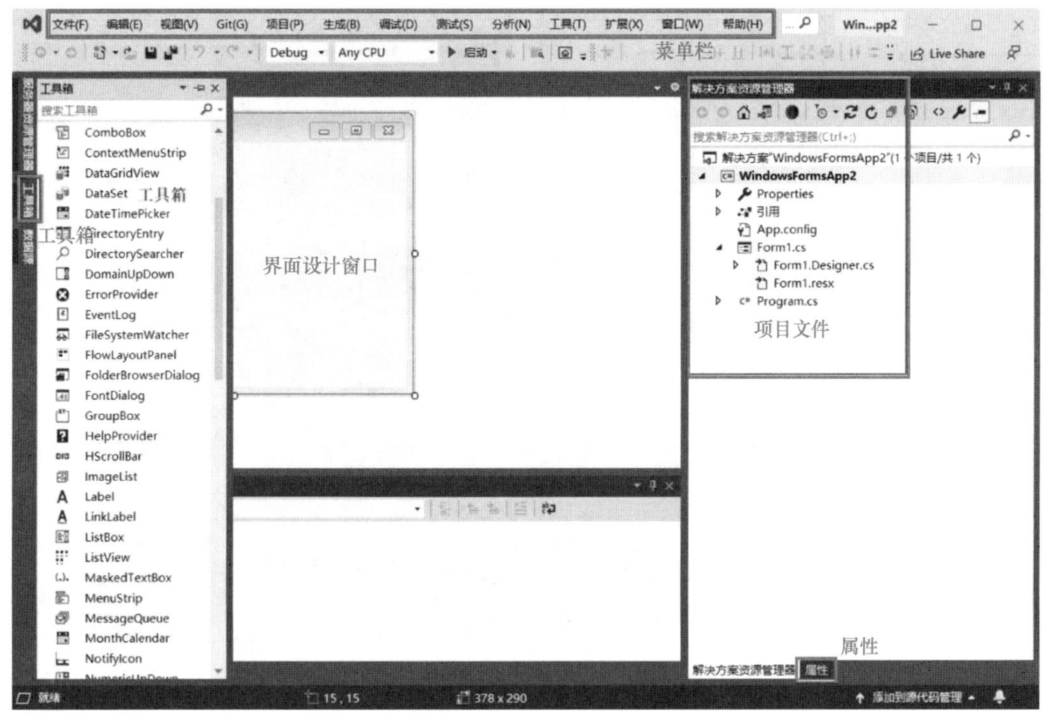

图 8-1　软件工作界面

（2）控件属性的介绍与修改（表 8-1）

表 8-1　常用的控件属性及其作用

控件属性	作用
Name	设置控件的名字
AutoSize	设置控件的大小是否可以自由改变(false 代表否,true 代表是)
Image	为某个控件设置背景图片
Location	通过设置控件的 X 和 Y 坐标来设置控件的位置
Size	设置控件的大小
Text	设置控件上显示的文字
Font	设置控件上文字的大小、字体、颜色等
Item	设置下拉框显示的数据

1）Button 控件：将其从工具箱中拖拽到界面设计窗口后，界面设计窗口中会自动生成一个按钮，可以改变按钮的大小和位置，也可以通过在属性窗口输入位置数值进行精确的设

置，然后在属性窗口更改“Name”属性和“Text”属性。

以“连接机器人”按钮为例，如果界面设计窗口中没有任何按钮，将 Button 控件拖拽到界面设计窗口后，按钮上的文字默认显示的是“button1”，通过鼠标拖拽控件，改变控件大小和位置到合适的程度，然后单击“属性”打开控件的属性窗口，设置“Text”属性为“连接机器人”，设置“Name”属性为“btn_connect”（设置 Name 属性主要是让开发者养成一个良好的命名习惯，做到见名知意）。Button 控件属性窗口的修改如图 8-2 所示。

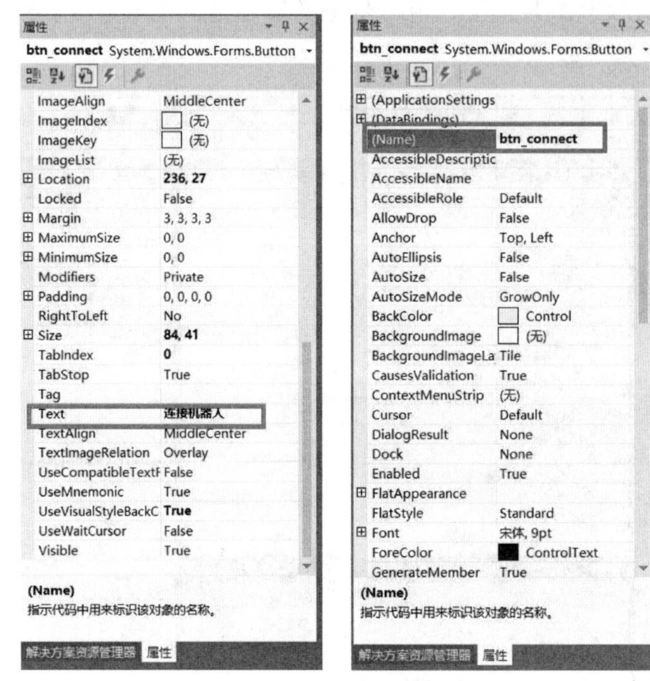

图 8-2 Button 控件属性窗口的修改

2）ComboBox 控件：将其从工具栏中拖拽到界面设计窗口后，界面设计窗口中会自动生成一个下拉框。下拉框默认是可以输入数据的，可以将下拉框的“DropDownStyle”属性设置为“DropDownList”，下拉框就不可以输入数据了。单击“Item”属性右侧的按钮，打开“字符串集合编辑器”对话框，输入下拉框要显示的数据，以回车作为一条数据的结束。“ComboBox”属性的修改如图 8-3 所示。

3）Label 控件：如果界面设计窗口没有标签，将其从工具栏拖拽到界面设计窗口后默认是“Lable1”，Label 控件只要在属性窗口修改它的“Text”属性即可，控件的大小和位置可进行拖动修改，修改方法与 Button 控件相同。

4）TextBox 控件：TextBox 控件只要在属性窗口修改它的“Name”属性和“AutoSize”属性即可。“Name”属性根据文本框位置和标签位置可进行相应的更改；将“AutoSize”属性设置为“false”，可通过鼠标拖拽控件来改变控件大小和位置。

5）PictureBox 控件：单击属性窗口的“image”属性右侧的按钮，打开“查找本地文件”对话框，找到要添加的文件，单击“确定”，然后将“SizeMode”属性设置为“StretchImage”，让图片的大小适应控件的大小。

（3）控件事件介绍

1）Click（单击）事件：当单击该控件时，程序会触发相应的动作。

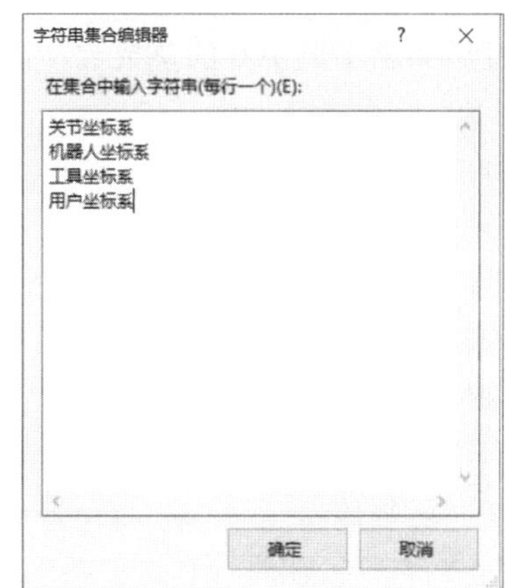

图 8-3 ComboBox 属性的修改

2）SelectedIndexChanged（下拉框索引改变）事件：选择下拉框中不同数据时，会引发的一个动作。

2. 代码编写相关知识

(1) 变量的声明与初始化

1）语法：修饰符 数据类型 变量名。

2）修饰符：用来设置变量或者函数的访问权限。

① private 代表私有，只能本类访问，子类和实例都不可访问。

② public 代表公有，不受任何限制。

③ protected 代表保护，只能本类和子类访问，实例不可访问。

3）数据类型：用来说明这个变量或者函数的类型。常用的数据类型有 int（整型）、float（浮点型）、bool（布尔型）和 byte（字节型）。

例 8-1 声明一个私有整型变量，名称为 a。

```
private int a;
```

例 8-2 声明一个私有整型变量，名称为 a，并初始化 a 为 66。

```
private int a=66;
```

(2) 数组（这里仅介绍一维数组）

1）语法：修饰符 数据类型 [ ] 变量名=new 数据类型 [数组大小];

2）作用：可以包含同一个类型的多个元素。

例 8-3 声明一个公有整型数组 a，数组大小为 4。

```
public int[] a=new int[4];
```

例 8-4 声明一个公有整型数组 a，数组大小为 4，并对其进行初始化。

```
public int[] a=new int[4] {0,0,0,0};
```

(3) 循环（这里仅介绍 while 循环）

1）语法：
```
while(循环条件){
        循环体;
}
```

2）作用：多次执行同一部分代码。

例 8-5　通过循环求 1 到 100 的整数和。

```
int i=0;
while(i<=100){
    i=i+1;
}
```

(4) 函数

1）语法：修饰符 数据类型 函数名（）

```
{
    函数体;
}
```

2）作用：当程序功能较多时，可以将功能分模块来写，每一个功能模块放在一个函数内，需要时直接调用该函数即可。

例 8-6　建立一个私有的无返回值的函数 a。在函数中实现求 1 到 100 的整数和。

```
private void a()
{
    for(int i=1;i<=100;i++)
    {
        i+=1;
    }
}
```

(5) 线程　开启线程三步走：创建一个新线程→设置与后台线程同步→准备开启线程。

1）Thread 自定义的线程名=new Thread（要开启线程的函数）。

2）自定义的线程名.IsBackground=true。

3）自定义的线程名.Start（）。

注意：使用线程时需要引入 System.Threading，引入方法是在程序第一行添加 using System.Threading 代码。

(6) 类中函数的调用　步骤为：实例化类→调用。

1）实例化类：类名 自定义名=new 类名（）。

2）调用：自定义名.函数名（参数 1，参数 2…参数 n）。

(7) 异常处理（这里仅介绍 try…Catch（）…的方式）

语法：try

```
{
    可能会引发异常的代码;
}
Catch (Excepton)
{
    对异常进行处理的代码;
}
```

例 8-7　假设 this. pictureBox1. Image = Image. FromFile (" C :/Users/Administrator/Desktop/小灯图片/RedLight. png")；这段代码会发生找不到文件的异常，处理方式如下：

```
try
{
    this. pictureBox1. Image = Image. FromFile( " C :/Users/Administrator/Desktop/小灯图片/RedLight. png" ) ;
}
Catch( Excepton)
{
    messageBox. Show(“文件未找到”) ;
}
```

3. 界面设计的操作步骤

参考界面如图 8-4 所示。

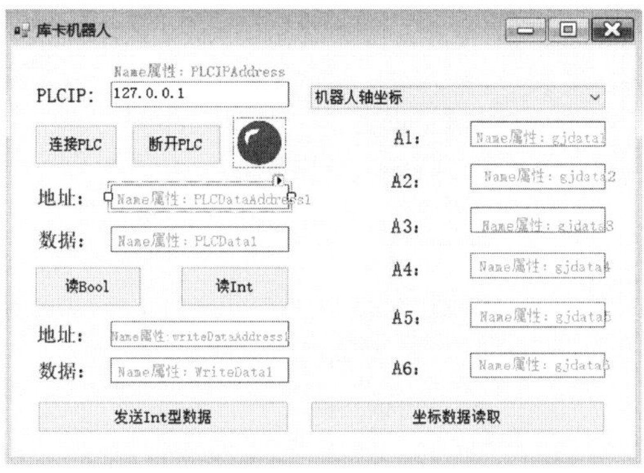

图 8-4　参考界面

界面设计的操作步骤见表 8-2。

表 8-2　界面设计的操作步骤

操作步骤及说明	示　意　图
1) 打开 Visual Studio 2019 软件，单击“创建新项目(N)”	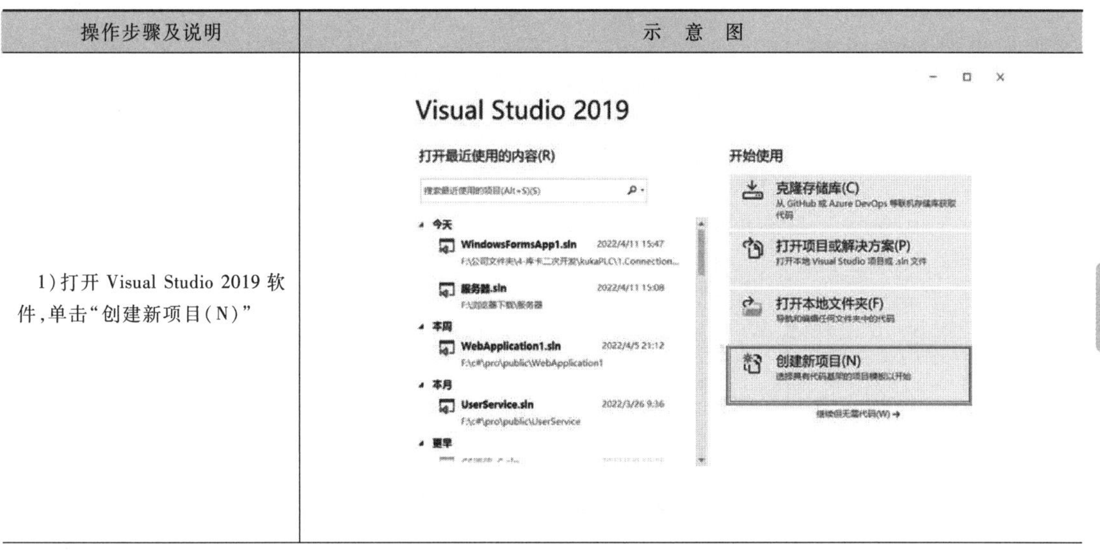

（续）

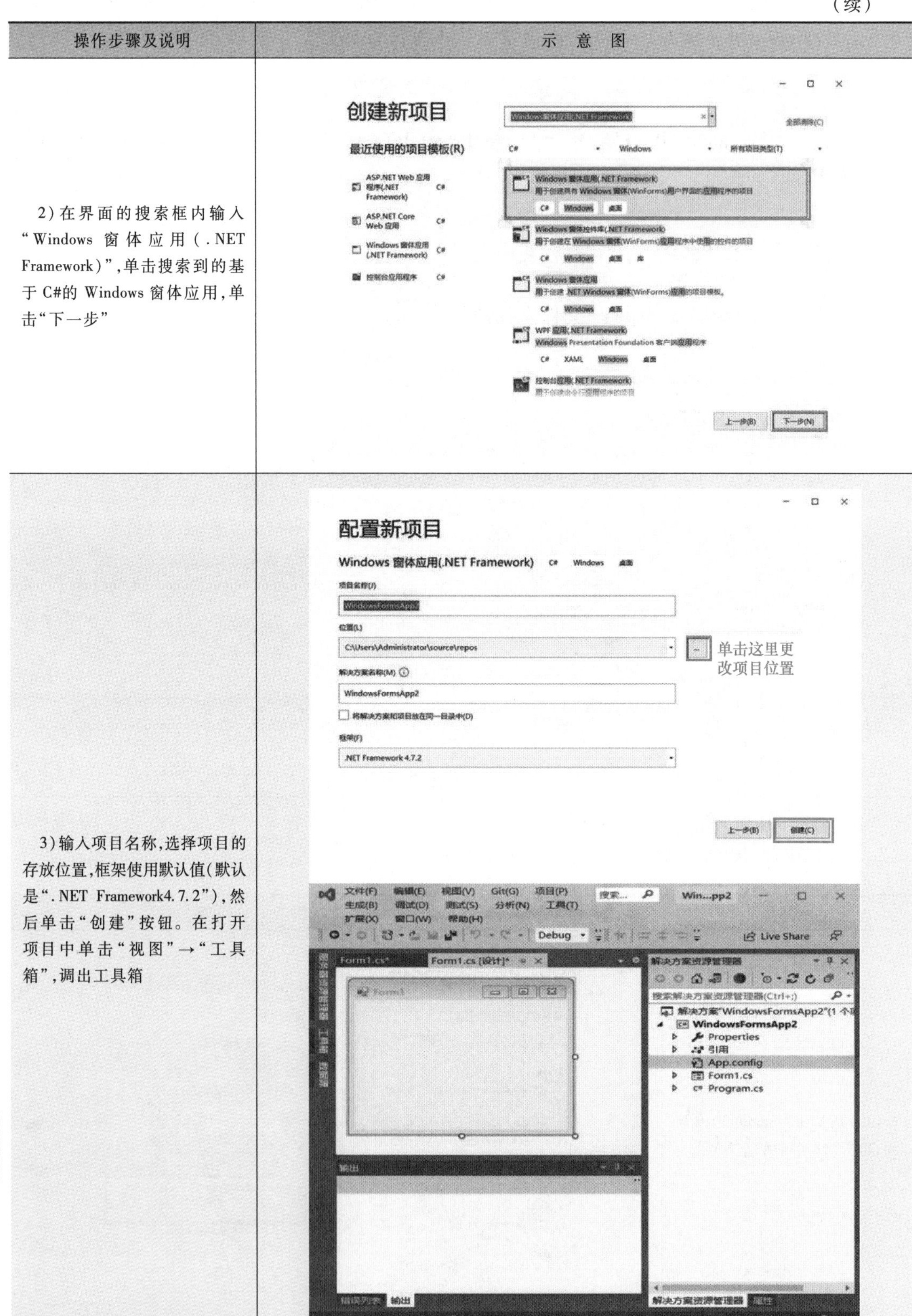

操作步骤及说明	示意图
2）在界面的搜索框内输入“Windows 窗体应用(.NET Framework)”，单击搜索到的基于 C#的 Windows 窗体应用，单击“下一步”	
3）输入项目名称，选择项目的存放位置，框架使用默认值（默认是“.NET Framework4.7.2”），然后单击“创建”按钮。在打开项目中单击“视图”→“工具箱”，调出工具箱	

（续）

操作步骤及说明	示　意　图
4）打开工具箱，找到“Label”选项，按住鼠标左键将其拖拽到界面设计窗口中，就会出现一个“label1”的标签	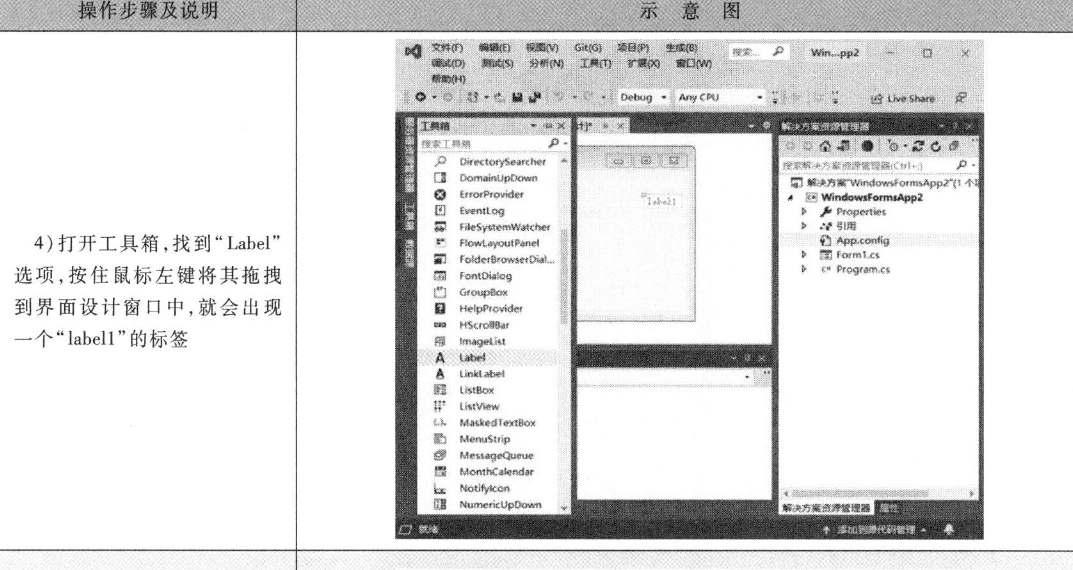
5）单击界面设计上的“label1”，然后单击“属性”按钮，打开控件属性窗口。如果软件界面中没有“属性”标签，单击“视图”→“属性”窗口，就会调出属性窗口	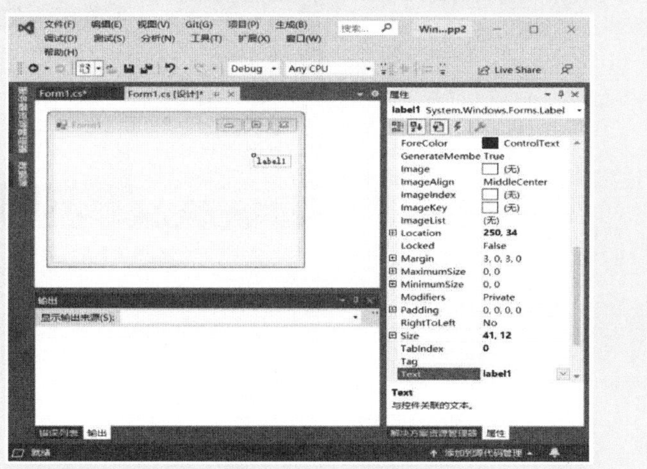
6）在属性窗口中找到“Text”属性，将“label1”的“Text”属性改为“PLCIP”，界面设计窗口中的标签也会随之改变，如右图所示；通过鼠标拖动界面设计上的“PLCIP”标签可随意更改位置，将“AutoSize”设为“False”后可随意更改大小。将参考界面（图 8-4）的“地址”（两个）“数据”（两个）、“A1 到 A6”这几个标签设计出来，调整到合适的大小和位置	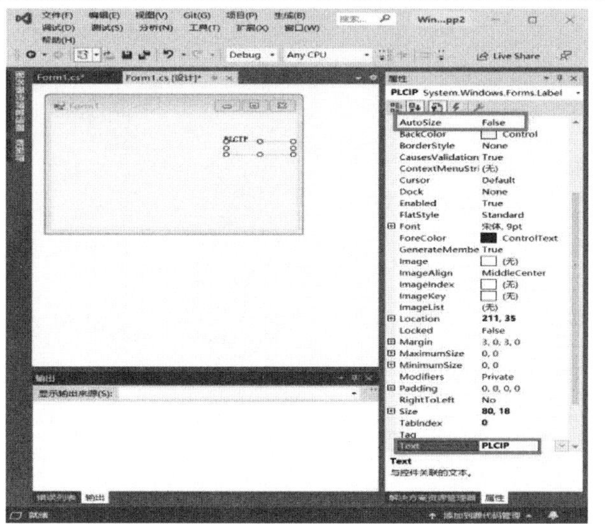

（续）

<table>
<tr><th>操作步骤及说明</th><th>示　意　图</th></tr>
<tr><td>7）打开工具箱，找到“TextBox”选项，按住鼠标左键将其拖拽到界面设计窗口中，会出现一个文本框。修改文本框“Name”的属性为“PLCIPAddress”（命名可自行定义），根据参考界面（图 8-4）拖拽出其他文本框，然后将其调整到合适的大小和位置</td><td>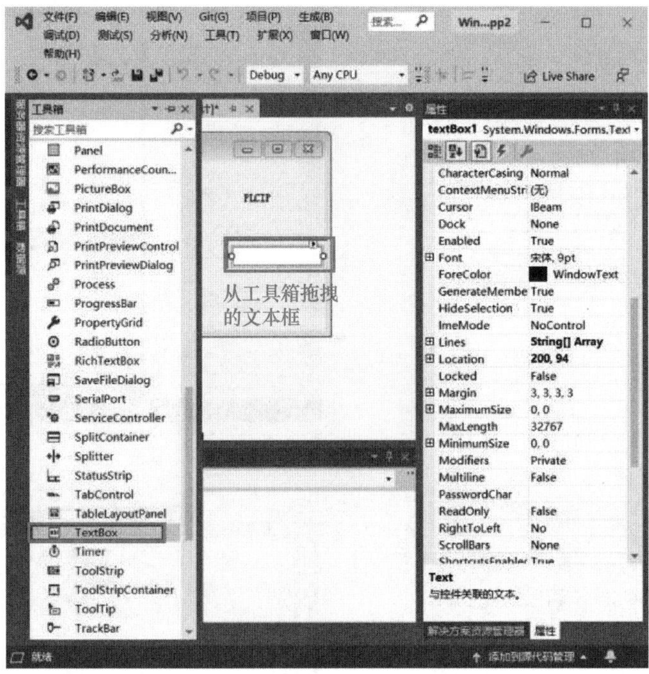
</td></tr>
<tr><td>8）打开工具箱，找到“Button”选项，按住鼠标左键将其拖拽到界面设计窗口，会出现一个名为“button1”的按钮</td><td>
</td></tr>
</table>

（续）

操作步骤及说明	示　意　图
9）单击界面设计窗口中的“button1”按钮，打开属性窗口，修改“button1”的“Text”属性为“连接 PLC”，“Name”属性为“ConnectionPLC”。以同样的方法拖拽出参考界面（图 8-4）中的其他按钮，修改其“Name”和“Text”属性（可自定义），然后将其调整到合适的大小和位置	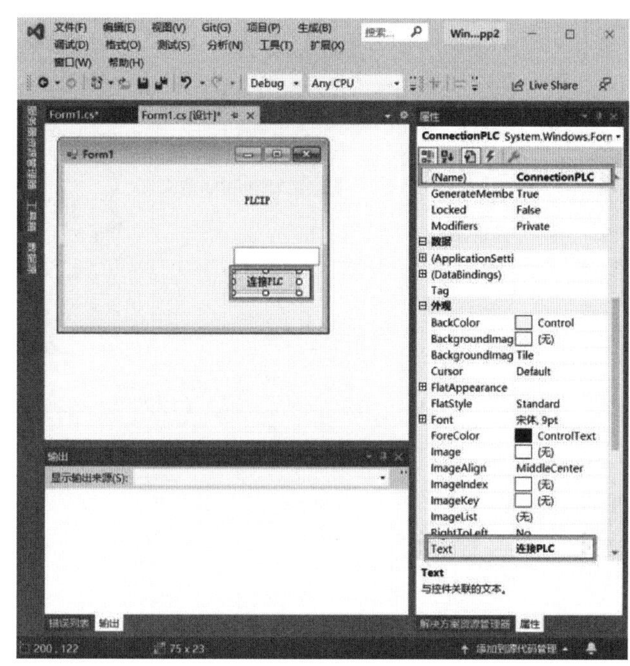
10）打开工具箱，找到“PictureBox”选项，按住鼠标左键将这个控件拖拽到界面设计窗口中，会出现一个图片控件	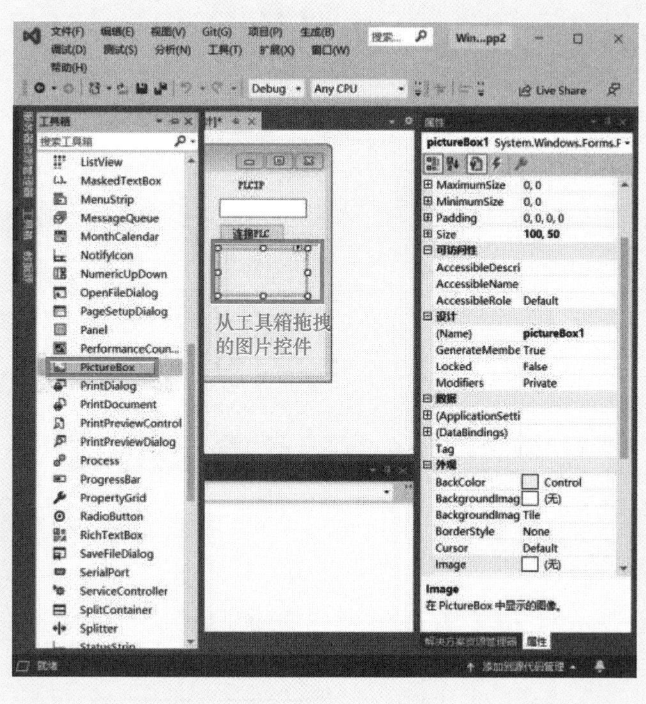

（续）

操作步骤及说明	示 意 图
11）单击界面设计窗口的“pictureBox”控件，打开“属性”窗口，单击 pictureBox 的“Image”属性中的“无”，然后单击其右侧的图标，在“选择资源”对话框中选择“本地资源”，单击“导入”	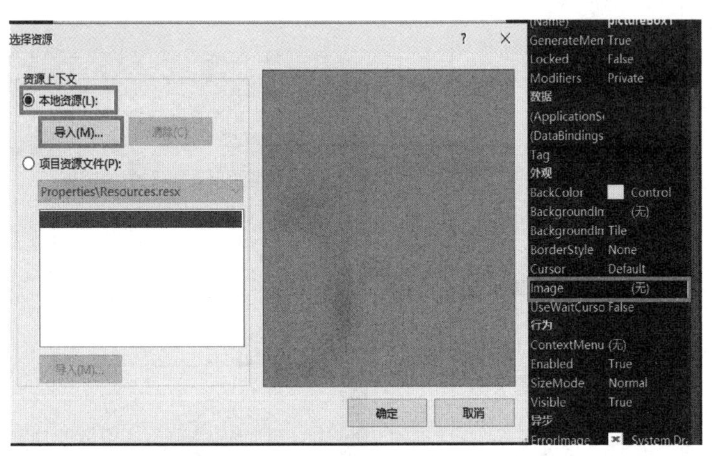
12）在“打开”对话框中找到对应的小灯图片，然后单击“打开”按钮	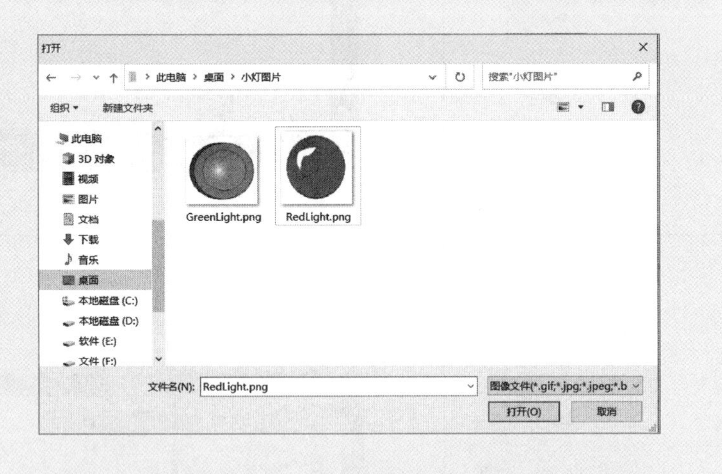
13）“选择资源”窗口显示选择好的图片，然后单击“确定”按钮，导入红灯按钮	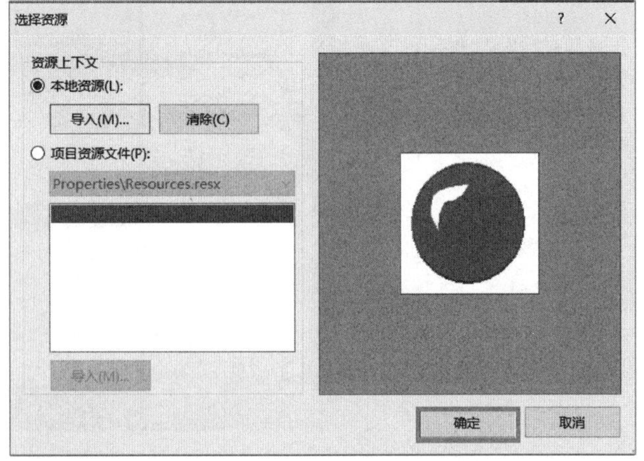

（续）

操作步骤及说明	示　意　图
14）如果新添加的图片控件的大小不匹配，可将图片控件的“SizeMode”属性改为“StretchImage”（默认是Normal），然后根据情况调整控件的大小和位置，以同样的方法添加一个绿灯图片	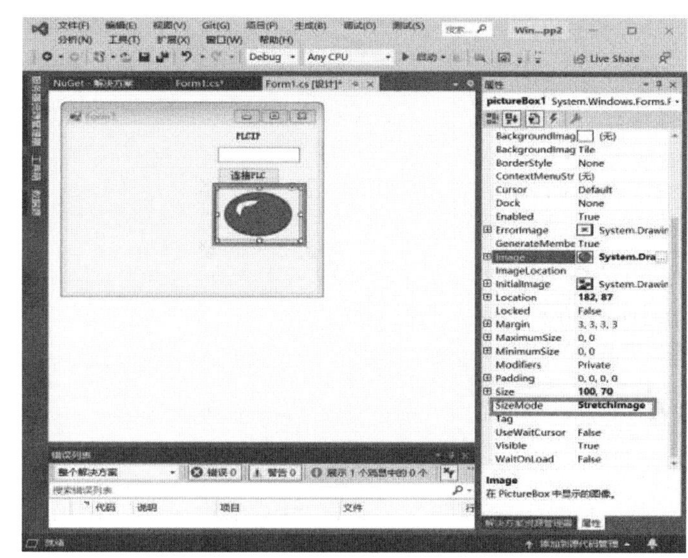
15）打开工具箱，找到“ComboBox”控件，按住鼠标左键拖动该控件到界面设计窗口，会出现一个下拉框控件	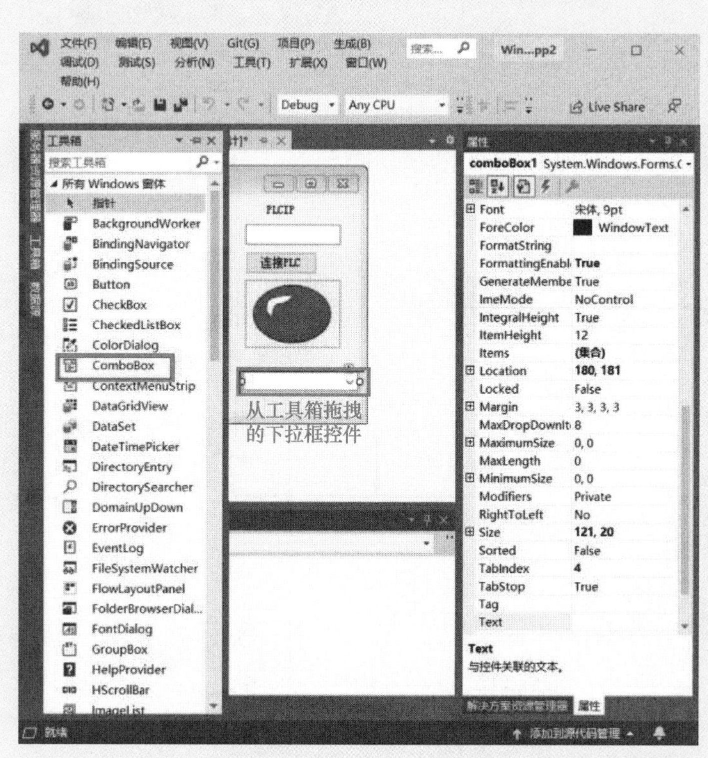

（续）

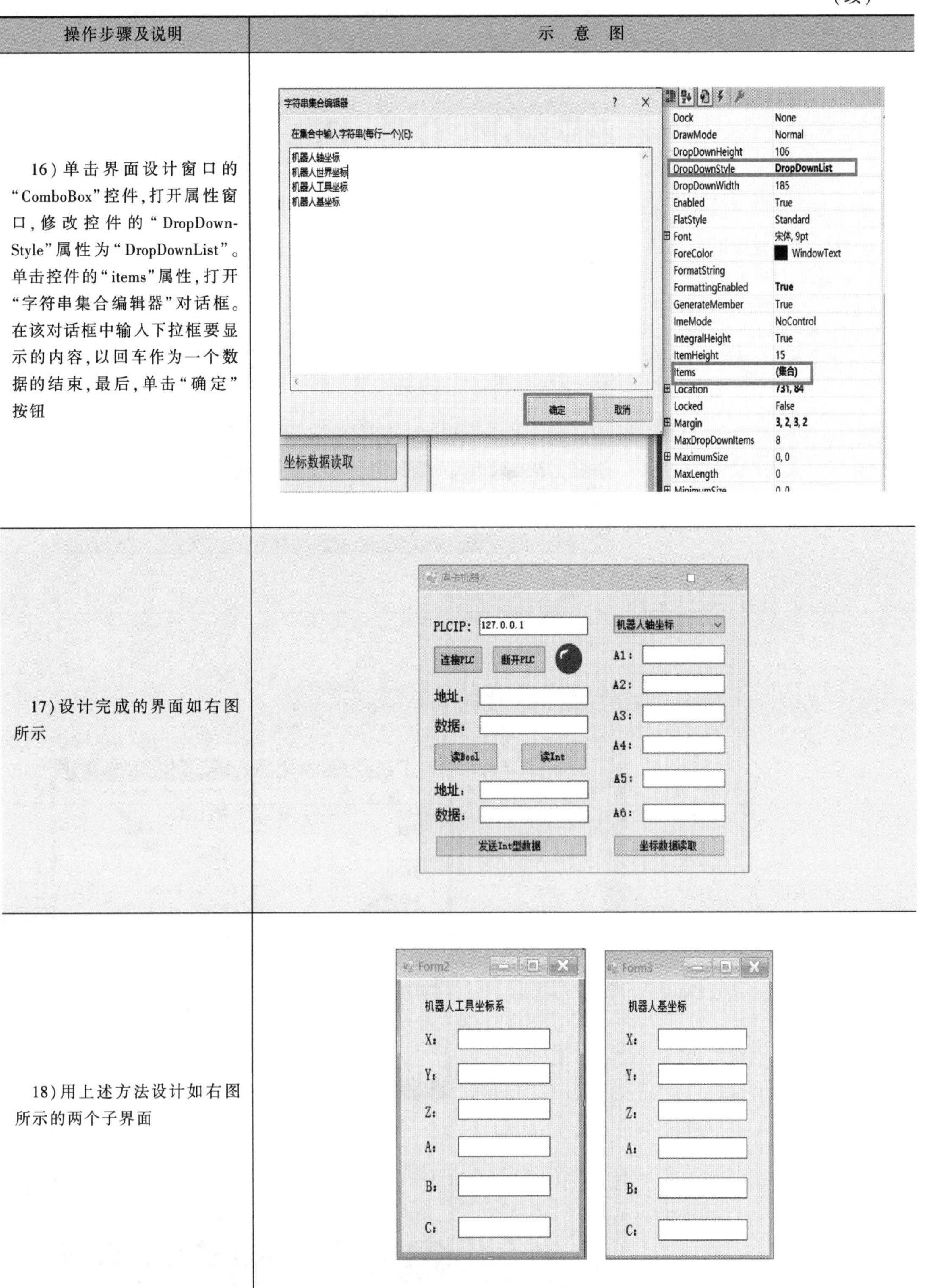

操作步骤及说明	示意图
16）单击界面设计窗口的“ComboBox”控件，打开属性窗口，修改控件的“DropDownStyle”属性为“DropDownList”。单击控件的“items”属性，打开“字符串集合编辑器”对话框。在该对话框中输入下拉框要显示的内容，以回车作为一个数据的结束，最后，单击“确定”按钮	
17）设计完成的界面如右图所示	
18）用上述方法设计如右图所示的两个子界面	

按钮控件对应的“Name”和“Text”属性值见表 8-3。

表 8-3　按钮控件对应的 Name 和 Text 属性

按钮	Name 属性值	Text 属性值
连接 PLC	ConnectionPLC	与按钮上显示的内容相同，即显示 Text 属性里的内容
断开 PLC	DisConnectPLC	
读 Bool	ReadBool	
读 Int	ReadInt	
发送 Int 型数据	WriteData	
坐标数据读取	ZhouLocation	

4. 界面通信设计

界面通信设计的操作步骤见表 8-4。

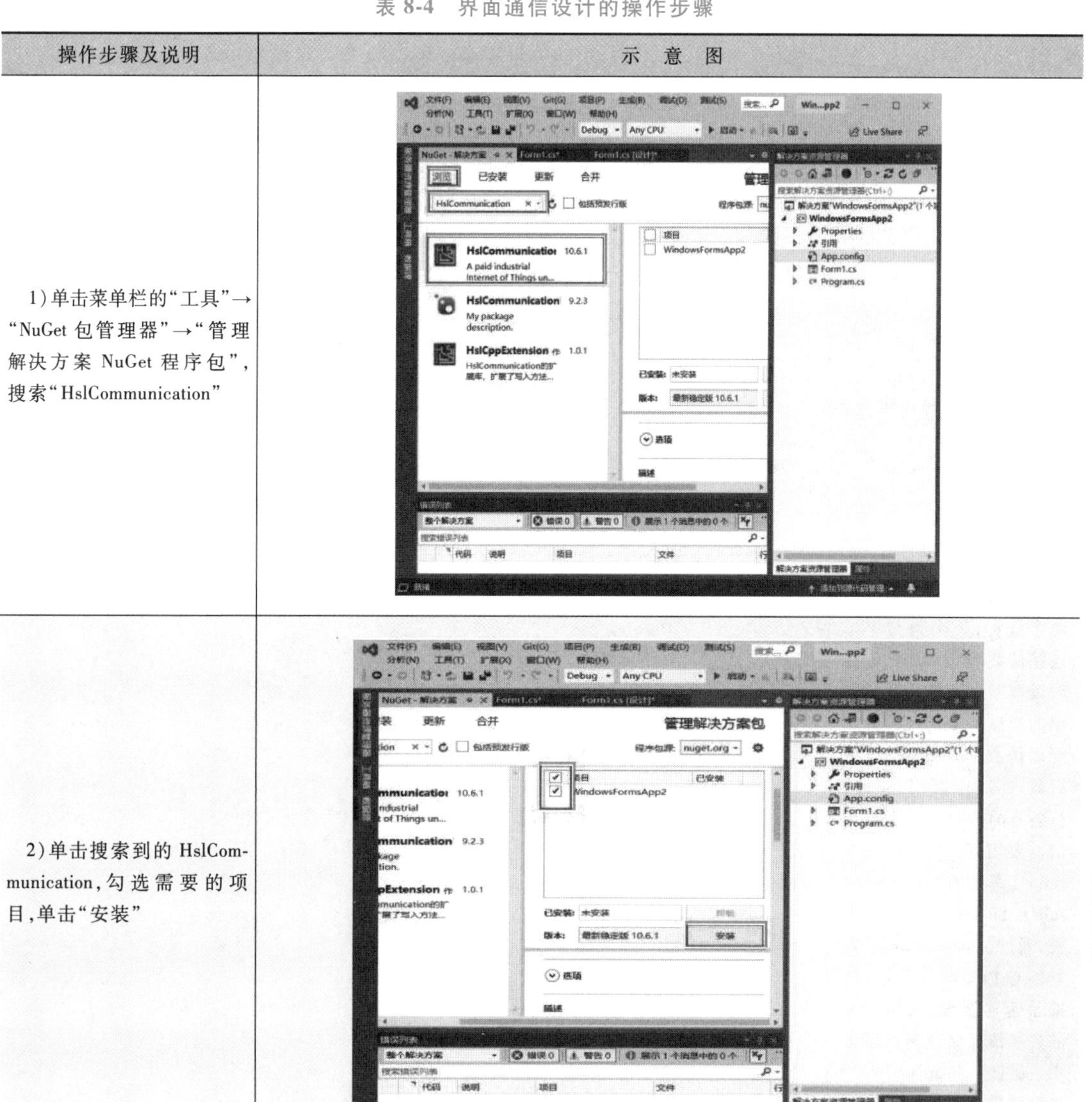

表 8-4　界面通信设计的操作步骤

操作步骤及说明	示　意　图
1）单击菜单栏的"工具"→"NuGet 包管理器"→"管理解决方案 NuGet 程序包"，搜索"HslCommunication"	
2）单击搜索到的 HslCommunication，勾选需要的项目，单击"安装"	

（续）

<table>
<tr><th>操作步骤及说明</th><th>示 意 图</th></tr>
<tr><td>3）双击设计好的界面中的“连接 PLC”按钮，进入代码编写窗口，然后通过“using”指令引入所需要的库文件</td><td>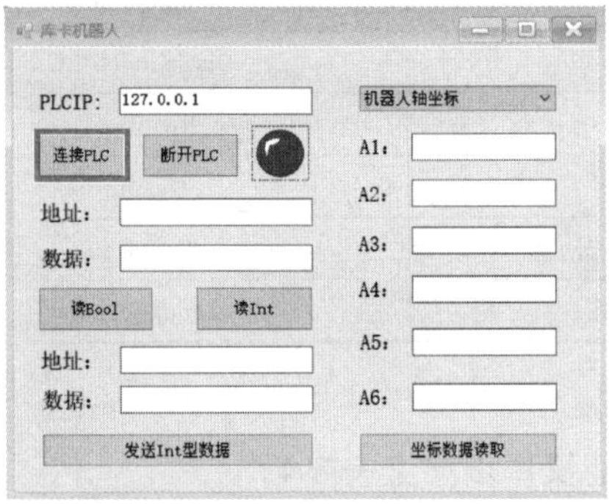

WindowsFormsApp1   WindowsForm
using HslCommunication;
using HslCommunication.Profinet.Siemens;
using System;
using System.Drawing;
using System.Threading;
using System.Windows.Forms;</td></tr>
<tr><td>4）添加右图中的第一行代码，关闭跨线程检查，启用并固定多线程应用，完成代码准备工作</td><td>namespace WindowsFormsApp1
{
    4 个引用
    public partial class Form1 : Form
    {
        1 个引用
        public Form1()
        {
            InitializeComponent();
            Form.CheckForIllegalCrossThreadCalls = false;
        }</td></tr>
<tr><td>5）界面通信程序要设计两个线程，一个是与 PLC 连接的线程，另一个是实时读取工业机器人关节数据的线程。要把这两个功能以函数的形式编写，然后放入各自的线程中，执行各自的函数。与 PLC 通信需要用到“HslCommunication”库里的“OperateResult 和 SiemensS7Net”两个类，通过“OperateResult”类判断与 PLC 的连接情况，即是否连接成功，将 PLC 的连接情况保存到结果集中；通过“SiemensS7Net”连接西门子 PLC</td><td>OperateResult connect;
SiemensS7Net xmzTCP;
//判断PLC是否连接的布尔量，用来做一个PLC是否标记
bool flag = false;</td></tr>
</table>

（续）

<table>
<tr><th>操作步骤及说明</th><th>示 意 图</th></tr>
<tr><td>6）编写与 PLC 连接的函数，函数名字为“ConnectPLC”，与 PLC 连接首先要实例化“SiemensS7Net”这个类，即“xmzTCP = new SiemensS7Net（SiemensPLCS. S1200，PLCIPAddress. Text）”，因为只有实例化从后才可以调用这个类里的方法和属性。实例化的时候需要传递两个参数，一个是 PLC 的型号，另一个是连接 PLC 的 IP 地址，完成后就可以调用“SiemensS7Net”这个类里的“ConnectServer（）”方法去连接 PLC。调用这个方法去连接 PLC 后要判断是否正确连接上 PLC。因为 PLC 的连接结果会放到“OperateResult”中，所以通过调用“OperateResult”类的“IsSuccess（）”方法去判断是否连接成功，如果连接成功，就通过“Image. FromFile”（小灯图片的存放位置）方法将红灯图片变为绿灯图片，然后将“flag”设置为“true”，这在读取机器人关节数据的时候会用到，然后通过“MessageBox. Show（"连接 PLC 成功！"）”；提示用户 PLC 连接成功；否则就是连接失败，“flag”设置为“false”。注意：这里有 try{...}catch（）{...}，用于处理异常问题，比如连接 PLC 的时候没有输入 IP，就没有参数传给“SiemensS7Net”的 IP 位置，可通过这种方式去提醒用户</td><td><pre>
private void ConnPLC() {
    try {
        xmzTCP = new SiemensS7Net(SiemensPLCS.S1200, PLCIPAddress.Text)
        {
            ConnectTimeOut = 5000
        };
        connect = xmzTCP.ConnectServer();
        if (connect.IsSuccess)
        {
            this.pictureBox1.Image = Image.FromFile("F:\WindowsFormsAppl\picture\GreenLight.png");
            MessageBox.Show("连接PLC成功。");
            flag = true;
        }
        else
        {
            MessageBox.Show("连接PLC失败！");
            flag = false;
        }
    }
    catch ([illegible]) {
        MessageBox.Show("PLC连接异常！");
    }
}
</pre></td></tr>
<tr><td>7）双击界面中的“连接 PLC”按钮，在生成的单击事件函数内去调用写好的连接 PLC 的函数。这里要开一个新线程去执行这个函数，简单线程的开启与使用一般包含三步：第一步，实例化线程对象，将要执行的函数传递给这个线程对象；第二步，设置线程与后台进程同步；第三步，调用“Start（）”方法开启线程。这里要给线程传递的函数是上面写好的连接 PLC 的函数，也就是 ConnectPLC</td><td><pre>
private void ConnectionPLC_Click(object sender, EventArgs e)
{
    Thread connPLCThread = new Thread(ConnPLC);
    connPLCThread.IsBackground = true;
    connPLCThread.Start();
}
</pre></td></tr>
</table>

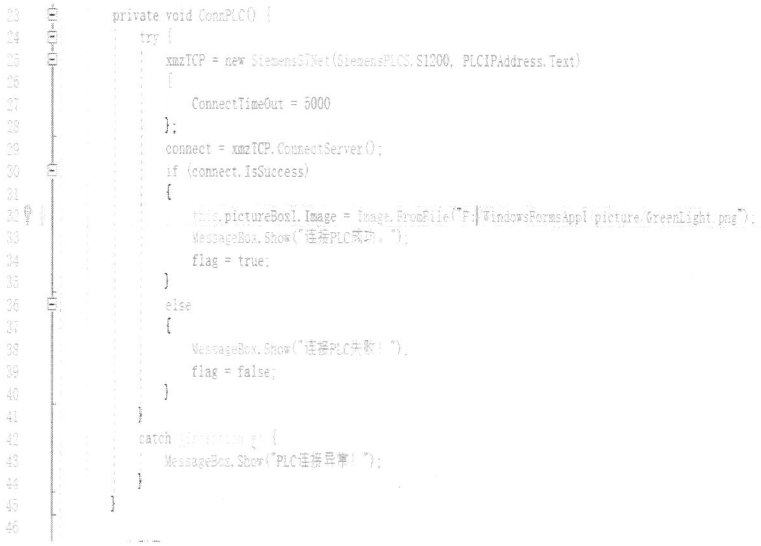

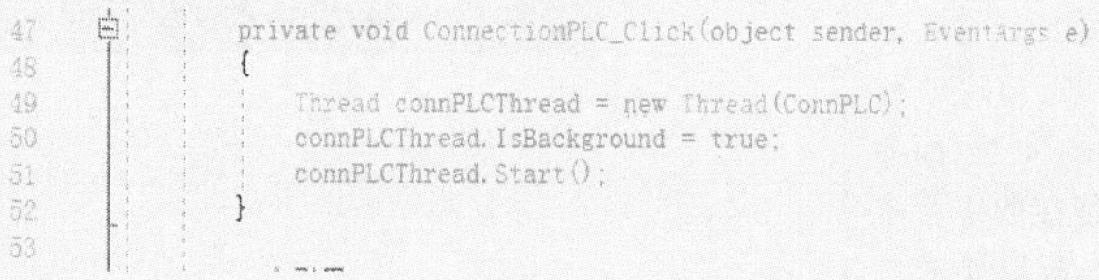

（续）

操作步骤及说明	示 意 图

8）判断PLC是否断开连接需调用“SiemensS7Net”类的“ConnectClose( )”方法，断开后将绿灯变为红灯，并通过“MessageBox. Show( )”给予相应的提示信息	1 个引用
	private void DisConnectPLC_Click(object sender, EventArgs e)
	{
	    if (flag)
	    {
	        xmzTCP.ConnectClose();
	        MessageBox.Show("断开PLC");
	        this.pictureBox1.Image = Image.FromFile("F://WindowsFormApp1/picture/RedLight.png");
	        flag = false;
	    }
	    else {
	        MessageBox.Show("请先PLC");
	    }
	}

9）完成连接与断开PLC程序后，要读取对应地址数据，双击“读Bool”按钮，进入代码编写界面	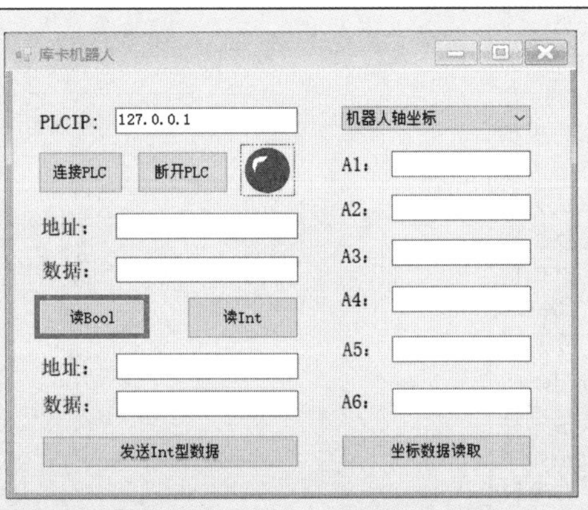

10）动态读取数据功能所读取的数据包括读bool型和int型，通过“SiemensS7Net”类的“ReadBool( )”和“ReadInt16( )”两个方法实现。将待读取的地址传入到方法里，要实现通过在界面输入地址，然后去读取输入地址的数据，需通过文本框“Name”属性将输入的地址获取到，并传入“ReadBool( )”和“ReadInt16( )”中，动态读取数据的文本框名字设置为“PLCDataAddress1. Test”。下面要把读取到的地址数据在界面中显示出来，读取的数据是bool型和int型，而界面文本框只能接收字符串类型的数据，所以要通过“Convert. ToString( )”将读取到的数据变为文本框可以识别的数据	private void ReadBool_Click(object sender, EventArgs e)
	{
	    bool BoolData = xmzTCP.ReadBool(PLCDataAddress1.Text).Content;
	    PLCData1.Text = Convert.ToString(BoolData);
	}
	
	1 个引用
	private void ReadInt_Click(object sender, EventArgs e)
	{
	    float FloatData = xmzTCP.ReadInt16(PLCDataAddress1.Text).Content;
	    PLCData1.Text = Convert.ToString(FloatData);
	}

（续）

<table>
<tr><th>操作步骤及说明</th><th>示　意　图</th></tr>
<tr><td>11)发送 int 型数据时要做一个非空判断，向对应的地址发数据，所发的数据不能为空。if 中是获取发送数据模块的数据文本框输入的数据，要在不为空的情况下发送，否则会给出用户提示。“writeDataAddress1”和“WriteData1”分别是输入数据模块地址文本框和数据文本框的“Name”属性</td><td>

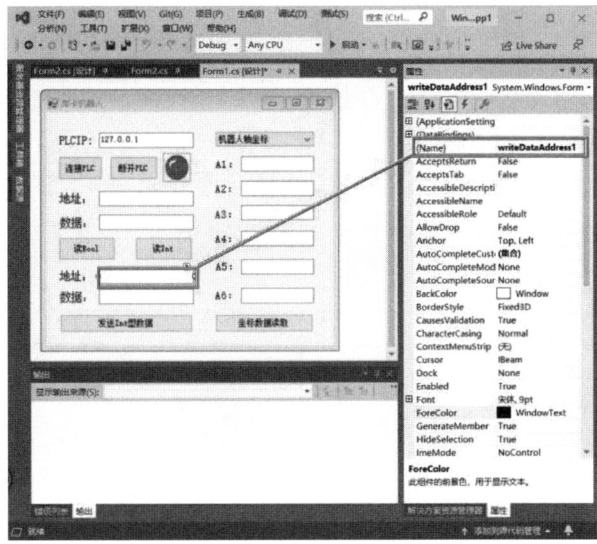

```
private void WriteData_Click(object sender, EventArgs e)
{
    if (writeDataAddress1.Text!=null&& WriteData1.Text!=null) {
        xmzTCP.Write(writeDataAddress1.Text, (ushort)Convert.ToInt16(WriteData1.Text.ToString()));
        MessageBox.Show("数据写入成功");
    }
    else {
        MessageBox.Show("你还没有输入地址或者数据");
    }
}
```

</td></tr>
<tr><td>12)要实时读取工业机器人轴坐标和笛卡儿坐标，并且要进行坐标的切换，可通过多线程+函数的形式去实现。首先要建立一个浮点型数组，数组大小为“6”，用来存放读取的各个关节的数据；然后编写一个函数实现读取数据，这里以轴坐标为例，函数名为“receive1”，要实时读取数据，就要把读取数据的代码放到一个循环里。根据逻辑控制，只有与 PLC 相连时才可以读取相关数据，所以在连接完 PLC 后要将“flag”设置为“true”</td><td rowspan="2">

```
//读机器人轴坐标数据
private float[] dbRobot1 = new float[6] { 0, 0, 0, 0, 0, 0 };
void receive1()
{
    while (flag)
    {
        var Value = xmzTCP.ReadFloat("DB11.0.0");
        dbRobot1[0] = Value.Content;
        gjdata1.Text = dbRobot1[0].ToString("0.00");

        Value = xmzTCP.ReadFloat("DB11.4.0");
        dbRobot1[1] = Value.Content;
        gjdata2.Text = dbRobot1[1].ToString("0.00");

        Value = xmzTCP.ReadFloat("DB11.8.0");
        dbRobot1[2] = Value.Content;
        gjdata3.Text = dbRobot1[2].ToString("0.00");

        Value = xmzTCP.ReadFloat("DB11.12.0");
        dbRobot1[3] = Value.Content;
        gjdata4.Text = dbRobot1[3].ToString("0.00");

        Value = xmzTCP.ReadFloat("DB11.16.0");
        dbRobot1[4] = Value.Content;
        gjdata5.Text = dbRobot1[4].ToString("0.00");

        Value = xmzTCP.ReadFloat("DB11.20.0");
        dbRobot1[5] = Value.Content;
        gjdata6.Text = dbRobot1[5].ToString("0.00");
        Thread.Sleep(100);
    }
}
```

</td></tr>
<tr><td>13)循环里先定义一个泛型变量，“var”是一个操作结果的泛型类，“ReadFloat”中是要读取的地址，“dbRobot1[0] = Value.Content”；是将结果保存到定义的数组中，“gjdata1.Text=Convert.ToString(dbRobot1[0])”；是将数组中的数据在界面的文本框中显示。其余各关节同理</td></tr>
</table>

（续）

操作步骤及说明	示意图

14）以同样的方法编写读笛卡儿坐标系的代码，只需要修改数组名和函数名，并将循环里对应的数组名和函数名同时修改掉	//读机器人世界坐标数据
	private float[] dbRobot2 = new float[6] { 0, 0, 0, 0, 0, 0 };
	1 个引用
	void receive2()
	{
	while (flag)
	{
	var Value = xmzTCP.ReadFloat("DB11.24.0");
	dbRobot2[0] = Value.Content;
	gjdata1.Text = dbRobot2[0].ToString("0.00");
	
	Value = xmzTCP.ReadFloat("DB11.28.0");
	dbRobot2[1] = Value.Content;
	gjdata2.Text = dbRobot2[1].ToString("0.00");
	
	Value = xmzTCP.ReadFloat("DB11.32.0");
	dbRobot2[2] = Value.Content;
	gjdata3.Text = dbRobot2[2].ToString("0.00");
	
	Value = xmzTCP.ReadFloat("DB11.36.0");
	dbRobot2[3] = Value.Content;
	gjdata4.Text = dbRobot2[3].ToString("0.00");
	
	Value = xmzTCP.ReadFloat("DB11.40.0");
	dbRobot2[4] = Value.Content;
	gjdata5.Text = dbRobot2[4].ToString("0.00");
	
	Value = xmzTCP.ReadFloat("DB11.44.0");
	dbRobot2[5] = Value.Content;
	gjdata6.Text = dbRobot2[5].ToString("0.00");
	Thread.Sleep(100);
	}
	}

15）完成读取两个坐标的函数程序设计，随后要设计调用程序。函数编写完要调用才能真正发挥作用。首先要声明两个线程，因为要读取不同坐标系下的数据，所以要每一个线程去执行一个函数，然后根据不同的情况去切换函数的调用和执行	Thread th1; Thread th2;
16）“this.comboBox1.SelectedIndex”是要获取下拉框数据对应的索引值，通过索引值确定读轴坐标还是笛卡儿坐标。从右图可以看到，第一行数据是机器人轴坐标，对应的索引值是0，机器人世界坐标对应的索引值是1，机器人工具坐标对应的索引值是2，机器人基坐标对应的索引值是3	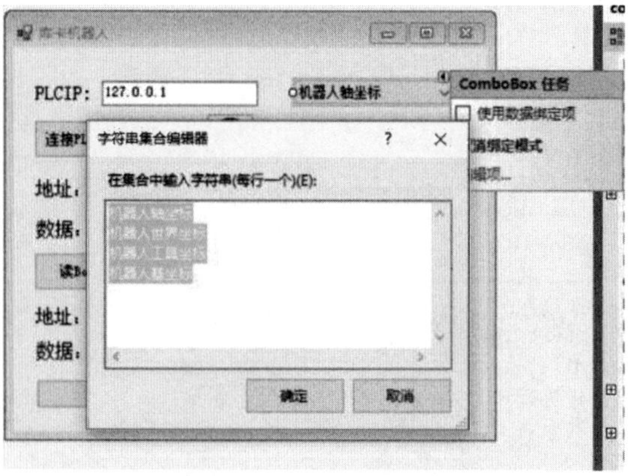 PLCIP: 127.0.0.1 机器人轴坐标 ComboBox 任务 使用数据绑定项 字符串集合编辑器 在集合中输入字符串(每行一个)(E): 确定 取消

（续）

操作步骤及说明	示 意 图

17）获取索引值后要进行判断，当索引值为 0 时，将关节轴坐标（A1～A6）通过 this. 标签 Name 属性 . Text =“……”；的方法将其变为关节轴坐标（A1～A6）。

每一个坐标系的读取里都有一个 if 判断。两个内层 if 语句的括号内，一个是不等于 null，一个是 IsAlive。其中 IsAlive 是判断线程是否可用，if 中的“Abort( )”方法是用来强制关闭线程的。两个坐标系对应两个函数，不同的坐标系切换要执行不同的函数，而函数又是通过线程执行的。线程开启后，如果不进行关闭会一直执行，假如程序运行后先读取的是机器人轴坐标数据，对应的执行读取机器人轴坐标的函数就被线程调用，这时如果切换为机器人笛卡儿坐标，再单击坐标系数据读取按钮，则是又开了一个线程去执行读笛卡儿坐标的函数，此时如果不进行判断关闭其中一个线程，两个线程就会同时执行，同时读取，就会造成读取笛卡儿坐标的时候轴坐标也在读取，这是不符合逻辑的。在读轴坐标时要关掉笛卡儿坐标读取的线程，读笛卡儿坐标时要关闭读轴坐标数据的线程。

注意：程序运行后一定要先读轴坐标数据。

疑难问题：为什么都是判断线程是否在执行，一个用 null，一个用 IsAlive？

答：因为 IsAlive 只有在线程 start 之后才可以去使用，否则就会报空指针异常。

```
private void ReadDataGJ_Click(object sender, EventArgs e)
{
    int i = this.comboBox1.SelectedIndex;
    if (i==0) {
        this.label7.Text = "A1:";
        this.label8.Text = "A2:";
        this.label9.Text = "A3:";
        this.label10.Text = "A4:";
        this.label11.Text = "A5:";
        this.label12.Text = "A6:";
        if (th2!=null)
        {
            th2.Abort();
        }
        th1 = new Thread(receive1);
        th1.IsBackground = true;
        th1.Start();
    }
    if (i == 1)
    {
        this.label7.Text = "X:";
        this.label8.Text = "Y:";
        this.label9.Text = "Z:";
        this.label10.Text = "A:";
        this.label11.Text = "B:";
        this.label12.Text = "C:";
        if (th1.IsAlive)
        {
            th1.Abort();
        }
        th2 = new Thread(receive2);
        th2.IsBackground = true;
        th2.Start();
    }
```

（续）

<table>
<tr><th>操作步骤及说明</th><th>示 意 图</th></tr>
<tr><td>18）因为坐标系的地址不同，所以要在不同的函数中处理不同的坐标系。要对四个线程进行处理，当选择其中一个坐标系时，其他三个坐标系，都要处于关闭状态。但是由于C#不支持多个线程之间的关闭，所以要通过打开新窗体的方式处理。打开新窗体就相当于开了一个新线程，单击窗体右上角的关闭按钮，线程会自动关闭。其中，“Form2 f = new Form2（）”；是实例化新建立的另一个窗体程序，通过“f. ShowDialog（）”方法去打开新建立的窗体。注意：至此 Form1. cs 代码结束</td><td><pre>
            //工具坐标
            if (i == 2)
            {
                xmzTCP.Write("DB11.48.0", (ushort)2);
                Form2 f = new Form2();
                f.ShowDialog();
            }
            //基坐标
            if (i == 3)
            {
                xmzTCP.Write("DB11.50.0", (ushort)3);
                Form3 f = new Form3();
                f.ShowDialog();
            }
        }
    }
}
</pre></td></tr>
<tr><td>19）新建窗体。右击“解决方案资源管理器”中的项目名，单击“添加”→“窗体（Windows 窗体）”</td><td>
</td></tr>
<tr><td>20）在弹出的“添加新项”对话框中选择“窗体（Windows 窗体）”，单击“添加”</td><td></td></tr>
</table>

（续）

操作步骤及说明	示　意　图
21）在“解决方案资源管理器”中出现“Form2. cs”	 解决方案资源管理器 搜索解决方案资源管理器(Ctrl+;) 解决方案“WindowsFormsApp1”(1 个项目/共 1 个) WindowsFormsApp1 Properties 引用 App.config Form1.cs Form2.cs packages.config Program.cs

22）Form2-机器人工具坐标系显示窗口是在下拉框中选择好坐标系，单击“坐标数据读取”按钮后弹出的，双击界面的空白处，进入代码编写界面，同时生成窗口加载事件，将读数据的代码放入这个窗口加载事件中。该加载事件要进行六个坐标轴数据的读取，读取之前要先连接 PLC	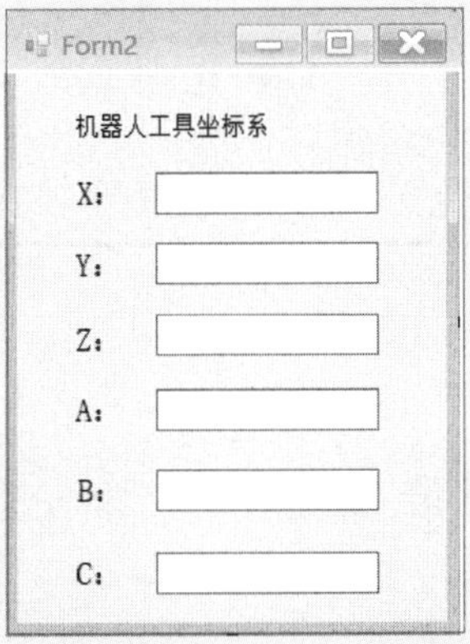 Form2
	机器人工具坐标系
	X：
	Y：
	Z：
	A：
	B：
	C： 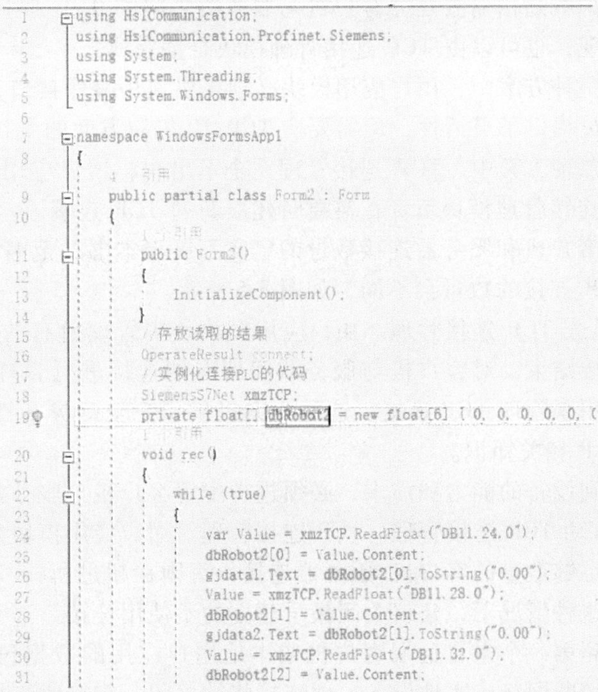
	
	using HslCommunication;
	using HslCommunication.Profinet.Siemens;
	using System;
	using System.Threading;
	using System.Windows.Forms;
	
	namespace WindowsFormsApp1
	{
	4 个引用
	public partial class Form2 : Form
	{
	1 个引用
	public Form2()
	{
	InitializeComponent();
	}
	//存放读取的结果
	OperateResult connect;
	//实例化连接PLC的代码
	SiemensS7Net xmzTCP;
	private float[] dbRobot2 = new float[6] { 0, 0, 0, 0, 0, (
	1 个引用
	void rec()
	{
	while (true)
	{
	var Value = xmzTCP.ReadFloat("DB11.24.0");
	dbRobot2[0] = Value.Content;
	gjdata1.Text = dbRobot2[0].ToString("0.00");
	Value = xmzTCP.ReadFloat("DB11.28.0");
	dbRobot2[1] = Value.Content;
	gjdata2.Text = dbRobot2[1].ToString("0.00");
	Value = xmzTCP.ReadFloat("DB11.32.0");
	dbRobot2[2] = Value.Content;

（续）

<table>
<tr><th>操作步骤及说明</th><th>示 意 图</th></tr>
<tr><td>23）PLC 的 IP 可根据本地 PLC 的 IP 地址情况进行修改。用同样的方法设计读世界坐标、基坐标的窗口</td><td><pre>
                dbRobot2[2] = Value.Content;
                gjdata3.Text = dbRobot2[2].ToString("0.00");
                Value = xmzTCP.ReadFloat("DB11.36.0");
                dbRobot2[3] = Value.Content;
                gjdata4.Text = dbRobot2[3].ToString("0.00");
                Value = xmzTCP.ReadFloat("DB11.40.0");
                dbRobot2[4] = Value.Content;
                gjdata5.Text = dbRobot2[4].ToString("0.00");
                Value = xmzTCP.ReadFloat("DB11.44.0");
                dbRobot2[5] = Value.Content;
                gjdata6.Text = dbRobot2[5].ToString("0.00");
                Thread.Sleep(100);
            }
        }
        1 个引用
        private void Form2_Load(object sender, EventArgs e)
        {
            //设置连接PLC的型号和IP
            xmzTCP = new SiemensS7Net(SiemensPLCS.S1200, "127.0.0.1")
            {
                ConnectTimeOut = 5000
            };
            //调用ConnectServer() 方法去连接PLC
            connect = xmzTCP.ConnectServer();
            //开启线程, 读取数据
            Thread th = new Thread(rec);
            th.IsBackground = true;
            th.Start();
        }
    }
}
</pre></td></tr>
</table>

知识拓展

一、TCP 连接管理

1. 总体描述

MODBUS 通信需要建立客户机与服务器之间的 TCP 连接。建立通信连接可以由用户应用模块实现，也可以由 TCP 连接管理模块自动完成。

在第一种方案中，用户应用模块必须提供应用程序接口，以便完全管理连接。这种方式为开发人员提供了灵活性，但需要有 TCP/IP 机制方面的专长。

在第二种方案中，TCP 连接管理完全不出现，用户应用仅需要发送和接受 MODBUS 报文。TCP 连接管理模块负责在需要时建立新的 TCP 连接。

TCP 客户机和服务器连接数量的定义不属于本书的范畴（在本书中采用 n）。根据设备能力，TCP 连接的数量会不同，如图 8-5 所示。

1）显式 TCP 连接管理。用户应用模块负责管理所有的 TCP 连接：主动和被动的连接建立、连接结束。对客户机与服务器间所有的连接进行管理。在用户应用模块中，BSD 套接字接口用来管理 TCP 连接。这种方案提供了完全的灵活性，但也意味着开发人员要具备充分的 TCP 相关知识。

考虑到设备的能力和需求，必须进行配置客户机与服务器间连接数的限制。

2）自动 TCP 连接管理。TCP 连接管理对用户应用模块是完全透明的。连接管理模块应可以接受足够数量的客户机/服务器连接，否则在超过所授权数量的连接时必须有一种实现机制。在这种情况下，建议关闭最早建立的不使用连接。

在收到第一个来自远端客户机或本地用户应用的数据包后，就建立了与远端对象的连接。如果切断网络或本地设备，此连接将被关闭。在接收连接请求时，访问控制选项可用来

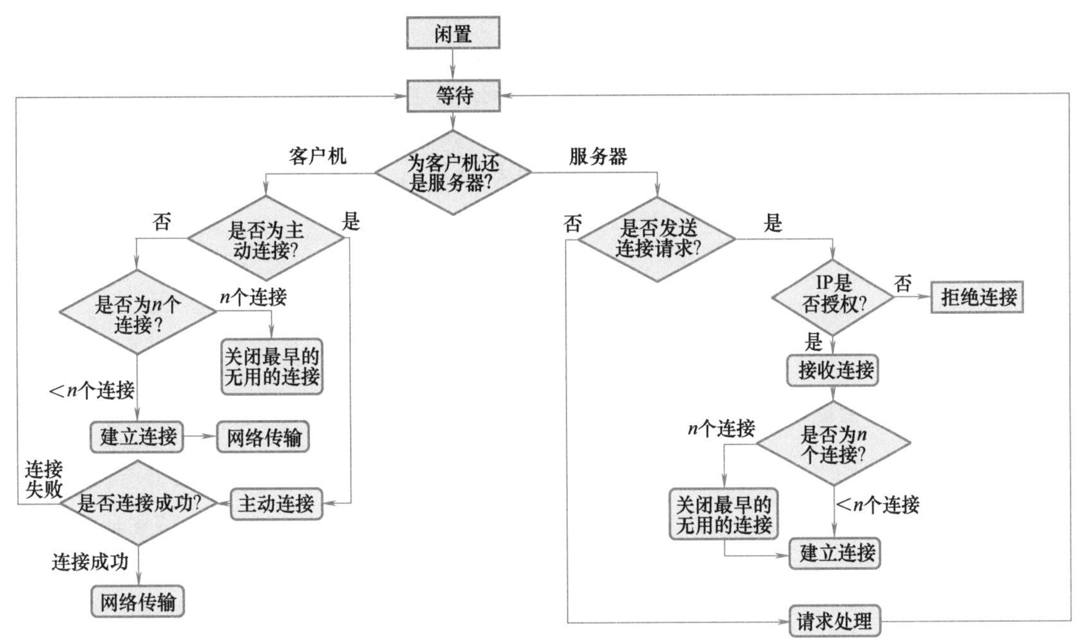

图 8-5　TCP 连接管理操作图

禁止未授权客户访问设备。

TCP 连接管理模块采用栈接口（通常为 BSD 套接字接口）来与 TCP/IP 栈进行通信。

为了保持系统需求与服务器资源之间的兼容，TCP 管理着两个连接库。

第一个连接库（优先连接库）由那些从不被本地主动关闭的连接组成。它的实现原理是将这个库的每一个连接与一个特定的 IP 地址联系起来，具有这个 IP 地址的设备被称为“标记”设备。任何一个被“标记”设备的新连接请求必须被接受，并从优先连接库中取出。还有必要设置允许每个远端设备最多建立连接的数量，以避免同一设备使用优先连接库中所有的连接。

第二个连接库（非优先连接库）包括非“标记”设备的连接。它采用的规则是：当有来自非“标记”设备的新的连接请求，以及库中没有连接可用时，关闭较早建立的连接。

2. 连接管理描述

1）连接建立。MODBUS 报文传输服务必须在 502 口上提供一个侦听套接字，用来接收新的连接和与其他设备交换的数据，如图 8-6 所示。

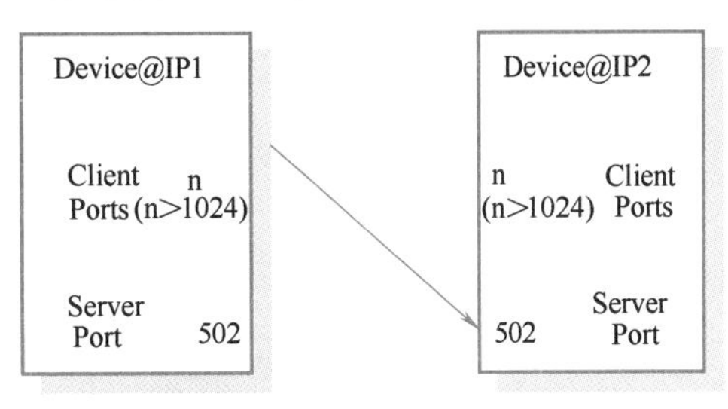

图 8-6　MODBUS TCP/IP 连接建立

当报文传输服务需要与远端服务器交换数据时，必须与远端 502 口建立一个新的客户连接，以便远距离交换数据。本地口必须高于 1024，并且每个客户连接各不相同。

如果客户机与服务器的连接数量大于授权的连接数量，则最早建立的无用连接会被关闭。激活访问控制机制，检查远端客户机的 IP 地址是否是经过授权的，如果未经授权，将拒绝新的连接。

2）MODBUS 数据变换。它是基于已经打开的正确的 TCP 连接发送 MODBUS 请求的。

远端设备的 IP 地址用于寻找所建的 TCP 连接。在与同一个远端设备建立多个连接时，必须选择其中一个连接用于发送 MODBUS 报文，可以采取不同的选择策略。在 MODBUS 通信的全过程中，必须始终保持连接。一个客户机可以向一个服务器启动多个事务处理，而不必等待前序事物处理结束。

3）连接关闭。当客户机与服务器间的 MODBUS 通信结束时，客户机必须关闭用于通信的连接。

二、PROFINET 协议

1. 总体描述

PROFINET 协议是一个开放式的工业以太网通信协定，主要由西门子公司和 PROFIBUS & PROFINET 国际协会提出。PROFINET 应用 TCP/IP 及资讯科技的相关标准，是实时的工业以太网。

2. 协议细节

因为使用了 IEEE 802.3 以太网标准和 TCP/IP，大多数的 PROFINET 通信是通过没有被修改的以太网和 TCP/IP 包完成的。

下面以 PROFINET RT 为例来介绍在整个通信的过程中实时性能是如何来保证的。

从通信的终端设备来看，首先采用了优化的协议栈，在终端的设备上数据报文被处理的时间会大幅缩短，这是保证实时性能的一个方面。其次，终端设备上采用分时间段处理机制，保证了在每个通信循环周期内，终端设备既可以处理 RT 的实时数据，又可以处理 TCP 或 UDP 的数据，且在每个循环周期内优先处理 RT 的实时数据。需要强调的是，每个 PN 终端设备将需要发送的数据按发送循环发送，对于由其他设备发来的数据会立即进行接收，且发送和接收是并行处理的。

通信的传输设备采用百兆全双工的交换网络，每个终端设备的每个端口都是独享带宽，且可以双向不间断地收发数据。交换机支持 802.1P 或 802.1Q 的标准，使发送到交换机网络的 PN 数据帧被优先处理和转发。

上面介绍的是 PROFINET RT 的实时性能从机理上是如何保证的。而从量化的角度去分析，PROFINET RT 完全是靠计算来精确保证每个发送循环所能发送的报文及对 PROFINET RT 数据的时间预留。

3. ISO/OSI 七层与 TCP/IP 四层的对应关系（图 8-7）

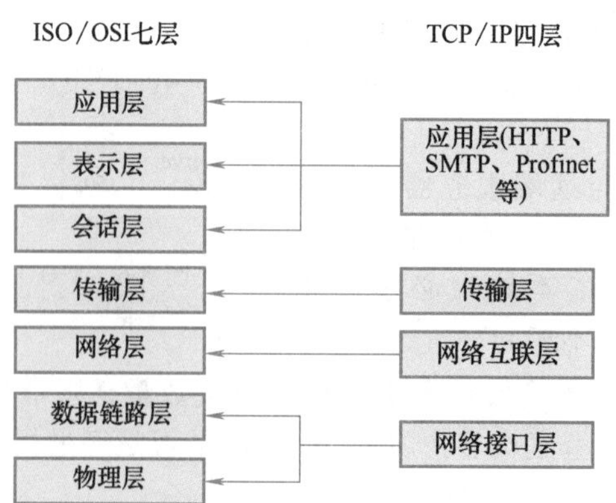

图 8-7 ISO/OSI 七层与 TCP/IP 四层的对应关系

评价反馈

基本素养(30 分)				
序号	评估内容	自评	互评	师评
1	纪律(无迟到、早退、旷课)(10 分)			
2	安全规范操作(10 分)			
3	团结协作能力、沟通能力(10 分)			
理论知识(40 分)				
序号	评估内容	自评	互评	师评
1	了解 C#基本控件(10 分)			
2	了解 C#编程应用软件(20 分)			
3	了解 C#编程基础方式(10 分)			
技能操作(30 分)				
序号	评估内容	自评	互评	师评
1	了解 Visual Studio 2019 软件基础操作(10 分)			
2	利用 C#与常用控件交互(10 分)			
3	利用 C#对控制界面进行代码编写(10 分)			
综合评价				

练习与思考题

一、填空题

1. 常用的控件有 Button（按钮）控件、________、________、________和 PictureBox（图片）控件。

2. 常用的数据类型有 int（整型）、________、________和________。

3. ________是单击事件，当单击该控件时，程序会触发相应的动作。

4. MODBUS 通信需要建立________与________之间的 TCP 连接。

二、简答题

TCP 连接管理模块采用非“标记”设备的连接时，其通信规则是什么？

附录A 脚本示例

1. 变位机定位活塞动作

```
i=0.001
threadFunction=function()

   simWaitForSignal('bianwieji1',1)
   simMoveToJointPositions({lb},{8*i},0.15)
   simClearIntegerSignal('bianwieji1')

   simWaitForSignal('bianwieji2',2)
   simMoveToJointPositions({lb},{0*i},0.15)
   simClearIntegerSignal('bianwieji2')

end

--Put some initialization code here:
simSetThreadSwitchTiming(2) --Default timing for automatic thread switching

lb=simGetObjectHandle('lb')

--Here we execute the regular thread code:
res,err=xpcall(threadFunction,function(err)return debug.traceback(err)end)
if not res then
     simAddStatusbarMessage('Lua runtime error: '..err)
end

--Put some clean-up code here:
```

2. 旋转供料动作

```
threadFunction=function()
```

```
  simWaitForSignal('xzgl1',1)
  simMoveToJointPositions({rx},{30 * math.pi/180},0.15)
  simClearIntegerSignal('xzgl1')

end

--Put some initialization code here:
simSetThreadSwitchTiming(2) --Default timing for automatic thread switching

rx = simGetObjectHandle('rx')

--Here we execute the regular thread code:
res,err = xpcall(threadFunction,function(err) return debug.traceback(err) end)
if not res then
    simAddStatusbarMessage('Lua runtime error: '..err)
end

--Put some clean-up code here:
```

3. 井式供料传送带输送

```
-------- * * * * * * * * setTargetPosAnt 函数定义 * * * * * * * --------------
-------- * * * * * 更换机器人工具坐标系 * * * * * ----------------
setTargetPosAnt = function(thisObject,targetObject)
  local P = simGetObjectPosition(targetObject,-1)
  local A = simGetObjectQuaternion(targetObject,-1)
  simSetObjectPosition(thisObject,-1,P)
  simSetObjectQuaternion(thisObject,-1,A)
end

i = 0.001
threadFunction = function()

  simWaitForSignal('jsgl1',1)
  simMoveToJointPositions({lj},{85 * i},1.5)
  simMoveToJointPositions({lj},{0 * i},1.5)
  setTargetPosAnt(pwuliao3_1,ppdys1)
--------------路径程序---------------------------------
  p = simGetPositionOnPath(Path,0)--沿路径获取绝对插值点位置
  o = simGetOrientationOnPath(Path,0)--沿路径获取绝对插值点方向
  simMoveToPosition(pwuliao3_1,-1,p,o,1,1)--移动到目标位置
```

```
    simFollowPath(pwuliao3_1,Path,3,0,1,0.1)--沿路径对象移动
------------------------------------------------------
    simClearIntegerSignal('jsgl1')
    simSetIntegerSignal('lujing1',1)

    simWaitForSignal('jsgl2',2)
    simMoveToJointPositions({lj},{85 * i},1.5)
    simMoveToJointPositions({lj},{0 * i},1.5)
    setTargetPosAnt(pwuliao4_1,ppdys1)
--------------路径程序---------------------------------
    p=simGetPositionOnPath(Path,0)--沿路径获取绝对插值点位置
    o=simGetOrientationOnPath(Path,0)--沿路径获取绝对插值点方向
    simMoveToPosition(pwuliao4_1,-1,p,o,1,1)--移动到目标位置
    simFollowPath(pwuliao4_1,Path,3,0,1,0.1)--沿路径对象移动
------------------------------------------------------
    simClearIntegerSignal('jsgl2')
    simSetIntegerSignal('lujing2',2)

end

--Put some initialization code here:
simSetThreadSwitchTiming(2) --Default timing for automatic thread switching

lj=simGetObjectHandle('lj')
pwuliao3_1=simGetObjectHandle('pwuliao3_1')
pwuliao4_1=simGetObjectHandle('pwuliao4_1')
Path=simGetObjectHandle('Path')
ppdys1=simGetObjectHandle('ppdys1')

--Here we execute the regular thread code:
res,err=xpcall(threadFunction,function(err) return debug.traceback(err) end)
if not res then
      simAddStatusbarMessage('Lua runtime error: '..err)
end

--Put some clean-up code here:
```

4. 机器人动作

```
--------********setTargetPosAnt 函数定义*******---------------
--------*****更换机器人工具坐标系*****-----------------
```

```
setTargetPosAnt = function( thisObject, targetObject)
   local P = simGetObjectPosition( targetObject, -1 )
   local A = simGetObjectQuaternion( targetObject, -1 )
   simSetObjectPosition( thisObject, -1, P )
   simSetObjectQuaternion( thisObject, -1, A )
end

-------- * * * * * * * * moveToplace 函数 * * * * * * * ----------------------
-------- * * * * * * * * 机器人移动到 objectHandle 点函数定义 * * * * * * * -------
moveToplace = function( objectHandle, waitTime)
   local targetP = simGetObjectPosition( objectHandle, targetBase)
   local targetO = simGetObjectQuaternion( objectHandle, targetBase)
   simRMLMoveToPosition( target, targetBase, -1, nil, nil, maxVel, maxAccel, maxJerk, targetP,
targetO, nil)
   simWait( waitTime)
end

i = 0.001

threadFunction = function( ) --这里写运动路径

   simSetIntegerSignal( 'daogui', 0)
   moveToplace( p01, 0)
   moveToplace( p2, 0)
   simSetObjectParent( j6, pTCP, true)
   moveToplace( p3, 0)
   moveToplace( p4, 0)
   moveToplace( p5, 0)
   moveToplace( home1, 0)
   moveToplace( p6, 0)
   moveToplace( p7, 0)
   moveToplace( p8, 0)
   setTargetPosAnt( target, pj4)
   setTargetPosAnt( TCP, pj4)
   moveToplace( p9, 0)
   moveToplace( p10, 0)
   simMoveToJointPositions( { ly2, lz2 }, { -4.5 * i, -4.5 * i }, 0.5)
   simSetObjectParent( pwuliao1_1, pj4, true)
   moveToplace( p9, 0)
```

```
------ * * * * * * * -------
    --setTargetPosAnt(target,pj4)
    --setTargetPosAnt(TCP,pj4)
------ * * * * * * * -------
    simSetIntegerSignal('daogui1',1)
    moveToplace(p11,0)
    moveToplace(p12,0)
    moveToplace(p13,0)
    moveToplace(p14,0.5)
    moveToplace(p13,0)
    moveToplace(pbw1,0)
    moveToplace(pbw2,0)
    simMoveToJointPositions({ly2,lz2},{0*i,0*i},0.5)
    simSetIntegerSignal('bianwieji1',1)
    simSetObjectParent(pwuliao1_1,-1,true)
    moveToplace(pbw1,0)
    setTargetPosAnt(target,pTCP)
    setTargetPosAnt(TCP,pTCP)
    moveToplace(p15,0)
    simSetIntegerSignal('daogui2',2)
    moveToplace(p5,0)
    moveToplace(p4,0)
    moveToplace(p3,0)
    moveToplace(p2,0)
    simSetObjectParent(j6,kuaihuangongjutai,true)
    moveToplace(p01,0)
    moveToplace(p16,0)
    moveToplace(j7,0)
    simSetObjectParent(j5,pTCP,true)
    moveToplace(p17,0)
    moveToplace(p18,0)
    moveToplace(p19,0)
    simSetIntegerSignal('daogui3',3)
    moveToplace(home1,0)
    simSetIntegerSignal('xzgl1',1)
    moveToplace(p20,0)
    moveToplace(p21,1)
    setTargetPosAnt(target,pj3)
    setTargetPosAnt(TCP,pj3)
```

```
simMoveToJointPositions({ly0,lz0},{-6*i,-6*i},0.5)
moveToplace(p22,0)
simMoveToJointPositions({ly0,lz0},{0.5*i,0.5*i},0.5)
simSetObjectParent(pwuliao2_1,j5,true)
-----*******-------
--setTargetPosAnt(target,pj3)
--setTargetPosAnt(TCP,pj3)
-----*******-------
moveToplace(p23,0)
moveToplace(p24,0)
simSetIntegerSignal('daogui4',4)
moveToplace(p25,0)
moveToplace(p26,0)
moveToplace(p27,0)
simMoveToJointPositions({ly0,lz0},{-6*i,-6*i},0.5)
simSetObjectParent(pwuliao2_1,pwuliao1_1,true)
setTargetPosAnt(pwuliao2_1,pw1)
moveToplace(p26,0)
setTargetPosAnt(target,pTCP)
setTargetPosAnt(TCP,pTCP)
simSetIntegerSignal('daogui5',5)
moveToplace(p19,0)
moveToplace(p18,0)
moveToplace(p17,0)
moveToplace(j7,0)
simSetObjectParent(j5,kuaihuangongjutai,true)
moveToplace(p16,0)
moveToplace(p28,0)
moveToplace(xipan,0)
simSetObjectParent(xipan3,pTCP,true)
setTargetPosAnt(target,pxipan0)
setTargetPosAnt(TCP,pxipan0)
moveToplace(p28,0)
simSetIntegerSignal('daogui6',6)
simSetIntegerSignal('jsgl1',1)
moveToplace(p29,0)
simWaitForSignal('lujing1',1)
moveToplace(ppdys2,0)
simClearIntegerSignal('lujing1')
```

```
simSetObjectParent(pwuliao3_1,pxipan0,true)
moveToplace(p29,0)
moveToplace(p30,0)
moveToplace(p31,0)
simSetObjectParent(pwuliao3_1,pwuliao1_1,true)
moveToplace(p30,0)
simSetIntegerSignal('jsgl2',2)
moveToplace(p29,0)
simWaitForSignal('lujing2',2)
moveToplace(p32,0)
simClearIntegerSignal('lujing2')
simSetObjectParent(pwuliao4_1,pxipan0,true)
moveToplace(p29,0)
moveToplace(p33,0)
moveToplace(p34,0)
moveToplace(p35,0)
simSetObjectParent(pwuliao4_1,pwuliao1_1,true)
moveToplace(p30,0)
moveToplace(p28,0)
setTargetPosAnt(target,pTCP)
setTargetPosAnt(TCP,pTCP)
moveToplace(xipan,0)
simSetObjectParent(xipan3,kuaihuangongjutai,true)
moveToplace(p28,0)
simSetIntegerSignal('daogui7',7)
moveToplace(p01,0)
moveToplace(p2,0)
simSetObjectParent(j6,pTCP,true)
moveToplace(p3,0)
moveToplace(p4,0)
moveToplace(p5,0)
simSetIntegerSignal('daogui8',8)
moveToplace(home1,0)
moveToplace(p36,0)
moveToplace(p37,0)
setTargetPosAnt(target,pj4)
setTargetPosAnt(TCP,pj4)
moveToplace(pbw1,0)
moveToplace(pbw2,0)
```

```
    simMoveToJointPositions({ly2,lz2},{-4.5*i,-4.5*i},0.5)
    simSetObjectParent(pwuliao1_1,pj4,true)
    simSetIntegerSignal('bianwieji2',2)
    simWait(0.5)
    moveToplace(pbw1,0)
    moveToplace(p13,0)
    moveToplace(p12,0)
    simSetIntegerSignal('daogui9',9)
    moveToplace(p11,0)
    moveToplace(p9,0)
    moveToplace(p38,0)
    simMoveToJointPositions({ly2,lz2},{0*i,0*i},0.5)
    simSetObjectParent(pwuliao1_1,cangchu,true)
    moveToplace(p9,0)
    setTargetPosAnt(target,pTCP)
    setTargetPosAnt(TCP,pTCP)
    moveToplace(p8,0)
    moveToplace(p7,0)
    moveToplace(p6,0)
    moveToplace(home1,0)
    moveToplace(p5,0)
    moveToplace(p4,0)
    moveToplace(p3,0)
    moveToplace(p2,0)
    simSetObjectParent(j6,kuaihuangongjutai,true)
    moveToplace(p01,0)
    simSetIntegerSignal('daogui10',10)
    moveToplace(home1,0)

end

target=simGetObjectHandle('target')
targetBase=simGetObjectHandle('KUKA4_R600')
TCP=simGetObjectHandle('TCP')
pTCP=simGetObjectHandle('pTCP')
home1=simGetObjectHandle('home1')

cangchu=simGetObjectHandle('cangchu')
```

```
--机器人6轴、外部轴
r1 = simGetObjectHandle('r1')
r2 = simGetObjectHandle('r2')
r3 = simGetObjectHandle('r3')
r4 = simGetObjectHandle('r4')
r5 = simGetObjectHandle('r5')
r6 = simGetObjectHandle('r6')
l1 = simGetObjectHandle('l1')

--旋转供料
rx = simGetObjectHandle('rx')
pxz1 = simGetObjectHandle('pxz1')
pxz2 = simGetObjectHandle('pxz2')
pxz3 = simGetObjectHandle('pxz3')
pxz4 = simGetObjectHandle('pxz4')
pxz5 = simGetObjectHandle('pxz5')
pxz6 = simGetObjectHandle('pxz6')

--物料
pwuliao2_1 = simGetObjectHandle('pwuliao2_1')
pwuliao1_1 = simGetObjectHandle('pwuliao1_1')
pw1 = simGetObjectHandle('pw1')

--变位机
rb = simGetObjectHandle('rb')
lb = simGetObjectHandle('lb')
pbw1 = simGetObjectHandle('pbw1')
pbw2 = simGetObjectHandle('pbw2')

--井式供料
lj = simGetObjectHandle('lj')
pwuliao3_1 = simGetObjectHandle('pwuliao3_1')
pwuliao4_1 = simGetObjectHandle('pwuliao4_1')
ppdys1 = simGetObjectHandle('ppdys1')
pjsgl1 = simGetObjectHandle('pjsgl1')
ppdys2 = simGetObjectHandle('ppdys2')
Path = simGetObjectHandle('Path')
```

```
--工具
kuaihuangongjutai = simGetObjectHandle('kuaihuangongjutai')
j6 = simGetObjectHandle('j6')
pj4 = simGetObjectHandle('pj4')
ly2 = simGetObjectHandle('ly2')
lz2 = simGetObjectHandle('lz2')
j7 = simGetObjectHandle('j7')
j5 = simGetObjectHandle('j5')
pj3 = simGetObjectHandle('pj3')
lz0 = simGetObjectHandle('lz0')
ly0 = simGetObjectHandle('ly0')
xipan = simGetObjectHandle('xipan')
xipan3 = simGetObjectHandle('xipan3')
pxipan0 = simGetObjectHandle('pxipan0')

--运动
p01 = simGetObjectHandle('p01')
p2 = simGetObjectHandle('p2')
p3 = simGetObjectHandle('p3')
p4 = simGetObjectHandle('p4')
p5 = simGetObjectHandle('p5')
p6 = simGetObjectHandle('p6')
p7 = simGetObjectHandle('p7')
p8 = simGetObjectHandle('p8')
p9 = simGetObjectHandle('p9')
p10 = simGetObjectHandle('p10')
p11 = simGetObjectHandle('p11')
p12 = simGetObjectHandle('p12')
p13 = simGetObjectHandle('p13')
p14 = simGetObjectHandle('p14')
p15 = simGetObjectHandle('p15')
p16 = simGetObjectHandle('p16')
p17 = simGetObjectHandle('p17')
p18 = simGetObjectHandle('p18')
p19 = simGetObjectHandle('p19')
p20 = simGetObjectHandle('p20')
p21 = simGetObjectHandle('p21')
p22 = simGetObjectHandle('p22')
p23 = simGetObjectHandle('p23')
```

```
p24 = simGetObjectHandle('p24')
p25 = simGetObjectHandle('p25')
p26 = simGetObjectHandle('p26')
p27 = simGetObjectHandle('p27')
p28 = simGetObjectHandle('p28')
p29 = simGetObjectHandle('p29')
p30 = simGetObjectHandle('p30')
p31 = simGetObjectHandle('p31')
p32 = simGetObjectHandle('p32')
p33 = simGetObjectHandle('p33')
p34 = simGetObjectHandle('p34')
p35 = simGetObjectHandle('p35')
p36 = simGetObjectHandle('p36')
p37 = simGetObjectHandle('p37')
p38 = simGetObjectHandle('p38')

maxVel = {2,2,2,2}
maxAccel = {2,2,2,2}
maxJerk = {0.5,0.5,0.5,1}

--Put some initialization code here:
simSetThreadSwitchTiming(2) --Default timing for automatic thread switching

--Here we execute the regular thread code:
res,err = xpcall(threadFunction,function(err) return debug.traceback(err) end)
if not res then
     simAddStatusbarMessage('Lua runtime error: '..err)
end

--Put some clean-up code here:
```

5. 第七轴动作

```
i = 0.001
threadFunction = function()

   simWaitForSignal('daogui',0)
   simMoveToJointPositions({l1},{100 * i},0.15)
   simClearIntegerSignal('daogui')

   simWaitForSignal('daogui1',1)
```

```
simMoveToJointPositions({l1},{-200 * i},0.15)
simClearIntegerSignal('daogui1')

simWaitForSignal('daogui2',2)
simMoveToJointPositions({l1},{100 * i},0.17)
simClearIntegerSignal('daogui2')

simWaitForSignal('daogui3',3)
simMoveToJointPositions({l1},{-100 * i},0.15)
simClearIntegerSignal('daogui3')

simWaitForSignal('daogui4',4)
simMoveToJointPositions({l1},{0 * i},0.15)
simClearIntegerSignal('daogui4')

simWaitForSignal('daogui5',5)
simMoveToJointPositions({l1},{100 * i},0.15)
simClearIntegerSignal('daogui5')

simWaitForSignal('daogui6',6)
simMoveToJointPositions({l1},{0 * i},0.15)
simClearIntegerSignal('daogui6')

simWaitForSignal('daogui7',7)
simMoveToJointPositions({l1},{100 * i},0.15)
simClearIntegerSignal('daogui7')

simWaitForSignal('daogui8',8)
simMoveToJointPositions({l1},{-100 * i},0.15)
simClearIntegerSignal('daogui8')

simWaitForSignal('daogui9',9)
simMoveToJointPositions({l1},{100 * i},0.15)
simClearIntegerSignal('daogui9')

simWaitForSignal('daogui10',10)
simMoveToJointPositions({l1},{0 * i},0.15)
simClearIntegerSignal('daogui10')
```

```
    end

--Put some initialization code here:
simSetThreadSwitchTiming(2) --Default timing for automatic thread switching

l1=simGetObjectHandle('l1')

--Here we execute the regular thread code:
res,err=xpcall(threadFunction,function(err) return debug.traceback(err) end)
if not res then
    simAddStatusbarMessage('Lua runtime error: '..err)
end

--Put some clean-up code here:
```

附录 B　I/O 对照表

输入变量名	信号名称	数据类型	输出变量名	信号名称	数据类型
$IN[1]	平口夹爪工进信号	BOOL	$OUT[1]	夹爪闭合\吸盘吸附	BOOL
$IN[2]	平口夹爪复位信号	BOOL	$OUT[2]	夹爪张开	BOOL
$IN[3]	弧口夹爪工进信号	BOOL	$OUT[3]	末端快换（机器人侧）	BOOL
$IN[4]	弧口夹爪复位信号	BOOL	$OUT[4]	—	BOOL
$IN[5]	—	BOOL	$OUT[5]	—	BOOL
$IN[6]	—	BOOL	$OUT[6]	激光笔	BOOL
$IN[50]	井式供料模块-料仓检测信号	BOOL	$OUT[50]	井式供料模块-供料气缸工进	BOOL
$IN[51]	井式供料模块-供料气缸工进信号	BOOL	$OUT[51]	伺服变位机模块-夹紧气缸工进	BOOL
$IN[52]	井式供料模块-供料气缸复位信号	BOOL	$OUT[52]	第七轴+三色灯模块-三色灯-红	BOOL
$IN[53]	快换模块-#1 工具位信号	BOOL	$OUT[53]	第七轴+三色灯模块-三色灯-绿	BOOL
$IN[54]	快换模块-#2 工具位信号	BOOL	$OUT[54]	第七轴+三色灯模块-三色灯-黄	BOOL
$IN[55]	快换模块-#3 工具位信号	BOOL	$OUT[55]	变频器正转	BOOL
$IN[56]	快换模块-#4 工具位信号	BOOL	$OUT[56]	变频器反转	BOOL
$IN[57]	伺服变位机模块-原点信号	BOOL	$OUT[57]	变频器清除报警	BOOL
$IN[58]	伺服变位机模块-左限位信号	BOOL	$OUT[58]	PLC 初始化	BOOL
$IN[59]	伺服变位机模块-右限位信号	BOOL	$OUT[59]	打磨	BOOL

（续）

输入变量名	信号名称	数据类型	输出变量名	信号名称	数据类型
$IN[60]	伺服变位机模块-夹紧工装工进状态信号	BOOL	$OUT[60]	抛光	BOOL
$IN[61]	伺服变位机模块-夹紧工装复位状态信号	BOOL	$OUT[61]	—	BOOL
$IN[62]	第七轴+三色灯模块-机器人行走轴原点信号	BOOL	$OUT[62]	—	BOOL
$IN[63]	第七轴+三色灯模块-机器人行走轴左限位信号	BOOL	$OUT[63]	—	BOOL
$IN[64]	第七轴+三色灯模块-机器人行走轴右限位信号	BOOL	$OUT[64]	—	BOOL
$IN[65]	旋转变位机模块-原点信号	BOOL	$OUT[65]	—	BOOL
$IN[66]	旋转变位机模块-物料检测信号	BOOL	$OUT[66]	—	BOOL
$IN[67]	带传送模块-物料输送到位信号	BOOL	$OUT[67]	—	BOOL
$IN[68]	仓库 1-1	BOOL	$OUT[68]	—	BOOL
$IN[69]	仓库 1-2	BOOL	$OUT[69]	—	BOOL
$IN[70]	仓库 1-3	BOOL	$OUT[70]	—	BOOL
$IN[71]	仓库 2-1	BOOL	$OUT[71]	—	BOOL
$IN[72]	仓库 2-2	BOOL	$OUT[72]	—	BOOL
$IN[73]	仓库 2-3	BOOL	$OUT[73]	—	BOOL
$IN[82]	旋转变位机模块供料完成	BOOL	$OUT[82]	旋转变位机模块开始供料	BOOL
$IN[83]	旋转变位机模块回原点完成	BOOL	$OUT[83]	旋转变位机模块开始回原点	BOOL
$IN[84]	旋转变位机模块报警状态	BOOL	$OUT[84]	旋转变位机模块清除报警	BOOL
$IN[90]	伺服变位机位置 1 完成	BOOL	$OUT[90]	伺服变位机位置 1 开始	BOOL
$IN[91]	伺服变位机位置 2 完成	BOOL	$OUT[91]	伺服变位机位置 2 开始	BOOL
$IN[92]	伺服变位机位置 3 完成	BOOL	$OUT[92]	伺服变位机位置 3 开始	BOOL
$IN[93]	伺服变位机模块回原点完成	BOOL	$OUT[93]	伺服变位机模块开始回原点	BOOL
$IN[94]	伺服变位机模块报警状态	BOOL	$OUT[94]	伺服变位机模块清除报警	BOOL
$IN[98]	第七轴位置 1 完成	BOOL	$OUT[98]	第七轴位置 1 开始	BOOL
$IN[99]	第七轴位置 2 完成	BOOL	$OUT[99]	第七轴位置 2 开始	BOOL
$IN[100]	第七轴位置 3 完成	BOOL	$OUT[100]	第七轴位置 3 开始	BOOL
$IN[101]	第七轴模块回原点完成	BOOL	$OUT[101]	第七轴模块开始回原点	BOOL
$IN[102]	第七轴模块报警状态	BOOL	$OUT[102]	第七轴模块清除报警	BOOL
$IN[106]	RFID 读取完成	BOOL	$OUT[106]	RFID 开始读取	BOOL
$IN[107]	RFID 写入完成	BOOL	$OUT[107]	RFID 开始写入	BOOL

（续）

<table>
<tr><th>输入变量名</th><th>信号名称</th><th>数据类型</th><th>输出变量名</th><th>信号名称</th><th>数据类型</th></tr>
<tr><td>$IN[108]</td><td>—</td><td>BOOL</td><td>$OUT[108]</td><td>RFID 初始化</td><td>BOOL</td></tr>
<tr><td>$IN[110]</td><td>—</td><td>BOOL</td><td>$OUT[110]</td><td>拍照</td><td>BOOL</td></tr>
<tr><td>$IN[111]</td><td>程序启动检测</td><td>BOOL</td><td>$OUT[111]</td><td>—</td><td>BOOL</td></tr>
<tr><td rowspan="2">RFID_D</td><td rowspan="2">RFID 读取数据</td><td rowspan="2">WORD</td><td>RFID_X</td><td>RFID 写入数据</td><td>WORD</td></tr>
<tr><td>TA</td><td>相机角度</td><td>DINT</td></tr>
</table>

参 考 文 献

[1] 邓三鹏，许怡赦，吕世霞．工业机器人技术应用［M］．北京：机械工业出版社，2020.
[2] 邓三鹏，岳刚，权利红，等．移动机器人技术应用［M］．北京：机械工业出版社，2018.
[3] 邓三鹏，周旺发，祁宇明．ABB 工业机器人编程与操作［M］．北京：机械工业出版社，2018.
[4] 祁宇明，孙宏昌，邓三鹏．工业机器人编程与操作［M］．北京：机械工业出版社，2019.
[5] 孙宏昌，邓三鹏，祁宇明．机器人技术与应用［M］．北京：机械工业出版社，2017.
[6] 蔡自兴，谢斌．机器人学［M］．北京：清华大学出版社，2000.